마리아 지뷜라 메리안

꽃과 나비와 열매를 그린 최초의 생태학자

마리아 지빌라 메리안

꽃과 나비와 열매를 그린
최초의 생태학자

베르트 판더루머르,
플로렌서 피터르스,
한스 뮐더르,
케이 에서릿지,
마리커 판델프트 외 지음

조은영 옮김

문학수첩

차례

연표

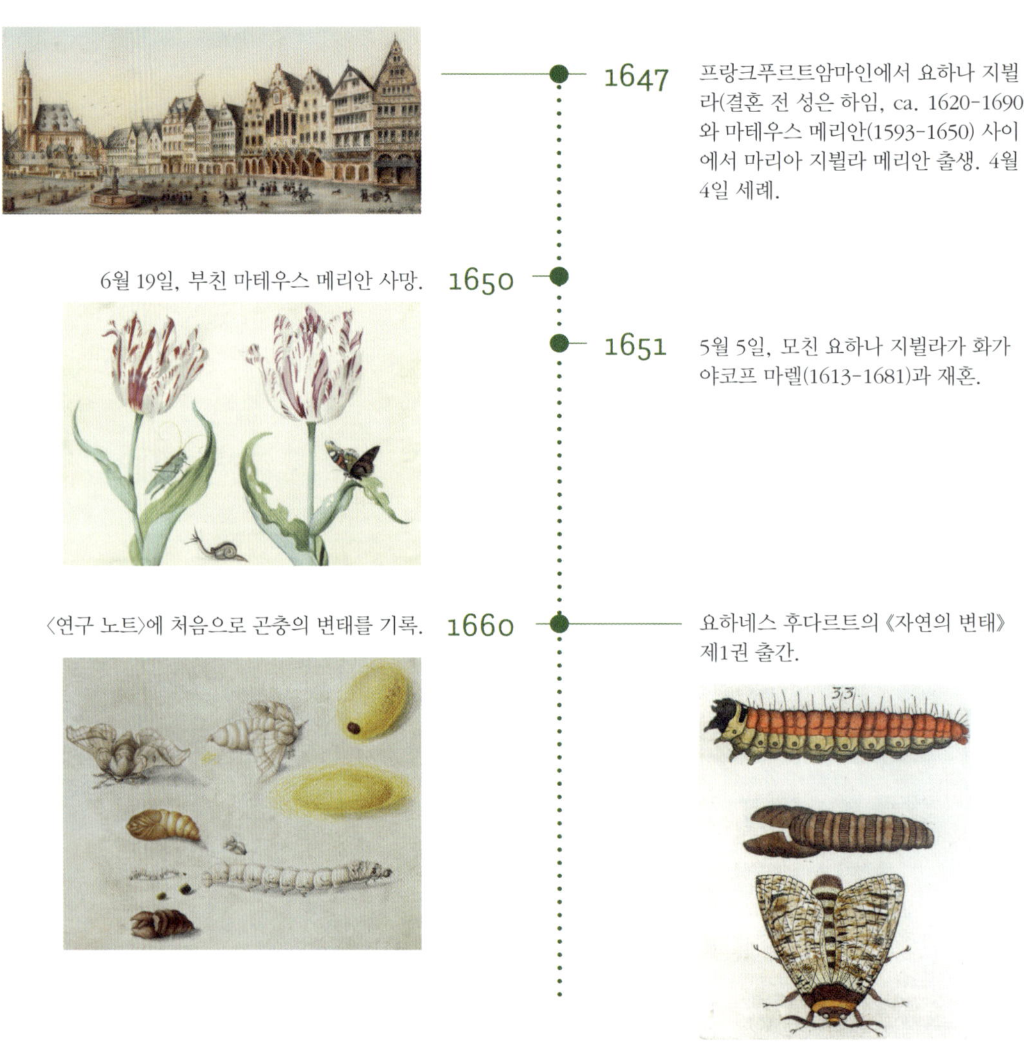

1647 프랑크푸르트암마인에서 요하나 지빌라(결혼 전 성은 하임, ca. 1620-1690)와 마테우스 메리안(1593-1650) 사이에서 마리아 지빌라 메리안 출생. 4월 4일 세례.

6월 19일, 부친 마테우스 메리안 사망. **1650**

1651 5월 5일, 모친 요하나 지빌라가 화가 야코프 마렐(1613-1681)과 재혼.

〈연구 노트〉에 처음으로 곤충의 변태를 기록. **1660** 요하네스 후다르트의 《자연의 변태》 제1권 출간.

메리안 생전의 유럽에서는 과거의 율리우스력과 새로운 그레고리력이 동시에 사용되었다. 독일에서 율리우스력은 1700년까지 쓰였지만 일부 지역에서는 더 늦게까지도 관습적으로 쓰였다. 반면 네덜란드 공화국(위트레흐트, 프리슬란트, 드렌터는 예외)에서는 16세기 말부터 그레고리력을 사용했다. 17세기에 두 달력은 열흘의 차이가 났다. 예를 들어 마리아 지빌라는 옛날 달력으로 4월 4일, 새 달력으로 3월 25일에 세례받았다. 이 책에서는 1691년까지의 사건에 대해 율리우스력을 따른다. 이 날짜들은 독일의 주요 문헌에 정확하게 기록된 것들이다. 이후의 사건들에 대해서는 모두 그레고리력을 따랐다.

1665 마리아 지빌라, 프랑크푸르트에서 화가, 판화가이자 의부의 제자였던 요한 안드레아스 그라프(1636-1701)와 혼인.

1668 프랑크푸르트에서 첫딸 요하나 헬레나 (1668-1730) 출생. 1월 5일 세례.

요하네스 스바메르담의 《곤충 일반사》 출간. **1669** 마리아 지빌라, 남편, 딸과 함께 뉘른베르크에 있는 그라프 가문의 집으로 이주.

1675 뉘른베르크에서 《꽃 그림책》 제1권 출간.

뉘른베르크에서 《꽃 그림책》 제2권 출간. **1677**

1678 뉘른베르크에서 둘째 딸 도로테아 마리아 (1678-1743) 출생. 2월 2일 세례.

뉘른베르크에서 《애벌레 책》 출간. **1679**

1680 뉘른베르크에서 《꽃 그림책》 제3권 출간. 세 권을 합본하여 《새로운 꽃 그림책》 출간.

의부 야코프 마렐 사망. 11월 11일에 장례. **1681**

1682 마리아 지빌라, 남편을 잃은 어머니를 보살피기 위해 프랑크푸르트로 귀향.

뉘른베르크에서 《애벌레 책》 제2권 출간. **1683**

마리아 지빌라, 의붓오빠 카스파르 메리안이
머물던 비우어르트, 발트하 성의 라바디스트
공동체에 모친, 두 딸과 함께 이주해 정착.

1686

남편 요한 안드레아스 그라프가 라바디스트 공동체에
합류를 시도했으나 실패.
의붓오빠 카스파르 메리안, 비우어르트에서 사망.

1690 모친 요하나 지빌라, 비우어르트에서 사망.

1691 마리아 지빌라, 두 딸과 암스테르담으로 이주.

1692 큰딸 요하나 헬레나가 라바디스트 공동체
일원이자 수리남 무역상 야코프 헨드리크 헤롤트
(ca. 1660-1715?)와 혼인. 6월 28일에 혼인 신고.

1694 남편 요한 안드레아스 그라프과
공식적으로 이혼.

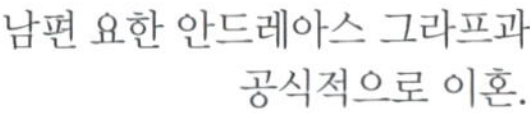

1699 둘째 딸 도로테아 마리아와 암스테르담에서
수리남으로 출국. 6월 출항.

1701 수리남에서 도로테아 마리아, 아메리카
토착민 여성 한 명과 함께 암스테르담으로 귀국.

도로테아 마리아, 하이델베르크의 외과의
필리프 헨드릭스와 혼인.

암스테르담에서 《수리남 곤충의 변태》
네덜란드어판(1월)과 라틴어판(2월) 출간.

게오르크 에베르하르트 룸피우스의
《암본의 희귀물 창고》 출간.
샤를 플뤼미에의
《아메리카 양치식물 논고》 출간.

암스테르담에서 《애벌레 책》
제1권과 제2권의 네덜란드어 축약판 출간.

1703 마리아 지빌라, 런던의 약사 제임스 페티버와
영어 번역본 출간 논의.

1705

1711 2월 23일, 프랑크푸르트 귀족 차하리아스 콘라트
폰 우펜바흐가 암스테르담으로 마리아 지빌라 방문.

1712 큰딸 요하나 헬레나와 사위 야코프 헨드리크
헤롤트가 수리남으로 이주.

1715 도로테아 마리아, 장크트갈렌에서
게오르크 크젤(1673-1740)과 재혼.

1717 1월 13일, 암스테르담에서
마리아 지빌라 메리안 사망.

러시아 황제 표트르 1세, 메리안의 그림 일부 매입.
도로테아 마리아, 암스테르담에서
《애벌레 책》네덜란드어판 출간.

10월 13일, 도로테아 마리아와 남편
게오르크 크젤이 표트르 1세에게 고용 계약되어
상트페테르부르크로 이주.

1718 암스테르담에서 《애벌레 책》의 네덜란드어
판본을 저본으로 한 라틴어판 출간.

1729 마크 케이츠비의 《캐롤라이나, 플로리다,
바하마제도의 자연사》제1권 출간.

1758 칼 린네의 《자연의 체계》제10판 출간.

마리아의 기록과 연구 속 강약약격

검은색 테두리를 두른 투명한 나비
버려진 고치를 에워싸는 엉겅퀴

멕시코 라임나무의 가시 많은 가지
접붙이지 않은 야생의 창백한 자두나무 가지

땅 위의 잡식성 어린 도마뱀
모래 위에서 오이처럼 익어버린 멜론

환한 덤불에서 꿀물을 마시는 갈색가슴벌새
수정된 알을 등에 지고 물 위를 떠다니는 개구리

나란히 더미를 이룬 바구미
둥글게 무리 지었다가 수은처럼 빠르게 흩어지네

—신시아 스노

마리아 지빌라 메리안 作. 벌새를 죽이는 거미와 다리를 짓는 개미 떼. M. S. Merian, *Metamorphosis Insectorum Surinamensium*, Amsterdam 1705, plate 18, hand-colored etching, 52×35cm(page). KB, National Library of the Netherlands, The Hague, KW 1792 A 19.

1장

마리아 지빌라 메리안
'예술과 과학, 자연의 관찰과 예술가의 의도'

아서 맥그리거

18세기 유럽의 자연과학을 특징짓는 세 가지 요소는 표본(또는 표본의 수집), 텍스트, 그리고 이미지로 요약할 수 있다.[1] 이 요소들을 신중하게 배치해, 당시 어느 정도 자연 세계의 구조적 틀을 드러내기 시작한 공동의 노력에 박차를 가하면서 지식이 비약적으로 발전했다. 이들 요소의 연계 지점에서 마리아 지빌라 메리안(Maria Sibylla Merian)이 차지하는 위치는 독보적이다. 메리안이 수집한 표본(대부분 곤충)은 기존의 다른 소장품에 편입되지 않고 대체로 메리안 개인의 연구 자료로 쓰였지만, 외부에 전시되거나 당시 급증한 애호가들이 돈을 주고 구입하는 것도 가능했다. 하지만 메리안이 당시 수집가들 사

이에 형성된 새로운 네트워크에서 한 걸음 물러나 자신은 "그저 한 생물의 형성 과정, 번식과 변태… 그리고 먹이의 특성"에 관한 정보를 수집하고 싶을 뿐이라며 (하나같이 맥락에 맞지 않는) 표본 제공을 거절했다는 사실에는 큰 의의가 있다.[2] 메리안이 아낌없이 애정을 쏟아부은 나비목 곤충들은 그녀의 강렬한 시선 속에 살다가 생을 마쳤고, 〈연구 노트(Studienbuch)〉에 글과 그림으로 공들여 기록된 그 생활상은 마침내 재작업을 거쳐 정식으로 출간되었다. 관찰자이자 기록가로서 메리안이 지닌 천부적 소질은 관찰한 내용을 상세하고 정확하며 미적으로도 뛰어난 작품으로 생생하게 표현하는 재주에 결코 뒤지지 않았

다. 요한 볼프강 폰 괴테(Johann Wolfgang von Goethe, 1749-1832) 같은 인물도 "예술과 과학, 자연의 관찰과 예술가의 의도"를 넘나드는 메리안의 능력에 경의를 표한 바 있다.[3] 그 재주가 고스란히 드러난 수많은 예시를 통해 메리안은 당대에 자연과학이 열망할 수 있는 최고의 전형으로 손꼽히게 되었다.

자연 세계에 대한 깊은 감정이입은 이 분야에 매력을 느낀 사람들이 흔히 공유하는 특징이지만, 관찰한 내용을 그림으로 나타내고 실감 나게 전달하는 재주는 예술가이자 판화 기술자였던 메리안이 지닌 독자적 능력에서 비롯했다. 처음부터 타고났던 박물학자의 기질과 달리 이 재능은 예술가 집안에서 오랜 시간 전문적인 훈련을 받으며 양성되고 다듬어졌다. 그러나 그 재주를 발휘해 생물의 세세한 해부학적 특징을 수채화로, 그리고 다시 동판화로 기록한 것은 메리안 개인의 남다른 성취다. 이 책에서는 메리안의 이러한 전문적인 능력과 그 관계를 광범위하게 기록하고 분석한다.

독창적인 박물학자

칼 린네(Carl Linnaeus, 1707-1778)의 분류학이 도입되기 이전, 특히 1758년에 《자연의 체계(Systema Naturae)》 제10판이 출간되기 이전에도 자연과학의 연구 방식을 정의하는 틀은 마련되어 있었다. 하지만 학문을 수행하는 (필연적으로 남성) 학자들에게 많은 권위가 부여되었고 상당수의 현장 조사가 비전문가들의 손에 맡겨졌다. 실제로 메리안이 활동한 시대에는 전문 박물학자가 부재했고 그 이후로도 한동안 나타나지 않았다. 개체가 큰 경관의 구성 요소라는 개념은 거의 없었고, 생태계 안에서 상호 의존하는 요소들을 전체적인 틀에서 조사하기까지도 한참 더 기다려야 했다. 따라서 메리안이 곤충의 생활에 관심을 보이고 몰입한 것이 당시로서는 꽤 특이한 일이었다. 메리안과 같은 시대에 살았던 영국 곤충학자 엘리너 글랜빌(Eleanor Glanville, 1652-1709)의 경우, 그녀의 유언을 받아들이지 못한 친척들이 "이성을 잃은 사람이나 나비 뒤를 쫓아다닌다"는 이유로 '정신장애법(Acts of Lunacy)'을 내세워 유언 무효 소송을 건 바 있다.[4] 메리안이 곤충의 번식과 세대는 물론이고 종간 상호작용, 특히 곤충의 숙주 식물까지 염두에 둔 것은 상당히 시대를 앞선 생각이었다(메리안이 연구한 곤충 중에는 잡식성 종도 있고, 정해진 먹이만 먹는 종도 있었다). 메리안 자신도 1679년에 독일어로 출간한 《애벌레의 경이로운 변신과 신기한 먹이 꽃(Der Raupen wunderbare Verwandelung und sonderbare Blumennahrung)》(이하 《애벌레 책》)에서 이런 식의 접근을 "전적으로 새로운 시도"라고 불렀다. 실제로도 이와 같은 백과사전식 접근은 메리안에게 '최초의 생태학자'라는 명칭을 붙이고도 남을 만큼 야심적이었다.[5] 하지만 그 바탕이 된 개념적 도약도 메리안이 관찰 내용을 그림으로 그려내고 전달한 재주에 비하면 크게 두드러지지 않는다. 시각예술가 플로리커 에흐몬트(Florike Egmond)가 다루었듯이, 메리안 이전 세기의 예술가들 사이에서도 동식물의 상세한 해부 구조에 대한 관심이 증가하면서 새로운 풍조가 나타난 적이 있었다. 하지만 메리안처럼 곤충의 발달 과정을 시간의 흐름에 맞춰, 더욱이 먹이식물과 한 화폭에 그린 시도는 전례가 없었다.[6] 메리안의 고유한 특징이 된 이런 특별한 지식은 아주 오랜 시간 그 생물을 지켜봐야만 얻을 수 있는 것이었다.

메리안과 곤충의 관계를, 동시대 인물인 요하네스 스바메르담(Johannes Swammer-dam, 1637-1680)과 비교하면 차이가 확연히 드러난다. 네덜란드 사람인 스바메르담은 메리안보다 신분이 높았고, 특히 곤충의 변태에 관한 당시의 관심을 가장 크게 발전시킨 사람이었다. 그는 곤충의 발달이 (그때까지 널리 알려진 것처럼) '죽음과 부활'의 과정이 아닌 연속적으로 진행된다는 사실을 명확히 밝혀냄으로써 미천한 생물의 설계에 깃든 전능한 신의 손길을 흡족하게 증명했고, 그렇게 궁극적인 연구 목적을 달성했다.[7] 메리안도 비우어르트의 라바디스트 종교 공동체에 머무른 동안에는 곤충의 변태 과정을 좀 더 신학적으로 해석하는 데 동의했을지도 모른다.[8] 그러나 메리안의 접근 방식은 전체적으로 당시의 세상과 결을 같이했고, 그럼에도 그 안에서는 자연신학(physico-theology)의 계율이 지배적이라 이 두 접근법 사이의 긴장이 좀 더 쉽게 과장되었을 것이다.

메리안은 수년간의 부지런한 관찰을 토대로 자신의 특별한 연구 대상인 나방과 나비의 생활사를 홀로 증명해 냈다. 여기에는 계절 행동, 선호하는 환경, 식단, 이동, 비행 패턴이 당연히 포함되고 애벌레가 배출한 배설물의 부피까지 기록되었다. 또한 메리안은 나비나 나방의 포식자나 기생체에도 관심을 보였는데, 이와 관련된 메커니즘이 밝혀지기 훨씬 전부터 번데기 상태의 숙주에서 나오는 기생말벌과 곤충을 정확하게 적고 묘사했다. 메리안은 관찰 가능한 특징에만 기반하여 곤충이 알에서 성체로 바뀌는 과정을 〈연구 노트〉에 기록했는데, 10년 후에 세상은 스바메르담이나 이탈리아 학자인 프란체스코 레디(Francesco Redi, 1626-1697), 그리고 마르첼로 말피기(Marcello Malpighi, 1628-1694)에게 그 발견의 공을 돌렸다.[9] 레디가 실험으로, 말피기가 해부로 증명한 사실 대부분을 메리안은 일찌감치 끈기 있는 관찰과 꼼꼼한 기록을 통해, 심지어 곤충의 번데기와 식물의 벌레혹을 손수 절개하여 명확하게 밝혀냈다. 메리안은 시간에 따른 발달 과정을 관찰하기 위해 곤충을 반복해서 길렀고, 300가지나 되는 완전한 형태 주기를 기록했다.[10] 이는 메리안 자신이 어릴 때부터 해왔던 일이었고, 또 말년에는 열대지방까지 가서 시도했던 방식으로, 그녀가 '기술(記述)의 과학'이라는 르네상스식 구조의 지속된 발전에 독립적으로 기여한 공을 인정해야 한다.[11]

먼저 출간되었으나 그동안 세간에 덜 알려졌던 세 권짜리 《애벌레 책》은 오늘에 와서 곤충의 생활에 대한 신중하고 독창적인 관찰이 돋보이는 수작으로 재평가받게 되었다.[12] 그러나 《수리남 곤충의 변태(Metamorphosis Insectorum Surinamensium)》(한국어판은 2023년 나무연필에서 출

간—옮긴이)의 놀라운 그림에 첨부된 텍스트는 곤충을 동정(同定, 한 생물의 분류학적 소속이나 이름을 밝히는 일—옮긴이)하고 그 곤충이 예시하는 더 큰 주제를 설명하는 수단 이상으로 받아들여지지 않았다. 책 속의 모든 그림과 텍스트는 메리안 자신이 연구한 내용을 기록할 뿐 다른 사람의 연구 결과는 끌어들이지 않는데, 이는 메리안이 "토머스 모핏(Thomas Moffet, 1553-1604), 요하네스 후다르트(Johannes Goedaert, 1617-1668), 요하네스 스바메르담, 스테번 블랑카르트(Steven Blankaart, 1650-1704) 등이 이미 상세하게 기술한 바 있다"라며 정당화한 접근법이다.[13] 《수리남 곤충의 변태》의 서론에서 "Aan den Leezer(독자들에게)" 쓴 것처럼, 메리안은 "[글로] 더 길게 설명할 수도 있지만, 배운 자들의 견해는 서로 어긋나고 세상은 너무 까다로워 나는 오직 내가 관찰한 사실만 기록할 것이다"라고 설명했다.[14] 실제로 메리안이 작성한 텍스트에는 흥미로운 사실이 많이 담겨있었으나 그 가치는 창의적인 그림에 가려 빛을 발하지 못했다. 텍스트가 아닌 시각적 증거에 치중한 메리안의 표현 방식은 평소 다른 연구자와의 대화를 꺼린 습성과 더불어 수 세기 동안 그녀의 연구가 과소평가되는 한 요인이 되었

다. 이후 300년 동안 유럽에서는 보다 관습적인 방식으로 '과학을 연구했던' 좀 더 독단적인 (남성) 학자들의 발견에 특권이 주어졌다.[15]

이처럼 이미지가 텍스트의 우위에 있는 또 다른 출판물로 '플로릴레기움(*florilegium*)'이 있다. 17세기에 널리 유행한 이 장르는 작가 브라이언 오길비(Brian Ogilvie)가 말한 것처럼, "텍스트가 점점 축소되어 그림책이 될 때까지 이미지가 강조되었다".[16] 오길비가 이런 작품들을 전문적인 학술 연구가 아닌 자기형성(self-fashioning)의 세계와 연결한 것은 메리안이 1679년에 발표한 첫 작품《애벌레 책》에 쓴 것처럼 "자연과 예술을 사랑하는 독자"라는 폭넓은 대상을 염두에 두고 작업한 모든 작품에 내재된 시장성을 적절히 드러낸 것으로 보인다.[17]

곤충을 향한 메리안의 집착에 그렇게 많은 관심이 집중된 것도 어떤 면에서는 역사적 우연으로 볼 수 있다. 현재까지 남아있는 그림들을 보면, 당시 시간과 능력이 있었던 메리안이 남아메리카에서 뱀, 도마뱀, 개구리 같은 파충류, 양서류는 물론이고 식물을 연구하는 것도 가능했으리라 짐작된다. 실제로도 메리안이 스스로 곤충을 연구하면서 발전시킨 방법을 양서류와 파충류, 그리고 식물의 발달 과정을 밝히는 연구에 적용했다는 증거가 여러 그림에 남아있다. 게다가 메리안은 식물 예술가로서의 재능도 뛰어난 사람이었다. 그러나 끝내 식물 생리에 대한 이해를 곤충의 수준까지 끌어올리지는 못했다. 식물에 대한 메리안의 연구가 제대로 끝을 맺었다면, (어차피 플랜테이션이라는 제한된 영역에서 이루어진 조사였기에 종합적인 연구로 인정받지는 못했겠지만) 메리안의 폭넓은 관심사를 좀 더 확실하게 증명하고 자연 세계의 상호 의존적 특성을 최초로 관찰했다는 평가를 확고하게 다졌을 것이다.[18]

장르와 시장을 개척하다

생물의 가장 미시적 세부 구조에 대한 열망과 감상하는 이의 눈을 즐겁게 하려는 회화적 야망을 조화시킨다는 것이 메리안에게도 결코 쉽지는 않았을 것이다. 일단 누구도 이전에 시도한 적이 없는 일이었다. 과거에 요리스 후프나헐(Joris Hoefnagel, 1542-ca. 1600) 유파의 예술가들이 디테일이 살아있는 아름다운 곤충 그림을 그린 적은 있지만, 메리안이 목적을 지니고 곤충을 그린 것과 달리 이들은 무작위적으로 대상을 선택했고 대상 간의 생물학적 관련성도 고려하지 않았다. 생물의 외부적 특징을 세밀하게 포착하는 것은 물론이고 전체적인 이미지 안에서 통합, 종속시킨 메리안의 열의는 동시대 현미경주의자들의 작업에서 두드러진 시각적 파편화와는 대척점에 있었다. 그러나 로버트 훅(Robert Hooke, 1635-1703)이 부르짖은 "사물을 보이는 그대로 조사하고 기록하는 신실한 손과 충실한 눈"은 바로 메리안을 말하는 것이었다.[19]

메리안은 해부학적 정확성을 추구하는 박물학자의 요구와, 판각 훈련을 통해 그녀가 취향을 섭렵한 감정가들의 심미적 관심을 모두 만족시키며 1인 여성 장르를 창조하는 데 성공했다. 메리안이 제작한 책들은 'Liefhebbers en Onderzoekers der Natuur(자연에 대한 아마추어와 전문가)'를 모두 아우르는 폭넓은 유럽 독자층에게 그때까지 누구도 상상하지 못했던 세상을 보여주었다. 메리안은 사람들에게 《수리남 곤충의 변태》를 바쳤고, 그들은 곤충의 복잡한 삶이 담긴 그림들을 열렬히 맞아주었다. 특히 몇 주, 몇 달에 걸쳐 진행되는 형태 변화를 여러 개의 이미지로 한 장에 압축하고 생물을 서식 환경 안에서 표현한 방식에 동시대인들의 눈이 번쩍 뜨였다. 예술사학자 마틴 켐프(Martin Kemp)의 말

을 빌리면, 메리안이 그린 이미지들은 "생명의 순환이라는 드라마를 전개하며 낭만을 드러내기" 시작했다.[20] 현재 남아있는 그림의 원화들은 당시 세간에서 가장 유명했던 수집가와 감정가 세 명이 메리안의 작품을 열심히 모아준 덕분에 온전히 보존되었다. 바로 한스 슬론 경(현재 대영박물관 소장), 리처드 미드(현재 윈저 성 왕실 컬렉션 소장), 러시아 황제 표트르 1세(현재 상트페테르부르크 국립과학원 소장)이다.[21]

그러나 세상이 메리안의 그림을 받아들인 과정의 이야기는 드로잉이나 회화를 넘어서 그녀의 작품을 더 많은 독자에게 이르게 한 인쇄라는 매체로 나아간다. 메리안은 본인이 직접 도판을 동판에 식각(에칭)했기 때문에 제작 과정을 통제할 수 있었고, 운 좋은 구매자는 저자가 손수 정확하게 색을 입힌 판본을 손에 넣는 영광을 누리기도 했다. 이렇게 메리안의 작품은 유럽의 곤충들이 처음으로 등장하는 《애벌레 책》(1679)에 실린 50개의 도판부터 이미 완성도가 뛰어난 표현 양식으로 인정받았다.[22] 그러나 메리안의 대표작으로 가장 잘 알려진 《수리남 곤충의 변태》(1705)는 60개의 대형 도판 대부분을 당대 '최고의 장인'들이 동판 에칭을 맡았다(단, 메리안이 에칭 과정을 엄격하게 감독했고, 일부는

손수 작업했다. 이 책 11장 참조). 그럼에도 사령탑이자 발행자로서 제작 전체를 조율한 과정은 그 자체로 거장의 공연이었다. 수리남 파충류와 양서류에 관한 기록, 그리고 그와 관련된 식물에 대한 자매서를 출간하겠다는 계획은 메리안이 일흔에 가까운 나이로 사망할 때까지 끝내 실행되지 못했다. 하지만 공개된 이미지 중에서 이들 종이 반복해서 등장하는 것을 보면 그녀의 의중은 분명하다. 메리안이 자신의 〈연구 노트〉를 바탕으로 작업한 작품들을 두고 말 그대로 "ad vivum(살아있다, 네덜란드어로 'naer het leven')"라고 묘사하는 것에 누구도 불만을 품지 않는다. 메리안이 연구한 생물들은 모두 먹고, 자손을 낳고, 날고, 기고, 헤엄쳐 다녔다.[23] 그러나 인쇄된 종이 위에 그것들이 아름다운 구성으로 재조합되면서 그녀의 작품은 더욱 널리 찬사받게 되었다. 그 안에서 개별 요소들은 기록적 가치를 잃지 않았고, 단순한 그림으로만 표현되지도 않았다.

박물학계 내부에서는 《수리남 곤충의 변태》에 수록된 일부 곤충 생활사에서 발견된 오류를 두고 트집을 잡는 이들이 있었다. 이 책은 원래 다양한 발달 단계가 기록된 수많은 독피지(vellum) 조각들을 몇 달 혹은 몇 년 후에 편집해서 제작한 것이었다. 그렇다 보니 불가피하게 한 생물의 초기 발달 단계를 다른 생물의 후기 단계와 연결하거나, 여러 종의 단계를 하나로 합쳤을 가능성이 있다. 이런 착오는 메리안의 관찰 기록이 처음 편집될 당시의 체계 없는, 심지어 원시적인 작업 환경과 책이 완성되기까지 걸린 긴 시간을 고려하면 충분히 예측할 수 있는 부분이다.

한 종의 생활사 전체를 한 장에 압축하려다 보면 현실이 어느 정도 왜곡될 수밖에 없다. 그래서 식물의 눈과 만개한 꽃과 열매가 한 줄기에 동시에 보이고(이는 식물 삽화가들 사이에서 이미 잘 알려지고 허용된 관례였다), 원래 땅속에서 발견되는 종의 번데기가 성충과 함께 잎에 달려있다든지, 야행성 종이 한낮에 등장하는 경우가 있었다. 이런 오류를 비판하는 사람들도 만약 메리안의 무삭제 원본을 읽는 수고를 아끼지 않았다면 본문의 텍스트를 통해 납득할 만한 설명을 들을 수 있었을 것이다. 후대에 제작된 《애벌레 책》 시리즈의 판본은 동물의 행동이나 생태학적 관찰 내용이 거의 누락되어 메리안이 오류를 해명하기 위해 사전에 심어둔 증거가 대부분 빠져버렸다. 메리안이 쓴 책의 한 가지 중요한 특징은 모든 곤충을 최대한 실제 크기로 그려서 생물들 사이의 관계를 드러내려고 애썼다는 점이다. 이런 규칙에서 벗어나는 예외는, 너무 작아서 잘 보이지 않는 개미를 확대하거나 커다란 파충류를 책의 판형에 맞춰 축소하는 경우를 제외하면 드물었다.[24] 그러나 독자들은 메리안이 그려낸 흥미로운 진실 앞에서 신뢰할 수 없다는 반응을 보였다. 예를 들어 새잡이거미는 일반적인 유럽인은 물론이고 열대 지역에 다녀온 경험이 있는 사람들의 상상에서도 크게 벗어났기 때문이다.

삽화가 자기충족적, 자기확증적 증거가 될 수 있고 실제로 과학적 증거로서 독립적인 타당성을 지닌다는 개념에 모두가 동의하는 것은 아니었다. 일부 과학사학자들은 칼 린네의 유명한 선언을 내세워 당시 박물학계가 이미지의 증거 능력을 크게 신뢰하지 않았다고 주장했다. "나는 이미지를 사용해 한 종의 속(genus)을 결정하는 방식을 추천하지 않는다. 아니, 사실은 결단코 반대한다.… 그림은 글을 읽지 못하는 자들에게는 도움이 될지 모르겠으나… 어느 누가 그림만 내세워 제 주장이 옳다고 우기겠는가?"[25] 하지만 자연사학자 이자벨 샤르망티에(Isabelle Charmantier)는 특별히 속의 동정을 겨냥했던 린네의 말이 잘못 해석되었다고 강조하면서, 실제로는 린네 자신도 그림을 사용한 종의 묘사를

평생 옹호해 왔음을 증명했다.[26] 린네와 그 밖의 헌신적인 분류학자들은 《수리남 곤충의 변태》에 '종명이 표기되지 않은 것'을 탄식하면서도 메리안의 삽화를 바탕으로 수백 종 이상의 수리남 식물을 명명하고 속의 진실성을 입증했으며, 메리안이 기록한 내용의 정확성을 인정해 반박의 여지가 없는 과학적 권위를 부여했다.[27] 박물학자로서 메리안의 표현 능력은 "제작자보다는 학자, 이론가, 개념을 구상하는 자에게 더 큰 특권을 주는 역사의 계속된 경향 속에서 직접적인 관찰과 경험을 중요시하는 새로운 시각 문화"가 탄생하는 데 이바지했다는 영광을 정당화한다.[28]

훼손되고 복구된 유산

메리안 자신보다는 확실히 덜 엄격했던 후대의 출판업자들도 점점 더 배타적이 되어가는 (그리고 여전히 남성이 지배하는) 초기 과학계와 함께 18세기 후반 이후 메리안의 평판이 무너지는 데 크게 일조했다. 메리안의 작품이 신뢰를 잃고, 또 그녀에게 마땅히 주어졌어야 할 이름이 후배 곤충학자에게 돌아간 것은 초기에 출간된 책의 여러 판본에서 그 기원을 찾을 수 있다. 《수리남 곤충의 변태》의 발행이 계속되면

서 메리안이 감독의 자리에서 물러나자 슬슬 문제가 생겼는데, 무엇보다도 책의 도판이 저자가 사용한 색상과 무관하게 채색되기 시작했다. 최신 인쇄술이 약속한 "정확하게 반복 가능한 그림"은 원작자의 손을 떠나면서 너무 쉽게 번복되었다.[29] 메리안의 주요 작품 중 일부 후대 판본에서는, 후다르트 같은 타인의 작품이나(판더플라스가 쓴 20장 참조) 과거 메리안이 과학적인 목적으로 그림을 발전시키기 전에 자수 패턴으로 쓸 요량으로 장식성을 강조해서 그렸던 《꽃 그림책(Blumenbücher)》(1675-1680)의 텍스트와 도판을 임의로 추가, 조합하는 바람에 혼란이 가중되었다.[30]

네덜란드어와 라틴어로 작성된 《수리남 곤충의 변태》의 번역본을 제작하려던 계획은 결국 실패했는데 시간이 갈수록 원문에서 멀어지던 경향을 생각하면 오히려 다행인지도 모른다. 케이 에서릿지(Kay Etheridge)는 메리안의 1679년, 1683년 《애벌레 책》의 네덜란드어 번역본의 경우 독일어 원본의 텍스트를 축약하면서 곤충의 생태와 행동에 관한 획기적인 설명 대부분이 생략되었다고 주장했다. 이 판본은 메리안 자신이 딸들 중 하나의 도움을 받아 축약하면서 원본의 3분의 1에서 절반까지 사라졌다. 메리안 사후에 이 대

폭 축소된 네덜란드어판을 저본(底本)으로 라틴어와 프랑스어판이 번역되었고 이 번역본이 또다시 축약되어 많은 18, 19세기 박물학자들의 손에 들어갔다. 이들 대부분은 독일어 원본에 포함된 원래 정보의 길이가 어느 정도였는지 짐작도 못 했을 것이다.[31] 영어판은 번역을 맡은 제임스 페티버(James Petiver, ca. 1663-1718)가 책의 내용을 체계적으로 재구성할 계획이었기 때문에 추가로 더 삭제될 위험에 처했었다.[32] 페티버의 출판물에서 메리안의 원작 이미지는 처참한 아이콘으로 축소되었고, (체계적으로 정리되었을지는 모르지만 극단적으로 간결해진) 텍스트 역시 대부분의 배경지식이 증발했기 때문에 결국 그 책이 출간되지 않은 것에 고마워할 수밖에 없다.[33]

메리안을 (경멸까지는 아니지만) 비판한 이들 중에서 가장 혹독했던 인물은 랜스다운 길딩(Lansdown Guilding, 1797-1831)으로, 방금 설명한 속사정이 만들어 낸 온갖 오해를 집요하게 물고 늘어졌다. 1834년에 길딩은 《수리남 곤충의 변태》의 도판을 하나하나 분석해 책을 출간했는데, 이때는 이미 메리안이 사망한 지 한 세기도 넘었고, 그사이 많은 연구가 이루어져 곤충에 대한 지식이 꽤 발전한 상태였다.[34] 길딩은 "우리는 이 여성 과학 숭배자의 열

정을 존경해 마지않는다"라는 문장으로 시작하고 나서는 곧이어 "이 여류 작가의 책에는 오류가 가득하다"라고 주장하면서 20쪽에 걸쳐 항목별로 조목조목 비판했다. (수리남에 대한 경험적 지식이 없는) 길딩은 비전문가가 채색한 것이 분명한 1726년 최신 판본을 근거로 "많은 이미지의 어처구니없는 위치와 엄청난 부정확성"에 대해 문제를 제기했고, 심지어 "쓸데없는 상상으로 그려진" 장식용 권두 삽화라고까지 비아냥댔다. 길딩은 메리안이 책에서 사용한 여러 표현 장치를 곡해했고, 이후 진실이 입증된 책 속의 현상들을 믿지 않았다. 메리안 사후에 출간된 과학 논문들을 참조해서 비판한 길딩의 시도는 대체로 여성을 혐오했던 학계가 메리안에게 저지른 인물 암살의 예시로 주목할 만하다.

동시대인들에게 대체로 무시되고 지금까지도 다소 특화된 영역으로 남아있는 분야에서 활약했던 재능 있고 수완도 뛰어난 이 연구자의 평판을 회복하기 위해 지난 반세기 동안 많은 노력이 진행되었다. 메리안이 그때까지 존중은커녕 오해만 받아오던 생물 집단의 메커니즘을 드러내기 위해 수고를 아끼지 않았고 또 그 결과를 이토록 지적이고 드라마틱하고 아름다운 형태로 세상에 내놓았다는 사실은 메리안의 업적이 한동안 세상에서 잊혔다는 사실만큼이나 놀랍다. 이 책에 실린 전문가들의 혜안은 박물학자이자 예술가인 메리안의 명성을 다시금 드높이려는 시도이자, 근대 초기의 진정한 영웅에게 21세기가 보내는 적절한 인사가 될 것이다.

※ 귀중한 조언과 도움을 아끼지 않은 이 책의 편집자들에게 감사드리며, 케이트 허드 박사, 도미니크 후니거 박사, 찰리 자비스 박사의 고견에도 깊은 감사를 전한다.

2장

마리아 지빌라 메리안의 세상

최근 들어 마리아 지빌라 메리안의 생애와 그녀가 예술과 과학에 기여한 공로가 학계는 물론이고 대중적으로도 폭넓게 관심을 끌고 있다. 메리안은 수많은 예술가와 작가의 창조적 시도에 큰 영감을 주었다. 서거 300주기인 2017년에 암스테르담에서 메리안을 중심으로 새롭게 결합한 학문과 예술 작품을 기념하는 학회가 열렸고, 그 결과물로 이 책이 탄생했다. 이 책은 메리안의 삶과 일을 새로운 시선에서 돌아보고, 주요 작품을 재검토하며, 그녀가 현대 예술에 미친 영향을 탐구하려는 목표로 제작되었다. 이 책에 참여한 저자들은 메리안이 생활하고 작업했던 환경, 인간관계, 연구 과정과 생산물, 예술과 자연사에 미

친 영향을 다각도로 조사한다. 또한 메리안의 작품을 메리안 전후의 예술가, 과학자, 그리고 남녀를 가리지 않고 다양한 동시대인들과 비교한다.

이 장에서는 이처럼 다양한 주제가 제공되는 발판을 마련하는 것으로 시작해 각 장의 내용을 소개한다. 아서 맥그리거의 첫 글은 메리안의 시대 안에서 전체적인 틀을 매끄럽게 잡아주었다. 이어서 나는 메리안 이전 시대의 맥락에서 그녀가 자연사 연구에 기여한 바를 설명한다. 또한 메리안의 일대기, 곤충 연구, 메리안이 출간한 서적들의 간략한 개요를 제공한다. 메리안의 삶과 일에 관련한 역사적 사실을 제공하는 자료는 많지만, 예술가이자 박

그림 1. 마테우스 메리안과 카스파르 메리안의 책을 모사한 익명의 화가 作. 인시목 곤충의 성충과 애벌레. J. Jonston, *Naeukeurige Bes-chryving van de Natuur der Gekerfde of Kronkel-dieren*, Amsterdam 1660, plates 6(왼쪽) and 20(오른쪽), hand-colored etch-ing, 29×17.5cm(plate), Artis Library, Allard Pierson, University of Amsterdam, AB 126:23.

물학자로서 메리안의 성취를 가장 잘 알려 주는 것은 바로 메리안 자신이 쓴 책이다.[1] 권두에 압축한 연표에는 이 책에서 논의되는 내용과 관련한 자연사 연구의 타임라인이 실려있으며, 이는 메리안의 일생과 성과를 가늠하는 길잡이가 될 것이다.[2]

메리안 이전 시대

메리안이 당시 여성에게 일반적이지 않은 대상을 다룬 남다른 예술가였음은 분명하지만, 그녀를 진정으로 특별하게 만든 것은 메리안이 자연 세계의 이해에 이바지한 부분이다. 앞으로 좀 더 자세히 설명하겠지만, 1679년에 출간된 《애벌레 책》 이전

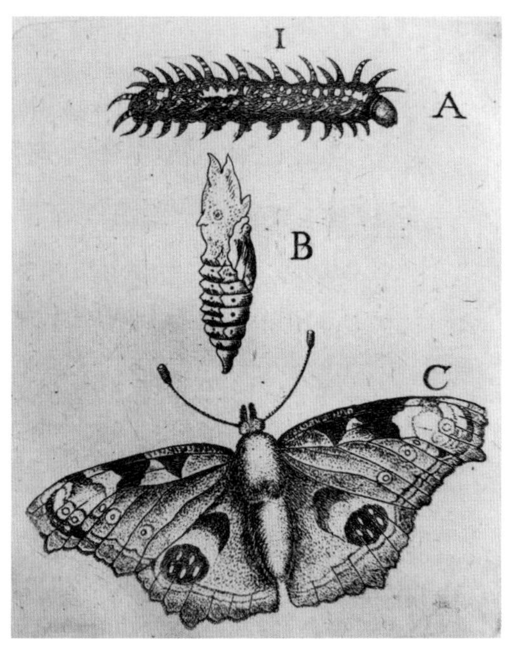

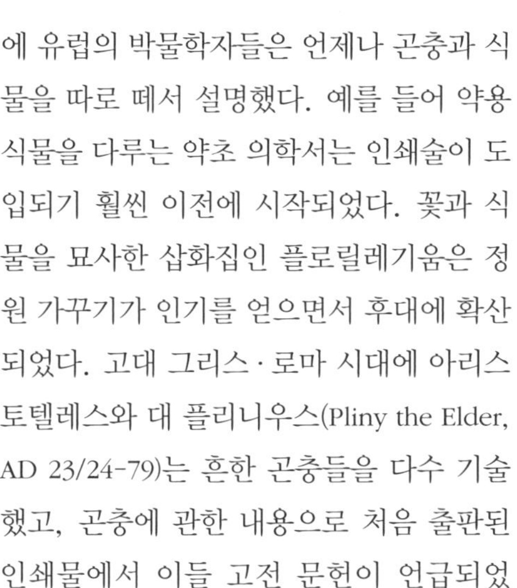

그림 2. 요하네스 후다르트 作. 공작나비의 세 단계 변태 과정. J. Goedaert, *Metamorphosis Naturalis*, Middelburg 1660, plate 1, etching, Artis Library, Allard Pierson, University of Amsterdam.

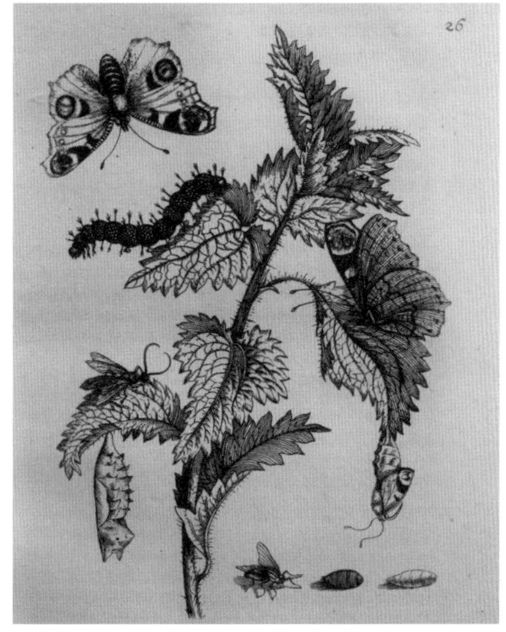

그림 3. 마리아 지뷜라 메리안 作. 쐐기풀 위에 앉은 공작나비의 변태 주기. M. S. Merian, *Der Raupen wunderbare Verwandelung*, Nuremberg 1679, plate 26, etching. Spencer Collection, New York Public Library.

에 유럽의 박물학자들은 언제나 곤충과 식물을 따로 떼서 설명했다. 예를 들어 약용 식물을 다루는 약초 의학서는 인쇄술이 도입되기 훨씬 이전에 시작되었다. 꽃과 식물을 묘사한 삽화집인 플로릴레기움은 정원 가꾸기가 인기를 얻으면서 후대에 확산되었다. 고대 그리스·로마 시대에 아리스토텔레스와 대 플리니우스(Pliny the Elder, AD 23/24-79)는 흔한 곤충들을 다수 기술했고, 곤충에 관한 내용으로 처음 출판된 인쇄물에서 이들 고전 문헌이 언급되었

다. 울리세 알드로반디(Ulisse Aldrovand, 1522-1605), 토머스 모핏, 얀 욘스톤(Jan Jonston, 1603-1675) 등은 곤충 백과사전을 썼는데, 새로운 정보를 추가했다고는 해도 대체로 옛날 책을 베끼는 수준이었다.[3] 이런 책들은 다른 동물을 다룬 백과사전처럼 고전적 지식을 되풀이했고 기초적인 설명과 최소한의 초기 분류 체계만을 제공했다. 이 시대에 곤충은 그 곤충의 먹이와 집이 되는 식물과는 별개로 탐구되었고, 곤충의 다양한 발달 단계 역시 (잘 연

구되지도 않았지만) 대개 각각 분리되어 표현되었다. 1653년에 욘스톤이 쓰고, 메리안의 이복형제인 마테우스 메리안 주니어(Matthäus Merian the Younger, 1621-1687)와 카스파르 메리안(Caspar Merian, 1627-1686)이 제작하여 여러 판본으로 출간된 곤충 백과사전에서 그 예를 찾아볼 수 있다(그림 1).[4]

네덜란드 박물학자이자 화가인 요하네스 후다르트는 곤충의 변태 과정을 처음으로 깊이 있게 연구한 사람이었다. 미델뷔르흐의 자택에서 기른 곤충에 관한 세 권의 책은 메리안에게 좋은 참고 자료가 되었다. 후다르트도 종종 유충이 먹는 식물을 언급했지만 상세한 내용은 없었고, 대개 이런 관계를 그림으로 나타내지는 않았다(그림 2). 메리안이 1679년에 출간한 《애벌레 책》의 전체 제목('애벌레의 경이로운 변신과 신기한 먹이 꽃')에서도 나와있지만, 메리안의 '참신한 발명'은 애벌레들을 각각의 숙주 식물과 함께 배치시킨 것이었다. 후다르트의 표현 방식은 공작나비라는 동일한 종을 묘사한 메리안의 그림과 비교했을 때 차이가 뚜렷하게 드러났다. 메리안은 공작나비 애벌레가 선호하는 서양쐐기풀 주변에 이 나비의 생활사를 그려놓았다(그림 3). 메리안이 그린 그림에는 온

전한 형태의 번데기, 나비 성충이 막 나오기 시작하는 번데기는 물론이고 이 나비의 애벌레 주변에서 자주 발견되는 파리까지 그려져 있다.[5] 그림 1과 2의 정적인 묘사와 달리 메리안의 나방과 나비는 날고 있거나 식물 위에 앉아있으며, 날개의 앞뒤 무늬가 다른 종이라면 메리안은 양면을 모두 보여주어 중요한 동정의 열쇠를 제공했다. 메리안의 역동적인 그림들은 곤충과 그 곤충이 먹고사는 식물의 생태적 상호작용을 설명하는 유익한 텍스트와 어우러졌다. 메리안은 기생이나 포식 같은 곤충 간의 관계도 다루었고, 후다르트 등의 선배 학자들과 다르게 성체가 짝짓기 후에 낳은 알에서 애벌레가 나왔다는 사실을 명확히 보여주었다. 메리안의 글과 이미지는 지금까지 여러 방식으로 영향력을 행사했고, 그 각각이 바로 이 책에서 자세히 조사될 것이다.[6]

간략한 일대기

어떻게 정식 교육도 받지 않은 독일의 젊은 여성이 자연사 연구에서 그와 같은 혁신을 일으킬 수 있었을까? 마리아 지빌라 메리안의 가정환경과 그녀가 태어난 시대는 어린 예술가이자 박물학자에게 비옥한

그림 4. 야코프 마렐 作, 튤립 두 송이(1640). *Album with drawings of tulips.* watercolor and bodycolor on vellum. 265×335mm(vellum sheet). Rijksmuseum, Amsterdam, RP-T-1950-266-41-1.

땅을 제공했다. 프랑크푸르트암마인의 출판 및 판각공 집안에서 태어난 메리안은 도서전, 정원, 누에 산업의 고장에서 나고 자랐고, 각각은 평생의 업으로 이어진 관심과 흥미를 돋우는 데 일조했다. 독일에서는 장인(匠人) 집안의 딸이 가업에 참여하는 경우가 왕왕 있었기에 메리안 역시 집에서 배우고 훈련했다. 다만 메리안에게 특별한 점이 있다면, 그림의 소재였던 곤충에 사로잡혀 그 세계를 연구하는 데

50년이 넘는 인생을 바쳤다는 것이다.

권두의 연표에도 적혀있지만, 메리안이 나비와 나방의 변태를 기록하기 시작한 것은 고작 13세 때였다. 그녀의 끈기와 관찰력은 남달랐고, 자신이 본 것을 정확한 이미지와 주의 깊은 설명으로 전달하는 능력까지 겸비했다. 친부인 마테우스 메리안(Matthäus Merian the Elder)도 유명한 인물이었지만 메리안이 고작 3세 때 사망했으므로 메리안이 받은 예술 교육과 영감은

사실상 의부인 야코프 마렐(Jacob Marrel)에게서 왔다고 봐야 한다. 화가인 마렐은 메리안이 4세 때 그녀의 어머니와 결혼했는데, 식물과 곤충을 그린 메리안의 가장 초기 작품에서는 새아버지의 화풍이 고스란히 드러난다. 마렐은 '튤립 정물화'를 그린 수많은 화가 중의 하나였지만 그의 작품에는 곤충, 달팽이, 거미 등이 등장해 생동감을 불러일으킨다는 점에서 다른 화가들과 구별되었다(그림 4).[7]

이복오빠인 카스파르와 마렐의 제자였던 요한 안드레아스 그라프(Johann Andreas Graff) 또한 어린 메리안에게 예술을 가르쳤다. 결국 메리안은 18세 때 자기보다 열 살 많은 그라프와 혼인했고, 3년 만에 첫째 딸 요하나 헬레나(Johanna Helena)를 낳았다. 그리고 곧바로 프랑크푸르트를 떠나 그라프의 본가가 있는 뉘른베르크로 이사했다. 그곳에서 마리아 지빌라는 여학생들에게 그림을 가르치면서 작품 활동을 계속했고, 본격적으로 곤충 연구를 시작해 애벌레를 잡아다가 기르면서 변태 과정을 지켜보고 각 단계와 먹이식물을 기록했다. 메리안은 이복오빠 카스파르와 계속해서 가깝게 지냈는데, 아마도 오빠 때문에 훗날 비우어르트에 가서 살게 되었을 것이다. 32세의 메리안으로 확인된 초

상화는 1679년에 의부인 마렐이 뉘른베르크에서 메리안 부부와 머물렀을 때 그린 것으로 추정된다(이 책의 권두 삽화 참조).

뉘른베르크에서의 13년(1668-1682)은 더없이 생산적이었다. 1678년에 둘째 딸 도로테아 마리아(Dorothea Maria)를 낳았고, 장식용 화집인 《꽃 그림책》 세 권을 제작한 데 이어 1679년에는 최초의 자연사 책인 《애벌레 책》을 출판했다. 《애벌레 책》 제2권과 제3권에 실린 연구의 대부분을 마친 것도 뉘른베르크에서였다. 메리안 자신이 직접 동판에 새긴 《꽃 그림책》은 메리안의 학생을 비롯한 젊은 여성들의 자수와 그림의 견본이 되었다.[8] 1675년에서 1680년까지 제작된 장식용 도판은 메리안이 곤충의 변태 등에 집중적으로 질문을 던진 시기와 겹친다.[9] 첫 연구 결과물인 《애벌레 책》에서 메리안은 자신이 관찰한 곤충들의 다양한 속성을 비교해서 찾아낸 연관성을 내세우며 "박물학자, 화가, 정원을 사랑하는 사람들에게 도움이 될" 책이라고 소개했다.

1681년 의부 야코프 마렐이 세상을 떠난 뒤 메리안과 두 딸은 프랑크푸르트로 돌아가 남편을 잃은 어머니 곁에 머물렀고, 메리안의 남편 그라프는 프랑크푸르트와 뉘른베르크 사이를 오가며 지냈다. 2년

뒤, 메리안은 두 번째 《애벌레 책》을 출판
했다. 이 책은 그녀가 곤충 연구의 대부분
을 완성한 뉘른베르크에서 인쇄되었다.[10]
메리안은 1686년에 접어들 무렵, 아마도
결혼 생활의 압박을 포함한 여러 이유로
또 한 번 거처를 옮기게 되었다. 메리안은
두 딸, 그리고 어머니와 함께 네덜란드 공
화국 프리슬란트주 비우어르트의 발트하
에 있는 라바디스트 공동체로 이주해 이복

오빠 카스파르와 함께 살았다(그림 5). 거
주지를 옮긴 이유와 남편과의 불화에 대한
추측성 글이 난무하지만, 어쨌거나 라바디
스트들과 함께 지낸 5년의 결과는 결혼의
실질적 종료였다. 라바디스트 공동체는
그라프가 그곳에 와서 아내, 딸들과 함께
지내는 것을 허락하지 않았다.[11]

　메리안이 라바디스트들과 함께 지내
는 동안에도 자연사 연구를 놓지 않은 것

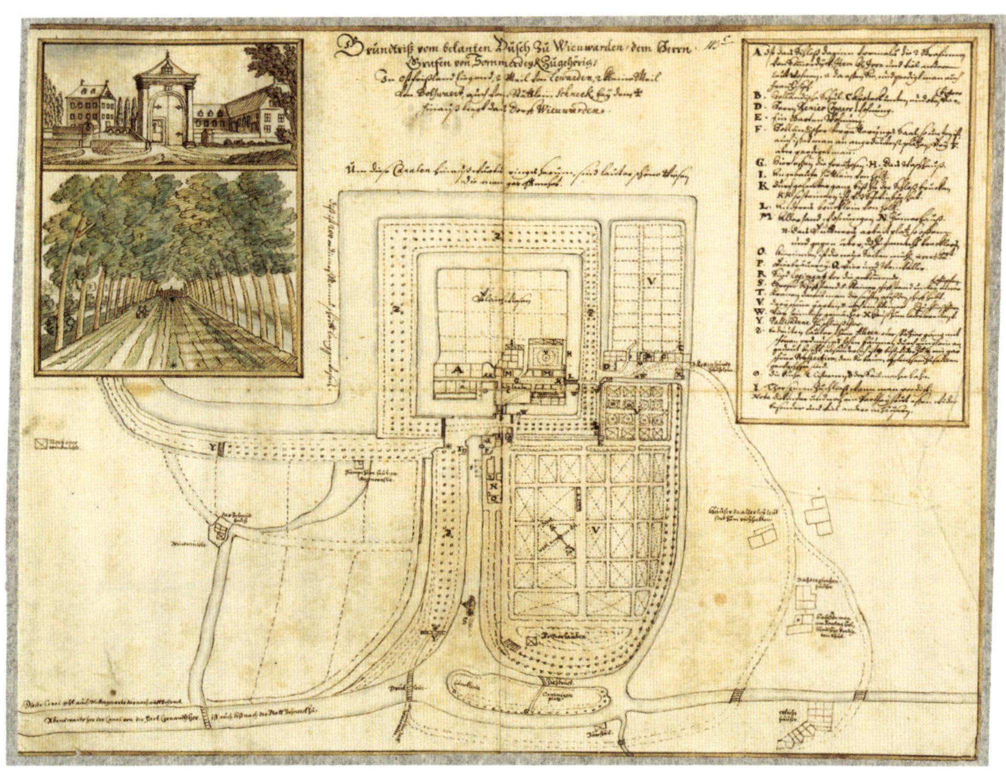

그림 5. 요한 안드레아스 그라프 作, 〈비우아르던의 유명한 숲 평면도(Grundriß vom bekanten Busch zu Wieuwarden)〉, 1686년경, col-
ored pen and brush drawing, 337×420mm, Staatsarchiv Nürnberg(StaatsAN), Handschriftliche Karten, inv. no. 212, 1686.
Courtesy of Staatsarchiv Nürnberg.

은 일지와 그림을 모아둔 〈연구 노트〉에서 날짜가 적힌 항목으로 증명할 수 있다.[12] 발트하 성에 있는 동안 메리안은 짬을 내어 첫 두 애벌레 책의 밑바탕이 된 〈연구 노트〉의 일부를 정리하고 필사했다.[13] 발트하 성에서 일구어 낸 또 다른 결과물은 1691년에 메리안이 라바디스트 공동체를 떠나면서 곧바로 암스테르담으로 이주할 수 있게 도와준 사회적 인맥이었다. 메리안이 마침내 수리남으로 떠날 수 있었던 것도 아마 이 인적 네트워크를 활용한 덕분이었을 것이다.

당시 암스테르담은 유럽에서 가장 큰 도시의 하나이자 국제무역과 예술 및 과학 분야에서 혁신의 중심지였다. 그곳은 출판업과 미술품 시장, 훌륭한 식물원의 본거지였고, 이민자와 여성에게 다른 곳에서 쉽게 얻을 수 없는 기회를 주었다. 이런 고무적인 환경에서 메리안은 작품 활동과 자연사 연구에 계속 매진했고, 이 도시의 수집가와 박물학자로 구성된 활발한 교류망에 참여하게 되었다. 이 책의 다른 장에서 논의된 것처럼 메리안은 이 인맥을 적극적으로 활용하여 표본을 거래하거나 물감과 그림을 공급하고 자연사 수집품들을 찾아다녔다.[14] 메리안은 다른 이들의 수집품에서 보았던 이국적인 나비에 자극

을 받아 1699년에 둘째 딸 도로테아와 함께 네덜란드령 수리남에 가서 2년 동안 집중적으로 나비를 연구했다.[15] 하지만 계획과 달리 그곳에서 심한 병에 걸려 체류 기간은 단축되었고, 결국 1701년에 암스테르담으로 돌아와 세상을 떠날 때까지 그곳에 머물며 연구, 예술, 집필에 전념했다. 1679년과 1683년에 출간했던 《애벌레 책》의 네덜란드어 번역본(*Rupsenboeken*)을 출판한 데 이어 이 시기에 메리안은 자연사 책 두 권을 더 제작했다. 둘 중에 더 잘 알려진 것은 1705년에 2절판 크기로 출간된 《수리남 곤충의 변태》이다. 세 번째이자 마지막 《애벌레 책》은 1717년에 메리안이 사망한 직후에 도로테아 마리아가 펴냈으며, 독일어가 아닌 네덜란드어로 출판되었다.[16]

말년에 암스테르담에서 지내는 동안 메리안의 명성은 점점 더 커졌고, 한스 슬론 경(Sir Hans Sloane, 1660-1753)과 리처드 미드(Richard Mead, 1673-1754) 같은 수집가들이 그녀의 작품을 적극적으로 수집했다. 메리안은 영국에서 제임스 페티버 같은 수집가와 교신했고, 암스테르담 식물원 식물학자 카스파르 코멜린(Caspar Commelin, 1668-1731)과도 친분이 있어서 《수리남 곤충의 변태》에 실린 식물의

라틴 학명을 그의 이름으로 짓기도 했다. 1711년에 차하리아스 콘라트 폰 우펜바흐(Zacharias Conrad von Uffenbach, 1683-1734), 1714년에 코시모 3세 데 메디치(Cosimo Ⅲ de' Medic, 1642-1723)가 보낸 특사 야코포 구이두치(Jacopo Guiducci) 같은 저명인사가 여행 중에 메리안을 방문했다.[17] 메리안이 세상을 떠날 무렵, 표트르 1세의 주치의 로베르트 아레스킨(Robert Areskin, 1677-1718)이 메리안의 상속자로부터 그녀의 노트와 연구 원본의 상당 부분을 매입했는데 이 역시 메리안의 작업이 얼마나 높이 평가되었는지 보여주는 또 하나의 증거다.[18]

메리안의 연구 동기

메리안이 선택한 평생의 업은 고되고 어려웠을 뿐 아니라 안정된 수입을 보장할 수 없었다. 메리안이 곤충을 연구하게 된 계기를 조사한 학자들 중 일부는 그녀의 종교적 신심을 강조한다. 분명 자연신학은 메리안의 시대에 자연사 연구를 자극하는 한 원동력이었다.[19] 사실 메리안의 어조가 동시대인보다 유난히 신실하다고 말할 수는 없다. 실제로도 메리안의 언어는 공공연하게 종교를 내세우는 후다르트보다 훨씬 덜 경건했다. 수리남 연구를 바탕으로 한 《수리남 곤충의 변태》에서 신이 언급된 것은 단 한 번뿐이다. 그러나 메리안이 발트하 성의 라바디스트 공동체에서 지낸 시간 때문에 그녀의 작품이 종교적인 성향을 보인다는 주장에 힘이 실렸다. 하지만 메리안의 행보가 종교적인 열정에서 비롯한 것만은 아니었다는 사실이 중요하다. 그때까지 수백 년간 많은 여성이 남편을 잃은 후, 또는 경제, 가족, 사회적 압박 등의 다양한 이유로 수녀원이나 베긴회 같은 종교 공동체에서 도피생활을 했다. 메리안의 경우는 가족 때문에 발트하 성으로 가게 되었을지도 모른다. 이복오빠 카스파르가 메리안보다 먼저 그 공동체에 들어갔고, 어머니 또한 그곳으로 이주했다. 그리고 때마침 그라프와의 결혼 생활에 이상기류가 생기기도 했다.[20]

메리안이 곤충에 관심을 갖게 된 최초의 자극이 무엇이었든 간에, 그 열정은 쉽게 채워지지 않는 호기심으로 50년을 지속했다. 메리안에게도 가장 큰 동기는, 학계에 큰 공을 세운 대부분의 과학자처럼 발견의 기쁨이었다. 이 부분은 1679년에 출판한 《애벌레 책》에 등장하는 황제나방(*Saturnia pavonia*)의 단락에서 명확하게 드러난다.

수년 전, 자연이 만들어 낸 이 유난히 크고 잘생긴 나방을 처음 보았을 때 나는 그 아름다운 음영과 색상 대비에 경이를 느껴 수시로 그렸다. 한데 몇 년 뒤 주님의 은총으로 이 나방의 애벌레가 변신하는 과정을 알게 된 후로는 이 아름다운 나방-새가 나오기까지의 시간이 한없이 길게 느껴졌다. 그리고 마침내 나방이 나타났을 때의 기쁨은 이루 말할 수 없고 내 바람이 이루어진 것에 형언할 수 없을 정도로 흡족했다.[21]

곤충 변태 과정의 속성을 이해하려는 열망은 말년까지 쭉 이어졌다. 열대 곤충을 조사하려고 수리남행 배에 올랐을 때가 52세였고, 〈연구 노트〉에 적힌 1710년 부분을 보면 63세에도 여전히 새로운 생물을 관찰하고 있었음을 알 수 있다.

메리안의 연구 방식과 출판

연표에도 적혀있듯이, 메리안은 1675년에서 1680년까지 《꽃 그림책》이라는 장식성 화집 세 권을 출간했다. 1679년에서 1717년 사이에는 유럽 곤충의 자연사를 탐구해 세 권의 《애벌레 책》을 쓰고 그림을 그렸다(독일어로 'Raupenbuch', 네덜란드어로 'Rupsenboek'이다). 그리고 1705년에는 수리남의 네덜란드 식민지에서 동식물을 연구한 대표작 《수리남 곤충의 변태》를 냈다. 사망 전후로 번역본도 많이 출판되었다. 1705년에 《수리남 곤충의 변태》를 네덜란드어와 라틴어로 출간했고, 1679년, 1683년에 각각 초판이 나온 두 《애벌레 책》은 1712년에 네덜란드어로 번역되어 (둘째인 도로테아 마리아가 작업했다고 추정) 출간되었다. 네덜란드어 판본은 짧게 축약되었는데 (아마도) 인쇄 비용을 아끼기 위해서였을 것이다. 당시 종이는 책을 출간할 때 비용 부담이 가장 큰 항목이었는데, 텍스트가 많은 독일어 판본은 종이가 세 배나 더 들었기 때문이다. 분량이 줄어든 번역본을 통해 독자층을 넓히긴 했어도, 텍스트가 원본의 3분의 1가량으로 축소되면서 곤충에 대한 최소한의 형태 묘사만 살아남았고 그간 어렵게 연구한 생태적, 행동적 특성은 모두 생략되어 후대에 그녀의 명성을 깎아내리는 요인이 되었다. 더 큰 문제는 이처럼 심각하게 잘려 나간 판본이 사후에 제작된 라틴어와 프랑스어 번역본의 저본이 되었다는 점이다. 앞으로 더 논의하겠지만, 메리안 사후에 출간된 책들은 그녀가 남긴 유산의 축복이자 저주가 되었다. 이 책들 덕분에 메리안의 연구와 작업을 더 많은 독자에게 소개할 수 있었지만, 한편으로 어설픈 증보, 조잡한 채색, 그 밖에도 원본을 형편 없이 수정하면서 메리안의 과학적 명성에 해를 입혔기 때문이다. 어쨌거나 메리안의 책들은 수없이 모방되었고, 그녀가 그린 이미지, 특히《수리남 곤충의 변태》에 실린 생동감 넘치는 열대 도판의 이미지는 자주 모사되었다. 예를 들어《수리남 곤충의 변태》의 잘 익은 파인애플 그림은 요한 크리스토프 폴카머(Johann Christoph Volkamer, 1644-1720)의《뉘른베르크 감귤류(Nürnbergische Hesperides)》(1708-1714)에서 복제되었다(그림 6). 많은 경우에 그랬듯이 메리안이 이 이미지의 원작자로 표기되지는 않았다.

책 한 권 내기 힘들었던 시대에 메리안의 생산성은 놀랍기만 하다. 참고로 영국 박물학자 존 레이(John Ray, 1627-1705)의《곤충의 자연사(Historia Insectorum)》는 동료에 의해 사후에 출판되었는데, 거기에는 그보다 먼저 사망한 프랜시스 윌러비(Francis Willoughby, 1635-1675)의 연구가 포함되었다.[22] 이와 비슷하게 요하네스 스바메르담(1680년 사망) 역시 생전에 출간한 것은 극히 일부였고, 1737년이 되어서야 그의 광범위한 곤충학 연구가 세상에 알려졌다.[23] 그러나 메리안의 생산성과 공헌보

그림 6. 요한 크리스토프 폴카머 作, 파인애플과 바퀴벌레. J.Ch. Volkamer, *Nürnbergische Hesperides*, Nuremberg 1708–1714, plate 1 in supplement, etching. Oak Spring Garden Library Foundation, Upperville, Virginia.

다 더욱 놀라운 부분은 그녀가 책에서 다룬 주제의 범위였다.

곤충과 그들의 숙주 식물에 관해 메리안의 연구가 아우르는 수준을 제대로 파악하고 싶다면 메리안의 책들을 직접 읽어봐야 한다. 그리고 이런 결과물을 내기까지 투입된 노동과 끈기의 양을 가늠하려면 잠시 메리안이 되어 300여 종의 곤충을 직접 채집하고, 일일이 다른 식물을 먹이고 키우면서 변태 과정을 관찰하고, 그 내용을 노트

에 꼼꼼히 기록하고, 그림을 그려보면 된다. 메리안도 대개 첫 번째 시도에서는 변태 주기를 완벽하게 관찰하지 못했고, 어떨 때는 나방이나 나비 한 종을 구하는 데 몇 년이 걸리기도 했다. 메리안이 1679년 작 《애벌레 책》에서 흰점도둑나방(*Melanchra persicariae*)에 관해 쓴 내용을 살펴보자.

나는 3년을 연속해서 애벌레를 키웠지만, 아무리 공을 들여도 번데기 몇 마리가 전부였고 그나마도 성충이 되지 못했다.… 4년째인 작년 2월에 마침내 나방 한 마리가 나왔는데 정말 기뻤다.[24]

독일과 네덜란드에서 메리안은 주로 흔한 식물과 곤충으로 가득 찬 밭, 과수원, 정원에서 채집했기 때문에 자기가 원하는 특별한 곤충을 찾고 키우기가 녹록지 않았을 것이다. 찜통같이 덥고 낯선 열대우림에서는 그 과정이 더욱 어려웠을 뿐 아니라 중병에 걸리는 바람에 예정된 체류 기간을 채우지 못했다(오늘날에도 열대 연구자들에게 흔히 일어나는 일이다). 참고로 18세기에 칼 린네가 표본 수집을 위해 원정을 내보냈던 젊은이의 절반이 스웨덴을 떠난 후 사망했다.

메리안은 자신의 책에 나오는 연구를

모두 직접 수행했고 도판 역시 대부분 손수 동판에 새겼다. 1679년, 1683년에 출판된 《애벌레 책》에 나온 102개 도판과 《꽃 그림책》의 장식적인 도판도 본인이 새긴 것이다. 메리안의 에칭 실력은 무채색 작품에서 가장 잘 드러난다(그림 3 참조). 메리안은 1717년 《애벌레 책》과 1705년 《수리남 곤충의 변태》에 실린 도판 제작에도 참여했다. 후자는 이 책에서 자세히 다루어진다.[25] 마지막으로 메리안은 작품 일부를 판매용으로 채색했고, 마케팅에도 관여했다. 그녀가 저자로서 출판 과정에 참여한 수준은 그 시대로서는 이례적이었고, 결과적으로도 책의 품질과 성공에 크게 기여했다.

이 책의 내용

이 책은 여러 사람이 다양한 목소리와 관점으로 접근했으며, 메리안의 연구와 작품에 대한 역사적 접근은 물론이고 예술적 측면에서 시대의 반응까지 아우른다. 오늘날에는 디지털화된 이미지, 책, 기록보관소, 신문, 경매 카탈로그 덕분에 역사학적 연구가 수월해졌고, 온라인에서 원격으로 자료 검색이 가능해지면서 과거보다 훨씬 광범위하고 깊이 있는 질문을 던질 수 있게 되었다. 새로운 연구 결과는 지식의 공백을 채우기도 하지만, 지금까지 아무런 문제 제기 없이 성문화되고 반복되어 온 주장과 가정을 검증하는 데도 사용된다. 우리는 이 책이 마리아 지빌라 메리안과 관련된 다분야 탐구의 새로운 장을 열기를 기대하며 이 책에서 뿌린 씨앗이 커나가는 모습을 지켜볼 것이다.

이 책에는 메리안의 예술과 메리안이 현대 예술에 미친 영향을 다양한 관점에서 다룬 글들이 수록되었다. 쿠르트 베텡글(Kurt Wettengl)은 메리안의 예술과 자연사 연구를 최근까지 활발하게 활동한 현대 예술가와 연결한다. 그들 중 일부는 생물학을 전공했고, 일부는 예술가 교육을 받았으나 예술과 자연 관찰을 결합하는 쪽으로 방향을 틀었다. 어떤 예술가는 동물을 공동 제작자로 기용했는데, 이와 관련해 베텡글은 이 책의 또 다른 저자인 요스 판더 플라스(Joos van de Plas)를 포함한 매력적인 사례들을 예시한다.

시인 신시아 스노(Cynthia Snow)와 비디오예술가 야드랑카 녜호반(Jadranka Njegovan)의 작품은 2017년 학회에서 큰 관심을 받았는데, 이 책에서는 메리안이 현대에 와서까지도 창의적 영감의 원천이 되는 사례로 그들의 작품을 실었다. 스노의 시는 메리안의 두 딸이 보는 시점을 포함해 좀 더 친밀한 관점에서 메리안을 보게 한다. 도둑나방이 알에서 깨어나서 생장하고 변태하는 장면을 찍은 녜호반의 비디오는 2017년 학회에서 청중을 사로잡았고 자연에는 여전히 우리를 끌어당기는 강한 힘이 있음을 보여주었다. 이 책에 실린 녜호반의 글에는 이 영상의 캡처 이미지와 함께 녜호반 자신의 이야기가 담겨있다. 이는 메리안이 보여주었던 호기심, 경이로운 감탄과 놀라울 정도로 유사하다.

이 책에서는 여러 개의 반복된 주제를 바탕으로 메리안에 대한 역사적 연구를 진행한다. 어떤 장에서는 메리안의 배경과 환경, 사적인 인간관계와 직업적 네트워크 및 메리안이 연구를 수행하고 책을 제작한 과정을 설명하며, 메리안과 비슷한 방식으로 자연을 공부했던 다른 동시대인과 비교, 대조한다. 다른 장에서는 메리안이 후대 예술가와 박물학자에게 미친 영향, 그리고 메리안이 남긴 유산의 색다른 측면에 초점을 맞춘다. 이 책에서는 메리안에 대한 역사적 이해를 돕는 글들을 하나의 대주제로 묶어놓았지만, 예술과 과학의 교차처럼 서로 중첩되는 주제가 가장 큰 흥미를 불러온다는 점에서, 각 장을 개별 카테고리로 구분하는 것은 실용적이지도 바람직하지도 않다고 보았다.

환경과 인맥의 영향

메리안을 단독으로 영웅의 지위에 올리기는 어렵지 않다. 그러나 여느 입지전적 인물처럼 그녀의 삶과 일에는 많은 요인이 작용했고, 그것들을 이 책에서 소개한다. 프랑크푸르트에서 받은 교육과 가문의 영향에 더하여 메리안은 뉘른베르크에서 가족, 친구, 학생, 교사, 후원자로부터, 비우어르트에서 알게 된 사람들로부터, 또 암스테르담의 풍부한 인적 네트워크로부터 많은 도움을 받았다. 메리안의 경우는 후원자, 협력자, 독자로 이루어진 개인의 인맥을 '우정수첩(*alba amicorum*)'을 포함한 다양한 단서를 통해서 추적할 수 있는 좋은 사례이다.

메리안은 당시로서는 다방면에서 이례적인 인물이었다. 그중에서도 자주 회자되는 한 가지는 남편인 요한 안드레아스 그라프와 별거를 시도하고 결국 이혼까지 했다는 점이다. 지금까지 그라프의 일대기는 대체로 큰 관심을 받지 못했지만, 마르고트 뢸회펠(Margot Lölhöffel)이 그의 삶을 돌아보며 그라프 역시 재능 있고 뛰어난 예술가였음을 밝힌다. 뢸회펠의 글에

는 그라프가 그린 뉘른베르크의 이미지가 풍부하게 예시되어 그들이 살았던 도시를 엿볼 수 있다. 뢸회펠은 그라프에 대한 기본적인 배경지식은 물론이고 자연과학자이자 예술가로서 메리안의 경력 초기에 그가 어떻게 그녀를 뒷바라지했는지 알려준다. 또한 메리안과 헤어진 이후의 삶과 경력을 추적하여 이 저평가된 예술가를 둘러싼 오해에 마침표를 찍었다.

뉘른베르크에서 메리안의 삶의 요소는 크리스틴 자우어(Christine Sauer)의 글에서도 드러난다. 자우어는 뉘른베르크 여성들이 그림과 자수의 견본으로 메리안의 《꽃 그림책》에 실린 이미지를 사용했다고 설명한다. 이런 공예 이야기는 메리안이 뉘른베르크에서 여성으로서 차지한 사회적 지위와 관계를 알려준다. 한편 16세기부터 유행한 우정수첩(라틴어로 '*alba amicorum*', 독일어로 '*Stammbücher*')도 다루는데, 지금까지 전해지는 이런 개인의 유품은 인간관계를 밝히는 귀중한 증거를 제공하며, 이 책에서 다른 저자들도 그 정보를 활용한다.

플로렌서 피터르스(Florence Pieters)와 베르트 판더루머르(Bert van de Roemer)는 뉘른베르크에서 시작해 암스테르담까지 메리안이 여러 우정수첩에 남긴 기록을 살

펴 메리안의 삶에 등장했던 다른 이들에게
까지 시야를 확장한다. 메리안은 개인 서
신을 많이 남기지 않았기 때문에 메리안과
당대 유력 인사들의 관계를 파헤치는 데
우정수첩이 활용되었다. 한편 우정수첩은
이 책의 다른 장에서 판더루머르가 조사한
타래로 이어지는 연결고리도 제공한다.
피터르스와 판더루머르가 분석한 우정수
첩은 예술적 표현, 우정은 물론이고 경쟁
관계까지 밝힌다. 특히 메리안 자신이 남
긴 글은 메리안의 성격과 사생활에 대해
많은 것을 말해준다.

리스벗 미설(Liesbeth Missel)의 글은 네
덜란드에서 메리안과 동시대에 활동한 여
성 알리다 빗호스(Alida Withoos, 1661/62-
1730)를 조명한다. 빗호스 역시 꽃을 그린
화가이다. 미설은 빗호스의 삶을 통찰력
있게 소개하며 아마 서로의 존재를 알았
을 메리안의 삶과의 유사성을 드러낸다.
두 여성 모두 당시 부유한 수집가이자 박
물학자이면서 메리안과 빗호스 같은 예술
가에게 중요한 후원자였던 아흐너스 블록
(Agnes Block, 1629-1704)을 위해 그림을
그렸다. 여성 수집가들은 그 시기 예술계
에 미친 영향에 비해 정당한 관심을 받지
못했다. 미설은 블록이 이바지한 바를 새
롭게 조명하여 이런 사실을 바로잡는다.

관찰과 제작 과정

이 책에서 '과정'은 메리안을 비롯한 사람
들이 생물을 관찰하고 정보를 모으는 기
법과 방식으로 정의된다. 그리고 '제작'은
그 정보를 글과 시각적 결과물로 만드는
단계를 말한다. 이 책에서 이 주제를 다
룬 글은 크게 두 가지 범주로 나뉜다. 하
나는 메리안의 작품이고, 다른 하나는 메
리안의 연구 방식을 다른 동시대 사람들과
비교한 것이다. 앞의 범주에서는 카타리
나 슈미트로스케(Katharina Schmidt-Loske)
와 케이 에서릿지가 나방과 나비의 생활사
중에서 특히 번데기 단계를 연구하고 그
림으로 나타낸 메리안의 방식을 상세히 설
명한다. 곤충의 발달 과정 중에서 별로 주
목받지 않는 이 단계는 메리안의 삽화에서
도 크게 눈에 띄지 않지만, 그녀가 번데기
를 연구하고 그림으로 나타낸 방식을 상세
히 분석하면 예술가이자 박물학자로서의
메리안에 대해 많은 것을 알 수 있다. 슈미
트로스케와 에서릿지는 애벌레가 성충이
되기 전에 거치는 이 신비하고도 역동적인
단계에 메리안이 매료되었음을 보여주는
글과 그림 연구, 인쇄 이미지를 제공한다.

메리안은 유럽에 퍼져있는 인맥을 통해
애벌레를 공급받을 때도 있었지만, 기본

적으로 독일과 네덜란드에서는 곤충 표본을 대부분 직접 수집했다. 그러나 박물학자가 낯선 지역에서 동식물 표본과 정보를 수집하다 보면 그곳의 지형과 생물에 익숙한 거주민의 힘을 빌릴 수밖에 없다. 수많은 모험가-박물학자가 그러했고, 메리안도 예외는 아니었다. 수리남에서 메리안은 노예와 토착민에게 크게 의존했고, 그들이 아니었다면 《수리남 곤충의 변태》도 존재하지 않았을 것이다. 마리커 판델프트(Marieke van Delft)는 수리남 네덜란드 식민지 역사의 맥락에서 이런 현실을 다룬다. 판델프트는 현지인(토착민과 노예, 식민지 개척자)과 메리안의 관계, 그리고 메리안의 열대 연구에 다방면으로 기여한 토착민과 노예를 조사한다. 또한 노예 노동으로 이득을 취한 과거 박물학자들의 이야기를 통해, 역사적 사건에서 중요하지만 종종 간과되는 요소에 초점을 맞춘다.

수리남에서 수집되고 연구된 풍부한 재료들은 《수리남 곤충의 변태》 제작 과정의 첫 단계에 불과하다. 1701년에 메리안이 암스테르담으로 돌아오면서 곧바로 본격적인 출간 작업이 시작되었다. 두껍고 그림이 많은 책의 무시할 수 없는 제작 비용은 메리안보다 덜 부지런한 예술가-박물학자들에게는 출판을 포기하게 만드는 커

다란 장애물이었다. 후원자 모집은 출판 비용을 마련하기 위한 전통적인 수단이었지만 메리안은 한 단계 더 나아가 열대 동식물의 이미지로 독특하고 호화스러운 고급 판본을 제작해 판매했다. 이는 일반적인 종이가 아닌 독피지 위에 정교한 카운터프루프(counterproof) 인쇄 기법을 사용해 열대 곤충과 식물을 찍어낸 것이다. 케이트 허드는 영국 왕실 컬렉션과 대영박물관에 소장된 독피지 그림을 예로 들어 메리안의 제작 방식을 소개했다. 허드는 이런 희귀한 카운터프루프 판본을 세심하게 분석하여 《수리남 곤충의 변태》에 실린 뛰어난 도판들의 제작 이야기를 밝힌다. 메리안이 자신의 연구를 바탕으로 직접 이 책의 동식물을 그렸지만 도판을 동판에 새긴 사람은 네덜란드 장인이라는 것이 통념이었다. 하지만 허드는 이런 가정에 부분적으로 도전한다.

메리안의 책에 실린 텍스트를 전문적인 활판인쇄공이 도맡아서 새겼다는 사실에는 이견이 없다. 한스 뮐더르(Hans Mulder)는 1675년에 뉘른베르크에서 제작된 《꽃 그림책》에서 시작해 메리안 사후에 암스테르담에서 출간된 《수리남 곤충의 변태》 1719년 판본까지 추적하여 각각에 관여한 활판인쇄공들을 수색했다. 뮐더르

는 여러 후보를 선정하고 다양한 증거를 통해 실제 책을 작업한 인쇄공을 찾아냈고, 그 과정에서 당시의 인쇄업에 대해 상세히 파헤친다. 또한 뮐더르는 메리안이 특정 인쇄공을 선택한 이유를 제시하면서 메리안의 뛰어난 사업 감각과 그녀가 속한 네트워크에 대한 지식에 기여한다. 메리안의 작품은 책의 역사에서 퍼즐을 푸는 데 필요한 단서를 제공하는 훌륭한 사례가 된다.

베르트 판더루머르는 책 제작과 메리안의 동시대인이라는 주제를 다루면서, 암스테르담에서 《수리남 곤충의 변태》와 같은 해에 출판된 한 서적에 메리안이 관여했다는 소문의 진위를 밝힌다. 게오르크 에베르하르트 룸피우스(Georg Everhard Rumphius, 1627-1702)가 1705년에 출간한 《암본의 희귀물 창고(D'Amboinsche Rariteitkamer)》에 아름답게 구현된 자연물(*naturalia*)은 메리안의 작품이라고 알려져 왔다. 판더루머르의 글은 이런 소문이 시작되고 이후 문헌에까지 자리 잡은 과정을 추적한다. 그리고 그 연관성을 뒷받침하는 시각 및 텍스트 증거를 상세히 분석해 룸피우스 책의 이미지를 그린 사람이 메리안이라는 주장에 반박한다. 이렇게 그는 예술계에서 저작자 표시를 평가하는 모범적인 방식을 제공한다. 또한 판더루머르는 당시 작업장에서의 관행을 언급하면서, 이는 메리안을 비롯한 다른 인물들의 연구에서도 면밀히 조사해야 할 주제라고 제안한다.

동시대 인물과의 비교

이 책의 세 번째 주제는 메리안의 시대에 비슷한 분야에서 활동한 다른 박물학자와의 비교이다. 해당 장에서는 실험실(보통은 연구자의 집)과 야외 연구 방식의 유사점과 차이점을 통해 당시 과학 연구의 다양한 방법을 밝힌다. 에릭 요링크(Eric Jorink)는 요하네스 스바메르담과 메리안이 공유한 중요한 신념에 관해 다루었다. 두 사람 다 모든 동물(예: 곤충)은 기본 구조가 동일하며 생장과 번식의 메커니즘도 마찬가지라고 생각했다. 스바메르담은 메리안보다 몇 년 먼저 활동했던 사람인데, 요링크는 스바메르담의 연구가 메리안의 관점에 영향을 주었다고 주장한다. 두 사람 모두 곤충의 번식에 대한 연구에 새로운 지평을 열었고 또 연구와 시각적 표현 방식에서도 동일한 요소를 공유했지만, 접근 방식은 서로 미세하게 달랐다. 요링크는 스바메르담이 현미경을 익숙하게 사용했고 변태 과정의 세부적인 내용을 세심하게 그려낸 것을 근거로 그가 근접 관점을 취했다고 보았다. 그리고 이를 곤충과 식물의 관계가 나타내는 더 큰 생태학적 그림에 초점을 맞춘 메리안의 관점과 대조한다.

이어지는 두 장에서는 아메리카 대륙의 유럽 식민지에서 활동한 다른 예술가-박물학자의 방식을 소개하고 메리안과 비교함으로써, 정보를 수집하고 기록하는 방식을 조명한다. 야이아 레몬트(Jaya Remond)는 메리안과 프랑스 식물학자 샤를 플뤼미에(Charles Plumier, 1646-1704)가 신대륙의 열대지방을 탐험하면서 식물을 기록하고 이미지를 제작한 관행을 살폈다. 플뤼미에의 《아메리카 양치식물 논고(Traité des Fougères de l'Amérique)》도 《수리남 곤충의 변태》가 출간된 1705년에 인쇄되었다. 플뤼미에는 이미 1694년에 연구를 마쳤지만 책은 그가 사망한 후에 출판되었다. 레몬트는 두 사람의 접근법과 시각적 전략이 나타내는 놀라운 유사점 및 차이점을 드러내며, 특히 메리안과 플뤼미에의 그림에 딸려있는 텍스트의 역할을 논의한다. 그는 유럽의 청중에게 신종의 정보를 전달한 플뤼미에와 메리안 같은 예술가-화가의 중추적인 역할을 식민지 배

경에서 고찰한다.

헨리에타 맥버니(Henrietta McBurney)는 메리안과 예술가-박물학자인 마크 케이츠비(Mark Catesby)의 작업을 비교하고 유사점을 탐구하여 메리안과 동시대인들이 남긴 유산에 다리를 놓는다. 케이츠비는 아열대는 물론이고 온대 지역에서도 연구를 수행했지만, 그의 《캐롤라이나, 플로리다, 바하마제도의 자연사(Natural History of Carolina, Florida and the Bahama Islands)》(1731-1743)는 메리안의 《수리남 곤충의 변태》의 영향을 크게 받았다. 맥버니는 정보가 담긴 예술적 이미지에 저 두 사람이 색깔을 사용한 방식이나 식물과 동물을 함께 배치한 방식 등을 상세히 조사한다. 그리고 마지막으로 케이츠비와 메리안이 "예술과 과학의 균형"을 위해 노력했던, 선구적인 현장 연구의 철저함과 엄격함에 감사를 전한다.

영향력과 유산

이 책은 마지막 대주제로 메리안의 유산과 영향력을 새로운 각도에서 다룬다. 마크 케이츠비처럼 다른 박물학자들도 메리안의 작품을 알았고 많은 이들이 그것을 인용해 왔다. 안야 그레베(Anja Grebe)는 메

리안의 연구에서 시작해 독일의 곤충학이 발달하는 과정에 메리안이 미친 영향의 흔적을 따라간다. 메리안은 과거 박물학자들과 비교해 그녀를 더 높게 평가한 크리스토프 아르놀트(Christoph Arnold, 1627-1685)의 찬시를 통해 기념되었으며, 빠르게는 이미 1687년부터 메리안의 연구가 인용되었다. 그레베는 17, 18세기 여러 독일 박물학자를 조사해 메리안이 독일 곤충학에 미친 광범위한 영향력을 드러내고 그녀의 책들이 어떻게 사용되었는지를 설명한다. 그레베가 언급한 독일 학자 대부분이 메리안의 《애벌레 책》 시리즈 독일어판을 구할 수 있었다. 앞에서 언급했듯이 메리안 사후에 출간된 판본들은 그녀의 연구를 널리 알리는 데 일조했으나 번역본은 독일어 원본 《애벌레 책》에서 크게 벗어났고, 뒤에서 자세히 설명하겠지만 다른 책들도 마찬가지였다.

사후에 제작된 판본들의 구성을 살피는 과정은 메리안과 메리안의 곤충 연구가 역사에서 어떻게 인식되어 왔는지를 이해하는 데 필수적이다. 리커 판데인선(Lieke van Deinsen)은 메리안이라는 사람을 시각적으로 브랜딩한 과정을 다루며 당시 암스테르담 출판업자 요하네스 오스테르비크(Johannes Oosterwyk, 1672-1737)가 메리안 사후에 텍스트, 이미지, 도판, 그리고 모든 연구에 대한 출판권을 매입한 후 수행한 중대한 업적을 소개한다. 이어서 판데인선은 오스테르비크가 메리안의 책 권두에 싣기 위해 의뢰한 초상화의 중요성을 설명한다. 이 시각적 장치를 거쳐 메리안은 지적 권위가 있는 여성으로 위상이 올라갔는데, 이는 전례가 없는 일이었다. 판데인선은 오스테르비크가 의뢰한 초상화를 당시 초상화 유행의 맥락에서 살펴보면서 초상화 제작과 메리안의 유산이 지니는 중요성을 이야기한다.

오스테르비크는 메리안의 사후 판본을 출간한 직후 그림 동판과 텍스트 전체를 암스테르담의 또 다른 출판업자인 장 프레데릭 베르나르(Jean Frédéric Bernard, 1680-1744)에게 넘겼다. 예술가 요스 판더플라스는 베르나르가 메리안의 여러 작품을 조합해 완전히 새로운 종류의 책을 제작했다고 말한다. 예를 들어 베르나르가 1730년에 출간한 《유럽의 곤충(De Europische Insecten)》은 메리안의 《애벌레 책》과 《수리남 곤충의 변태》의 텍스트와 도판뿐만 아니라 초기작인 《꽃 그림책》의 꽃 도판 대부분을 함께 실었다. 판더플라스는 메리안의 작품에 나타난 예술적 영감을 찾아가는 여정으로 글을 시작한다. 이 글에서 판더플라스는 메리안의 작품에 숨겨진 독특한 사실들을 발견하고, 베르나르의 《유럽의 곤충》에 실린 꽃 그림에 추가된 내용의 미스터리를 해결한다. 판더플라스는 예술가의 예리한 시선으로 어색한 그림들을 짚어냈고 어울리지 않게 추가된 곤충들의 출처를 밝힌 다음, 그 작업을 맡았던 예술가를 찾아낸다. 또한 추가 조사를 통해 메리안 이전의 박물학자가 쓴 글을 표절해 메리안의 작품에 덧붙인 사람까지 밝힌다. 이처럼 추가된 곤충은 심미적으로나 과학적으로 메리안의 장식성 꽃 도판에 어울리지 않았다. 하지만 안타깝게도 이처럼 불순해진 책을 산 사람은 메리안의 원작과 비교할 기회가 없었으므로 결국 그녀의 작품을 깎아내리는 계기가 되었다. 알리시아 C. 몬토야(Alicia C. Montoya)는 18세기 개인 서고에 보관된 메리안의 출판물을 기록한 경매 목록집 데이터베이스를 분석했다. 메리안의 작품을 소유한 사람들이 서고에 함께 소장한 도서들을 조사한 결과 몬토야는 그들이 자연신학에 관한 작품들도 소유했다는 흥미로운 경향을 발견했다. 몬토야는 이들 서고에 게오르크 에베르하르트 룸피우스의 《암본의 희귀물 창고》와 같은 자연사 서적들도 등장한다는 사실과 함께 이런 연관성을 탐색한다. 몬토야는 18세기에 네덜란드 도서관에 소장된 메리안의 책은 대부분 사후에 편집된 판본이라는 흥미로운 사실을 발견하고, 메리안의 평판을 깎아내리는 데 영향을 미친 다른 요인과 연관 짓는다.

메리안의 책을 찾는 독자를 크게 둘로 나누면 한 무리는 애서가들이고 다른 무리는 연구를 수행하는 학자들이었다. 율리아 두나예바(Yulia Dunaeva)와 베르트 판더루머르는 메리안의 출간된 저서는 물론이고 미출간된 〈연구 노트〉까지 참고해 곤충 분류군을 일관되게 정리하고 명명한 여러 박물학자의 사례를 든다. 메리안 자신은 이 분야에 큰 관심이 없었지만, 그녀가 남긴 정밀한 그림들 덕분에 제임스 페티버와 칼 린네와 같은 사람들이 생물을 분류하고 명명할 때 도움이 되었다는 점은 흥미롭다. 두나예바와 판더루머르는 메리안의 그림이 오늘날 상트페테르부르크의 인류학박물관인 쿤스트카메라(Kunstkamera) 같은 곳에서 역사적 표본의 종을 동정하는 데 활용되는 사례를 보여준다. 이 마지막 장은 메리안의 예술적이고 과학적인 관찰이 몇 세대에 걸쳐 예술과 과학에 미친 영향의 훌륭한 예시를 제공한다.

결론

'예술과 과학의 속성을 바꾸다'라는 2017년 학회의 부제는 이 책의 내용뿐만 아니라 메리안의 인생과 일의 다양한 측면을 함축한다. 메리안 자신이 쓴 책의 제목에는 '변태'라는 단어, 즉 메리안을 가장 사로잡았던 주제가 강조되었다. 변태 과정과 그것이 일어나는 생태적 배경에 대한 호기심이야말로 메리안을 동시대의 다른 박물학자와 구별되게 만든 일등 공신이다. 메리안은 한결같은 호기심으로 열대 지역으로의 위험천만한 여행을 포함해 50년 넘는 세월을 오로지 연구에 매진했다. 메리안 자신과 그녀의 작품 유형도 곤충의 자연사에 관한 메리안의 글이 점점 권위를 얻게 되면서 서서히 변해갔다. 1679년에 출간한 《애벌레 책》에서의 겸손하고 경건한 어조와 1705년에 출간한 《수리남 곤충의 변태》에서 안토니 판레이우엔훅(Antonie van Leeuwenhoek, 1632-1723)의 주장에 의문을 던지던 단락을 비교하면 이런 변화를 엿볼 수 있다.[26]

메리안의 그림이 진화한 과정은 예술가적 속성이 가장 두드러졌던 첫 출간작의 꽃 그림으로 시작된다. 시간이 지나면서 메리안의 글과 그림에 과학적 요소가 늘어났지만, 예술성은 여전히 찬란하게 빛났다. 메리안은 곤충에 관한 책을 예술 애호가와 자연 애호가 모두에게 소개하며 대상 독자를 명확히 했다. 후대 사람들을 위해 자연을 이해하고 표현하는 새로운 방식의 모형을 세운 것처럼 예술과 과학의 관계도 바꾸었다. 어쩌면 마리아 지빌라 메리안의 가장 큰 공헌은 예술과 과학의 불가분한 관계를 21세기에 다시금 되새기게 한 데 있을지도 모르겠다.

3장

마리아 지빌라 메리안 다시 보기

– 현대 예술에서 과학과 예술

예술가이자 박물학자인 마리아 지빌라 메리안의 일대기는 재혼 가정에서 자랐고 싱글맘으로 살면서 예술과 과학의 접점에서 활동한 한 예술가의 전기로도 볼 수 있다. 메리안이 보여준 주체적인 독립심과 고객의 뜻을 반영하는 유연함은 오늘날에도 예술가의 중요한 자질로 여겨진다. 메리안이 서적 제작을 진행한 능력과 자금을 조달하는 수완은 오늘날 예술 활동이 후원받는 방식을 떠올리게 한다. 한편 독일에서 태어나 네덜란드에서 생을 마감한 메리안은 세계의 다양한 문화권을 쉽게 오가면서 융통성과 이동성까지 두루 갖추었다.

그러나 메리안은 근대과학의 시작을 목도한 사람이기도 했다. 메리안은 과학이 이제 막 독립을 도모하고 곤충학이 아직 신생 학문이던 시기에 예술가이자 박물학자로 살았다.[1] 이런 면에서 메리안의 작업이 선구적이었다는 점은 의심의 여지가 없다. 메리안은 아직 린네가 자연을 체계적으로 정리하기 전 시대에 활동했지만, 유럽의 생물종은 물론이고 식민지에서 유럽으로 실어 나른 수많은 신종을 동정할 때 사용된 새로운 분류학의 출발을 경험했다.[2] 《애벌레 책》에서도 명백히 드러난 것처럼 메리안의 경험적 연구는 어느 정도 종교나 신학과도 연관되어 있지만, 그녀가 몰입한 곤충학에는 종교적 도그마를 거역해야 하는 운명도 있었다.

늦어도 19세기 중반 이후에는 자연사

연구의 시각화에서 예술이 차지하는 비중이 거의 소멸되었지만 메리안의 시대에는 아직 중요한 역할을 담당하고 있었다. 오늘날 우리가 아는 과학은 지금으로부터 불과 200년 전쯤에 독립했다고 보면 된다. 지금이야 자연과학과 인문학의 분리가 당연하게 여겨지지만, 이 분열은 '과학 자체의 내부적 분화'에서 출발해[3] 19세기에 들어서야 명백히 인지되었으며 자연과 정신, 자연과 문화라는 데카르트적 이원론에 따라 규정되었다.[4] 그러나 이에 반대되는 해석도 있다. 과학기술학(STS)의 대표 주자인 사회학자 브뤼노 라투르(Bruno Latour)는 우리가 이미 1990년대부터 잡종의 우주 안에서 살아왔다고 주장하면서, 지식과 해설이 모여있는 하이브리드 상태에서 기꺼이 살아가는 태도를 기르라고 권한다. 그는 자연과 문화의 이원화를 인정하지 않았고, 객체와 주체를 나누는 행위 역시 구식으로 보았다. 라투르에 따르면 과학 연구에서 '바깥'은 자연, '안'은 정신, 또는 '저 아래'는 인간 사회, '저 위의 높은 곳'은 '신'이라는 따위의 표현은 적합하지 않다.[5]

과학기술학에 대한 이런 식의 관점은 앞에서 언급한 것처럼 아직 내부에서 분화가 일어나지 않은 자연과학이 여전히 '자연사(natural history)'라고 불리고 예술을 통한 지식의 시각화가 아직 그 일부였던 근대 초기에 예술가이자 박물학자로 활동한 메리안의 연구를 돌아볼 때 좀 더 명확해진다.

또한 이런 관점은 과학과 예술의 접점에서 활동하며 '아티스틱 리서치(예술 기반 연구, artistic research)'를 수행하는 현대 예술가를 이해할 때도 도움이 된다. 자연이란 개념은 과학자의 독점 항목이 아니며 사회 여러 분야의 기여로 창조된 문화가 형성한 개념적 영역이라고 주장한 마크 디온(Mark Dion, 1961-)의 말은 오늘날 예술가의 자아상을 대표한다.[6] 다시 말해 자연과학과 인문학의 구분, 자연과 문화의 이분법을 두고 현재 다양한 관점에서 의문이 제기되고 있고, 예술이 이에 크게 기여한다는 뜻이다.[7]

오늘날 예술가들은 이러한 연구 체계를 역사적, 사회학적, 세계적 관점에서 돌아보고 이를 활용해 예술가와 과학자가 자연에 접근하는 이론, 방법, 개념을 철저히 파헤쳐 자연과 문화의 분열을 살핀다. 여기에서 화가 메리안은 동시대적 예술의 기준으로 판단되지 않는다. 일례로 세계를 여행한 메리안이 별 뜻 없이 유럽에 가져온 이국적인 물건들은 새로운 지식을 촉발했고 또 무역 시장의 거래 품목이 되었는데, 이처럼 지식의 도구이자 상품으로서 동시에 기능하는 사물은 특히 오늘날 비판적으로 검토되며 그건 예술계에서도 마찬가지다. 하지만 폭력의 구조나 박제용으로 동물을 죽이는 행위의 윤리적 타당성이, 당시에는 예술가들은 물론이고 자연물이나 다른 민족의 물건을 수집했던 사람들에게 아직 숙고의 대상이 되지 못했다. 여기에는 수리남의 네덜란드 식민지에서 항해 무역과 노예제도로 구성된 인프라를 당연하게 착취하는 태도도 포함되는데, 이 역시 현대의 예술 기반 연구에서는 이질적인 행위이며 비판적으로 문제가 제기된다.

이어서 이 장에서는 오늘날 자연과학 분야에서 이루어지는 예술 기반 연구들을 소개한다. 어떤 경우에는 메리안이 직접 언급되고, 또 어떤 사례에서는 몇 세기가 지난 지금까지 메리안과 현대 예술가 사이의 연관성이 쉽게 형성된다. 이들 사례를 통해 앞에서 언급한 유사성과 차이점도 인지하게 된다.

자연의 미학

19세기 근대 생물학자들은 그림의 장식성이 강하다는 이유로 메리안의 곤충 연구를 인정하지 않았다.[8] 한편 그 시기에는 메리안의 그림 양식이 더는 부합하지 않는 새로운 장르의 삽화가 등장했다. 또한 예술가들과 박물학자들은 메리안의 그림에서 알부터 성충까지 나비의 변태 과정을 먹이식물과 함께 한 장에 설명한 낯선 양식을 발견했다. 제2차 세계대전 이전까지 메리안은 과학계의 바깥 영역인 예술사에서도 크게 인정받지 못했는데, 메리안의 그림이 예술성이 두드러지지 않는 데다 과도하게 자연사 중심이었기 때문이다. 예술의 측면에서 메리안의 회화적 발명과 그 기반이 된 연구의 성과를 높이 평가하고 이를 자신만의 그림 언어와 전통적인 회화 수단으로 받아들인 사람은 화가이자 작가인 아니타 알부스(Anita Albus, 1942-2024)이다. 알부스는 메리안과 더불어 게오르크 회프나겔(Georg Hoefnagel, 1542-ca. 1600)의 '과학적 자연주의' 전통을 지향했다. 회프나겔은 근대 초기 정물화가 게오르크 플레겔(Georg Flegel, 1566-1638)에게 영향을 주었고 그를 통해 메리안의 의부인 야코프 마렐한테까지 영향을 미쳤다.[9] 요스 판더플라스(이 이름은 뒤에서 다시 등장한다) 외에도 화가 피아 프리(Pia Fries, 1955-)는 메리안의 수채화와 출판물의 심미적 특징을 다루었다. 프리는 2003년 연작 '레닌 그라드 광장(Les Aquarelles de Leningrad)' 그리고 후에는 '메리안의 수리남(Merian's Surinam)'(2008-2009)에서 시대를 거슬러 메리안과 대화를 시도했다. 여기에서 프리는 메리안의 작품을 모사한 그림을 둘로 찢어서 양쪽으로 벌려놓고 그 사이를 유화로 채운다. 이런 행위는 인습 타파의 의미로 받아들여질 수도 있지만, 사실은 프리 자신이 17, 18세기 바로크 시대 예술가를 조사하면서 80×60cm짜리 종이에 '공백'을 마련했을 때 시도했던 익숙한 예술적 몸짓이다. 프리는 그림을 그리지 못하는 상황을 원정의 위험에 비유했다. "그림을 그리는 행위는 메리안의 수리남 원정처럼 혼자서 어떤 안내도, 관례도 없이 처음 떠나는 여행과 같다. 17세기에 미지의 대륙 탐험은 생사가 걸린 문제였다."[10] 프리가 메리안의 작품에 선명한 색상으로 대응하여 유화를 두껍게 칠한 반면에, 예술가 마르쿠스 휘머(Markus Huemer, 1968-)는 메리안의 복잡한 동물-식물 그림에서 예술적 감성을 모조리 제거했다. 그는 2014년부터 시작한 연작의 모델인 《애벌레 책》과 《수리남 곤충의 변태》의 그림을 무채색으로 바꾸고, 때로는 특정 꽃이나 잎에 선명한 노란색을 입혔다. 이 노란색은 그림의

제목에서도 알 수 있듯이 바이러스에 감염된 상태를 나타내는 효과를 준다.[11] 휘머가 선택한 그림 양식은 메리안의 《수리남 곤충의 변태》를 그토록 특별하게 만들었던 정보를 모두 제거한다. 여기에서 생물학적 바이러스(때로는 박물학자 메리안의 눈에 띄지 않게 숨어있고, 때로는 그림으로 그려지기도 한 기생체)는 이미지 소프트웨어로 포착할 수 있는 디지털 바이러스와의 관계로 옮겨간다. 어떤 경우든 휘머가 차용미술이라는 측면에서 채택한 모델에서 심미적 차원을 제거한 것은 메리안이 회화적 형식을 통해 전달하려 했던 지식의 소실과도 밀접한 관련이 있다.

변태에서 돌연변이로

메리안의 자연사 연구는 동물과 먹이식물 간의 밀접한 관계를 보여주므로 생물다양성 연구의 맥락에서도 살펴볼 수 있다. 오늘날 인간의 활동으로 기후변화가 심각해지고 곤충을 비롯한 생물종이 나날이 사라져 가면서 점점 더 많은 예술가가 생물다양성을 중요한 소재로 다루고 있다. 인간이 야생동물의 서식지에 침범한 바람에 전에 없던 접촉이 발생하고, 이는 코로나19 팬데믹이라는 극단적 경험을 통해 알게 된

것처럼 인류에 새로운 위험을 가져왔다.[12]

덴마크 예술가 투어 그린포트(Tue Green-fort, 1973-)는 처음 예술가의 길을 걷기 시작했을 때부터 생태와 환경 문제에 관심이 있었다.[13] 그린포트가 도시 속 인간과 동물에 관해 다룬 최초의 작품은 2001년 사진 연작 〈다임러 거리 38(Daimler strasse 38)〉이다. 그린포트는 프랑크푸르트 산업 지대의 텅 빈 재개발 공업 단지에서 여우가 스스로 사진을 찍을 수 있게 장비를 설치했다. 예술가가 내놓은 미끼를 먹으러 온 여우는 버려진 물건들로 제작한 셀프 타이머 카메라를 건드려서 작동시킨다.

이곳은 예상치 못한 동물의 서식지라는 도시 생태적 지위 때문에 흥미롭다.… 그중에서도 낯선 도시 공간에 자리 잡은 자연을 이국적이고 매력적인 이미지로 구현한 것이 가장 눈에 들어왔다. 이 이미지는 자연의 적응 능력을 보여주었다. 자연은 어딘가 멀리 존재하는 것이 아니라 생물권 내부 전체에 존재한다.[14]

그린포트의 사진은 이 예술가가 직접 기획한 유사 과학 연구의 일부였다. 그는 현대 예술사에 능통하고 또 그것을 자주 참조해 왔다(예를 들어 1960년대 한스 하케(Hans Haacke)의 '리얼 타임 시스템(Real Time Systems)'). 또 그는 1980-1990년대를 시작으로 생태학, 지속 가능성, 자연과학의 문제를 주로 다루고 현재까지 지속한 예술가들에 대해서도 익숙하다. 미국의 예술가 마크 디온이 그들 중 하나다.

미국 예술가 마크 디온은 1990년대부터 회화와 조각, 설치 작품을 통해 자연, 즉 모든 인간과 비인간 동물의 기반이 파괴되는 장소를 상징적, 급진적으로 보여주었다.[15] 그의 예술 작품은 메리안과 밀접하게 연관되는데, 여기에서 메리안의 활동은 자연에 대한 지식과 파괴 간의 변증법적 관계에서 이해된다. 메리안은 '이국적'인 동물 표본의 거래를 통해 수집가들의 요구에 응답함으로써 근대 초기의 자연 착취에 참여했다. 수집가들은 표현의 필요를 충족하고 동시에 새로운 지식의 가능성까지 포함하는 귀한 동물 표본을 얻었다. 지난 수십 년간 디온은 르네상스에서 현대까지 자연에 대한 지식의 체계화는 물론이고 인간이 자연을 지배하려고 분투하는 과정에서 발생한 문제를 우려해 왔다.

디온이 〈생명공학 시대의 프랑켄슈타인(Frankenstein in the Age of Biotechnology)〉이라는 다중 공간 설치미술을 구상하고 실현한 1991년은 작물과 원예식물, 동물의 유전자 조작에 대한 대중적 논의가 막 시작된 시기였다.[16] 디온의 대형 설치 공간은 얼핏 보면 다락방이나 지하의 게임실을 연상시킨다. 그러나 집중해서 보면, 버려진 유모차에 태운 귀여운 동물과 정물화, 개 썰매와 사냥 도구, 유전자 조작 피튜니아와 실험 테이블 등 700가지가 넘는 이곳의 사물은 우리가 자연을 도용해 실험실에서 동일한 것을 제작해 내는 현실을 가리킨다. 디온의 설치 작품은 메리 W. 셸리(Mary W. Shelley, 1797-1851)가 1818년 작 《프랑켄슈타인(Frankenstein; or, The Modern Prometheus)》에서 그려낸 빅터 프랑켄슈타인(인위적인 존재를 창조해 인류에 큰 불행을 안긴 자)의 신화를 유전공학, 그리고 그 결과에 대한 현재의 논쟁과 결합했다. 프랑켄슈타인조차 가상의 신문 인터뷰에서 실현 가능한 원리만을 좇는 과학의 결과를 경고하는데, 이는 작품 속 연구 실험실에 담긴 메시지와 일맥상통한다. 디온은 자신의 예술 작품을 통해 과학이라는 학문의 과정에 동행하며 이를 비판적으로 관찰한다. 또한 우리가 얻기 위해 잃은 것이 무엇인가라는 질문을 던지면서, "모든 문제 해결책은 곧 새로운 문제를 낳는다"는 유명한 격언으로 이를 설명한다.

자연과학에 더 상세히 파고들고자 미대를 졸업한 후 한동안 생물학을 공부했던 디온처럼, 스위스 예술가 코르넬리아 헤세오네게르(Cornelia Hesse-Honegger, 1944-)도 자연과학을 통해 예술로 가는 길을 택했다. 헤세오네게르는 25년간 취리히 대학교에서 과학 삽화가로 일했고 이제는 예술과 과학의 경계에서 오래 활동하고 있으며, 자신의 직업을 '지식 아티스트(Wissenskünstlerin)'라고 부른다.[17] 헤세오네게르는 생물학자나 동물학자와 난감한 관계에 있다. 이는 곤충의 저용량의 방사선 노출과 돌연변이 사이의 연관성에 대한 그녀의 연구 결과 때문이다. 그러나 르네상스부터 18세기까지 활약했던 예술가-연구자들이 과학과 협업한 사례를 돌아보면 예술과 과학의 경계를 넘어서는 활동을 재발견할 가능성이 있다. 그 분야의 선구자 중 한 사람이 바로 예술가이자 박물학자인 메리안이었다.

1967년부터 헤세오네게르는 실험실에서 교배한 돌연변이 초파리와 집파리를 그려오며, 이것들을 '인간이 만든 미래의 자연을 대표하는 프로토타입'으로 보았기에 진리를 발견할 도구로서 자연과학을 신뢰했다. 그러나 1986년 체르노빌에서 발생한 원자력발전소 사고가 헤세오네게르에게 결정적 영향을 주었다. 그녀는 직접 연구를 기획하고 심지어 자비를 들여 노린재아목의 곤충들과 파리목의 노랑초파리(*Drosophila melanogaster*)를 야외에서 조사했다. 그 결과 이 곤충들에서 원자력 사고 때 방출된 이온화 방사선으로 인한 형태적 손상을 발견했다. 이 사실은 스위스 인근의 국제 핵시설에서도 인지한 것이었지만, 당시 그녀는 과학자들에게 무시되거나 무지하다는 비난을 받았다. 하지만 예술가이자 연구자였던 헤세오네게르는 연구를 계속 이어갔고, 워싱턴 DC 스미스소미언 연구소 출판물로 증명되듯이 이제 학계 일부에서 진지하게 받아들여지고 있다.[18] 그녀가 그린 대형 소묘와 수채화는 쌍안 확대경으로 관찰한 내용을 바탕으로 작업한 것이지만 과학적 그림은 아니다.

그녀는 중성적인 흰색 배경에 곤충, 그리고 그 곤충의 건축적 비율과 구조 및 장대한 특성뿐 아니라 장식적인 외형도 강조한다. 자세는 경직되어 있고 정교하다. 그녀는 기형을 강조하기 위해 다리와 날개의 위치를 변형하고, 같은 이유로 사지와 신체 부위를 생략하기도 한다.[19]

그러나 예술가에게 각 곤충은 하나의 객체이다. 그들은 발견한 장소와 날짜뿐 아니라 관찰된 이상 현상을 기록함으로써 과학의 표준을 충족한다. 예술가가 헤세오네게르처럼 사회적, 정치적인 사안에 관여하거나 디온처럼 환경보호를 외치면 그때부터 그들은 눈에 띄기를 바라게 된다. 과학을 통해 세계를 이해하는 데는 한계가 있다는 깨달음은 그들이 추구하는 목표의 하나이다. 예술과 과학의 동등성에 대한 생각도 마찬가지다.

인간이 생태계에 미친 영향, 일례로 곤충의 치사율이 식물의 수분에 미친 영향은 독일 예술가 막시밀리안 프뤼퍼(Maximilian Prüfer, 1986-)의 눈에 들어 그를 중국 쓰촨성 오지의 산악 지대로 이끌었다. 중국에서는 마오쩌둥의 무산계급 문화대혁명 기간에 실시되었던 토지 개혁 과정의 일환으로 참새가 해조(害鳥)로 인식되어 박멸된 일이 있었다. 그 결과 참새가 사라지면서 발생한 해충 역병을 이번에는 살충제로 다스리면서 식물의 수분에 필요한 곤충까지 몰살되는 바람에 일부 지역에서는 1980년대 이후로 사람이 직접 작물을 수분한다. 프뤼퍼는 수분철과 수확철에 이 지역을 찾아가 배나무 한 그루를 얻어서 직접 꽃가루를 날랐다. 수분에서 수확, 그리고 시장 판매까지 이어지는 어려움을 보여주는 사진과 〈그가 주는 선물(A Gift from

그림 1. 막시밀리안 프뤼퍼 作, 〈수분 & 수확(Bestäubung & Ernte)〉. 수작업으로 수분. 2018, fine art print, 70×46.5cm. 막시밀리안 프뤼퍼 사진 제공.

Him)〉이라는 영상을 통해(그림 1) 인간이 지구를 파괴한 수준이 명확해진다.[20]

공동 제작자 동물

나비의 발달 단계를 제 눈으로 확인하고 싶어 했던 번식가 메리안이 동물에게 느낀 친밀감은 많은 현대 예술가가 시도한 각종 프로젝트의 핵심적인 특징이다. 여기에서도 생태계의 재난과 종의 멸종이 모티프이다.

독일 예술가 플로리안 하스(Florian Haas, 1961-)와 안드레아스 볼프(Andreas Wolf, 1969-)는 '그루페 핑거(Gruppe Finger)'라는 팀을 이루고 2007년부터 '도시 양봉(Stadtimkerei)' 프로젝트를 통해 동물 산업을 사회, 예술 활동과 연결해 왔다.[21] 특히 양봉의 생태학적, 사회적, 문화적 측면을 전달하는 것이 그들의 가장 큰 관심사다. 두 사람이 수행한 프로젝트는 종종 전 세계 박물관에서 전시되는데, 2014년에 도르트문트의 오스트발 박물관 앞뜰에 설치한 프랑크푸르트 양봉장이 한 예다(그림 2).[22] 겉면의 알록달록한 디자인은 벌과 양봉의 문화사, 그리고 인간과 동물의 중첩된 세상을 나타내며, 다양한 꽃가루, 농업의 산업화로 나타난 단작농법, 다국적 기업 몬산토에 의해 유전자가 조작된 꽃가루(MON 805), 수벌, 일벌과 함께 있는 여왕벌, 기생성 진드기 바로아응애(*Varroa destructor*)의 먹이인 굼벵이, 양봉의 수호성인인 성 암브로시우스, 일벌들이 일하는 벌집 등을 표현했다. '도시 양봉'을 단순한 상생 프로젝트로 볼 수도 있지만, 예술 작품에 동물을 포함시키는 것은 언제나 예술가의 의식적인 시도이다.

앞에서 언급한 예술가 프뤼퍼가 달팽이, 곤충과 협업했다면, 퓌른 브라운

그림 2. 그루페 핑거 作, 도르트문트의 오스트발 박물관 앞에 설치된 〈프랑크푸르트 양봉장(Frankfurter Bienenhaus)〉, 2014. 그루페 핑거 사진 제공.

(Björn Braun, 1979-)은 최근 몇 년간 새들이 참여한 예술 작품을 창조해 왔다.[23] 그의 스튜디오에서는 자연에서 다른 새들이 지은 기존 둥지에 작가가 제공한 인공 재료로 금화조가 제 둥지를 완성한다. 그러나 처음부터 금화조에게 풀, 양모, 삼베, 합성섬유, 컬러 전선만 줄 때도 있다. 새가 창조한 둥지는 미학적으로 설계된 '작은 조형물'이자 실제 둥지로 쓰이는 자연물이다.[24] 브라운은 오늘날 도시환경에서 플라스틱과 종이를 사용해 둥지를 짓는 새의 본능을 이용했다. 이처럼 새들이 환경에 적응하는 과정의 결과물을 보고 동물학자들은 '동물 건축'이라고 부를지도 모른다.[25]

요스 판더플라스도 동물과 협업하여 예술품을 제작했다. 몇 년 전에 판더플라스는 메리안의 작업 방식을 재창조하고 탐구하려는 목적으로 자신의 스튜디오에 나비 집을 만들었다. 그러다가 우연히 애벌레의 행동을 관찰하면서 '비자연적'인 다른 재료를 제공하기 시작했다. 그녀는 애벌레에게 먹이인 잎과 잔가지 외에도 종

잇조각, 두꺼운 색종이, 플라스틱 입자와 실타래, 그리고 기타 건축 재료를 주었다. 애벌레는 본능적으로 이런 재료들을 번데기에 추가해 성충으로 발달하는 데 필요한 보호막을 쳤고, 완전히 나비로 발달한 이후에도 다양한 부품들을 한데 모아 끈적한 덩어리를 만들었다.[26] 성충이 빠져나간 텅 빈 번데기는 작은 예술품처럼 보인다. 어쩌면 '건축', 그리고 '조형물'이라는 용어가 더 어울리지만, 비록 낯선 물질을 사용했어도 어디까지나 이 동물 건축가들에게는 본능적이고 자연적인 과정의 결과물이다. 이렇듯 프뤼퍼, 브라운과 마찬가지로 판더플라스 역시 문화화된 서식지와 자연 서식지를 분리하는 행위에 의문을 품는 '종간 협력'을 시작한다.[27]

채집과 연구의 여정

메리안은 집 앞과 정원, 프랑크푸르트암마인, 뉘른베르크, 암스테르담, 비우어르트의 집 주변에서 자연사를 연구해 동물상과 식물상, 그리고 그 사이에서 새로운 통찰을 얻었다. 비우어르트와 암스테르담의 개인 수집품에서 수리남의 이국적인 나비를 본 후로 이 네덜란드 식민지는 메리안이 열망했고 또 결국 발을 디딘 곳이 되었

다. 현대 예술에서 각종 채집과 연구의 여정은 많은 예술가가 사회학, 인류학, 고고학, 식물학, 지질학 등의 과학적 방식을 사용한 공연적 행위에 속한다.

이런 탐구가 중에 핀란드 예술가 산나 칸니스토(Sanna Kannisto, 1974-)가 있다. 칸니스토는 열대우림에서 작업하고 야외 스튜디오에서 사진을 찍는다. 그녀는 흰색 천 배경, 램프, 삼각대 등, 카메라 앞에서 자연을 연출하는 데 필요한 장치를 모두 공개하며 이미지 메이킹 과정을 투명하게 드러낸다(그림 3).[28] 이는 브뤼노 라투르가 1991년 아마존 원정 연구팀과 동반했을 때 흥미 있게 본 '실험적 시스템' 연구와 비슷하다. 자연현상에 대한 정보는 어떻게 생산되는가? 어떻게 "과학은 현실적인 동시에 사회적으로 구성되고, 직접적이면서 또 간접적이며, 견고하면서도 취약하고 가까우면서도 먼" 것일까?[29] 연구 대상이 된 타자의 구성과 표현 방식에 관한 이런 질문들은 19세기에 메리안이 창조한 회화에서 장식적인 측면만 보았던 생물학자들의 사고와는 여전히 멀리 떨어져 있었다.

그러나 오늘날 이런 문제는 점점 더 많은 예술가의 관심을 받고 있다. 예를 들어 마크 디온은 〈토마스 엔더의 브라질 원

그림 3. 산나 칸니스토 作, 〈사적인 수집품(Private Collection)〉, 2003, chromogenic dye coupler print, 129.5×160cm. 퍼슨스 프로젝트 제공.

정을 재고하다〉에서 오스트리아 화가 토마스 엔더(Thomas Ender, 1793-1875)가 민족지학자 요한 나테러(Johann Natterer, 1787-1843)를 따라 1817년 7월부터 1818년 6월까지 제국의 임무를 수행하기 위해 떠난 브라질 원정을 추적했다.

[이 프로젝트는] 시대착오적인 원정을 모델로 삼아, 지식 생산에만 전념한 여정의

역사적 관념에 의문을 제기하고 식민주의와의 연관성 때문에 오랫동안 부정적으로 인식되었던 원정을 재해석하는 것이 목적이다. 엔더의 작품은 오늘날의 담론에서 자연, 여행, 역사, 민족지학에 대한 고찰의 매개체 역할을 한다.[30]

엔더가 황제의 명으로 충분한 자금과 외교적 보호를 받아 떠난 원정과 메리안이

그림 4. 요스 판더플라스 作, 〈수리남의 실험 정원(Proeftuin Suriname)〉, sketchbooks, 2008. 요스 판더플라스 제공.

딸 도로테아와 혈혈단신으로 떠난 여정을 비교하면 역사적 관점에서 이 박물학자-예술가의 대담성이 새삼 새롭게 보인다. 그로부터 300년 후 네덜란드 화가 요스 판더플라스가 메리안의 발자취를 좇아 자신만의 길을 떠났다. 그녀는 근대 초기 예술가의 연구 환경을 파헤치기 위해 수리남까지 따라간 극소수의 메리안 연구자 중 한 사람이다.

현장에서 '기록보관소의 맛(Arlette Farge)'을 경험한 역사학자 내털리 지먼 데이비스(Natalie Zemon Davis)와는 대조적으로, 판더플라스는 넘치는 모험심으로 위험을 무릅쓰고 몸소 정글을 뚫고 들어가 새로운 발견을 해냈다(그림 4).[31] 그리고 네덜란드로 돌아가 메리안처럼 애벌레를 기르지 않고도 자신의 작품 전체를 완전히 뒤엎어 버렸다. 스튜디오에서의 미학적 연구와 비스바덴 박물관에 보존된 메리안의 나비 표본을 수리남 책에 그려진 나비와 비교한 연구, 또 메리안과 요하네스 후다르트의 집중 연구를 거쳐, 판더플라스는 우리 시대에 가장 생산적인 메리안 연구자가 되었다. 메리안의 예술 방식, 동식물상에 대한 과학 지식의 습득은 역사적 연구와 밀접한 관련이 있다(이 책에서 판더플라스가 쓴 20장 참조). 라투르의 말대로 이 예술가는 "설명 더미와 기꺼이 살아갈 의지"를 배양해 우리에게 새로운 통찰을 보여준다.

4장

요한 안드레아스 그라프

망각된 예술가, 마리아 지뷜라 메리안의 남편으로 산 20년

마르고트 륄회펠

요한 안드레아스 그라프는 어린 아내 마리아 지뷜라 메리안이 뉘른베르크에서 박물학자이자 예술가로 경력을 쌓는 데 가장 크게 기여한 후원자이자 옹호자였다. 그러나 그라프 자신도 독립적이고 혁신적인 화가였다. 그는 17세기 끝자락에 최고 수준의 세밀함과 정확성으로 진정한 원근법을 시도하여 자신의 고향인 뉘른베르크의 거리, 광장, 다리, 교회의 내부, 그리고 교외 지역의 마을과 대저택을 그려냈다. 그라프의 드로잉과 동판화는 상세한 그림 설명과 함께 예술적 걸작으로 손꼽힘은 물론이고 역사 연구의 중요한 자료가 된다.

청년기, 수련 및 수습 기간

1636년 5월, 그라프가 태어났을 때 뉘른베르크는 끔찍한 전염병과 치명적인 30년 전쟁의 정점에서 막 벗어난 참이었다. 이어지는 수십 년 동안 그라프가 살아온 삶은 뉘른베르크가 시민에게 제공한 교육과 예술적 가능성의 좋은 본보기였다. 이런 기회는 도시에 새로 유입된 사람들과 여성에게도 주어졌다. 뉘른베르크는 자신감 넘치는 시민들이 살아가는 제국의 중심지였다. 왕자와 주교의 권위는 미약했고, 교육받은 '상류층' 가문, 즉 귀족이 임명한 지방 평의회가 도시를 지배했다. 또한 상인과 수공예자의 도시였던 뉘른베르크는 전 세계와 연결되어 예술과 과학의 새로운 발상들을 수월하게 받아들였다.

그라프의 아버지는 튀링겐주 출신으로 에기딩키르헤 근처의 시립 문법학교(성 자일스 교회) 교장이었고, 언어와 수사학 분야에서의 공을 인정받아 근처 알트도르프의 뉘른베르크 대학교에서 계관시인(桂冠詩人)의 칭호를 얻은 인물이었다. 그라프는 어려서 양친을 여의었지만 중등교육을 마쳤고 원한다면 대학에 들어갈 수도 있었다. 하지만 그는 뉘른베르크 화가인 레온하르트 헤베를라인(Leonhard Heberlein, 1584-1656) 밑에서 화가로 성장하는 길을 선택했다.[1] 이후 그라프는 1653년에 고향을 떠났다가 1668년에 다시 돌아갔는데, 집을 떠나 처음에는 프랑크푸르트암마인으로 가서 메리안의 어머니와 재혼한 야코프 마렐의 공방에서 수련생으로 5년을 지냈다. 아마 이 시기에 그는 당시의 관습대로 스승의 집에 머물렀을 것이다. 마렐과 그 아내는 어린 나이에 부모를 잃은 젊은이가 평생 애착을 보일만한 사람들이었고, 그라프가 메리안을 여동생처럼 여긴 것도 충분히 상상할 수 있다. 그라프는 스승인 마렐의 그림을 동판에 새겼고, 프랑크푸르트 역사박물관에는 이 시기에 그가 서명한 수채화도 있다(그림 1).

수습 기간을 끝낸 그라프는 장인의 길

그림 1. 요한 안드레아스 그라프 作, 〈뢰메르베르크(Römerberg)〉, 프랑크푸르트암마인의 시청 광장과 성 니콜라스 교회, 1658년 이전, watercolor on paper, 193×393mm. Historical Museum Frankfurt, inv. no. HMF C.15273. Photo by Horst Ziegenfusz.

을 걸었다. 그 시대의 많은 화가처럼 그도 풍부한 고대 예술품과 활기찬 현대적 예술 분위기에 이끌려 이탈리아로 떠났다. 그는 한동안 베네치아에 머물렀다가 제노바와 피렌체를 거쳐 로마로 갔고 그곳에서 4년을 지냈다. 그라프가 말년에 뉘른베르크에서 작업한 작품에는 로마에서 시도했던 방대한 드로잉과 회화의 영향이 고스란히 드러난다. 1664년 그라프가 프랑크푸르트로 돌아갔을 때 마렐의 공방은 규모가 무척 커져있었다. 1669년에 위트레흐트에서 성 누가 화가 조합의 회원이 된 것으로 보아 마렐은 자주 네덜란드에 가서 장기간 머물렀을 것이다. 또한 주요 수입원인 미술품 시장을 찾아 뉘른베르크에도 수시로 오갔다.

마리아 지빌라 메리안과의 20년 결혼 생활

1665년, 갓 스물아홉을 넘긴 요한 안드레아스 그라프와 열여덟의 마리아 지빌라 메리안이 프랑크푸르트에서 결혼식을 올렸다. 몇 가지 흥미로운 기록이 이 결혼식에 대해 말해준다. 독일의 작센주 츠비카우 공립학교 도서관에는 여러 마을에서 수집한 축시가 다수 보관되어 있는데, 그중

에 그라프와 메리안의 "축제 같은 혼인의 기쁨"을 적은 시가 두 권의 책자로 남아있다. "훌륭한 후원자와 진실한 친구들"이 독일어와 라틴어로 여러 신과 님프를 호명하며 쓴 이 시들은 고대 신들의 세계에 정통한 인물이 이 즐겁고 교양 있는 결혼식 잔치에 대해 생생하게 전달하는 인상을 준다. 젊은 부부는 "새벽부터 해질 때까지 열심히 그림을 그리며 서로를 능가하는 실력을 키우"라고 격려받았다.[2] 두 사람의 사적인 영역을 엿볼 수 있는 이 드문 사례는 예술가로서 이 여성의 재주와 근면함이 얼마나 높이 평가되었는지 보여주는 증거이자 새신랑의 실력을 인정하는 증거이기도 하다.

메리안은 21세가 되기 석 달 전인 1668년 초, 프랑크푸르트에서 큰딸 요하나 헬레나를 낳았다. 같은 해 이 젊은 부부는 갓난아기와 함께 뉘른베르크로 이사했고 그곳에서 그라프는 카이저부르크 성 근처의 알터 밀히마르크트에 자리한 넓은 집을 물려받았다. 따뜻한 계절에는 남쪽을 향한 박공지붕의 둥근 유리창 뒤에서 메리안이 여러 개의 나무상자를 두고 애벌레를 키우며 숙주 식물의 잎을 주었다. 두 사람 모두 그림을 그리고 색칠하려면 많은 양의 물감을 준비해야 했다. 또한 동판에 그림

그림 2. 요한 안드레아스 그라프(화가, 인쇄공, 발행인), 〈바르퓌서키르헤 교회〉, 화재로 소실된 프란치스코 교회의 내부 복원 공사, 1681, copper print on paper, plate 485×324mm, Kunstsammlungen der Stadt Nürnberg, inv. no. Gr. A. 10022.

을 새기고 요판인쇄 작업도 진행했다. 그러려면 넓은 공간이 필요한데 이 커다란 집은 넉넉한 작업실을 두 곳이나 제공했다. 가계 수입을 보충하기 위해 메리안이 젊은 여성들에게 그림을 가르쳤던 것처럼 그라프도 젊은 남성들에게 드로잉과 회화 수업을 했다.

이 생산적인 기간에 그라프는 메리안의 출간기획자이자 출판업자로서 지속적인 지원을 아끼지 않았다. 《꽃 그림책》은 각각 12개의 꽃 도판으로 이루어진 3부작으로 1675년, 1677년, 1680년에 연달아 출간되었고, 세 권을 합친 판본도 발행되었다. 한편 1679년과 1683년에는 두 권의 《애벌레 책》을 출간했다. 평소 사적인 얘기를 삼가던 메리안도 1679년 《애벌레 책》의 서문에서는 남편이 조력한 사실을 명확히 언급했다. "그리고 더 나아가 사랑하는 남편의 너그러운 도움으로 각 유형에 대해 자연에서 먹는 먹이의 그림을 포함하기로 했다."[3]

메리안의 책과 달리 그라프의 작품은 그가 사망한 이후 몇 세기 동안 거의 잊혔다. 그러나 걸작 몇 편은 박물관에서 살아남았고, 그중에는 1681년에 그라프가 처음으로 동판에 새긴 작품 2점이 포함된다. 메리안이 《애벌레 책》 두 권을 내는 사이

에 그라프 역시 다른 주제로 2점의 동판화를 작업하여 작품의 범위를 보여주었다. 그는 이 작품에 원화가로서, 동판화 기술자로서, 출판업자로서 서명했다. 교회가 있는 공공광장과 도이초르덴슈코멘데(Deutschordenskommende, 튜턴 기사단의 숙소)를 보여준 첫 작품은 이내 구매자를 찾았을 것이다. 다른 작품은 좀 색다른데, 화재로 소실된 뉘른베르크의 바르퓌서키르헤 교회(Barfüßerkirche, 독일의 프란치스코 교회) 내부 복구 장면을 그린 것으로 잔해와 비계, 인부들이 가득 찬 현장을 통해 건축 세계를 보여주는 초기의, 그리고 대단히 상세한 연구 결과물이다(그림 2).

메리안과 남편은 각자의 분야에서 전문가였고, 다가올 미래는 밝았다. 이 정신없는 시기에 메리안은 다시 임신하여, 큰딸 요하나 헬레나를 낳은 지 10년 만인 1678년 2월 초에 뉘른베르크에서 둘째 도로테아 마리아를 낳았다. 그러나 1681년 말, 두 사람이 결혼의 일상과 함께 공유했던 희망찬 미래도 새아버지 야코프 마렐의 사망과 함께 극적으로 변했다. 1682년에 그라프 가족은 유산 문제를 해결하고 궁핍한 메리안의 어머니를 부양하기 위해 프랑크푸르트로 돌아왔다. 이후 몇 년 동안 그라프는 프랑크푸르트와 뉘른베르크를 오가

며 뉘른베르크의 부유한 가문들이 의뢰한 작품으로 가계의 수입을 메꿔나갔다.

1680년대 중반에 그라프-메리안 가족은 다시 한번 프랑크푸르트를 떠나 네덜란드 프리슬란트주 비우어르트에 있는 라바디스트 공동체로 이주했다. 그라프는 엄격하고 자급자족하는 그 종교 공동체에서 삶을 새롭게 시작하려는 의지를 다졌다. 그는 공동체 구성원이 사유재산 없이 검소하게 생활하고 금욕하며 성경 공부를 통해 속세에서 부활을 준비한다는 사실을 거부하지 않았다. 그러나 그의 노력은 실패했고, 결국 그는 라바디스트들에게 받아들여지지 않았다. 메리안에게 이것은 결혼 생활의 끝을 의미했다. 그라프의 인생에서 가장 절망적인 시기였다. 이혼 이후의 회복, 라바디스트가 요구하는 육체적 부담, 딸들과의 이별이 참으로 견디기 힘들었을 것이다.[4]

50세에 뉘른베르크로 돌아오다 : 새로운 시작

1686년에 네덜란드에서 돌아온 후 그라프는 남은 생애 동안 지칠 줄 모르고 일에 매진했다. 이 무렵부터는 자신의 그림을 직접 동판에 옮기지 않고, 아우크스부르크에 있는 요한 울리히 크라우스(Johann Ulrich Kraus, 1655-1719)의 공방에 식각과 인쇄를 맡겼다. 그 공방은 마테우스 메리안의 손녀인 요하나 지빌라 퀴젤(Johanna Sibylla Küsel, ca. 1650-1717)이 아버지 멜히오어 퀴젤(Melchior Küsel, 1626-1683)의 사망 후 뒤를 이어 1685년까지 훌륭하게 운영했다. 멜히오어 퀴젤은 마테우스 메리안의 제자이자, 딸 마리아 마그달레나(Maria Magdalena, 1629-1665)의 남편이었다. 요하나 지빌라 퀴젤이 30세의 요한 울리히 크라우스와 혼인한 후로는 이 새로운 장인(匠人)이 사업을 이끌게 되었다. 멜히오어 퀴젤의 제자였던 크라우스는 이미 동판 식각에서 당대 최고로 손꼽히는 사람이었다. 요하나 지빌라 퀴젤도 식각 작업을 계속했다.[5] 따라서 이후 15년 동안 그라프의 그림들은 최고 장인의 손으로 새겨지고 인쇄되었다. 크라우스와의 협업은 오늘날 그라프의 작품에 관심이 있는 사람들에게 큰 도움을 주고 있다. 이런 고급 인쇄물은 당시에 인기가 많았고, 여러 박물관과 개인 소장품에서 그 사례를 찾아볼 수 있다. 그러나 이 작품들을 연구하기는 녹록지 않았는데 대개는 구분 없이 모두 'J. U. 크라우스, 아우크스부르크'라는 항목으로 정리되었기 때문이다. 이 판화 작품들을 그라프가 남긴 소수의 원화와 비교하면 확실히 그라프의 작품임이 증명되므로, 예술적 공로는 원화를 그린 그라프에게 귀속되어야 한다. 하지만 안타깝게도 이런 연관성은 대체로 잊혔고, 그 결과 그라프의 평생 업적 역시 상당 부분 그 공로가 간과되었다.

당시의 수집가들은 특별히 연작에 관심이 있었다. 그래서 1688년에 그라프와 크라우스는 먼저 작은 판형의 '미니 풍경' 작품을 제작해 시장을 조사했다. 그림 3은 페크니츠강을 따라 멀리 카이저부르크 성이 보이는 풍경이다. 이 그림의 정밀함은 초록색 네모(3×5mm)를 확대한 부분(그림 3의 세 번째 삽화)에서 볼 수 있다. 두 탑 사이에 성의 대형 홀 오른쪽으로 나무와 작은 정원 창고가 보인다. 여기가 작은 가족 정원의 위치로, 메리안이 자신의 〈연구 노트〉 119번에 "뉘른베르크의 캐슬 처치 또는 임페리얼 캐슬 교회 옆"이라고 기술한 곳이다.[6] 그라프는 이 작은 판형의 풍경을 제작하는 동안 커다란 도시 풍경도 작업했는데 아주 세밀한 부분까지 정확하게 그려져 있다.

그라프는 여전히 아내와의 결별을 받아들이지 못했지만 그대로 있을 수는 없었다. 그는 가사를 돌볼 '집안의 안주인'이

그림 3. 요한 안드레아스 그라프(원화가, 발행인), 요한 울리히 크라우스(동판화가, 인쇄공), 〈푀텐 벨틀라인(Poeten Wäldlein)〉, 페크니츠강에 있는 시인의 숲. 1688년경, copper print, plate 124×175mm. Stadtbibliothek Nürnberg, inv. no. Nor. K. 6, f. 4. 전체 그림과 확대한 두 그림: 카이저부르크성과 그라프-메리안이 과거에 살던 집 정원 앞에서 본 풍경.

필요했는데, 그건 현실적인 이유뿐 아니라 사회적 체면을 위해서도 시급한 일이었다. 그는 1692년까지 뉘른베르크시 평의회에 이혼 서류를 제출하지 않았다. 아내가 이미 몇 년 전에 그를 떠난 것이 확실했기에 그라프는 재판 사실을 사람들에게 알리지 않고 문제를 해결하고 싶어 했다. 그러나 평의회는 비공개 청문회를 허락하지 않았고 재판을 법원으로 넘겼다. 평의회는 법률 고문들의 의견을 청했고, 당시 암

스테르담에 살고 있던 '마리아 지뷜라 그레핀(Maria Sibylla Gräfin)'에게 답변을 구했으나 세 번의 시도 모두 무산되었다. 우리는 평의회 회의록에 기록된 7개의 항목에서 다음과 같은 사실을 추적할 수 있다. 1694년 5월 말, 뉘른베르크 시의회는 이혼을 공식적으로 공표하고 이 판결을 암스테르담에 전달했다.[7]

그라프의 새 가족, 인정과 성공

1694년 6월 25일, 그라프는 마침내 재혼에 성공했다. 그의 두 번째 아내 아나 마리아 호프만(Anna Maria Hofmann, 1666-1711)은 그보다 서른 살 어린 사람이었다. 뉘른베르크 채색가 요한 에르하르트 호프만(Johann Erhard Hofmann, 1636-1672)의 딸이었던 마리아 호프만이 크라우스의 아우크스부르크 공방에서 그라프의 드로잉을 인쇄한 흑백 인쇄물에 수작업으로 채색을 도왔을 가능성이 있다. 그라프에게 1694년은 개인사만이 아니라 직업적인 면에서도 특별한 한 해였다. 그는 작은 판형의 '미니 풍경'을 반기고 칭찬하는 구매자가 많은 것을 보고 〈대도시 조망(Grand City Prospects)〉이라는 연작을 제작했다. 거리, 공공 광장, 다리, 교회 내부 풍경을

그림 4. 요한 안드레아스 그라프(원화가), 요한 울리히 크라우스(동판화가, 인쇄공, 발행인), 〈로마, 바티칸 성 베드로 성당 (In Rom die St. Peters-Kirche im Vatican)〉, 1695, 1696, copper print, plate 493×432mm, Germanisches Nationalmuseum, Nuremberg, inv. no. HB 15244 capsule 1252a. Photo by Monika Runge.

커다란 판형으로 구성한 작품이다. 그라프는 이 뉘른베르크 풍경화를 손으로 채색한 형태로도 판매해 추가로 수익을 올렸다(그림 5, 6, 7).

도시와 주변 지역의 관계는 그라프가 지속해서 관심을 보인 주제였다. 뉘른베르크의 게르만 국립박물관은 2014/15년 전시회에서 라우퍼 슐락투름(Laufer Schlagturm, 시계탑과 오래된 성벽의 문)에서 보는 파노라마 풍경을 담은 길이 2미터짜리 그림을 공개했다. 전시회와 카탈로그를 준비한 큐레이터 위아스민 도스리(Yasmin Doosry)는 그림 속 먼 시골 풍경은

그림 5. 요한 안드레아스 그라프(원화가, 발행인), 요한 울리히 크라우스(동판화가, 인쇄공, 발행인), 〈에기딘베르크(Egidienberg)〉. 1696년 화재 후 폐허가 된 세인트 자일스 힐 교회와 학교. 1696, hand-colored copper print, plate 334×466mm, Kunstsammlungen der Stadt Nürnberg, inv. no. Nor. K. 00057.

"그 시대에는 이례적인 것으로 18세기 베두타(veduta, 도시 조망을 그린 세밀화─옮긴이)가 광학 장치의 힘을 빌려 크게 발전하기 직전이었다.… 우리는 원화가가 카메라 오브스쿠라(camera obscura) 같은 광학 보조 장치를 사용했을 가능성을 배제할 수 없다"라고 말했다.[8]

다음 해인 1695년에 크라우스는 30년 전 그라프가 로마에서 가져온 그림을 동판에 옮겨 로마의 성 베드로 대성당 풍경을 제작했다(그림 4).[9] 그는 십자가와 후문의 웅장한 내부 전경 등 5개의 작은 주제를 추가로 결합했다. 하단 프레임에는 각 장소를 찾을 수 있는 상세한 단서가 포함되었다. 이 작품은 건축 연구용 또는 다섯 성인의 시성식 기록용 등에 쓰이며 각종 크기가 다양한 가격대로 판매되어 종교 의식과 웅장한 건물에 대한 소비자 개인의

그림 6. 요한 안드레아스 그라프(원화가, 발행인), 요한 울리히 크라우스(동판화가, 인쇄공, 발행인), 박물관 다리(Muse-umsbrücke), 페크니츠강의 새 교량. 동쪽을 바라보고 있음. 1700, hand-colored copper print, plate 368×478mm, Kunstsammlungen der Stadt Nürnberg, inv. no. Gr. A. 12734.

그림 7. 요한 안드레아스 그라프(원화가, 발행인), 요한 울리히 크라우스(동판화가, 인쇄공, 발행인), 〈박물관 다리〉, 페크니츠강의 새 교량. 서쪽을 바라보고 있음. 1700, hand-colored copper print, plate 368×478mm, Kunstsammlungen der Stadt Nürnberg, inv. no. Gr. A. 12735.

취향을 폭넓게 만족시켰다. 제공되는 가장 특별한 작품은 전체 크기가 4제곱미터나 되는 12개의 개별 동판을 합성한 판화였다.

또 다른 동판화에서 그라프는 1696년 뉘른베르크에서 발생한 처참한 화재의 여파를 기록했다(그림 5). 에기딘베르크(세인트 자일스 힐) 지역에서 일어난 이 대화재로 그의 아버지가 교장으로 있던 학교와 교회는 물론이고 지역 전체가 파괴되었다. 그라프가 태어난 교장의 사저 건물도 피해를 입었다. 그는 인근 건물에 식별을 위한 표식까지 남기며 대단히 정밀하게 화재 현장을 묘사했고, 상단 가장자리를 따라 테두리에 설명을 적었다. 그림 설명이 상세하여 공식적인 사건 기록을 대신할 정도였

다. 이 판화는 예술가 그라프가 한 시대의 연대기 작가이기도 하다는 사실을 잘 보여준다.

1697년 6월, 그라프의 아내 아나 마리아가 첫아들을 낳았고 세례명을 크리스토프 프리드리히(Christoph Friedrich)라고 지었다. 이때 그라프의 나이가 61세였다. '황금의 태양(Zur Goldenen Sonne)'이라고 부르는 집에서 시작한 그의 새로운 가정은 이후 모든 일이 순탄하게 흘러갔다. 1701년에는 둘째 아들 게오르크 부르카르트(Georg Burkard)가 세례를 받았다. 그라프는 65세였고 뉘른베르크에서 그의 작품에 대한 인지도는 점점 커져갔다. 그는 이미 1693년과 1696년 두 차례에 걸쳐 시 평의회에서 현금의 형태로 '포상'을 받았는데,

새로운 작품에 대한 의무 없이 특별한 사례로 지급된 것이었다. 1701년 9월에 뉘른베르크시에서는 바르퓌서브뤼케(Barfüßer-brücke, 현재의 '박물관 다리') 동서 양쪽에서 그린 새로운 그림을 위해 선불까지 지급했다(그림 6, 7). 시에서는 뉘른베르크의 도시 풍경에 현대적 감각으로 추가된 이 다리를 많은 이들이 감상할 수 있도록 양질의 그림을 원했던 게 분명하다.[10] 이후 그라프는 시 평의회에서 또다시 큰 의뢰를 받아 미래를 보장하게 되었지만 3개월 뒤에 죽음이 그를 덮치면서 작업을 완수하지 못했다. 성 제발트 교회의 12월 9일 매장 기록에는 다음과 같이 적혀있다. "존경받는 예술가 요한 안드레아스 그라프, 알터 밀히마르크트의 화가이자 원화가."

시대의 도시 문화를 기록한 그라프의 작품

첫 아내가 그를 떠났을 때 받은 충격에도 불구하고 그라프는 창작 능력을 잃지 않았고, 예순다섯 해의 생을 살면서 마지막 순간까지 활발하게 작품 활동을 했다. 그라프의 작품 세계를 누구보다 잘 알았던 요한 울리히 크라우스는 300여 년 전에 12개짜리 성 베드로 대성당 풍경화를 제작하면

서 이렇게 존경을 표했다. "이 사람의 헌신에 경이를 느끼지 않을 수 없다." 원화가로서의 뛰어난 재주와 예리한 관찰력 덕분에 그라프는 뉘른베르크시에 엄청난 역사적 정보를 유산으로 남겼다. 그는 연필, 펜, 붓으로 도시의 주목할 만한 풍경과 도시를 둘러싼 교외 지역을 그렸다. 당시 뉘른베르크와 그 주변은 서로 밀접하게 연관되어 있었고, 그래서 시민들은 상당한 크기의 영역을 소유한 이 도시국가를 '조국'이라고 불렀다. 강력한 국가 중앙 기관이 없던 시대에 도시의 시민이라는 신분만으로 보호와 안전을 약속받았기 때문이다.

그라프의 작품은 최근까지도 학술 연구에서 소홀히 다뤄졌는데, 그의 디자인을 모방하여 동판에 새긴 다른 장인들의 판화가 더 잘 알려졌기 때문이다. 모방자들은 그라프의 그림에 거리 풍경과 새로운 건물들을 추가했다. 그라프가 사망한 이후 아우크스부르크에서는 그라프의 디자인보다 모방작들을 더 손쉽게 구할 수 있었다. 그뿐 아니라 메리안의 삶에 대해 악의적으로 지어낸 이야기들이 그라프라는 사람을 "믿지 못할", "성마른", "늘 술에 취한 약골"로 오해하게 만들었고 이런 근거 없는 헛소문은 사실로 받아들여졌다. 심지어 당시의 뉘른베르크를 지저분하고 낙후

된 도시로 거짓되게 묘사한 허구적 출판물
들이 지난 70년 동안 큰 성공을 거두었다.
그러나 마리아 지뷜라 메리안 서거 300주
기인 2017년 이후로 뉘른베르크에서는 메
리안과 20년을 함께 살았던 남성에 대한
관심이 점점 커지고 있다. 한 도시의 시각
적 기록자로서 그라프는 메리안이라는 사
람의 인생 무대에 섰던 일개 파트너가 아
닌 독립적인 선구자였다. 2008년 베를린
국립박물관 내 미술 도서관, 2014년 뮌헨
루트비히 막시밀리안 대학교의 미술사 연
구 센터(상설 온라인 전시품으로서)와 뉘른
베르크의 게르만 국립박물관에서 열린 발
표회에서 그라프가 주목할 만한 주제로 다
뤄진 것이 그저 우연은 아니었다. 2017년
6월에서 8월까지 뉘른베르크 시립도서관
에서 개최된 한 전시회에서는 그때까지 발
견된 작품들과 함께 그라프의 존재가 잊혔
던 것은 부당한 일이었음을 보여주었다.[11]

오늘날 요한 안드레아스 그라프의 생
김새를 아는 사람은 없다. 우리가 아는 한
그의 초상화는 남아있지 않다. 몇몇 그림
에 뒤에서 본 한 인물이 등장하는데 화가
자신을 그린 것이라고 짐작할 뿐이다(그림
8). '미니 풍경화'를 위해 펜과 잉크로 그린
이 수채화에서 그라프는 그림 속 주변부

그림 8. 요한 안드레아스 그라프 作, 〈리히텐호프(Lichtenhof)〉. 해자를 두른 저택. 전경에 화가가 등을 보이고 있다. 날짜 미상, watercolor with pen and ink on paper, 155×196mm, Kunstsammlungen der Stadt Nürnberg, inv. no. Nor. K. 2441.

에 앉아 등을 보이고 있다. 그러나 그라프
는 주변부에만 머물러서는 안 되는 인물이
다. 그는 시대의 중요한 목격자였으며, 독
일 역사학자 에리히 물처(Erich Mulzer)는
1999년의 중요한 논문에서 그라프의 작품
들을 재평가하며 이렇게 말했다. "제단화
의 이미지와 가문의 문장에까지 확장된 비
교할 수 없는 정밀도는 현장에서밖에 작업
할 수 없는 광적인 세심함을 자랑한다."[12]

※세심하고 노련한 번역가 마이클 리터슨과, 지금까지 모든 연구와 게당켄슈필레(Gedankenspiele, 지적 상상력)의 동반자가 되어준 디터 뢸회펠에게 감사의 말씀을 전한다.

5장

바늘로 수놓은 꽃 그림

크리스틴 자우어

마리아 지빌라 메리안이 동시대 자수 기법의 꽃 모티프에 미친 영향은 2011년에 재니스 네리(Janice Neri)가 발표한 놀라운 연구 이전에는 거의 무시되었다.[1] 이미 1675년에 독일 미술사학자 요아힘 폰 잔트라르트(Joachim von Sandrart, 1606-1688)가 메리안의 붓질은 물론이고 자수 바늘과 에칭바늘로 꽃을 실제처럼 그려내는 솜씨를 극찬한 일을 생각하면 의외의 사실이다. 저서 《독일 건축, 조각, 회화 아카데미(L'Academia Todesca. della Architectura, Scultura & Pittura: Oder Teutsche Academie der Edlen Bau- Bild- und Mahlerey-Künste)》에서 잔트라르트는 여백에 표제어를 배치해 독자가 책을 훑어보며 참조할 수 있게 배려했다. 마리아 지빌라 메리안에 대한 찬사가 적힌 여백에서 그는 메리안을 "섬세한 꽃 화가"("zierliche Mahlerin in Blumen"), "꽃을 실제처럼 생동감 있게"("Nehet auch mit der Nadel gar natürliche und lebhafte Blumen") 표현하는 자수가, 그리고 그런 꽃의 동판화가("Ezet solche [i.e., 'gar natürliche und lebhafte Blumen']")라는 세 가지 유형으로 요약했다.[2] 추가로 메리안이 쓴 첫 책의 두 번째 판본인 《새로운 꽃 그림책(Neues Blumenbuch)》(한국어판은 2024년 나무연필에서 출간—옮긴이)에 적힌 소개 글에서는 그 책의 그림에 여러 용도가 있지만 가장 큰 기능은 자수용 패턴이라고 써있다.[3] 따라서

1668년에서 1682년까지 뉘른베르크에서 지낸 초년기에 대한 문헌은 이 젊은 여성이 당시에도 승승장구하고 있었다는 단서를 제공한다. 그림과 비단과 판화에 꽃을 실제처럼 그려내는 기막힌 재주는 메리안을 상류층 여성의 롤 모델로 만들었을 뿐 아니라 경제적 성공까지 가져다주었다. 메리안은 여성 단체(뉘른베르크에서는 '처녀들의 모임(Jungfern Combanny)'이라고 불렸다)를 가르쳤고 학생들이 보고 따라 할 수 있게 패턴집을 출간했다.[4]

이 장은 마리아 지빌라 메리안의《꽃 그림책》이 뉘른베르크 자수계에 미친 장기적인 영향의 사례를 소개한다. 1675년, 1677년, 1680년에 발간된 첫 세 권과 1680년에 이 세 권을 합본한 판본이 18세기까지 이 도시 곳곳에서 유통된 것으로 보인다.[5] 그 증거는 두 가지로, 하나는 지금까지 무시되었던 여성들의 기여가 담긴 '우정수첩', 그리고 여성을 위한 드로잉 자습서이다.《꽃 그림책》은 마리아 지빌라 메리안이 뉘른베르크를 떠난 뒤에도 한동안 높이 평가되며 두루 사용되었던 것 같다. 판매에 크게 성공한 책이었는데도 현재 남아있는 사본이 드물다는 사실은 이상한 일이다.

우정수첩에 담긴 여성 예술

서명첩의 전신인 우정수첩은 1550년경에 독일어와 네덜란드어를 쓰는 지역에서 처음 사용되었다. 1620년경 이후로 상류층에서는 거의 사라졌지만 학교를 중심으로 크게 유행했다.[6] 주요 사용자는 학생들로, 작고 가로로 긴 휴대용 공책을 교수, 급우, 귀족, 유명인 등에게 건네고 서명을 받았다. 서명과 더불어 문학작품의 인용문, 헌사, 날짜와 장소 등을 추가하는 사람도 있었다. 손글씨라는 회화적 요소로 풍성하게 장식하기도 했지만 필수는 아니었다.

학교라는 환경 때문에 우정수첩의 소유자나 수첩을 채운 사람들은 대부분 남성이었다. 17, 18세기 독일에서 여성이 우정수첩에 글을 적는 일은 별로 없었다.[7] 드물게나마 흔적을 남기는 여성이 있었는데 보통은 수첩 주인의 친척이나 친구의 가족, 여성 예술가, 학식이 있는 여성, 이 세 부류였다.[8] 이 중에서 첫 번째와 두 번째 부류는 모국어를 선호했고, 세 번째 부류는 자신이 배운 언어로 쓰인 문학작품을 인용해 남성을 모방했다. 이 여성들은 자신이 쓴 글에 다양한 회화적 기법을 동원해 장

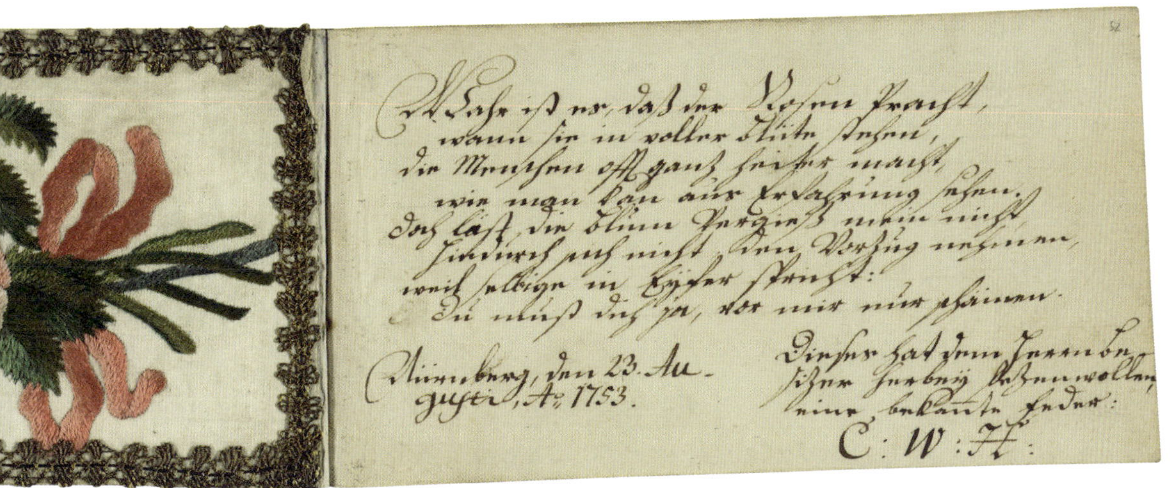

그림 1. C. W. H. 作, 서명. 수를 놓은 꽃다발과 보호 시트. 1753. 요한 안드레아스 바르텔스의 우정수첩, Nuremberg, needlework, 10.5× 54cm, Stadtbibliothek Nürnberg, Nor. H. 1278, f. 51v–52r.

식을 했을 뿐 아니라, 문학작품을 인용하는 대신 이미지로 채우고 손으로 쓴 서명만 덧붙이는 경향이 있어서 우정의 증표로 그림을 선택하는 일이 많았다.[9]

메리안이 자연사 사물을 그리는 화가로 명성이 높아지면서 많은 예술 감정가들이 자신의 우정수첩에 메리안이 흔적을 남겨주길 요청했다(피터르스와 판더루머르가 쓴 이 책 6장 참조).[10] 메리안은 주로 그림을 요청받았고, 거기에 인용문과 헌사, 메리안의 독일어 이름을 추가하곤 했다. 우정수첩에 보존된 꽃과 조개껍데기 그림에 더해 이제는 사라진 예시에 대한 증거가 메리안의 편지에서 발견되었다.

1685년 6월에 메리안은 프랑크푸르트에서 뉘른베르크로 꽃 그림과 짧은 글귀가 담긴 양피지 한 장을 보냈다. 동봉한 편지에는 '처녀들의 모임' 회원이자 한때 그녀의 제자였던 클라라 레기나 임호프(Clara Regina Imhoff, 1664-1697)가 수신인으로 표시되어 있으며, 그 안에는 그림을 의뢰인인 남동생 크리스토프 프리드리히 임호프(Christoph Friedrich Imhoff, 1666-1723)에게 전달해 달라고 부탁하는 내용이 적혀 있었다. 마리아 지빌라 메리안은 그 양피지를 "당신 남동생의 우정수첩에 넣어주기 바랍니다"라고 쓰고는 이렇게 덧붙였

다. "제가 노트를 갖고 있는 것이 아니라서 어쩔 수 없이 양피지에 직접 글을 썼는데, 바라건대 당신의 기분이 괜찮기를, 아니 적어도 괘념하지 않기를 바랍니다."[11] 미술품 및 자연물 수집가였던 크리스토프 임호프는 12년 후인 1697년, 암스테르담으로 메리안을 찾아왔다.[12] 그가 가져온 우정수첩을 훑어보던 메리안은 자기 제자가 적은 글귀와 꽃 그림을 발견했다. 이후 클라라에게 보낸 편지에서 메리안은 그녀의 작품을 발견한 기쁨을 전했다. "당신 남동생의 우정수첩에서 당신이 그린 아름다운 작품을 보게 되어 영광이었습니다. 정말 기뻤어요." 이 이야기는 우정수첩 소유자의 가까운 여성 친척이 글을 남긴 사례를 제공할 뿐 아니라 우정수첩 자체가 귀중한 자산이라는 결론을 이끌어낸다. 사람들은 노트를 돌려보면서 그 안에 기록된 내용들을 읽고 감상을 나누었다. 따라서 우정수첩은 대중성 있는 물건이었고, 기록을 남긴 사람들 역시 이 노트가 공유된다는 것을 알았기에 읽을 사람을 염두에 두고 작성했다. 여성은 남성보다 회화적 요소, 특히 그림이나 다양한 기법을 사용한 직물 작품으로 손글씨 부분을 보강했다.

이렇게 풍성해진 노트의 예를 1753년

'C. W. H.'라는 이니셜을 남긴 신원 미상 여성의 기록에서 볼 수 있다(그림 1).[13] 그녀는 요한 안드레아스 바르텔스(Johann Andreas Bartels, 1734-?)의 우정수첩 한쪽을 장미와 물망초를 노래한 시로 채우고 맞은쪽 뒷장에는 시에서 언급된 꽃을 자수로 놓아 붙였다. 흰색 견직물에 놓은 자수를 노트 크기에 맞춰 자른 다음, 금색 실로 테두리를 마무리하고 풀로 노트에 붙여 완성했다. 페이지를 뒤쪽으로 접으면 종이가 이미지를 덮어 보호하게 되는데 이는 이 익명의 여성이 남긴 작품을 존중한다는 의미다. 이 여성의 자수는 번역하면 '바느질 그림'이라는 뜻의 '나델말레라이(Nadel-malerei)' 또는 '빌더스티치(Bilderstich)'라는 기법을 사용한 새틴 스티치(satin stitch)의 일종이다. 다양한 색상으로 염색된 견사로 바늘땀을 짧게 잡아 점진적인 색깔의 변화를 흉내 낸 기술이다.[14] 이런 방식의 자수는 메리안이 바느질용 패턴집으로 출간한 《꽃 그림책》을 제작하면서 염두에 둔 것으로 보이는데,[15] 이러한 해석은 1720년경 뉘른베르크에서 발행된 《바느질과 자수 책(Neh- und Stick-Buch)》에 의해 확인되었다. 저자인 아말리아 베어(Amalia Beer, 1688-1724)는 자연스럽게 그린 꽃이 포함된 패턴의 식각 기술을 설명하면서 여

기에 사용된 기법이 빌더스티치 기법이며 다른 말로 하면 "바늘로 그린 그림"이라고 명확히 말했다.[16]

여성 바느질 장인 중에는 큰 명성을 얻은 사람도 있었다. 예를 들어 뉘른베르크의 대학 도시 알트도르프에서 상인 요한 프리드리히 바우더(Johann Friedrich Bauder, 1713-1791)의 세 딸은 1758년에서 1772년까지 적어도 아홉 권의 우정수첩에 글씨를 적고 꽃 그림을 장식했다. 이들은 작은 꽃무늬 패턴 여러 개를 다양하게 조합하거나 바늘땀 기법을 달리 사용했다. 1758년 7월 12일에 세 자매는 각각 학생인 게오르크 에른스트 베버(Georg Ernst Weber, 1734-1791)의 우정수첩에 서명했고,[17] 맞은쪽 페이지에는 각자 초록색 배경에 한 줄기 꽃이 그려진 자수 작품을 붙였다. 훗날 수첩 주인의 아내가 된 자비나 바르바라 바우더(Sabina Barbara Bauder, 1739-1806)가 사용한 장미 무늬가 1764년에 언니인 마리아 크리스티나 바우더(Maria Christina Bauder, 1735-1796)의 자수에 다시 등장했는데 이때는 히아신스와 조합되었다.[18]

요한 크리스토프 지크문트 뢰너(Johann Christoph Sigmund Löhner, 1740-1796)의 우정수첩에는 막내인 아나 마리아 바우더

그림 2. 아나 마리아 바우더 作, 수를 놓은 초롱꽃. 1764, 요한 크리스토프 지크문트 뢰너의 우정수첩, 뉘른베르크, needlework, 10.5× 17.5cm, Germanisches Nationalmuseum, Nuremberg, Hs. 163,750, f. 86r.

(Anna Maria Bauder, 1737-1799)가 수준 높은 기법으로 꽃을 수놓았다. 아나 마리아는 빌더스티치 방식으로 종이 위에 직접 초롱꽃 수를 놓아 페이지 양쪽으로 꽃의 이미지가 완벽하게 나타나게 했다(그림 2).[19] 1752년으로 기록된 다른 작품에서는 초롱꽃을 나비와 조합했다.[20] 아나 마리아는 세 자매 중에서 가장 적극적이고 재주도 좋았던 모양으로, 1771년에는 또 다른 우정수첩에 장미와 히아신스를 새겼다.[21]

마리아 지뷜라 메리안이 개발한 모티프의 발전

이른바 빌더스티치 기법으로 수를 놓은 수선화(*Narcissus tazetta*)는 메리안의 《꽃 그림책》이 장기적으로 미친 영향력을 가장 잘 보여주는 예다(그림 3). 이 작품은 우정수첩의 소유주인 크리스토프 카를 그룬트헤어(Christoph Carl Grundherr, 1727-1796)와 관련 있는 여성들이 놓은 세 폭의 자수 중 일부였다. 아나 마리아 에프너(Anna Maria Ebner, 1729-1789)는 이 우정수첩에

76

그림 3. 아나 마리아 에프너 作, 수를 놓은 수선화. 1749, 크리스토프 카를 그룬트헤어의 우정수첩, 뉘른베르크, 자수, 9.5×15.5cm. Stadtbibliothek Nürnberg, Nor. H. 1305, f. 85r.

그림 4. 마리아 지빌라 메리안 作, 수선화(*Narcissus*)와 히아신스(*Hyacinthus orientalis*). M. S. Merian, *Florum Fasciculus Primus*, Nuremberg 1675, plate 2, republished in M. S. Merian, *Neues Blumenbuch*, Nuremberg 1680, hand-colored etching, Saxon State and University Library Dresden(SLUB), Botan.84.misc.1. Courtesy of SLUB Dresden.

1749년 8월 9일 날짜로 독일어 시 한 편을 적었다. 그리고 흰색 견직물에 꽃 한 포기를 수놓아 마주 보는 페이지에 붙였다.[22] 이 수선화는 마리아 지빌라 메리안이 70년 전에 개발한 모티프를 살짝 변형한 것이다. 이 젊은 귀부인이 자수로 옮긴 모티프는 1675년에 출간되고 1680년에 재출간된 《꽃 그림책》 제1권의 두 번째 동판화에서 찾을 수 있다(그림 4).[23] 여기에서 마리아 지빌라 메리안은 수선화를 히아신스와 조합했다. 거의 같은 시기에 메리안 자신도 중국 화병에 꽂은 꽃다발을 그린 양피지 그림에서 같은 모티프를 재사용했다.[24]

메리안이 창작한 모티프의 오랜 수명은 18세기 초로 거슬러 가는 뉘른베르크 귀족 가문 딸들의 드로잉 습작집에도 보존되었다.[25] 레기나 클라라 스트로머 폰 라이헨바흐(Regina Clara Stromer von Reichenbach,

그림 5. 레기나 클라라 스트로머 폰 라이헨바흐 作, 《찢어진 책(Reißbuch)》, 연필과 빨간 분필로 수선화를 그린 페이지. 30×20.5cm, Stadtbibliothek Nürnberg, Nor. H. 1665, f. 23.

1696-1735)는 열네 살이 되던 1710년에 처음으로 드로잉과 회화 수업을 받았다. 남아있는 세 권의 스케치북에서 꽃을 그린 연필 드로잉과 회화를 자세히 보면, 라이헨바흐가 여러 권을 견본으로 삼았고 그 중에서도 《꽃 그림책》이 가장 두루 사용된 것을 알 수 있다.[26] 이 소녀는 연필, 붉은 분필, 잉크, 물감 등을 번갈아 사용했고, 다양한 기법으로 《꽃 그림책》에 나온 모티프를 베끼면서 꽃 그림 예술에 입문했다.

수선화의 경우는 1710년에 연필과 빨간 분필로 거의 똑같이 복제해 냈고(그림 5), 1711년에는 채색된 그림으로 완성했다.[27] 비슷한 시기에 뉘른베르크에서 또 다른 익명의 귀족 여성이 그림을 배웠는데, 스승은 연습장의 왼쪽 페이지에 연필과 빨간 분필로 수선화 줄기의 윤곽선을 그렸고, 오른쪽 페이지에는 학생이 같은 기술로 스승의 그림을 그대로 베꼈다.[28] 이 경우 스승은 마리아 지빌라 메리안이 그렸던 꽃을 살짝 변형했다. 줄기에는 꽃이 더 풍성하게 피었고, 오른쪽에도 잎이 추가로 달렸다. 1749년에는 똑같이 변형된 패턴을 아나 마리아 에프너가 자수로 변신시켰다(그림 3 참조). 이 변형된 모티프는 레기나 클라라 스트로머 폰 라이헨바흐에게도 알려져 1711년에는 그녀가 캐미솔에 놓은 자수의 무늬가 되었다.[29]

뉘른베르크 외과의사 요한 파울 부르프바인(Johann Paul Wurfbain, 1655-1711)의 아내인 마르가레타 부르프바인(Margaretha Wurfbain)은 또 다른 기법을 사용해 뛰어난 작품을 만들어 냈다. 그녀의 이름과 재주는 1711년에 남편이 사망했을 당시의 짧은 설교 구절로만 후대에 알려졌다. 여기에서 그 여성은 '실크 입자'를 이용한 특별한 바느질 기법을 사용해 동물과 새를

그림 6. 마르가레타 부르프바인 作, 실크 섬유로 작업한 화환. 1703. 요한 로렌츠 라잉커의 우정수첩, 9.5×15cm, Stadtbibliothek Nürnberg, Nor. H. 1621a, f. 114r.

실제처럼 수놓은 것으로 찬사를 받았다. 또한 그녀의 작품은 귀족들이 감탄하여 자주 찾았다고 언급되었다.[30] 이 문서에 따르면 마르가레타 부르프바인은 당시에 실크 섬유와 작은 실크 조각을 다양한 바탕에 펼쳐서 붙이는 바느질과 아플리케 기법을 사용한 그림으로 유명했다.[31] 독일에서는 슈피켈라르바이트(Spickelarbeit) 또는 플레켈라르바이트(Fleckelarbeit)라고도 알려진 이런 이미지의 세 가지 예시가 요한 로렌츠 라잉커(Johann Lorenz Leincker, 1682-1735)의 우정수첩에 살아남았다.[32] 여기에는 따로 서명이 되어있지 않으며, 의뢰를 받아서 제작된 것으로 보이는데 마르가레타 부르프바인의 두 딸과 신원을 알 수 없는 세 번째 여성이 여백에 자신들의 이름을 써놓았다(그림 6). 화관과 화환으로 구성된 타원형 프레임에 폐허와 양치기가 있는 풍경에서도 마르가레타 부르프바인은 실크 섬유와 조각을 뿌렸다. 화환의 경우, 《꽃 그림책》을 견본으로 참조했을 가능성이 있다. 원의 꼭대기에 휘어진 줄기에 달린 왕패모(imperial lily)는 마리아 지빌라 메리안이 1675년에 제작한 첫 번째 연작에서 첫 장의 동판화를 떠올리게 한다.[33] 마르가레타 부르프바인이 남편의 집으로 이사한 후에 《꽃 그림책》을 구입했을지도 모른다는 상상은 흥미롭다. 1681-1682년의 짧은 시기에 두 여성은 뉘른베르크의 밀히마르크트에서 서로 가까이 살았고, 또 메리안의 남편 그라프가 소유한 건물의 개인 처소에서 《꽃 그림책》이 매물로 나온 적이 있었기 때문이다.[34]

섬세한 손과 명성
: 여성 예술의 관련성

우정수첩에 남겨진 그림, 자수, 아플리케는 거의 전적으로 여성이 활약했던 예술 분야에서 사라질 뻔한 귀중한 자료를 보존했다. 당시의 규범서에 제시된 훌륭한 안주인의 이상적인 조건에 따르면, 부유한 집안의 소녀들은 일반적으로 '프라우엔치머 아르바이텐(Frauenzimmer Arbeiten, 여성의 일)'이라고 알려진 예술 분야의 전문 기술을 익혀야 했다. 1703년에 뉘른베르크에서 출간된 《가정주부(Hausmutter)》라는 도서는 집안일과 의무에 관한 초기 지침서인데, 익명의 저자는 이런 기술 36가지를 150쪽에 걸쳐 설명한다.[35] 저자는 바느질은 물론이고 천, 왁스, 판금, 깃털, 종이 반죽 등의 다양한 재료를 사용한 여러 기법으로 조화나 과일을 만드는 법을 집중적으로 설명한다. 이런 물건들은 한 가지 특성, 즉 자연 속 모델과의 유사도에 따라 가치가 결정되었다. 한 물체가 실물처럼 보이려면 여성은 원근법에 따라 그림을 그리고, 색을 사용해 입체를 나타낼 수 있어야 했다. 그러므로 저 설명서의 저자는 빌더스티치를 가장 발전된 바느질 기법으로 극찬했는데, 견사를 사용해 회화를 가장 잘 모방할 수 있었기 때문이다. "바늘 그림은 특별한 찬사를 받을만하다. 왜냐하면 재주 있는 손을 가진 여성들이 가장 예술적인 화가와 겨룰 수 있고, 털실이나 비단실을 사용하여 풍경은 물론이고 꽃과 과일을 실제처럼 그려낼 수 있기 때문이다."[36] 뉘른베르크 자수공예가 아나 마그달레나 브라운(Anna Magdalena Braun, 1734-1794)의 바느질 책도 똑같은 가르침을 전한다. 1773년에서 1793년까지 그녀는 프라우엔치머 아르바이텐의 다양한 사례 100가지를 모아 세 권에 나누어 편집한 《아트북(Kunstbuch)》을 출간했다.[37] 저자의 소개 글에 따르면, 일부 기법은 그녀의 할머니가 어린아이였던 1670년대, 1680

그림 7. 아나 마그달레나 브라운 作, 《아트북》. 실크 섬유로 작업한 풍경. 13.5×23cm, Germanisches Nationalmuseum, Nuremberg, T8182, volume 4, no. 38.

년대에 시작되었다. 이 책에는 바늘로 그린 꽃("회화의 규칙에 따라 견사를 수놓은")과 실크 섬유를 펼치거나 위에 뿌려서 만든 풍경화("풍경이 비단 위에 뿌려져서 완성된다", 그림 7)의 설명이 포함된다.[38] 다른 예시에서는 생선 비늘, 깃털, 지푸라기, 진주, 털 같은 재료를 사용한다. 집안의 훌륭한 안주인이 되기 위한 소양이었던 '프라우엔치머 아르바이텐'을 여성의 활동 영역을 가정으로 제한하고 고급 예술이나 남성의 영역에 침범하지 못하게 막은 도구라고 해석하는 대신, 최근 연구에서는 이

런 롤모델의 긍정적인 효과를 강조한다.[39] 여성은 실제로 집에서 쉽게 다룰 수 있는 재료와 기술로 완성된 예술품을 만들어 내기 위해 분투하기 시작했다. 그들의 작품은 그림을 닮았고, 또 실제처럼 보인다는 명확하게 정의된 특성 때문에 존경과 감탄을 누렸다. 따라서 여성 자수가가 유명인의 지위를 얻고 그 작품이 다른 이들의 애장품이 될 수 있었다.[40] 추가로 1703년의 《가정주부》, 그리고 18세기 말에 아나 마그달레나 브라운이 제시한 모든 물건들은 소형이고 제작에 인내가 필요하다

는 공통점이 있다.[41] 이런 특성 때문에, 여성들이 만든 예술 작품은 17세기와 18세기 열정적인 수집가들의 호기심을 충족시켰고, 그 결과 '호기심의 방(Kunstkammern)'(16-17세기 유럽의 군주와 귀족들이 진기한 물건들을 모아 전시하던 공간으로 자연사박물관의 기원이 되었다―옮긴이)의 근간이 되었다. 1704년에 인쇄된 수집가용 안내서에서 레온하르트 크리스토프 슈투름(Leonhard Christoph Sturm, 1669-1719)은 수집품을 이상적으로 정리하여 보관할 수 있는 건물의 설계 초안을 제시했다. 그는 실제로 그림과 조형물 보관실 옆에 애호가들이 이런 물건들을 보관하는 별도의 공간을 설치할 것을 제안했다.[42] 여기에서 슈투름은 "각종 신기한 여성 수공예품(allerhand curieuser Frauen-Zimmer-Arbeit)"의 전시를 설명했는데, "실제처럼 그림을 수놓는 기술" 또는 "실크 조각들을 사용해 각종 꽃을 진짜같이 만드는 기술" 같은 다양한 기법으로 실물에 가깝게 구성된 작품을 의미한다. 1730년에 요아힘 폰 잔트라르트의 부인 에스터 바르바라 폰 잔트라르트(Esther Barbara von Sandrart, 1651-1731/33)가 소유한 예술품에는 프라우엔치머 아르바이텐을 위한 자리가 따로 마련되어 있었다고 한다.[43]

마리아 지빌라 메리안의 《꽃 그림책》이 섬세한 여성의 손길로 만들어진 예술의 시작을 알렸다면, 아나 마그달레나 브라운의 《아트북》은 그 마침표를 찍었다. 17세기 후반부터 18세기 후반까지 여성들은 견본을 베껴서 꽃을 그리고 색칠하는 예술을 배워야 했다. 이런 지식은 자수 패턴의 발달과 인조 꽃, 과일, 동물의 제작을 위한 전제 조건이었다. 여성이 예술적 기교를 완성하던 시기에 많은 이들이 이런 예술품 수집에 관심을 두기 시작했다. 그들은 보관실, 캐비닛, 우정수첩을 소유하고 그곳에 이런 물건들을 보관, 전시하여 프라우엔치머 아르바이텐이라는 여성 예술의 높은 가치를 기록했다. 이런 당시 상황은 마리아 지빌라 메리안이 뉘른베르크에서 성공하게 된 기반과 배경이 되었다. 메리안은 여성의 필요를 이해했고, 이들에게 자연을 따라 그림을 그리고 색칠하고 꽃을 수놓는 방법을 가르치는 것으로 함께했다. 메리안이 뉘른베르크를 떠나고 한참 뒤에, 그리고 실제로 그녀가 사망한 후에도 《꽃 그림책》은 오랫동안 주요 패턴집의 하나로 남아있었다. 이런 장기적인 성공은 우정수첩에 보존된 자수나 소녀들의 연습장에 있는 그림으로만이 아니라 1713년경에 제작된 《꽃 그림책》의 재쇄본에서도 입증된다.[44] 우정수첩에 보존된 소규모 작품을 발굴하는 작업을 통해, 현재는 알려지지 않았지만 당시에는 존경받고 심지어 유명했던 여성들이 재발견되기를 기대한다.

※원고를 철저하게 검토해 준 편집자들, 그리고 내 영어 문장을 다듬는 데 도움을 준 크리스티네 야코비 미르발트 박사와 두톤 하우하르트 박사에게 감사의 말씀을 전한다.

6장

우정을 찾아서
마리아 지뷜라 메리안이
우정수첩에 남긴 흔적

플로렌서 F.J.M. 피터르스
& 베르트 판더루머르

이 장에서는 마리아 지뷜라 메리안을 한 차원 더 깊이 알 수 있는 특별한 자료들을 소개한다. 바로 메리안이 직접 작성한 우정수첩에 남은 시각 및 텍스트 증거이다. 우정수첩은 개인이 소유한 특별한 소책자로 대부분 판형이 길쭉하고, 근대 초기에 사람들이 자신이 속한 사교 집단에 돌리면서 애정이나 명성의 증거를 수집하는 용도로 인기가 있었다. 이 수첩은 점잖은 사교 행위의 중요한 증거이기도 했다. 독일어로는 '슈탐부흐(Stammbuch)'라고 불렀으며 메리안이 이 용어를 사용했다. 네덜란드어로는 '스탐북(Stamboek)'이라고 했는데 현대에 와서는 집에서 키우는 동물이나 가축의 족보('혈통서' 또는 '등록부')와 좀 더 연관이 있는 용어다. 우정수첩은 에고 다큐먼트(자기기록물, ego documents)라는 훌륭한 장르를 형성했을 뿐 아니라, 역사적 인물이 활동하던 시기의 사교계와 문화계를 엿볼 수 있는 유용한 자료가 되었다.

1997년에 예술사학자 베르너 테게르트(Werner Taegert)가 메리안이 독일에 있는 동안 작성한 두 건의 사례를 논의한 바 있으나 최근 몇 년 사이에 몇 건이 더 발견되었다.[1] 2017년에 크리스틴 자우어는 우정수첩에 물감이나 실크로 그린 그림에 메리안의 초기 꽃 디자인이 미친 영향을 상세히 설명했다. 자우어의 이 연구는 이 책에서 최초로 영어로 발표되었다(자우어가 쓴 5장 참조). 이 장에서는 테게르트와 자우어의 연구를 확장하고, 메리안과 우정수첩의 전통과 관련해 추가된 자료를 살펴본다. 메리안의 경우 이런 자료가 지닌 의의가 더 있는데, 이 자료들은 메리안이 직접 작업한 것이 분명하고, 대개 날짜도 표시되었기 때문에 복잡한 양식의 속성에 대한 확실한 참조 기준이 된다. 이렇게 우정수첩은 메리안의 작품 세계에 대한 포괄적 이해를 제공한다.[2] 더불어 이 장에서는 메리안의 사회적 인맥에 대한 통찰과 사람들이 우정수첩에 기록을 남기는 관습도 개괄적으로 살펴본다.

우정수첩은 흔히 페이스북과 인스타의 사용자 '담벼락'의 전신으로 여겨진다. 여기에도 소유자의 친구나 지인이 글이나 사진을 남긴다. 그러나 사회적 관계를 글과 그림으로 적은 우정수첩에는 확실히 정성과 노동이 더 들어갔다. 최근 들어 일부 예술가와 예술 애호가 사이에서 좀 더 전통적인 방식의 우정수첩이 유행하고 있다. 한편 유럽 국가에서 많은 젊은 여성들은 짧은 시와 스티커, 친구와 가족이 직접 그린 삽화들로 가득 찬 다이어리를 소중하게 간직한다.[3] 이런 수첩에는 오랜 역사가 있다. 가장 오래된 우정수첩에 흔하게 나오는 그림이 가문의 문장(紋章)인 점으로 미루어, 과거에는 우정수첩이 중세 시

대 후기 토너먼트 참가자의 신분 증명서로 사용되었던 문장이나 무기 등록부에서 비롯했다는 주장도 있었다.[4] 최근에는 우정수첩이 16세기 중반, 당시 저명한 교수였던 마르틴 루터(Martin Luther, 1483-1546)와 필리프 멜란히톤(Philipp Melanchthon, 1497–1560)의 영향을 받아 비텐베르크의 프로테스탄트 대학을 중심으로 유행했다는 사실이 증명되었다. 가문의 문장을 사용하는 관습이 당시에는 이미 사라진 뒤였다. '슈탐부흐'라는 용어는 16세기 중후반까지만 사용되었다.[5] 마르틴 루터의 서명과 성서 해석상의 주석은 수많은 '루터 성경'과 당시 한창 인기를 얻어가던 우정수첩에서 똑같이 찾아볼 수 있다.[6] 우정수첩은 개신교 대학교에서 가톨릭 대학교로 전파되었고 마침내 유럽 전역으로 확산되었다가 19세기에 들어서야 유행이 주춤해졌다. 우정수첩은 독일어권 국가에서 유독 활발하게 제작되었다. 학생, 학자, 예술가, 장인, 상인 등 글을 쓰고 읽을 줄 아는 사람들은 유학 시절을 기록하고 기억하는 방식으로 우정수첩을 사용했지만, 동시에 이 수첩은 귀족이나 중요한 인물의 서명을 수집하는 기능도 있었다.[7] 이런 전통은 특히 문화계나 문학계 인사 사이에서 더 유행했기 때문에, 메리안이 이런 교양인의

그림 1. M. S. 메리안 作. 우정수첩에 실린 장미. 크리스토프 아르놀트의 우정수첩에 마지막 항목으로 추가된 것으로 보인다. 수채화, bodycolor and ink on paper, 85×136mm, Staatsbibliothek Bamberg, inv. no. I R 90.

교류 양식에 자신의 흔적을 남긴 것은 놀랍지 않다.

아버지와 아들을 위한 장미

메리안이 직접 작성했다고 처음 알려진 우정수첩은 독일 밤베르크 주립도서관에 보관된 그림으로, 종이 위에 글이 함께 적혀 있다(그림 1). 테게르트는 이 낱장의 그림이 현재 영국 도서관에 보관된 크리스토프 아르놀트의 우정수첩에 들어갔던 것이라고 확신했다.[8] 아르놀트는 뉘른베르크의 에기딘 문법학교에서 그리스어, 수사학, 시, 역사를 가르치는 교수였고, 그 도시의 성모교회에서 부제를 맡고 있었다. 덧붙여 그는 칭송받는 시인이자 그 도시의 시 협회 회원이기도 했다. 뉘른베르크를 관통하는 페크니츠강의 이름을 따서 '페그네시아 꽃의 교단(Pegnesische Blumenorden)'이라는 명칭으로 불리던 이 협회에서 아르놀트는 다른 모든 회원들처럼 그리스어로 '가르치다'라는 뜻인 'lehren'에서 유래한 '레리안(Lerian)'이라는 별칭으로 불렸다.[9] 그를 상징하는 꽃은 야생 장미인 헤켄로제

그림 2. 마리아 지빌라 메리안 作, 안드레아스 아르놀트의 우정수첩에 실린 장미 그림. watercolor and bodycolor on vellum, 187×147mm, Herzog August Bibliothek Wolfenbüttel, inv. no. 1497, f. 271r.

(Heckenrose)였다. 아르놀트의 우정수첩에 실을 그림으로 메리안은 활짝 핀 아름다운 장미를 선택했다. 세 갈래로 갈라진 줄기 아래쪽에 꽃봉오리가 하나 더 있고 위쪽 줄기에는 잎이 달려있다. 화지의 오른쪽 상단 모퉁이에 메리안은 "인간의 삶은 꽃과 같다(Deß Menschen Leben ist gleich einer Blum)"라는 구절을 썼고, 그림 하단에는 "1675년 2월 17일에 뉘른베르크에서 마리아 지빌라 그레핀이 선생님을 위해 그린 그림"이라고 적혀있다. 아르놀트가 메리안의 《애벌레 책》 두 권에 대해 세

편의 찬시를 쓴 것으로 미루어 두 사람이 꽤 친분 있는 사이였다고 짐작된다.[10] 메리안은 아마도 아르놀트의 서재에서 곤충 연구의 첫발을 내디뎠을 것이다.[11] 테게르트의 주장처럼 이 그림의 글귀는 성경의 욥기에서 빌려왔고 삶의 무상함을 반영했다고 보인다. 이 우정수첩의 그림은 1679년에 발표한 《애벌레 책》 제1권의 24번 도판과의 연관성이 명확하다. 책에 실린 도판에는 꽃봉오리 2개와 잎이 추가되어 더 공을 들인 흔적이 있다.[12] 우정수첩의 그림은 출간된 그림의 습작이었을 수도 있

지만, 사실은 둘 다 하나의 원본 그림에서 메리안이 영감을 얻어 변형했을 가능성이 더 크다.

4년 뒤인 1679년, 최초의 《애벌레 책》이 출간된 해에도 메리안은 비슷한 그림을 그렸는데 이번에는 크리스토프 아르놀트의 아들인 안드레아스 아르놀트(Andreas Arnold, 1656-1694)를 위한 것이었다. 그는 당시 뉘른베르크 인근의 알트도르프 대학교에서 문학, 철학, 신학, 수학을 전공하는 학생이었다. 다행히 이 그림은 볼펜부텔의 듀크 아우구스트 도서관에 보관된 우정수첩에 원본 상태로 장정되어 있다(그림 2).[13] 그림에는 안드레아스가 같은 해 12월 공부를 마치고 대학을 졸업한 1679년 4월 3일로 날짜가 적혀있다("Maria Sibilla Gräffin Ao 1679 den 3 Abril, In Nürnberg").[14] 그러나 아버지의 우정수첩에 있었던 것 같은 경건한 명언은 없었다. 이 그림이 앞에서 언급한 것과는 세부적으로만 다른 걸로 보아 아버지와 아들이 메리안에게 같은 그림을 그려달라고 부탁했을 수도 있다.

메리안의 다른 가족도 안드레아스의 수첩에 흔적을 남겼다. 같은 날, 메리안의 남편 요한 안드레아스 그라프는 로마의 테베르강을 따라 포룸 보아리움에 있는 헤라클레스 신전의 언덕 풍경에 상상 속 피라미드를 추가하여 수첩을 장식했다. 또한 2개월 후 메리안의 새아버지 야코프 마렐은 그 수첩에 야생 장미를 그렸다.[15] 안드레아스 아르놀트의 우정수첩은 어떻게 이런 기록들이 한 가문 안에서 전해져 내려와 많은 이의 작품을 담게 되는지 보여주는 좋은 예시다. 이것이 지금까지 메리안이 독일에 있는 동안 작성했다고 알려진 2개의 우정수첩이다. 하지만 메리안이 다른 수첩에도 흔적을 남겼고 또 그녀에게 많은 요청이 있었다는 증거는 더 있다.

장거리 애정 표현

메리안이 남긴 세 번째 '증거'는 비교적 간접적이지만 그렇다고 해서 흥미가 덜하지는 않다. 1685년, 안드레아스 아르놀트의 우정수첩을 작업하고 6년 뒤, 메리안은 자신의 학생이자 친구인 클라라 레기나 임호프에게 두 편의 서신을 썼다.[16] 이 편지를 보면 우정수첩이 소유자의 요청에 의해서 작성되었으며, 메리안은 우정수첩의 기여자로 인기가 많았음을 알 수 있다. 이는 메리안의 첫 출판물인 세 권의 《꽃 그림책》(1675-1680)에 실린 꽃과 꽃다발, 화환을 따라 한 예술가와 자수가가 많았다는 점을 염두에 두면 별로 놀랄 일이 아니다. 5장에서 크리스틴 자우어는 이런 꽃 패턴들이 어떻게 많은 이들 사이에서 반복적으로 복제되어 우정수첩에 그림과 자수의 형태로까지 실리게 되었는지를 잘 설명했다. 클라라 레기나 임호프는 학생 동아리인 젊은 처녀들의 모임(Frauenzimmer) 소속이었고, 거기에서 메리안에게 회화를 배웠다.[17] 클라라 레기나에게 보낸 첫 번째 편지에서 메리안은 남동생 크리스토프 프리드리히 임호프의 부탁대로 '우정수첩'에 실을 그림을 작업하고 있지만 이사 후에 아직 정리가 끝나지 않아 마무리를 짓지 못했다며 사과했다. 거의 한 달 뒤에 쓴 두 번째 편지에는 분명 남동생의 우정수첩에 들어갈 그림을 동봉했을 것이다. 메리안은 수첩을 받지 못해 양피지에 따로 작업한 것에 대해 양해를 구했다.[18] 당시 수첩 자체를 돌려서 사람들이 수첩에 직접 글을 쓰고 그림을 그리는 것이 관례였고 메리안도 아르놀트의 우정수첩에는 그렇게 했지만, 임호프처럼 멀리 사는 경우에는 다른 종이에 작성한 것을 우편으로 보내어 별도로 수첩에 첨부하기도 했다.

12년 뒤인 1697년에는 크리스토프 프리드리히 임호프가 당시 암스테르담에 살던 메리안을 방문했다. 그가 들고 온 슈탐부흐를 보면서 메리안은 제자인 클라라 레기나의 작품에 감탄했는데 그 내용이 클라라 레기나에게 보내는 세 번째 서신에 적혀있다.[19] 이는 클라라 레기나 역시 남동생의 우정수첩에 참여했음을 보여준다. 메리안은 제자의 예술을 칭찬하면서도 12년 전 자신의 작품에 대해서는 전혀 언급하지 않았다. 우정수첩이 장시간에 걸쳐 채워진 것을 생각하면 그들이 동일한 슈탐부흐를 두고 얘기하고 있을 가능성이 크다. 또한 자우어가 확신한 것처럼 사람들은 이것이 '대중적인 물건'이라는 것을 알고 있었다.

이제 메리안이 그린 또 다른 그림을 얘기할 때가 되었다. 이 그림은 뉘른베르크의 게르만 국립박물관에 보관되었으며 우정수첩에 실리는 일반적인 내용물의 특징을 모두 갖추고 있다(그림 3). 90×145mm 크기의 직사각형 판형 양피지에 그려졌으며, "1706년 2월 24일 암스테르담에서 마리아 지뷜라 메리안"이라는 날짜와 서명도 있다. 그런데 이 날짜가 의문을 불러온다. 1706년은 《수리남 곤충의 변태》 출간 이듬해라 메리안이 암스테르담에 있을 때였다. 이 작은 그림 속 두 마리 수리남 나비는 《수리남 곤충의 변태》 2번 도판에서 파인애플 주위를 날아다니던 나비다. 1976년에 메리안의 〈연구 노트〉(메리안이

그림 3. 마리아 지뷜라 메리안 作, 메리안의 〈연구 노트〉(《수리남 곤충의 변태》를 위한 예비 연구, 2번 도판)에 실려있던 나비 두 마리. watercolor and bodycolor on parchment, 90×145 mm, Germanisches Nationalmuseum, Nuremberg, inv. no. Hz 371.

자신이 관찰한 내용과 그림 원본을 보관한 문서)의 복사본을 편집한 볼프디트리히 베어 (Wolf-Dietrich Beer)는 이 양피지가 수첩에서 오려져 팔린 것이라고 추정한다. 그리고 베어에 따르면 그 날짜는 그림이 판매된 날짜이다. 〈연구 노트〉에는 빈 페이지가 있었고, 나중에 이 초록나비의 복사본이 그 자리에 붙여졌다.[20] 그래서 여전히 나비의 그림을 볼 수 있고, 아래에는 거의 구분하기 어려운 글씨로 두 번째 나비의 머리를 암시하는 연필 선이 있다. 현재 알려진 바로는 판매 날짜가 적힌 다른 그림

은 없다. 우리는 메리안이 크리스토프 프리드리히 임호프에게 했던 방식으로 누군가의 우정수첩에 싣기 위해 이 그림을 별도로 그렸을 가능성을 제안한다. 하지만 여러 가능성을 조합해 볼 수도 있다. 예를 들어 메리안 자신이 〈연구 노트〉에 그린 그림을 잘라내 지인의 우정수첩에 사용했을 수도 있다.

우정과 질투의 징표

2014년 네덜란드 국립도서관 주관으로 전

국 네덜란드 도서관에 소장된 전체 우정 수첩의 목록을 작성하는 과정에서 메리안 이 친히 가장 공들여 작업한 작품이 발견 되었다.[21] 이 작품에서 메리안은 날고 있 는 꽃매미 한 마리와 청자고둥 껍데기 2개 를 한 자리에 그렸다. 그림의 옆 페이지에 는 1709년 3월 2일로 날짜가 표기된 헌사 를 적었다(그림 4). 메리안은 이 그림을 암 스테르담 판화가이자 지도제작자인 페트 뤼스 솅크(Petrus Schenck, 1660-1711)의 슈탐부흐에 직접 그려 넣었다. 솅크는 독 일인이고 현재의 부퍼탈에 속하는 엘베르 펠트 마을에서 태어났다. 그는 자연 풍경, 마을 풍경, 지도, 그리고 특별히 메조틴트 기법(mezzotint, 과거 동판 제작법의 하나로 중간 톤을 표현해 낼 수 있다―옮긴이)을 사 용한 초상화로 잘 알려진 화가였다. 게다 가 암스테르담과 라이프치히의 미술상으 로서 매년 두 곳을 오가며 자신의 상점에 서 일하거나 라이프치히 무역박람회에 참 가했다. 이동 중에 그는 여러 곳을 경유해 귀족이나 지방 법관이 대부분인 고객들을 찾아다니며 메조틴트 기법의 초상화를 그 리거나 자신의 우정수첩에 기록을 부탁했 다. 솅크의 수첩은 1700년에서 1713년까 지 기록이 있고, 273개의 제사 중에는 귀 족과 왕족이 남긴 것들도 많았다. 예를 들

어 수첩의 처음에 나오는 이름 중에는 브 라운슈바이크뤼네부르크의 선제후인 게 오르크 루트비히(Georg Ludwig, 그레이트 브리튼 왕국 및 아일랜드 국왕인 조지 1세), 브 라운슈바이크볼펜뷔텔 공작 안톤 울리히 (Duke of Brunswick-Wolfenbüttel Anton Ulrich), 작센의 선제후이자 솅크를 '왕실 판화가'로 임명한 프리드리히 아우구스트 2세(Friedrich August Ⅱ) 등이 있었다.[22] 또 한 이 수첩에는 마리아 지빌라의 인맥 네 트워크에 속하는 이름들이 많았는데, 이 를테면 메리안과 서신을 주고받았던 아 른슈타트의 크리스티안 슐레겔(Christian Schlegel, 1667-1722), 메리안의 조카인 요 한 마테우스 메리안(Johann Matthäus Meri- an, 1659-1716, 1806년에 귀족으로 승격된 이 후로는 폰 메리안)[23], 그리고 암스테르담 시 장이자 메리안이 곤충을 연구하고자 그의 수집품을 보았던 니콜라스 비천(Nicolaes Witsen, 1641-1717) 등이 있다. 이런 점들 로 미루어 솅크와 메리안은 같은 사교 집 단에서 활동한 것으로 보인다. 솅크는 암 스테르담에서 지도제작자이자 출판업자 인 헤라르트 팔크(Gerard Valk, 1652-1726) 의 제자로 일을 시작했다. 그는 담 광장의 상점에서 메리안의 수리남 책을 팔았고, 1687년에는 팔크의 여동생인 아퍼(Aafje)

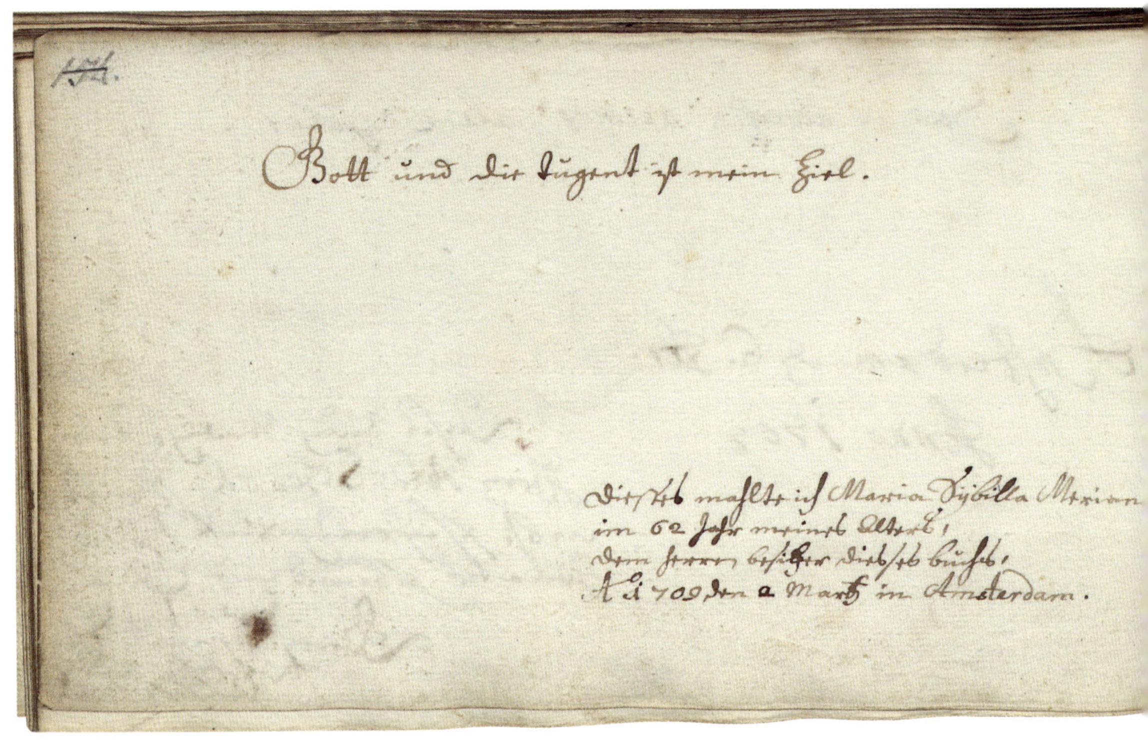

와 결혼했다.

마리아 지빌라 메리안이 솅크의 슈탐부흐에 적은 글귀가 특히 흥미롭다.

신과 선은 나의 목적이다.
1709년 3월 2일 암스테르담에서
이 수첩의 주인인 신사분을 위해서
62세의 마리아 지빌라 메리안이 그렸음.[24]

"신과 선은 나의 목적이다." 혹은 의역하자면, "나는 신과 선을 열망하나니"라는 이 신심 어린 문구는 동시대 유명한 독일 시인이자 교육자인 크리스티안 바이제(Christian Weise, 1642-1708)가 쓴 시의 마지막 두 번째 줄에서 빌려온 것이다. 이 시는 당시에 '산의 노래(Bergliedchen)'라고도 알려졌었다.[25] 우정수첩에 관한 권위 있는 문헌에 따르면 크리스티안 바이제의 문구가 당시에 자주 인용되었다고 한다.[26] 그 시는 시기심 많은 사람을 정의롭게 대

그림 4. 마리아 지빌라 메리안 作, 페트뤼스 솅크의 우정수첩에 실린 꽃매미와 두 고둥껍데기. watercolor, bodycolor and ink on paper, 118×193mm, Leiden University Libraries, inv. no. LTK 903, f. 101v–102r.

하는 방법을 알려준다. 마지막 여섯 구절은 다음과 같다.

비록 사람들이 나를 시기할지라도
신의 뜻은 오직 모든 것을 받아주는 것이니
역경 속에서도 더없는 행복이 여전히 나를 즐겁게 하네.
나는 신과 선을 열망하나니,
하여 나는 내가 갈망하는 것을 얻게 되네.[27]

단지 우연의 일치일 수도 있지만, 시기와 질투라는 주제와 솅크의 수첩에 그려진 곤충 사이에는 강한 연관성이 있다. 암스테르담 대학교 아르티스 도서관에 보관된 어느 익명의 박물학자-곤충학자가 쓴 글에 메리안과 익명의 저자, 그리고 유명한 곤충학자이자 수집가인 프레데릭 라위스(Frederik Ruysch, 1638-1731)가 나눈 대화가 적혀있다. 논쟁의 주제는 꽃매미(lanternfly)였다.[28] 메리안은 자신의 수리남 책에서 이 곤충을 머리가 큰 초록색 날벌레로 그렸는데, 그녀에 따르면 변태의 중간 과정이었다. 라위스와 익명의 저자는 이를 두고 자연을 거스르는 불가능한 일이라며 그녀의 생각을 바로잡으려고 했으나, 저자의 말처럼 메리안은 계속 자기 생각대로 그렸다. 이 얘기를 끝내며 질투심 많은 저자는 메리안의 작품이 부정확한 주장을 담고 있으며 그녀의 책에는 "실체가 부족하다"라고 썼다. 더 나아가 그는 여자가 덤불 주변을 기어다니는 것을 적절하지 못한 행동으로 보았고, 메리안의 가장 큰 목표는 유명해지는 것이라며 비아냥댔다. 메리안이 쓴 "신과 선이 나의 목적이다"라는 구절은 이런 얼토당토않은 혐의에 대한 직접적인 답변으로 볼 수 있다. 익명의 저자 자신도 유럽 곤충의 변태에 관한 논문을 발표하려고 계획했으나 끝내 성공하지 못했기 때문에 이런 시기 어린 혹독한 비평을 하게 되었는지도 모른다. 메리안이 바로 그 꽃매미를 우정수첩에 그리고, 그 옆에 시기심에 대한 경건한 시구를 적은 것이 정말 우연이었을까? 메리안처럼 암스테르담에서 성공한 독일 이민자였던 페트뤼스 셍크가 과연 이 토론에 대해 알았을까? 그 답은 알 수 없고, 의문의 질투심 많은 저자가 누구인지도 알려지지 않았

다. 그러나 이런 내용으로 미루어 우정수첩에는 친밀한 관계만이 아니라 시기가 동반되는 경쟁 관계도 간접적으로 드러날 수 있음을 알 수 있다.[29]

꽃매미 밑에 메리안은 2개의 청자고둥을 그렸다. 왼쪽은 코누스 아우리시아쿠스(*Conus aurisiacus*)이고 오른쪽은 코누스 텍스틸레(*Conus textile*)이다. 후자의 경우는 메리안이 특별히 이 그림에 따로 그린 것인지도 모르지만, 코누스 아우리시아쿠스는 게오르크 에베르하르트 룸피우스가 쓴 《암본의 희귀물 창고》 등의 다른 문헌에서도 등장한다. 《암본의 희귀물 창고》는 인도네시아제도의 갑각류, 조개류, 광물을 소개한 책으로 메리안의 걸작과 같은 해에 출간되었다.[30] 이 고둥과 그림은 베르트 판더루머르가 쓴 13장에서 훨씬 상세하게 다뤄진다. 그 장에서 이 우정수첩은 저작자 표시 문제로 다시 언급된다.

사교적인 초상화

메리안은 우정수첩에 보존된 그녀의 예술만이 아니라 초상화를 통해서도 흔적을 남겼다. 최근에 우리는 현재는 소실된 요하나 쿠르턴(Johanna Koerten, 1650-1715)의 우정수첩에 메리안의 초상화 2점이 실렸

었다는 사실을 알게 되었다. 쿠르턴은 암스테르담의 유명한 페이퍼 컷 예술가로 당시 유럽 전역에서 널리 이름을 날렸다. 1701년에 페트뤼스 셴크가 쿠르턴의 초상화를 메조틴트 기법으로 제작했다(그림 5). 초상화 아래의 그림 설명은 최초의 네덜란드 여성 시인 가운데 한 사람이자 생전에 작품이 출간되었던 캇하리너 레스카일여(Katharyne Lescailje, 1649-1711)가 쓴 것으로 내용은 다음과 같다. "영혼과 가위로 경이를 창조하는 이 우상에게 영광을/한낱 종이를 귀중한 예술 작품으로 바꿔 버리네".[31] 쿠르턴의 우정수첩은 너무 유명해서, 1735년과 1736년에 이에 대해 두 작가가 각각 쓴 송시 선집이 출간될 정도였다. 이 우정수첩은 대형 2절판 판형에 일반적인 우정수첩의 내용물은 물론이고 시, 헌사, 캘리그래피, 초상화(요하나 자신의 초상화가 다수이다) 등으로 구성되어 있어 전형적인 우정수첩과는 차별되는 특징이 있었다. 쿠르턴의 우정수첩은 1751년 경에 몇 권으로 쪼개져서 경매에 나왔고 그 이후로 그 내용이 널리 알려졌다. 암스테르담 국립미술관 도서관의 경매 목록집에 그 상세한 개요가 실렸다.

이 경매 목록에 남아있는 메리안의 흔적은 꽃과 열매를 그린 그녀의 그림 2점

그림 5. D. 판데르플라스(D. van der Plas, 원화가), 페트뤼스 셴크(동판화가), 요하나 쿠르턴의 초상화, 1701, mezzotint on paper, measuring inside of plate margin 245×181mm, Courtesy RKD, The Hague.

과 그녀 자신을 그린 2점의 초상화이다.[32] 초상화 하나는 메리안의 둘째 딸 도로테아 마리아와 결혼한 게오르크 크젤(Georg Gsell)이 그렸다. 크젤이 그린 사후 초상화(출생과 사망 연도가 문장 옆에 희미하게 보인다)에 관해서는 리커 판데인선이 18장에서 상세하게 다룬다. 좌측 하단의 글귀를 보면 이 그림이 쿠르턴의 수집품에서 온 것을 알 수 있다. "Uit 't kabinet van juffr. Koerten Blok(쿠르턴 블록 양의 캐비닛에서)". 경매 목록에 따르면 이 초상화는 열

매 그림과 이중 2절판 판형에 첨부되었다. 또한 하우브라컨 가문 사람 하나가 빨간색 크레파스로 그린 두 번째 초상화도 언급된다. 이 초상화 아래에는 메리안 자신이 디자인한 화환이 함께 등장한다. 이 작품은 여전히 아르티스 도서관에 있을 가능성이 크다. 《유럽의 곤충》에서 종이 위의 화환은 목록의 설명과 일치하는 속표지 맞은쪽에 붙어있다(그림 6). 이는 마리아 지빌라 메리안이 요하나 쿠르턴에게 바친 날짜 미상의 헌정 작품으로 그 안에 네덜란드어로 된 짧은 시가 들어있다. 손으로 색칠하고 식각한 이 화환은 35년 전 메리안의 《새로운 꽃 그림책》의 속표지에 쓰였다. 그 안에 적힌 시는 여성의 우정에 관한 사랑스러운 글이다.

그대에게 연필로 그린 과일을 바칩니다.
요하나, 가장 뛰어나고 유명한 사람.
종이와 가위를 예술적으로 사용해
당신의 수첩은 풍성해질 것이니.
M. S. 메리안[33]

이 그림이 18세기 중반에 경매로 나와 아르티스 도서관에 소장된 메리안의 책에 들어가게 되었을 가능성이 매우 크다. 또한 이 시는 앞에서 언급했던 두 권의 송시

선집에서 약간의 수정을 거쳐 재인쇄되었다. 이 수집품에는 메리안의 큰딸 요하나 헬레나(야코프 헨드리크 헤롤트와 혼인)와 둘째 딸 도로테아 마리아가 어머니를 위해 쓴 두 번째 시가 들어있다. 그 시는 과거에 쿠르턴에게 준 열매, 꽃, 벌레를 그린 그림이 함께 있었다고 밝혔는데, 아마도 경매 목록에 언급된 그림일 가능성이 높다. 놀랍게도 목록에서 이 그림은 엄마와 두 딸의 '합작품'으로 제시된다. 이는 진품성과 저자권(authorship)이라는 근대 초기의 개념을 나타내며, 예술 작품을 한 개인의 것으로 고정하는 오늘날의 방식에 흥미로운 문제를 제기한다.

친애하는 벗이여, 그대의
그림자 종이 오리기,
그 창의적이고 영원히 찬송될
기술이 그대의 뛰어난 예술과
우리의 것을 연결하였다.
하여, 더없이 큰 감사의 증표로
어미와 두 딸이 과일과 고정된 채
변신하는 잎사귀의 벌레들을
직접 붓질한 스케치를 바친다.

이는 하나의 상징을 불러내려는 바람으로,
인생의 변덕을 드러내고자 함이다.

그림 6. 마리아 지빌라 메리안 作. 요하나 쿠르턴의 우정수첩을 위한 헌정. on a hand−colored etching, the wreath from the Neues Blu-menbuch, pasted in the front matter of a copy of De *Europische Insecten*, 21×15.5cm(plate), Artis Library, Allard Pierson, University of Amsterdam, AB Legkast 018.01.

짧고 덧없으며 시시각각 끝없이 달라지니,
마치 죽음의 상징에게 외치는 것 같다.
그러나 꽃과 열매가 시들어
말라버릴 때, 그들은 씨앗을 통해
더 많은 싹에 생명을 주고,
애벌레는 통째로 번데기가 되어
누가 봐도 죽은 듯이 있다가
다음 순간에 하늘로 날아오르리라.

오 쿠르턴이여, 그대가 꽃 피운 예술은
무르익은 열매처럼 숙성되었다.
비록 처음에는 땅 위에서 미천하게
기어다녔으나 변태를 거쳐
마침내 떨리는 날갯짓으로 공기를
밀어내며 창조의 영역을 누빈다.
그러므로 그대의 육신과 영혼도 마침내
마지막 인사 뒤에 더 큰 매력을 얻어
필멸의 틀을 떨어내고 가벼워진 채
살아 생전 그대의 영혼을 데우던
기쁨과 함께 저 시든 몸이 승천한다.
붓은 이것을 말하지 않고
설명하고자 하였다.

마리아 지뷜라 메리안,
J.H. 호롤트[sic], 메리안 가문에서 출생,
D.M. 메리안[34]

메리안이 우정수첩에 남긴 흔적들은 독일과 네덜란드에서 점점 더 많은 도서관이 온라인에 고화질의 디지털 자료를 출판함으로써 계속 연구될 것이다. 현재 대중에게 공개된 수첩들은 각각 하나의 보물창고(Fundgrube)가 되어 복잡한 인간관계의 새로운 타래를 드러낼 뿐 아니라 아직 연구자들의 관심을 크게 끌지 못한 사적이고 독보적인 예술품을 알리는 텍스트와 이미지를 제공한다.

최근 독일 바이마르의 안나 아말리아 공작부인 도서관에 소장된 한 우정수첩에 빨간색 크레파스로 그려진 여성의 그림이 마리아 지뷜라 메리안의 초상화라고 밝혀졌다.[35] 그러나 수첩에는 이것이 정말로 메리안이라고 증명하는 글귀나 표지가 없었다. 현재 알려진 다른 2점의 메리안 초상화와 미미한 유사점이 있기는 해도, 그 여성이 메리안이라고 확신하기에는 증거가 부족하다. 그러나 이 사례는 우정수첩 안에 발굴을 기다리는 많은 파편들이 숨어 있다는 점을 보여주며, 또한 이 증거들을 신중하게 배열하고 정리해야 한다고 강조한다. 과거의 물질적 사물로서 우정수첩은 인간관계, 사회적 행위, 예술적 표현의 복잡한 그물망에서 그 자체로 중요한 매듭을 형성하고 있다.

7장

알리다 빗호스와 마리아 지뷜라 메리안

네덜란드 여성 식물 화가들의 사회적 인맥

리스벗 미설

네덜란드 위트레흐트주의 페흐트강을 따라 자리 잡은 페이베르호프에 독일 태생의 네덜란드 원예사이자 예술품 수집가인 아흐너스 블록이 소유한 아름다운 시골 대저택이 있다. 그곳에서 마리아 지뷜라 메리안과 알리다 빗호스는 식물 화가로 일했고, 그곳에서 두 사람은 같은 화지에 매발톱꽃을 그렸다. 그중에서도 빗호스가 그린 것은 아퀼레기아 플로레 플레노 바리에가토(*Aquilegia flore pleno variegato*)라는 유럽종이고 메리안이 그린 것은 아퀼레기아 '비르기니아나'(*Aquilegia* 'Virginiana')라는 미국 잡종이었다. 이 사실은 팔레리위스 뢰버르(Valerius Röver, 1686-1739)가 수집한 예술품 목록집에서 밝혀졌다. 이 목록집에는 아흐너스 블록의 수집품에 들어 있던 몇 권의 꽃 그림책에 대한 설명이 실려있었다.[1] 빗호스는 비슷한 야생종인 캐나다매발톱꽃도 그렸는데 그 그림은 2004년에 경매에 나왔다(그림 1).[2] 메리안이 그린 매발톱꽃 역시 지금까지 곳곳에 남아 있다. 다만 안타깝게도 두 사람이 함께 그린 그림의 행방은 알려지지 않았다. 아흐너스 블록의 꽃 그림책들은 독일의 헤센카셀 공작(Duke of Hessen-Kassel)에게 팔렸다가 1813년경에 퇴각하던 제롬 보나파르트(Jérôme Bonaparte, 1784-1860)에게 약탈당한 후로 사라졌다.[3] 그러나 빗호스와 메리안이 한 화폭에 같이 그린 그림이 존재한다는 사실을 전제로 몇 가지 질문을

그림 1. 알리다 빗호스 作, 〈매발톱꽃(American Columbine)〉. 캐나다매발톱꽃으로 추정. 연대 미상, watercolor, 340× 222mm, Present location unknown, previously Unicorno collection; auction 2004.

던져볼 수 있다. 두 사람이 함께 작업했을까? 그 둘은 서로를 잘 알았을까? 이 장에서 우리는 이 사실을 탐구하고, 아울러 두 사람이 각각 경력을 쌓아간 과정도 조사한다. 두 여성의 성공은 순수한 우연이었을까, 아니면 그들이 아주 잘 활용한 특별한 성공 요인이 있었을까?

마리아 지빌라 메리안은 식물 예술, 곤충 연구, 과학적 삽화에서 보여준 숙련된 솜씨로 잘 알려졌으며 17, 18세기 여성에게는 이례적인 경력을 쌓았다. 메리안은 세간에 잘 알려진 능력 있는 여성 예술가였지만, 그렇다고 이 역동적인 시기를 살아간 재능 있고 생산적인 여성이 메리안뿐인 것은 아니었다. 알리다 빗호스 역시 그 시대의 또 다른 중요한 여성 예술가였다. 비록 이름은 덜 알려졌지만, 빗호스도 유화로 성공적인 경력을 쌓았고 특히 소묘로 유명했다. 또한 당대의 가장 중요한 자연사 프로젝트들에 기여했다.

이 책의 주인공은 어디까지나 메리안이므로 빗호스의 삶을 지나치게 깊이 파헤칠 생각은 없다. 이 장은 메리안의 삶과 인간관계, 그리고 빗호스의 작품에 초점을 맞춘다. 그 시대의 네덜란드 공화국은 7개 주로 구성된 흥미로운 연합체였다. 그곳에서 특권층은 대개 야심이 있는 부유한 시민이었고, 시골 지역은 비록 전쟁에 자주 휘말리고 정치적, 종교적으로 거친 격변을 경험했음에도 경제적으로나 문화적으로 풍요로웠다. 서로 다른 배경 속에 성장한 여성들이 이런 기회의 나라에서 수혜를 입었고, 빗호스와 메리안도 그들 중 하나였다.[4] 뒤에서는 가족, 훈련/교육, 의뢰인, 작업 환경, 결혼 등 그들의 성공에 관여한 여러 요인을 설명한다. 이어서 빗호스의 삶을 상세히 다루고 메리안의 삶과 접목할 것이다.

예술가 가문, 양육 및 교육

아버지가 가르친 딸들

알리다 빗호스는 네덜란드 공화국에서, 메리안은 독일에서 태어났고 둘 다 예술가 집안에서 자랐다. 알리다의 아버지 마티아스 빗호스(Matthias Withoos, ca. 1627-1703)는 네덜란드 공화국 중심에 있는 아메르스포르트의 명망 있는 시민이자 유화 화가였다.[5] 그의 아버지 얀 얀스 빗호스(Jan Jansz Withoos, ca. 1600-?)는 암스테르담 중심의 담 광장에서 새로운 시청 청사(현재의 네덜란드 왕궁)를 지은 유명한 건축가이자 화가인 야코프 판캄펀(Jacob van Campen, 1596-1657)과 친분을 쌓았다. 판캄펀은 아메르스포르트 외곽에 소유한 란덴브룩이라는 저택에서 고무적인 예술 환경 속에 어린 화가들을 가르쳤다. 마티아스 빗호스는 그곳의 학생이 되어 6년 동안 공부하면서 판캄펀처럼 도시의 풍경을 그렸다. 메리안의 아버지와 형제들도 마찬가지였다. 1647년에 마티아스는 아메르스포르트 성 누가 길드의 화가로 등록했다.

17세기의 수많은 젊은 남성 화가들이 그랬듯이 마티아스도 유학을 떠나 타지에서 예술 공부를 마쳤다. 판캄펀의 몇몇 다른 제자들과 함께 그는 1648년에서 1650년까지 로마를 여행했다. 이 젊은 남성들은 로마에서 '벤트뷔헐스(Bentvueghels)'라는 네덜란드 화가 단체에 가입했다. 또한 마티아스는 이탈리아에서 빌럼 판알스트(Willem van Aelst, 1627-1683)와 오토 마르쇠스 판스릭(Otto Marseus van Schrieck, ca. 1620-1678)을 만났다. 마르쇠스 판스릭과 마티아스 빗호스는 '숲 정물화'라는 새로운 하위 장르를 창시했다. 이탈리아어로 소토보스코(sottobosco, 수풀이라는 뜻)라고 하는 이 양식은 배경에 정교한 장식성 식물을 두고 전경에 작은 동물들을 그린 숲 풍경화이다. 마티아스는 자기 작품에 빈번하게 오래된 폐허나 바니타스 정물(Vanitas-stilleven, 삶의 덧없음을 나타내는 사물들—옮긴이)들을 추가했다. 반면에 마르쇠스 판스릭은 동물의 왕국의 음울한 측면에 좀 더 초점을 맞춰 벌레들이 쫓기고 먹히는 장면을 주로 그렸다.[6]

메리안 역시 예술가 집안에서 자랐다. 그녀의 아버지 마테우스 메리안은 잘 알려진 판화가이자 출판업자였는데 그녀가 세 살 때 세상을 떠났다. 1년 뒤 뛰어난 꽃 화가 야코프 마렐이 메리안의 의부가 되

었다. 마렐과 그의 학생 아브라함 미흐논
(Abraham Mignon, 1640-1679)은 둘 다 네
덜란드에서 꽃 정물화가들과 공부하고 일
했으며 어린 메리안을 가르쳤다.

예술가 형제자매

두 여성에게는 모두 예술가로 활동한 형
제자매가 있었다. 메리안의 이복형제들은
잘 알려진 판화가였고 아버지의 공방을 물
려받았다. 메리안은 아마도 그들에게서
판화와 에칭을 배웠을 것이다. 마리아 지
빌라는 평생 메리안 혈통의 예술가적 자질
과 자신의 배경에 자부심이 있었고, 그것
을 바탕으로 책을 출판할 수 있었다.

　알리다 빗호스의 형제자매 역시 예술가
였다. 아버지 마티아스는 1653년에 벤델
리나 판호른(Wendelina van Hoorn, 1618?-
1677)과 결혼하여 아들 넷, 딸 넷, 총 여덟
명의 자식을 낳았다.[7] 알리다의 생년월일
은 알려지지 않았다. 동생들과 달리 그녀
가 세례를 받은 기록은 전해지지 않는다.
알리다를 비롯한 아이들은 아버지로부터
처음 미술을 배웠고 그중 여럿이 화가로
성공했는데 아마도 동기간의 자극과 경쟁
에서 영향을 받았을 것이다.

　알리다의 첫째 오빠 요하네스 빗호스
(Johannes Withoos, 1656-1687/88)는 아버

그림 2. 알리다 빗호스 作, 쥐, 나비, 인동 및 기타 꽃을 그린 숲 정
물화, ca. 1700, oil on canvas, 77×69cm, Museum Flehite,
Amersfoort, inv., no. 2005-368(© photo Ep de Ruiter).

지처럼 로마에 가서 공부를 마쳤다. 그는
독일에서 작센라우엔부르크 공작의 궁중
화가가 되었고 풍경을 그린 유화로 유명
했다. 요하네스는 식물 그림을 수집하기
도 했다.[8] 그중에 알리다가 그린 그림도 있
을까? 한편 알리다의 둘째 오빠 피터르 빗
호스(Pieter Withoos, ca. 1657-1692)는 주
로 새, 나비 및 다른 곤충들, 꽃 그림을 그
렸다. 남동생 프랑수아 빗호스(François
Withoos, 1665-1705)는 네덜란드령 동인도
의 바타비아에서 제도사로 근무했고, 여
동생 마리아 빗호스(Maria Withoos, 1663-

1699 이후)는 몇몇 예술사 문헌에서 숲 정물화와 장식용 꽃다발을 그린 화가로 언급되었다.[9] 그러나 M. 빗호스라고 서명된 몇 안 되는 작품은 사실 그녀의 아버지나 마리아 베이닉스(Maria Weenix, 1697-1774)가 그렸을 가능성이 더 크다.[10] 알리다 빗호스는 해외에 나갈 기회가 없었지만 훗날 아버지의 그림과 양식에 고무되어 로마를 배경으로 한 소토보스코 유화를 그렸다(그림 2). 메리안이 그린 작품 중에는 이와 비슷한 것이 없다. 메리안은 튤립 그림, 그리고 꽃과 곤충의 정물화로 잘 알려진 의부 야코프 마렐의 영향을 받아 전적으로 자연물에 집중했다.

동료 학생과 결혼

자기 아이들 외에 마티아스 빗호스가 가르친 다른 제자들도 화가가 되어서 활동했다. 카스파르 판비털(Caspar van Wittel, ca. 1652-1736)은 아메르스포르트 출신으로 이탈리아에서 가스파레 반비텔리(Gaspare Vanvitelli)라는 이름으로 불리며 최초의 베두타 화가(vedutisti), 즉 도시 풍경을 그린 화가로 명성을 떨쳤다.[11] 반비텔리는 1674년까지 빗호스와 6년을 함께했고, 1672년에는 이 가족과 함께 호른으로 이주하기까지 했다. 반비텔리의 전기를 쓴 이탈리아

작가에 따르면 그가 보낸 스케치에 감동한 마티아스가 자신의 딸들 중 한 명과의 혼인을 제안했다고 했다. 당시에는 전도유망한 예술가 제자와 유대 관계를 맺는 아주 흔한 방법이었다.[12] 특히 예비 신부에게도 예술적 재능이 있다면 좀 더 저렴한 비용으로 수월하게 성 누가 길드에 들어갈 수 있었다. 그러나 1697년, 로마에서 이탈리아 여성과 결혼한 반비텔리는 아무것도 얻지 못했다.

한편 열여덟의 메리안은 의부의 제자였던 요한 안드레아스 그라프가 이탈리아로 떠나 그곳에서 건축 제도를 전공하고 돌아온 뒤에 그와 결혼했다. 그래서 알리다 빗호스와 메리안은 둘 다 가족의 영향을 크게 받았다. 두 사람 모두 아버지에게서 미술을 배웠고, 형제자매가 예술의 발전에 자극이 되었다. 예를 들어 알리다 빗호스는 아버지나 형제자매와 같은 장르인 자연의 풍경을 그렸다. 이는 가족의 작품이 그녀에게 영감과 영향을 주었다는 사실을 시사한다. 메리안 역시 그림의 소재에서 의부에게 자극과 영향을 받았고, 형제들로부터 배우고 옆에서 지켜본 판화와 에칭 기술을 사용해서 자신의 그림을 제작했다.

가족 아틀리에의 두 어린 소녀를 상상해 보자. 소녀는 색소와 물감의 기초를 배

우고 캔버스와 붓을 관리하는 법과 스케치, 드로잉 기술을 모두 익히고 나서야 선생의 작품에 손을 댈 기회가 주어진다. 유학은커녕 여성이 가정 밖에서 전문 화가가 되기 위한 도제식 교육을 받는 것조차 당시의 관습은 아니었다.[13] 더구나 성 누가 길드의 회원이 되는 일은 지극히 드물었다. 또한 여성 화가는 꽃다발이나 정물화 같은 사랑스럽고 부드러운 장르에서 작품 활동을 해야 했다. 빗호스와 메리안 두 사람 모두 예술 환경에서 성장하며 자신의 재능을 활용하고 뛰어난 능력으로 성공할 기회를 스스로 개척했다.

귀족 후원자

호른, 네덜란드 북부의 번영한 도시

1672년의 네덜란드 공화국은 영국, 프랑스, 그리고 독일의 몇몇 도시와 전쟁을 벌이면서 재앙의 해(Rampjaar)를 맞이했다. 프랑스가 육지를 통해 남쪽에서 침입했고 아메르스포르트까지 들이닥쳤다. 화가이자 작가인 야코프 캄포 베이에르만(Jacob Campo Weyerman, 1677-1747)이 표현한 대로 아버지 빗호스는 "프랑스 메뚜기들이 점심, 저녁으로 잡아먹는 섬세한 요리 같은"[14] 딸들을 염려한 나머지 아메르스포르트를 떠나 북쪽의 호른으로 이주했다.

당시 호른은 아주 번영한 도시로서 네덜란드 동인도회사의 본거지 중 하나였다. 이곳에서는 부유한 상인은 물론이고 더 낮은 계층의 시민들도 예술 작품을 구입하여 집을 꾸몄기 때문에 장식용 꽃과 과일 그림이 꽤 유행했다. 빗호스 가족은 유명해졌다. 호른의 영지 소장품 목록집에는 빗호스 가문이 제작한 그림을 나타내는 '빗호셔스(Withoosjes)'라는 말이 언급되었다.[15] 호른에도 요하네스 브롱크호르스트(Johannes Bronckhorst, 1648-1727)와 그의 제자 헤르만 헨스텐뷔르흐(Herman Henstenburgh, 1667-1726)를 비롯해 수채화를 그리는 소규모 자연사 화가 단체가 있었다.[16] 이들은 특히 정원 영지를 소유한 엘리트들에게 자연 세밀화를 대는 틈새 시장을 개척했다. 일례로 알리다 빗호스와 오빠 피터르 빗호스를 포함한 여러 화가가 브뢰켈런 근처의 영지 페이베르호프에서 아흐너스 블록에게 고용되었다.

페이베르호프의 화가, 식물과 동물

자유로운 네덜란드 공화국에서 아흐너스 블록처럼 부유한 엘리트 상인 계급은 시골에 저택을 지어 이국적인 동식물을 키우고 호기심의 방에 온갖 종류의 물건을 채우며 예술가를 후원하는 당시의 유행에 적극적으로 참여했다.[17] 블록은 1670년에 첫 번째 남편인 한스 더볼프(Hans de Wolff, 1613-1670)를 여의고 몇 개월 뒤에 페이베르호프 영지를 구입했다. 페스트강을 따라 펼쳐진 이 영지는 암스테르담에서 배로 쉽게 접근할 수 있었다. 블록은 정원에 오렌지 온실과 개인 동물원을 짓고 이국적인 동식물을 구해다가 키웠다. 이 소명은 네덜란드 동인도회사와 서인도회사, 그리고 유럽 전역의 식물원 및 학자들과의 계약과 교류로 가능했다. 블록은 자신의 수집품에 세계에서 가장 오래된 식물원인 레이던 식물원보다도 많은 500종 이상의 식물이 있다고 했다.[18]

수집품을 기록하려면 식물이 만개했을 때의 그림, 판화, 식각, 에칭, 소묘가 필요했다. 블록이 사망하고 1년 뒤인 1705년에 그녀의 영지와 수집품이 모두 매각되었는데, 그중에서 그림과 데생의 일부는 앞에서 언급한 또 다른 수집가 팔레리위스 뢰버르에게 팔렸다. 1731년 이후에 뢰버르의 수집품 목록에는 그가 블록의 소장품에서 구매한 꽃 그림책들이 기록되었다. 이 목록집을 통해 블록이 최소한 예술가 열아홉 명의 작품을 소유했고 그들이 1671년에서 1697년 사이에 페이베르호프

영지에서 작업한 사실을 알 수 있다. 브롱크호르스트, 헨스텐뷔르흐, 그리고 알리다, 요하네스, 피터르 빗호스처럼 호른의 여러 화가가 그녀에게 고용되어 작업했다.

1687년에 아흐너스 블록은 유럽에서는 처음으로 파인애플을 재배해 열매를 맺게 했다. 그리고 알리다 빗호스에게 '아나나스 린스코티(*Ananas Linscotti*)'(당시 파인애플의 학명으로 추정됨―옮긴이)의 그림을 의뢰했다.[19] 블록은 파인애플을 비롯한 외래 식물을 재배한 것을 큰 자부심으로 여겨 자신을 식물의 여신(Flora Batava)으로 형상화한 기념 은메달까지 제작했다. 이어서 1694년에는 두 번째 남편 세이브란트 더플리너스(Sijbrand de Flines, 1623-1697)와 함께 얀 베이닉스(Jan Weenix, 1641-1719)에게 가족 초상화를 맡겼다(그림 3). 그림 속 가족은 페이베르호프 저택 앞에서 잘 익은 파인애플이 달린 식물과, 블록의 관심사를 반영한 다양한 대상들과 함께 묘사되었다. 파인애플을 그려달라는 요청이 알리다 빗호스에게는 엄청난 영예였을 것이다.

팔레리위스 뢰버르의 수집품 목록집에 따르면 아흐너스 블록을 위해 작업했던 여성 예술가는 총 네 명이었다. 그중에서 빗호스가 총 6점의 그림을 그렸는데 대부

분 아시아와 아프리카에서 온 낯선 식물이었다. 그녀가 페이베르호프에 머물면서 그린 그림은 1687년의 파인애플 그림이 유일하다.

뢰버르의 목록을 통해 메리안과 장녀 요하나 헬레나 헤롤트 또한 페이베르호프에서 작업한 사실을 알 수 있다. 메리안은 총 19점의 소묘를 작업했는데, 15점은 온전히 그녀가 그렸고 4점은 다른 화가들이 추가 작업을 했다. 오직 한 작품에만 1696년이라는 날짜가 적혀있다. 놀랍게도 메리안이 그린 15점 중에서 10점은 모두 새였다. 또한 메리안은 빌럼 더헤이르(Willem de Heer, 1637/38-1681)가 1679년에 그린 2점의 식물 소묘에 나비를 추가했다. 메리안의 딸 요하나 헬레나 헤롤트는 2점의 소묘를 그렸는데 모두 직접 그렸고 그중 하나의 날짜가 1697년으로 표시되었다. 헤롤트는 블록을 위해 꽃 그림책 전체를 혼자서 제작한 것으로 보이는데 현재 알려진 것은 표지 도판뿐이다.[20] 네 번째 여성 화가는 마리아 모닝크크스(Maria Moninckx, 1673/76-1757)로 날짜가 적히지 않은 5점의 소묘를 그렸다.

날짜가 적힌 몇 점의 소묘로 추정해 보건대, 빗호스와 메리안, 헤롤트는 페이베르호프에서 10년의 간격을 두고 일했다. 암스테르담 국립미술관은 아흐너스 블록의 꽃 그림책 중 한 권을 보유했는데 팔레리위스 뢰버르의 수집품에는 없던 것이다.[21] 블록의 두 번째 남편 세이브란트 더 플리너스의 소장품 중 어느 편지지 뒷면에는 몇몇 그림에 식물을 추가해 달라는 블록의 메모가 적혀있었다. 앞에서 보았듯이 메리안은 빌럼 더헤이르가 그린 그림에 나비를 추가했다. 또한 메리안이 그린 꽃다발 소묘 중 하나에는 얀 모닝크크스(Jan Moninckx, 1653/57-1708/09)가 꽃과 도마뱀을 덧입혔다. 식물 소묘에 동물과 곤충을 덧붙이면서 작품의 예술적 가치는 높아졌을지도 모른다. 그러나 블록이 원작자가 아닌 다른 화가에게 이러한 추가 작업을 요청한 사실은, 그가 자신의 책을 독립적인 예술 작품이 아닌, 수집품을 정리한 실용적 표본집으로 여긴 것으로 해석할

수 있다. 또한 예술품의 진정성에 대한 당시의 인식이 완전히 달라졌다는 것을 보여준다. 무엇보다 이런 관습을 고려하면, 메리안과 빗호스가 이 책의 서두에서 언급한 매발톱꽃 소묘를 실제로 함께 작업했다고 단정하기는 어렵다.

과학이 예술을 만나고, 예술은 과학이 되다

암스테르담 약용식물원

1694년 10월, 알리다 빗호스는 암스테르담 약용식물원에서 독피지에 13점의 식물 그림을 그리는 대가로 55플로린 3페니를 받았다.[22] 이 그림들은 총 아홉 권으로 제작된 아름다운 식물 소묘집 《모닝크크스 아틀라스(Moninckx Atlas)》에 실렸다.[23] 이 책에 실린 총 425점의 그림 중 대부분은 얀 모닝크크스(273점)와 그의 딸 마리아(101점)가 그렸다. 두 사람 모두 아흐너스 블록을 위해 작업한 적이 있다. 빗호스의 그림은 아홉 권 중에 다섯 권에서 발견된다. 메리안의 큰딸 요하나는 어머니와 여동생 도로테아 마리아 그라프가 수리남으로 떠난 1699년에 이 책에 실린 수채화 2점, 그리고 약용식물원에 흑백 기법의 그림 3점을 넘기고 보수를 받았다.[24] 빗호스

의 소묘는 대부분 다육식물 같은 덜 매력적인 식물들을 그린 것이다. 그녀가 그린 수채화 일부는 얀 코멜린(Jan Commelin, 1629-1692)과 카스파르 코멜린이 1697-1701년에 출간한 식물원 목록집에 삽화로 쓰였다. 두 사람은 아흐너스 블록과 외국의 식물을 교환한 식물학자로, 이로써 블록을 위해 일했던 예술가들이 이 식물원 프로젝트에도 관여하게 된 배경을 짐작할 수 있다. 빗호스가 그린 소묘 중 5점은 1701년에 출간된 식물원 목록집 제2권에서 사용되었다.

숲 정물화 소토보스코 전문인 유화 화가들은 다른 대륙에서 온 식물의 매혹적인 생김새에 이끌려 정기적으로 암스테르담 식물원을 방문했다. 그들 중에 마티아스 빗호스가 로마에서 알고 지낸 오토 마르쇠스 판스릭과 빌럼 판알스트가 있다. 메리안과 딸들도 가까이 살았으므로 당연히 이 식물원을 수시로 방문했을 것이다.[25] 1685년부터 이 식물원의 식물학 교수직을 맡았던 프레데릭 라위스는 진기한 것들의 열렬한 수집가였고, 특히 나비를 좋아했으며, 메리안과도 친분이 있었다. 많은 여성 전문 예술가들이 가족으로부터 미술을 배운 것과 달리, 프레데릭 라위스의 재능 있는 딸 라헐 라위스(Rachel Ruysch, 1664-1750)와

아나 라위스(Anna Ruysch, 1666-1741 이후)는 화가 빌럼 판알스트한테서 그림을 배웠고, 또 소토보스코 화가로 일을 시작했다. 라헐은 결혼 후 아이를 열 명이나 낳고서도 꽃다발 그림으로 세계적인 화가가 되었다. 프레데릭 라위스의 또 다른 딸 피테르널(Pieternel)은 얀 모닝크크스와 혼인했다. 이들과 또래이고 같은 식물원에서 일했던 빗호스 역시 자연사를 그린 유화 화가들의 모임에서 영감을 받았을 것이다.

자연사 컬렉션

알리다 빗호스와 메리안의 소묘는 자연사 연구용으로 구입된 수집품에 많이 남아있다. 저 수집가들은 신이 창조한 모든 생물의 분류학적인 질서를 알고 싶어 했다. 빗호스의 작품은 종종 오라비인 피터르 빗호스가 그린 소묘나 메리안의 작품이 포함된 수집품에 함께 실려있다. 알리다와 피터르의 작품은 시몬 스헤인붓(Simon Schijn-voet, 1652-1727)이 식물 소묘를 수집해서 엮은 《콘스트북(Konst-boeck)》에서도 요하네스 브롱크호르스트와 피터르 홀스테인 2세(Pieter Holsteyn Ⅱ, 1614-1673)의 작품과 함께 발견되었다. 두 사람 역시 아흐너스 블록을 위해 일했다.[26] 암스테르담 시장이자 동인도회사의 고위 관리자였던 니

콜라스 비천이 수집한 예술품을 뜻하는 이른바 '비천 코드'에도 알리다가 그린 케이프 식물상(1686년경) 소묘 3점이 헨드릭 클라우디위스(Hendrik Claudius, ca. 1655-1697)가 그린 작품과 함께 추가되었다.[27] 네덜란드 식물학자이자 해박한 작가인 요하네스 러 프랑크 판베르크헤이(Johannes le Francq van Berkhey, 1729-1812)가 수집한 대규모 수집품에는 알리다 빗호스의 소묘 18점과 메리안의 소묘 4점이 포함된다.[28] 러 프랑크 판베르크헤이의 목록에서는 브롱크호르스트, 헨스텐뷔르흐, 홀스테인의 작품도 언급된다. 러 프랑크 판베르크헤이의 수집품은 결국 마드리드로 갔으며, 그중의 여러 그림이 빗호스가 그린 것이다.[29] 수집품 중 일부는 여러 전문가의 작품을 러 프랑크 판베르크헤이가 복제한 것으로 보인다. 그러나 러 프랑크 판베르크헤이가 작성한 1784년 수집품 목록집에 실린 빗호스의 소묘들은 진짜다. 알리다 빗호스가 메리안과 마찬가지로 예술과 과학사 분야에서 이름을 알린 것은 의심의 여지가 없다.

자부심이 담긴 서명

1701년 1월 23일, 호른에서 온 '어린 딸'

알리다 빗호스는 서른아홉에 암스테르담에서 안드리스 코르넬리스 판달런(Andries Cornelisz van Dalen, 1672-1741)과 혼인했다. 그들은 시에 3길더를 지불했는데 당시 혼인으로 지불하는 세금 중에서는 가장 낮았다.[30] 그는 빗호스보다 열 살이 더 어린 순수예술 화가였다. 판달런에 대해 달리 더 알려진 바는 없고 그의 작품으로 남아 있는 것도 없다. 17세기 네덜란드 공화국에서는 많은 익명의 예술가들이 아틀리에에서 중산층을 대상으로 판매되는 그림들을 대량 제작했다.[31] 빗호스는 아마 좀더 안정적인 노년을 위해 결혼했을 것이다. 그녀의 아버지는 통풍 때문에 더 이상 일을 하지 못했다. 알리다 부부에게는 아이가 없었고, 결혼 후 빗호스가 그린 작품으로 알려진 것은 없다. 1730년 12월 5일, 알리다가 사망했을 당시 두 사람은 웅장한 저택이 즐비한 프린셍라흐트 운하에 살았다. 그녀는 암스테르담 베스테르커르크에 묻혔고 당시 장례 비용은 15길더였다.[32] 두 사람의 경제 여건은 분명 나아진 것으로 보인다. 그러나 왜 알리다가 더 일찍 결혼하지 않았는지는 흥미로운 질문이다. 당시 기혼 여성은 화가로 활동할 수 없었으므로 알리다는 화가의 소명을 따르기 위해 일에만 전념했던 걸까?

그림 4. 알리다 빗호스 作, 〈삼색제비꽃〉, ca. 1690, watercolor and bodycolor, 339×217mm, Private collection.

한편 메리안은 열여덟에 의부의 제자와 결혼했다. 하지만 그 후에도 예술적 기술을 계속 발전시켜 자수 꽃 패턴을 만들고 꽃 그림책을 제작했으며, 《애벌레 책》을 위한 연구에 전념하며 과학적 역량을 키웠다. 그러나 20년의 결혼 생활 끝에 메리안은 남편을 떠나 네덜란드 북쪽의 종교 공동체에 가서 살았다. 그곳에서 그녀는 화가로서 활동할 수는 없었지만, 자연을 연구하는 것은 허락받았다. 그 공동체를 떠난 후 메리안은 곤충 생활사에 관심 있는 화가이자 과학자로 다시 기량을 발휘하기 시작했다. 메리안의 인생은 비록 제한적이기는 했으나 당시에도 여성 화가가 전문적인 경력을 추구할 수 있었음을 보여준다.

메리안과 달리 알리다 빗호스는 야외에서 자연을 공부하지 않았고 해외에 나가본 적도 없었다. 그러나 작품을 통해 그녀가 자연 세계, 어두운 숲속 풍경, 고풍스러운 경치를 마치 직접 본 것처럼 묘사한 것을 알 수 있다. 메리안, 헤롤트, 라위스보다 교육도 덜 받고 재주도 부족했을지는 모르지만, 그녀의 작품은 새로 소개된 신대륙 식물에 대한 깊은 관심을 반영한다. 그녀는 식물 애호가들과 여러 단체로부터 많은 의뢰를 받았으며, 대형 유화와 삼색제비꽃(*Viola tricolor*) 그림을 포함해 현재 알려진 모든 작품에 자신의 이름 전체와 강렬하고 대담한 서명을 남긴 것으로 보아 작품에 대한 자부심이 매우 컸음을 알 수 있다(그림 4).[33]

빗호스와 메리안은 가족이라는 배경, 아버지의 가르침, 형제자매와 공유한 영감, 그리고 타고난 재주 덕분에 경력을 발전시킬 수 있었다. 그렇다면 두 사람의 관계는 어땠을까? 이 두 여성이 만나서 함께 작업을 한 적이 있을까? 아니면 페이베르호프를 포함해 저 모든 식물학 명소를 다니며 한 번도 마주친 적이 없을까? 우리로서는 알 수 없는 일이다. 그러나 두 사람이 서로의 존재와 작품을 알았던 것은 분명하다. 둘 다 17세기 후반 네덜란드 공화국의, 규모는 작지만 긴밀히 연결된 여성 사회에서 식물 화가로서 확고히 자리매김했기 때문이다.

두 사람의 이야기를 통해 우리는 정치, 사회, 종교적 경계를 넘어서는 꽃의 네트워크를 발견했으며, 그 안에서 여성은 지금까지 알려진 것보다 예술과 과학 분야에서 훨씬 더 중요한 역할을 맡고 있었음을 알 수 있었다. 박물학자, 수집가, 화가로 형성된 인맥을 통해 그들은 작품에 대한 독자적인 명성을 얻었다. 1794년 작《네덜란드 백과사전(Vaderlandsch Woordenboek)》의 '알리다 빗호스' 항목에서 언급된 것처럼, "그녀의 예술 작품은 상냥한 붓질로 칠해졌다. 이 작품은 우리 조국이 그 어느 나라보다 많이 배출한 여성 예술가들 사이에서도 그녀를 결코 낮지 않은 순위에 올려놓았다".[34]

변신의 과정
메리안이 연구한 번데기와 고치

카타리나 슈미트로스케
& 케이 에서릿지

마리아 지뷜라 메리안의 작품을 보는 사람들은 눈을 사로잡는 나방과 나비, 그리고 아름답게 그려진 식물과 함께 등장하는 매력적인 애벌레에 현혹된다. 그러나 인시류 생활사에 관한 메리안의 풍성한 연구를 조사하면서 그녀가 세심하게 구성한 이미지 속 다른 두 단계를 놓치기 쉽다. 메리안은 자신이 키우던 나방이나 나비가 알을 낳으면 그 곤충의 이미지에 알을 꼭 그려 넣었다. 직접 보았든 아니든 메리안은 곤충이 알을 낳는다는 사실을 분명히 이해했다.[1] 곤충의 변태에서 또 다른 중요한 단계는 번데기이다. 메리안은 자기가 제작한 모든 도판에 번데기 이미지를 넣었다. 번데기는 애벌레나 나비가 주는 시각적 매력

이 부족하지만, 메리안의 호기심은 이 칙칙하고 죽은 것처럼 보이는 변태의 단계까지 연장되었다. 메리안이 초기 저서의 제목에 사용한 "애벌레의 경이로운 변신"이라는 표현은 유충에서 번데기로 변화하는 모든 인시류에 해당한다. 이 작은 껍질 안에서 성충이 되기 위해 일어나는 마지막 변화가 당시에는 아직 완전히 이해되지 않았다. 번데기의 색깔, 모양, 질감 등 형태적 특징에 더하여 메리안은 각 종이 번데기가 되는 시기와 발견 장소를 기술했다. 이렇게 메리안은 유럽과 수리남에 사는 300종에 이르는 곤충을 기술해 번데기의 다양성을 처음으로 세상에 알린 사람이 되었다. 이 장에서는 메리안이 다양한 번

그림 1. 마리아 지뷜라 메리안 作, 누에나방의 변태. M. S. Merian, *Studienbuch*, entry 1, ca. 1660, watercolor and bodycolor on vellum, Library of the Russian Academy of Sciences, Saint Petersburg, inv. no. F 246.

데기 유형을 설명하고 그린 과정을 살펴본다. 그녀의 연구는 실로 이 분야에서 가장 오래되고 대규모인 연구이다.

번데기의 생물학

메리안이 가장 먼저 발표한 두 편의 곤충 연구에서는 번데기를 소개하고 나방과 나비의 차이를 밝힌다. 메리안은 10대 시절 프랑크푸르트암마인에서 누에의 변태를 관찰하며 소중한 경험을 쌓았다(그림 1). 이 누에는 상업용으로 재배하던 사람이 그녀에게 주었을 가능성이 크다. 누에나방 (*Bombyx mori*)은 서기 550년에 실크 생산

114

을 위해 유럽에 도입되었고, 메리안의 시대에는 사육 상태로만 존재했다. 누에를 관찰하면서 호기심이 생긴 메리안은 다른 나비나 나방도 유사한 변화를 겪는지 알고 싶었다. 메리안이 기른 첫 토종 나비는 쐐기풀나비(*Aglais urticae*)인데, 이 나비도 거의 20년 뒤인 1679년에 누에나방과 함께 《애벌레 책》에 등장한다(그림 2). 메리안이 처음 쐐기풀나비를 길렀을 때가 열세 살이었다. 이 사실은 메리안이 〈연구 노트〉에서 이 나비의 변태에 관해 기록한 내용으로 알 수 있다. "1660년, 프랑크푸르트암마인에서 내 첫 번째 관찰."[2] 이것을 시작으로 이후 50년 동안 메리안은 연구를 계속하면서 자신이 살았던 모든 정원, 초원, 숲에서 애벌레를 수집했다. 그리고 집에 가져와 나무 상자에 넣고 애벌레가 좋아하는 먹이를 주고 키우면서 애벌레가 먹이 먹기를 중단하고 번데기 상태에 들어갈 때까지 지켜보았다.

1679년에 발표된 《애벌레 책》의 첫 도판은 뽕나무로, 그 열매와 누에의 변태 과정이 함께 그려졌다. 누에 덕분에 메리안은 나방의 생활사와 애벌레의 영기(齡期, 애벌레가 허물을 벗는 각 단계)를 알게 되었다. 메리안은 생활사의 각 단계를 누에(Seidenwurm), 번데기(Dattelkern, 또는 '대추야자씨')가 되기 전 누에고치(Ey), 그리고 성충(Motten-Vögelein)으로 나누었다. 그녀는 누에나방 암수가 짝짓기하는 모습과 암나방이 알(Eylein)을 낳는 모습을 지켜보았다. 그리고 평생 그랬듯이 독피지에 수채물감으로 변태 과정을 기록했고, 이후에 에칭을 거쳐 1679년 《애벌레 책》에서 첫 번째 도판으로 실었다. 메리안이 그린 누에의 이미지와 그에 해당하는 설명은 그녀가 연구한 다른 어떤 곤충보다 자세했고, 인시류 변태의 기본 지침이 되었다. 색을 입힌 그림은 누에고치를 두 각도에서 보여주고, 고치를 제거한 번데기는 물론이고 성충이 된 나방과 배설물을 달고 있는 애벌레, 그리고 작은 알까지 있다. 에칭된 도판에는 정보를 더 추가해 수나방 성충, 산란 중인 암나방, 알에서 부화하는 작은 애벌레, 성장하는 유충의 다섯 번의 영기, 누에고치와 번데기의 다양한 모습, 그리고 애벌레의 필수적인 먹이인 뽕나무를 그렸다.[3]

다른 나방도 구조는 비슷하지만 경제적 가치가 없는 고치를 생산한다. 그러나 많은 종이 이런 추가 보호막이 없는 상태로 번데기가 된다. 메리안은 이런 두 종류의 번데기에 대해 다양한 사례를 연구했다. 나방 번데기를 식물의 잎, 줄기, 열매

그림 2. 마리아 지뷜라 메리안 作. 쐐기풀(*Urtica urens*) 위의 쐐기풀나비. M. S. Merian, *Der Raupen wunderbare Verwandelung*, Nuremberg 1679, plate 44, etching, Spencer Collection, New York Public Library. 맵시벌 유충(번데기 근처)이 애벌레나 유충을 죽이는 경우가 흔하다. 벼룩파리(좌측 하단)는 기생성은 아니지만 메리안은 이 곤충이 일부 애벌레 종의 똥에서 사는 것을 발견했다.

그림 3. 마리아 지뷜라 메리안 作. 포이비스 센나이의 변태. M. S. Merian, *Studienbuch*, entry 262, ca. 1700, watercolor and bodycolor on vellum. Library of the Russian Academy of Sciences, Saint Petersburg, inv. no. F 246.

위에 올린 것을 보고 비판하는 이들도 있었다. 자연에서는 볼 수 없는 일이기 때문이다(예를 들어 케이트 허드가 쓴 11장의 그림 1 참조). 그러나 이는 구성상의 장치일 뿐, 그림에 딸린 설명에서 메리안은 토양이나 낙엽 등 실제로 번데기를 찾은 장소를 명확히 밝혔다.

나비는 번데기를 포함해 나방과 여러 면에서 다르다. 나비의 번데기를 'chrysalis'라고도 부르는데 그리스어로 '황금'이라는 뜻의 'chrysós'에서 온 것이다. 일부 종의 번데기 겉면이 금속성 색을 띠는 데서 비롯한 용어다. 메리안은 1679년 《애벌레 책》의 서문에서 이렇게 기술한다. "어떤 번데기들은 금박을 입히거나 금을 뿌린 것처럼 보이기 때문에 사람들이 '금번데기(golding)'라고 부른다. 은이나 진주처럼 보이는 것은 '은번데기(silverling)'라고 불러도 좋겠다."[4] 한편 어떤 나비 번데기는 초록색이나 갈색으로 색을 위장하거나 심지어 잎이나 다른 식물의 모습을 흉내 내는데 이 역시 메리안은 모두 정확하게 그려냈다. 나비 유충은 보통 고치를 만들지 않고, 번데기가 되면 뒤쪽 끝에 달린 몇 개의 갈고리〔미구(尾鉤)〕를 이용해 스스로 식물에 부착한다. 이 갈고리는 애벌레가 만든 실크 패드에 고정된다. 1679년 《애벌레 책》의 44번 도판에 실린 쐐기풀나비 번데기는 이처럼 식물에 매달린 상태를 그린 것이다(그림 2 참조).

메리안은 이 작은 곤충들을 자세히 관찰해 종간 번데기 단계의 차이점을 알게 되었다. 예를 들어 호랑나비나 흰나비 같은 분류군의 번데기는 질긴 실로 식물이나 기타 다양한 표면에 몸을 고정한다. 〈연구노트〉에 실린 수리남 나비, 포이비스 센나이(*Phoebis sennae*)의 그림은 애벌레, 번데기, 성충을 모두 보여준다(그림 3). 이 '타임 랩스(time lapse)' 이미지는 번데기가 되기 시작한 애벌레를 보여주는데, 이 번데기는 몸통 중간에 두른 실크 띠로 식물에 몸을 부착한다. 포이비스 센나이는 1705년에 출간된 《수리남 곤충의 변태》의 58번 도판에서 발견되며, 애벌레와 번데기가 아이스크림콩(*Inga edulis*)에 붙어있는 모습을 잘 보여준다.[5]

역경과 난관

메리안의 책에 실린 이미지는 예술성이 뛰어나고 많은 정보를 담고 있지만 그녀가 곤충을 기르면서 겪은 어려움까지는 보여주지 않는다. 메리안은 곤충을 관찰하면서 당황한 적이 많았다. 나비나 나방에 사는 기생체(정확히 말하면 포식 기생체)를 보고 처음에는 "변신 과정의 오류"로 파리나 말벌이 된 줄 알았다(예를 들면 그림 2의 맵시벌).[6] 기생체로 인해 유충이나 번데기가 죽는 것은 이 곤충들을 성공적으로 키우기 어렵게 만드는 여러 요인의 하나에 불과했다. 메리안은 탈수, 곰팡이 감염, 부적절한 먹이, 유충 간의 동족 포식 등의 문제로 애를 먹었다. 메리안의 책에 등장한 유럽종 중에는 수년간의 인고 끝에야 전체 과정을 관찰하는 데 성공한 것들이 많았다.[7] 어떤 애벌레는 끝내 성충으로 탈바꿈하지 못했는데 그런 경우는 책에 넣지 않았다. 번데기의 변태 과정을 연구하는 어려움은 메리안이 신열대구에서 발견한 엄청난 종 다양성에서도 비롯했다. 수리남에는 적어도 1만5,000종의 나방과 나비 종이 서식한다. 이는 독일에 서식하는 3,700종과는 비교할 수도 없이 많은 수이다. 열대우림이라는 어려운 연구

그림 4. 마리아 지뷜라 메리안 作, 드리모니아 세룰라타(*Drymonia serrulata*) 위에 있는 모르포나비의 성충, 바닐라에길쭉나비의 애벌레와 동정되지 않은 번데기. M. S. Merian, *Metamorphosis Insectorum Surinamensium*, Amsterdam 1705, plate 53, hand−colored etching, 52×35cm(page). KB, National Library of the Netherlands, The Hague, KW 1792 A 19.

환경과 메리안이 수리남에서 체류한 시간이 길지 않다는 사실이 역경을 더했다. 메리안은 그때까지 유럽에서 40년 이상 곤충을 연구했지만, 고작 2년을 머무른 수리남은 그녀에게 완전히 낯선 땅이었다. 그곳의 낯선 식물상과는 대조적으로 독일과 네덜란드에서 메리안은 자신이 키우는 곤충들이 먹는 식물까지 익숙했으므로, 독일과 네덜란드의 곤충에 관련된 책을 쓸 때는 한 종의 생활사에 해당하는 애벌레, 번데기, 성충을 모두 정확하게 일치시킬 수 있었다. 그러나 수리남 곤충의 경우에는 간혹 실수를 저질렀다. 《수리남 곤충의 변태》 53번 도판의 모르포나비(*Morpho menelaus*) 애벌레는 사실 바닐라에길쭉나비(*Agraulis vanillae*) 애벌레이며 번데기는 정확한 종을 알 수 없다(그림 4).[8] 그림 속 번데기 위쪽에 물병 손잡이처럼 생긴 것은 박각시(sphinkx moth) 애벌레로 추정된다. 수리남 연구에서 발생한 착오는 암스테르담으로 표본과 자료를 실어올 때 라벨 표시, 포장, 그 밖에 운송상의 문제로 발생했을 수도 있다. 메리안이 수리남에서 발견한 신종의 그림을 그릴 때, 애벌레처럼 몸이 부드러워 장기 보존이 어려운 동물에 대해서는 정확한 형태와 색깔을 기록하는 것이 중요했다. 반면 성충과 또 일부 번데기는 색깔의 손실 없이 표본이 잘 보존되었으므로 암스테르담에 올 때까지 색칠하지 않았을 것이다.

번데기에 대한 텍스트

메리안은 곤충의 생활사를 잘 표현한 그림으로 유명하지만, 그녀가 조사하고 발견한 내용을 제대로 이해하려면 그녀가 작성한 글을 읽어야 한다. 일례로 메리안은 번데기 고치 안에서 일어나는 의문의 과정을 밝히기 위해 기울인 노력에 대해 설명했다. 메리안도 확대경을 사용했다고 언급하기는 했지만 요하네스 스바메르담이 사용한 사양에는 미치지 못했다. 그래서 그녀는 대부분 육안으로 곤충을 관찰했는데, 이런 열악한 상황에서도 번데기를 해부하여 변태의 비밀을 밝히려고 시도했다. 1679년 《애벌레 책》의 두 번째 항목으로 실린 흰점갈색밤나방(*Diarsia brunnea*)의 '대추야자씨'(즉, 번데기)에 대한 묘사를 보면 메리안이 이런 변화 과정을 중요하게 생각했다는 것을 알 수 있다. 책의 본문은 그림에서 보이지 않는 것들을 설명한다.

내가 앞서 말한 크기와 형태(아래는 어둡고 위는 십자 표시가 있는 밝은 나무색)에

그림 5. 마리아 지빌라 메리안 作. 불나방의 변태. M. S. Merian, *Studienbuch*, entry 25, ca. 1678, watercolor and bodycolor on vellum, Library of the Russian Academy of Sciences, Saint Petersburg, inv. no. F 246.

도달한 후로 애벌레는 쉬는 것처럼 가만히 누워있다가 대추야자씨처럼 변하는데 완전히 죽은 듯이 보였다. 그러나 따뜻한 손 위에 올려놓자마자 움직이기 시작했고, 변화한 애벌레(또는 대추야자씨) 안에서도 명확히 볼 수 있었다.[9]

메리안은 이어서 계속 번데기를 해부해

서 보여주었고, 3장에서는 불나방(*Arctia caja*)에 대해서 기록했다. 흥미롭게도 메리안은 연구 노트의 이미지(그림 5)와 완성된 도판에서 이 종의 고치를 벗기지 않고 번데기의 세부 구조를 그렸으며, 대신 옆에 실린 텍스트로 해부 결과를 설명했다.

애벌레가 완전히 자라면 몸이 변하기 시작해 털을 잃고 회색 고치 안에 들어가 새까만 대추야자씨가 된다. 그 예를 그림의 애벌레 위쪽에서 볼 수 있는데, 이미 성체가 그 안에서 나왔기 때문에 고치가 없이 열려있는 상태이다. 그러나 애벌레의 맞은쪽 아래 그림에서 보듯이, 그들이 나오기 전에 맨 바깥 껍질을 벗겨내면 곤충이 그 안에 어떻게 누워있는지 볼 수 있다.[10]

메리안은 본문 곳곳에서 변태의 가장 기적 같은 사건을 설명했다. 번데기에서 성체가 나오는 모습이다. 메리안은 1679년에 처음으로 공작나비(*Aglais io*)를 사례로 이 변신 과정을 그렸는데, 그림의 오른쪽 아래 온전한 번데기가 있고, 왼쪽 번데기에서는 성체의 머리가 나오고 있다(그림 6). 메리안은 본문에 다음과 같은 정보를 추가했다. "이 모든 것을 통해 우리는 번데기에서 나온 여름-새[나비]가 어떻게 모

그림 6. 마리아 지뷜라 메리안 作, 서양쐐기풀(*Urtica dioica*) 위에서 변태 중인 공작나비와 벼룩파리(Phorid fly). M. S. Merian, *Der Rupsen Begin, Voedzel en Wonderbaare Verandering*, Amsterdam 1712, plate 26(originally published in Raupenbuch volume 1, 1679), hand-colored etching, counterproof, Artis Library, Allard Pierson, University of Amsterdam, AB Legkast 019.02.

그림 7. 마리아 지뷜라 메리안 作, 붉은제독나비의 변태. M. S. Merian, *Der Rupsen Begin, Voedzel en Wonderbaare Verandering*, Amsterdam 1712, plate 41(originally published in Raupenbuch volume 2, 1683), hand-colored etching, counterproof, Artis Library, Allard Pierson, University of Amsterdam, AB Legkast 019.02.

습을 갖춰가는지 볼 수 있다. 처음에는 날개가 아주 작고 색깔이 밝지만, 30분이 지나면 뻣뻣해지면서 제 크기와 원래의 색깔로 변하고 날갯짓을 하며 날아간다."[11]

번데기를 표현하는 기법

얼핏 보면 번데기나 고치의 생김새는 별로 흥미롭지 않다. 그러나 예리한 관찰가인

메리안은 예술가이자 박물학자의 눈으로 이것들을 보았고, 상세하고 정확한 색깔로 그려냈다. 메리안은 연구 대상을 그릴 때 자연에서 보이는 그대로의 색깔을 선택하는 데 익숙했다. 물감을 쓰고 또 판매하는 전문 예술가에게는 즐거운 도전이었을 것이다. 박물학자의 관점에서도 곤충이 변태하는 동안 색깔의 변화가 있다는 사실을 아는 것은 유용하다. 날개 색소의 침착

그림 8. 마리아 지뷜라 메리안 作, 테우크로스부엉이나비와 흰플란넬나방. M. S. Merian, *Studienbuch*, entries 275 and 276, ca. 1700, watercolor and bodycolor on vellum, Library of the Russian Academy of Sciences, Saint Petersburg, inv. no. F 246.

그림 9. 마리아 지뷜라 메리안 作, 듀퐁셀박각시. M. S. Merian, *Studienbuch*, entry 280, ca. 1700, watercolor and bodycolor on vellum, Library of the Russian Academy of Sciences, Saint Petersburg, inv. no. F 246.

(沈着)과 날개의 시맥은 번데기 안에서 발달이 진행된다. 메리안은 이 사실을 1683년에 출간된 《애벌레 책》에서 붉은제독나비(*Vanessa atalanta*)의 번데기로 그려냈다(그림 7 좌측 중간).[12] 이 나비의 빨간색, 검은색 날개 무늬가 메리안의 예술로 멈춰버린 시간 속 갈색 번데기의 반투명한 큐티클 안에 보인다.

메리안은 번데기를 색칠할 때 신중하게 색깔을 선택했을 뿐 아니라 설명에서도 그 미묘한 색상 차이를 언급했다. 번데기의 색깔은 시간이 지나면서 계속 변하기 때문에 고정된 이미지에서 표현하기는 불가능하다. 추가로, 글로 색깔을 묘사하는 것은

메리안의 책을 흑백본으로 구매했다가 나중에 판매자를 통해, 또는 의뢰를 맡겨 색을 입히는 독자들에게 중요했다. 1717년에 네덜란드어로 출간된 《애벌레 책》에서 분홍뒷날개나방(*Catocala nupta*)의 색깔 변화에 대한 정확한 묘사가 그 예시이다. "이 멋진 애벌레는 버드나무를 먹고 산다. 그리고 6월 22일에 번데기로 변했는데 날마다 갈색이 짙어지고 푸른 자두 위에 맺힌 [백색의] 이슬과 비슷했다."[13] 이 색을 잘 익은 푸른 자두와 비교한 것은 아주 적절했다. 실제로 이 번데기는 흰색 먼지 또는 분(粉)이 덮여있는 것 같기 때문이다. 이처럼 번데기 표면에 먼지처럼 보이는 것

은 바탕의 기본색을 덮고 있는 곤충 큐티클층 위의 왁스 입자이다.

어떤 곤충의 번데기는 다양한 방식으로 숨거나 모습을 감추게끔 진화했다. 메리안의 〈연구 노트〉에서 《수리남 곤충의 변태》의 23번 도판의 기초가 되는 삽화를 보면, 애벌레와 번데기 위쪽으로 좌측 상단에 테우크로스부엉이나비(*Caligo teucer teucer*)가 있다(그림 8). 완성된 도판에서 번데기는 바나나 위에 앉아있는데, 그건 메리안이 조합해서 그린 것이며 실제로 자연에서 이 크고 통통한 번데기는 나무줄기나 죽은 나뭇잎 사이에 매달려 있다. 번데기의 연한 갈색과 짙은 줄무늬는 죽은 낙엽과 잘 섞인다. 메리안의 기록은 단순하다. "12월 3일, 이 애벌레는 양쪽에 2개의 은색 점이 있는 나무 색깔의 번데기가 되었다. 12월 20일, 이 번데기에서 사랑스러운 나비가 나왔다."[14] 원래 이 종은 뾰족한 꼬리를 사용해 번데기의 뒤쪽 끝을 잔가지나 다른 구조물에 붙이지만, 메리안의 그림에서는 실제로 존재하지 않는 비단실을 추가했다. 하지만 이런 미미한 오류가 있다고 해서 특정 번데기의 정확한 색깔, 은색 점, 표면의 가시를 포함해 메리안이 남긴 상세한 설명과 그림을 모두 부인할 수는 없다. 같은 그림의 오른쪽에 그려진 작고 하얀 곤충은 흰플란넬나방(*Norape ovina*)으로 알, 애벌레, 그리고 고치가 그려져 있다(그림 8 참조). 플란넬나방은 《수리남 곤충의 변태》 14번 도판에 듀퐁셀박각시(*Cocytius duponchel*)와 함께 나온다(케이트 허드가 쓴 11장의 그림 9를 참고하라).[15] 이런 예를 보면 메리안이 연구 당시 그린 곤충의 위치가 항상 최종 도판의 위치와 일치하는 것은 아님을 알 수 있다. 이런 방식은 수리남 책이나 유럽 곤충 책에서 똑같이 적용된다.[16]

메리안의 박각시 번데기 이미지는 근연 관계의 곤충에서조차 확연한 구조적 차이를 나타내는 좋은 사례다. 듀퐁셀박각시 그림에서는 성충 아래에 특이하게 생긴 번데기와 눈에 띄는 초록색 애벌레를 보여준다(그림 9). 번데기 옆면에는 이 종 특유의 긴 빨대주둥이 주변으로 크게 구부러진 구조가 보이는데, 성체에서는 말려있던 것이 펼쳐지며 훨씬 명확하게 드러난다. 일부 곤충에서 긴 빨대주둥이를 그리는 이런 방식은 메리안이 그린 이미지의 고유한 특징으로, 단순한 미적 선택이거나 공간을 아끼는 기법, 또는 보존된 상태의 곤충을 관찰했기 때문에 나타난 표현일 수 있다. 또한 메리안은 《수리남 곤충의 변태》에서 고리 모양의 덩굴손을 식물 모티프로 선택

그림 10. 마리아 지뷜라 메리안 作, 꼬리박각시의 변태. M. S. Merian, *Der Rupsen Begin, Voedzel en Wonderbaare Verandering*, Amsterdam 1712, plate 29(originally published in Raupenbuch volume 2, 1683), hand-colored etching, counterproof, Artis Library, Allard Pierson, University of Amsterdam, AB Legkast 019.02.

했는데, 이를 두고 일부 예술사학자는 그녀의 이미지를 바로크 스타일이라고 불렀다.[17] 반대로 자연에는 빨대주둥이가 훨씬 짧거나 번데기 껍질에 융합된 박각시 종도 있는데, 그런 예는 유럽종인 꼬리박각시(*Macroglossum stellatarum*) 번데기에서 볼 수 있다(그림 10).[18]

색다른 번데기의 마지막 예는 메리안이 가장 좋아하는 열대 나비인 또 다른 모르포 나비 종으로 《수리남 곤충의 변태》 7번 도판에 실렸다(그림 11).[19] 나뭇가지 위의 다 자란 애벌레는 가늘고 세로로 긴 줄무늬가 있고 가는 갈색 털이 머리와 꼬리, 등 한가운데를 따라 다발을 이룬다. 메리안은 이 애벌레를 두 마리밖에 발견하지 못했는데 그중에 한 마리만 죽었다면서 운이 좋았다고 했다. 살아남은 애벌레는 마치 살아있는 잎처럼 보이는 초록색의 둥글납작한 번데기로 변화했다. 그림에서는 아세로라(*Malpighia glabra*) 줄기에 붙어 위장한 애벌레가 강조되고, 오른쪽 위에 달린 열매 밑의 번데기를 찾으려면 자세히 들여다봐야 한다.

평생의 호기심이 낳은 결과

파란색-초록색의 금속성 색조로 은은하게 빛나는 모르포나비는 1690년에 메리안이 방문했던 수집품 중에서도 단연 돋보였다. 이국적인 나비 표본에 대한 메리안의 호기심은 이런 멋진 곤충의 시작과 번식 과정이 밝혀지지 않았다는 안타까움으로 이어졌다. 그 지식의 공백은 곧 걷잡을 수 없이 강한 열망이 되어 수리남의 자연에 숨어있는 보물창고를 찾아가는 위험하고 비용이 많이 드는 여행을 감행하게 했다.

그림 11. 마리아 지뷜라 메리안 作, 아세로라 줄기에 붙어있는 데이다미아모르포나비(*Morpho deidamia*). M. S. Merian, *Metamorphosis Insectorum Surinamensium*, Amsterdam 1705, plate 7, hand-colored etching, 52×35cm(page). KB, National Library of the Netherlands, The Hague, KW 1792 A 19.

곤충의 변태 과정에 감춰진 비밀을 캐려는 평생의 열정은 1705년에 출간된 《수리남 곤충의 변태》 서문에 잘 나타나 있다.

어린 시절부터 나는 곤충 연구를 계속해 왔다. 처음에는 고향인 프랑크푸르트암마인에서 누에로 시작했다. 나중에 나는 누에가 아닌 다른 애벌레에서 나온 훨씬 더 아름다운 나비와 나방을 알게 되었고, 그때부터 이들의 변화를 관찰하기 위해 될 수 있는 한 많은 애벌레를 모았다.[20]

《수리남 곤충의 변태》의 서문에서는 번데기 단계가 언급되지 않았지만 1679년 작 《애벌레 책》에서 이 '대추야자씨'를 소개했다. 그러나 곤충 변태의 가장 결정적 단계에 대한 그녀의 호기심은 출판된 모든 작품과 〈연구 노트〉에서 환하게 빛났다. 번데기의 상세한 이미지와 이를 뒷받침하는 설명은 유충과 성충 사이의 이 중간 단계가 모르포나비 같은 화려한 색채의 성체보다 더 눈에 띄지는 않더라도 결코 덜 흥미롭지는 않다는 것을 보여준다. 번데기 단계에 대한 자세한 연구는 변화 과정을 이해하려는 강한 열망을 드러낸다. 사실 메리안이 쓴 책의 제목들은 곤충의 '경이로운 변화'와 '변태'를 강조하며 이와 같

은 메시지를 전한다.

마리아 지빌라 메리안이 1679년을 시작으로, 1717년에 숨을 거두기 얼마 전까지 곤충의 생태, 행동, 변태에 대해 출간한 책들은 곤충학 역사에 크게 기여했다. 게다가 〈연구 노트〉의 그림과 글은 따로 출간되지는 않았지만, 곤충 생물학의 초기 발전에 중요한 역할을 담당했다. 헨리에타 맥버니가 쓴 16장과 안야 그레베가 쓴 17장, 그 외에도 이 책 전반에서 메리안이 후배 박물학자들에게 미친 영향을 볼 수 있다. 심지어 오늘날에도 많은 곤충학자와 생태학자가 자신의 출판물에서 메리안의 연구를 인용한다. 이는 나비 연구협회 데이터베이스나 기타 웹사이트를 봐도 알 수 있다. 현대 과학자들은 열대지방에서 야외 연구를 수행하고 곤충을 교배할 때 메리안의 연구를 참조한다. 메리안의 책은 앞으로 환경이 크게 달라지면서 곤충에게 일어날 변화에 단서를 제공할 수 있다. 디지털 사진술과 온갖 기술이 발달한 오늘날에도 아직까지 많은 나비와 나방의 완전한 생활사, 특히 유충과 번데기 단계가 알려지지 않았다는 사실은 그 옛날 메리안이 이룬 성취의 가치를 더욱 돋보이게 한다.[21]

9장

변태
이야기

2017년에 암스테르담에서 '예술과 과학의 속성을 바꾸다'라는 제목으로 열린 마리아 지빌라 메리안 학회에 참가 신청을 할 당시 내가 메리안이라는 사람에 관해 알고 있던 것은, 1998년에 네덜란드 하를럼의 테일러스 박물관에서 열린 메리안의 삶과 연구에 관한 아름다운 전시에서 보고 배운 것이 전부였다. 나는 메리안을 직접 연구한 적이 없지만 그럼에도 이 학회에서 기여할 부분은 분명히 있었다. 내 영상을 통해 메리안이 평생을 매진한 살아있는 세계를 그 일부나마 보여주는 것이었다.

덴하흐(헤이그)의 네덜란드 왕립자연사협회 곤충연구팀 소속인 나는 대체로 종의 동정을 돕기 위한 목적으로 수년간 곤충 사진을 찍어왔다. 영상 작업을 시작한 것은 2013년부터였는데, 우연히 시작한 일이었지만 곧 내가 종을 식별하는 것보다 곤충의 행동과 발달 단계에 훨씬 큰 관심이 있다는 사실을 깨달았다. 이런 목적의 연구에서는 사진보다 영상이 더 적합한 매체이다. 2014년에 나는 덴하흐 교외 사구 뒤 텃밭에서 채소를 길러 먹기 시작했고, 그 이후로 그곳에서 다양한 곤충들을 수집해 테라리엄에서 키웠다. 그리고 이런 식으로 곤충을 관찰하며 그들의 행동과 발달 과정의 가장 취약한 단계를 기록했다.

2017년 학회에서는 내 이야기를 통해 메리안이 1679년, 1683년에 쓴 두 권의 《애벌레 책》에 등장하는 곤충을 소개하고 싶었다. 《애벌레 책》에 실린 이미지를 청중에게 발표할 방법은 다양했다 나는 내가 찍은 영상 중에서 진딧물 포식자, 배추흰나비 애벌레에 기생하는 말벌 등 흥미로운 대상을 추려보았다. 하지만 고민 끝에 도둑나방(Mamestra brassicae)의 발달 단계를 관찰하면서 처음으로 카메라 렌즈를 통해 본 변태의 이야기를 전하기로 했다.

변태, 영상, 스토리

나는 2년 동안 도둑나방을 키우면서 관찰하고 영상을 찍었다. 시작은 2014년 5월, 텃밭의 브로콜리잎 뒷면에서 알 무더기를 발견하면서였다. 알을 보고 호기심에 이끌린 나는 잎을 통째로 잘라다가 집에 가져갔고 그길로 알의 발달 과정을 기록하기 시작했다. 그 알에서 무엇이 나올지 전혀 예상할 수 없었지만 세상에서 가장 흔한 양배추 해충을 보게 되리라는 것을 알았어야 했다. 몇 년이나 양배추 농사를 지었는데도 어쩐지 이 작은 텃밭에 해충이 있으리라고는 생각하지 못했던 것 같다. 곤충이 변태하는 과정을 직접 본 적이 없었던 나는 온갖 가능성에 마음을 열었다. 이 장에서 나는 내가 본 것을 설명으로, 그리고 영상에서 캡처한 사진으로 보여주

려고 한다.

알의 색깔이 변했다. 처음에는 흰색이다가 매일 점점 더 짙어지더니(그림 1-1) 일주일 만에 작은 애벌레가 부화했다. 애벌레들은 알에서 나오자마자 알껍질을 먹어치웠고(그림 1-2), 한 시간 만에 브로콜리잎의 표피를 뜯어먹기 시작했다(그림 1-3). 이 벌레들은 엽록소가 가득 찬 잎의 연조직을 소화하자마자 거의 바로 색이 달라졌다. 원래 애벌레의 피부(외골격)는 투명하고 색깔이 없다. 우리 눈에 보이는 초록색은 몸속의 색이다. 이 단계에서 애벌레의 길이는 1.5밀리미터였다. 며칠 뒤에 보니 모든 애벌레가 식사를 중단하고 일직선으로 몸을 늘인 채 움직이지 않았다. 이들은 분명히 생장하고 있었고(이때 길이가 3, 4밀리미터) 피부가 질겨졌다. 껍질을 벗고 탈피할 때가 왔다는 신호였다. 나는 탈피 과정을 본 적이 없으므로 탈피가 어떻게 시작하는지, 또 어디를 보아야 할지 알지 못했다. 좀 더 자세히 들여다보니 애벌레에 홑눈이 '두 세트'였다. 애벌레는 전형적으로 머리 양쪽에 6개씩 한 세트의 홑눈이 있다. 하지만 이 애벌레는 홑눈이 (검은) 머리에도, '어깨'에도 있었다(그림 1-4). 알고 보니 검은 머리는 탈피한 껍데기이고

내가 '어깨'인 줄 알았던 것이 껍데기 밖으로 나온 살아있는 머리였다. 머리를 보호하는 조직은 몸의 나머지 피부보다 훨씬 질기기 때문에 그쪽부터 끊어내서 벗어나야 한다. 그렇다면 여기가 탈피가 시작하는 장소이다. 애벌레는 우리가 꽉 끼는 옷을 벗을 때처럼 몸을 꿈틀거리며 남은 껍데기에서 빠져나와야 한다. 애벌레가 벗어버린 껍데기는 투명하다. 마침내 머리쪽 껍데기도 떨어져 나간다. 이 시기에 애벌레는 아주 작기도 하거니와 잎과 거의 똑같은 색깔이라 맨눈으로는 잘 보이지 않고 확대경으로도 보기 어렵다. 이때는 작물에 주는 피해도 크지 않다(그림 1-5).

애벌레는 계속해서 생장하고 탈피를 거듭해 마침내 길이가 3센티미터까지 자랐다. 이번 탈피가 끝나자(그림 2-1) 색깔이 변하면서(그림 2-2) 저녁까지 움직이지 않았다. 색깔이 달라진 다음 날 아침, 모든 애벌레가 바닥에서 뭔가를 절실히 찾는 것 같았다. 이 무렵부터는 애벌레를 가둬두지 않았기 때문에 화병의 브로콜리잎에서 자유롭게 돌아다녔다. 애벌레가 바닥에 있는 걸 보고 처음에는 다른 식물의 잎을 찾는다고 생각했다. 그래서 애벌레들을

그림 1. 도둑나방알의 영상 캡처 사진. 애벌레가 알에서 부화해서 먹이를 먹고 탈피하는 과정.

2-1

2-2

2-3

2-4

2-5

그림 2. 마지막 탈피와 행동 변화를 찍은 영상의 캡처 사진.

붙잡아 브로콜리잎 위에 올려놓고 통에 가둔 다음 밖에 나가서 여러 가지 식물의 잎을 따왔다. 그중 일부는 먹지 않을까 했지만 반갑게도 브로콜리잎만 먹었다. 결론은 단순했다. 애벌레들이 찾아다닌 건 다른 먹이가 아니라 숨어있을 장소, 즉 흙이었다. 이제는 길이가 3.5–4센티미터나 되어 새 (그리고 정원사) 같은 포식동물의 눈에 띄기가 쉬워졌기 때문이다.

나는 온라인 포럼(www.waarneming.nl)에 이 애벌레의 정체를 질문했다. 이곳에서는 사람들이 사진을 올리고 전문가의 의견을 물을 수 있었다. 댓글에 여러 제안이 올라왔는데 그중 하나가 '*Mamestra brassicae*(도둑나방)'이라는 종명으로 마침 나도 애벌레 색깔의 변화를 보고 그렇게 짐작했었다. 이제 애벌레는 하루의 늦은 시간까지 계속해서 잎을 갉아먹었고(그림 2-3) 낮에는 잎의 그늘에서 쉬었다. 나는 영상을 잘 찍으려고 화병 바닥에 흙을 깔지 않았다. 이 무렵 애벌레는 훨씬 더 통통해져서 내가 보았던 곤충 책이나 메리안의 1679년 《애벌레 책》에 실린 49번 도판의 그림 설명과 똑같아 보였다(그림 2-3, 2-4)[1]. 영양을 충분히 섭취한 애벌레들은 더 이상 먹이를 먹지 않았다. 이 단계에서 애벌레들은 보통 땅속에 머물면서 더는 식물을 찾지도 먹지도 않는다(그림 2-5). 그들의 몸 안에서 변신이 시작되었다.

이 단계에서 애벌레의 몸은 짧아지고, 피부가 짙어지며, 몸에서 수축이 일어난다(그림 3-1). 외골격이 갈라지면서 그 안의 번데기가 모습을 드러냈다(그림 3-2). 번데기의 외골격에서 이미 날개, 더듬이, 눈, 다리의 형태가 보였다(그림 3-3). 몇 시간 뒤 번데기의 색은 연한 초록색에서 황색으로, 이어서 짙은 주황색이 된 다음, 마지막에 밝은 갈색으로 변했다(그림 3-4, 3-5). 색은 띠고 있지만 아직 피부가 투명하기 때문에 그 안으로 흰색 물질, 즉 변신이 일어나는 기적의 수프가 보인다.

번데기는 계속해서 색깔이 변화해 2주가 지나자 아주 짙어졌다(그림 4-1). 껍데기의 색은 갈색이지만 투명하기 때문에 다리, 날개, 눈, 그 밖의 구조물의 옅은 윤곽이 보였다. 이윽고 나방이 머리부터 껍데기를 찢고 나왔다(그림 4-2). 몇몇 개체는 빨대주둥이에 물방울(또는 다른 투명한 액체)이 맺혀있었다. 흰나비속(*Pieris*)과 에피르호이속(*Epirrhoe*) 등 다른 종의 영상

그림 3. 용화(번데기화)가 되는 영상의 캡처 사진.

그림 4. 번데기에서 나방이 나오는 영상의 캡처 사진.

을 찾아봤는데 같은 현상을 발견하지 못했다. 모든 나방이 태변(胎便)을 만드는데, 번데기에서 나온 후 항문으로 이 액체성 노폐물을 배출한다. 도둑나방의 태변은 우윳빛의 라텍스 같은 물질이다. 태변의 색깔은 종에 따라 다르다고 한다. 성충의 날개가 완전히 펼쳐지기까지는 시간이 좀 걸렸다(그림 4-4). 하지만 이미 어떤 나방은 빠르고 활동적으로 뛰어다녔다(그림 4-3). 카메라를 보고 숨거나 몸을 피하는 것을 보면, 외부에서 자기를 관찰한다는 것을 인식하는 것 같았다. 날개가 다 발달하면(그림 4-5) 짝짓기를 시작한다. 어떤 암수는 11시간 동안이나 서로 붙어있었다. 이틀 뒤 한 암컷이 알을 낳기 시작했다. 통에 잎을 몇 개 갖다 놓았지만 이 암나방은 그물과 유리벽에 알을 낳았다(세어 보니 약 450개였다). 이는 스트레스를 받았다는 신호다. 아마 갇혀있지 않았다면 이 곳저곳 날아다니면서 여러 식물에 알을 낳았을 것이다. 문헌을 찾아보니 암나방 한 마리가 평생 2,000-3,000개의 알을 낳는다고 한다.

이 과정이 여름내 계속된다. 도둑나방은 1년에 2-3세대가 번식한다.

마리아 지뷜라 메리안이 본
도둑나방

마리아 지뷜라 메리안은 1679년에 출간한 첫 번째 《애벌레 책》의 49번 도판에서 카네이션 위에 앉아있는 도둑나방을 그렸다(그림 5).[2] 카네이션을 선택했다는 것에 처음에는 놀랐는데 본문의 설명을 읽고는 메리안이 실제로는 이 나방을 실제 먹이 식물인 양배추나 콜리플라워를 포함해 여러 작물에서 관찰했다는 사실을 알게 되었다. 메리안은 이 곤충을 설명하면서 이름을 주지 않았다. 메리안이 발견한 대로, 도둑나방 애벌레는 잡식성이라 여러 종류의 식물을 먹는다.[3] 맨 처음 주어진 학명은 팔라이나 브라시카이(*Phalaena brassicae*)로 1758년에 스웨덴의 동식물학자이자 분류학자이자 의사인 칼 린네가 명명했다. 이 학명에는 이 나방이 배추과(Brassicaceae)의 배추를 먹는다는 뜻이 있다. '마메스트라 브라시카이'라는 학명은 훨씬 나중에 나왔다.

나와 메리안의 연구가 두 번째로 다른 점은, 내 애벌레들은 포식 기생체의 공격을 받지 않았다는 것이다. 메리안의 도판에는 기생파리가 그려져 있다(그림 5 참조). 기생파리는 종종 도둑나방과 함께 발견되

그림 5. 마리아 지뷜라 메리안 作, 카네이션 위의 도둑나방. M. S. Merian, *Der Rupsen Begin, Voedzel en Wonderbaare Verandering*, part I, Amsterdam 1712, plate 49, hand–colored etching, counterproof, Artis Library, Allard Pierson, University of Amsterdam, AB Legkast 019.02. 동일 이미지(반전) *Der Raupen wunderbare Verwandelung*, Nuremberg 1679.

는 종이다. 나는 야외에서 수집한 다른 종류의 애벌레에서 포식 기생체를 발견했다. 그러나 도둑나방은 항상 알에서부터 길렀기 때문에 애벌레가 안전한 환경에서 부화하고 생장하여 포식 기생체에 감염되지 않았다. 내 생각에 메리안은 텃밭이나 들판에서 애벌레를 수집했지 알에서부터 키운 게 아니었으므로 집에 데려오기 전에 애벌레가 이미 기생파리나 기생말벌에 감염되었던 것 같다.

내가 발견한 세 번째 차이점은 애벌레

에 대한 메리안의 묘사에서 찾아볼 수 있다. "나는 이 애벌레들이 낮 동안 먹이를 먹는 것을 보지 못했다. 이것들은 항상 밤에만 먹었다.… 나는 종종 이 애벌레들을 땅에서도 발견했는데 낮에는 이렇게 땅에 있다가 밤이 되면 먹이를 찾아 기어 나왔다."[4] 감히 제안하건대, 메리안은 마지막 성장 단계에서 이 애벌레들을 뒤쫓은 게 틀림없다. 애벌레의 크기가 훨씬 작고, 또 초록색으로 위장한 채 낮 동안 먹이식물에 숨어있는 초기 단계는 미처 보지 못했거나 따로 설명하지 않은 것 같다. 마지막 단계의 애벌레들은 그냥 지나치기 쉬운 초기 단계보다 눈에 띄게 피해를 준다. 나는 텃밭을 가꾸는 사람들이 밭에서 벌레 먹은 식물을 보거나 곤충의 배설물을 발견했을 때처럼 메리안도 범인을 수색했을 것이라고 생각한다. 그렇다면 낮에 범인을 찾지 못한 메리안이 밤에 다시 와서 애벌레들이 식물을 먹는 모습을 발견했을 것이다. 그런 다음 낮에 식물 근처의 땅을 파헤쳐 그 안에서 쉬는 애벌레들을 본 게 아닐까.

관찰, 과거와 현재

관찰하다(observe), 관찰하기(observing), 관찰(observation)—이 용어들의 본질적인 의미는 몇 세기 동안 변하지 않았다. 곤충을 키우고 관찰하는 과정에는 '섬기다(serve)'라는 동사가 강조된다. 매일 먹이를 주고 우리를 청소해야 하기 때문이다. 무엇보다 그들의 삶에서 흥미로운 순간을 목격하고 싶다면 기다림의 기술을 익혀야 한다. 오늘날 우리가 곤충을 관찰하고 기록하는 데 사용 가능한 기술의 범위는 메리안이 살았던 300년 전과는 비교할 수 없는 수준이다. 그러나 바로 이 기술이 현실을 왜곡하여 크기의 감각을 잃어버리고 만다. 한 생물이 실제로 얼마나 크고 또 작은지 실감하지 못한다는 말이다. 또 슬로모션이나 저속 촬영으로 찍은 영상은 자연에서 실시간으로 일어나는 사건의 속도를 가늠하기 어렵게 한다.

곤충과 식물의 그림을 그리고 색칠하는 작업은 사진을 찍거나 비디오를 촬영하는 것보다 당연히 더 오래 걸린다. 그러나 그림은 기억과 메모를 통해 나중에라도 그려낼 수 있다. 하지만 카메라로 촬영할 순간을 놓치면, 1년이 걸릴지도 모르는 다음 세대까지 기다리는 것 말고는 이 사건을 다시 포착할 방법이 없다. 바라건대 이 글과 내 영상 속 이미지들을 통해 마리아 지빌라 메리안에게 영감을 준 세계를 엿볼 수 있었기를 바란다.

10장

마리안 지빌라 메리안과 수리남 사람들

마리커 판델프트

1699년, 마리아 지빌라 메리안과 둘째 딸 도로테아 마리아는 나비와 나방의 변태 연구를 계속하기 위해 수리남행 배에 올랐다. 메리안은 이미 유럽의 애벌레에 관한 책 두 권을 출간했지만, 암스테르담에서 누군가의 '호기심의 방'에 전시된 수리남 나비의 표본을 본 후 그곳에서 발견하게 될 곤충들을 열망하게 되었다. 메리안은 자신이 직접 수리남에 가서 확인하고 연구하는 것 말고는 다른 대안이 없다고 확신했다. 이렇듯 자연에 대한 순수한 관심으로 떠난 탐사였으나 결국 메리안도 수리남의 동물상과 식물상, 토착민족의 지식이 유럽 시장에서 상품으로 전락하는 식민지 생물학에 기여하게 되었다.[1] 이 장에서는 노예제도에 대한 현재의 심도 있는 연구와 논쟁을 바탕으로 메리안과 수리남 주민들의 관계, 그리고 그들이 메리안의 연구에 기여한 바를 탐색한다. 또한 동양을 연구했던 게오르크 에베르하르트 룸피우스처럼 빌럼 피소(Willem Piso, 1611-1678), 샤를 플뤼미에, 한스 슬론 경, 마크 케이츠비 등 신세계를 찾아갔던 동시대 다른 박물학자들이 현지인들로부터 정보를 얻은 방식을 비교해 포괄적인 이해를 도모한다.

수리남의 상황

메리안이 수리남에 갔을 때 이 나라는 32년 동안 네덜란드 식민지였다(그림 1). 1667

그림 1. 18세기 수리남 지도. 플랜테이션 명칭이 적혀있다. J. Ottens, *Nieuwe Kaart van Suriname, vertonende de stromen en land-streken van Suriname, Comowini, Cottica, en Marawini*, Amsterdam before 1718, hand-colored engraving, 39×50.5cm, Allard Pierson, University of Amsterdam, HB-KZL 33.24.69.

년, 제2차 영란전쟁이 끝날 무렵 네덜란드는 당시 영국이 지배하던 수리남을 공격해 평화협정에서 유리한 고지를 차지했다. 그들은 수리남을 정복했고, 두 국가가 당시 차지한 외국의 영토를 그대로 유지한다는 내용으로 브레다 조약을 맺었다. 이로써 뉴암스테르담(현재의 뉴욕)은 영국의 지배하에 들어갔고 수리남은 네덜란드 식민지가 되었다. 이후 수리남은 1975년에 독립했다. 메리안이 1699년 가을부터 1701년 6월까지 수리남에 머물렀을 때 그곳은 네덜란드 공화국의 지배하에 있었다.

그렇다고 수리남에 있던 유럽인이 모두 네덜란드 사람은 아니었다. 대서양 지역의 불안정한 상황 때문에 많은 유럽인이 정처 없이 옮겨 다니던 시기였던지라 수리남에도 아주 다양한 인구가 살게 되었다. 전통적으로 그 지역에서 살았던 아메리카 토착민 외에도 다양한 혈통의 유럽인들이 그곳에 정착했다. 그중에는 포르투갈이 브라질을 점령하면서 추방된 스페인 및 포르투갈 유대인이 많았다. 또한 과거에 약 1,200명의 영국인이 그곳에 살면서 아프리카인들을 노예로 데려오기 시작했는데, 네덜란드가 수리남을 차지한 이후 대부분 철수했지만 일부는 남아있었다. 그 외에 독일인도 다수가 살았다. 그러나 수리남에 사는 유럽인은 다 합해도 900여 명에 불과했고, 이는 본국인 네덜란드가 바라는 수익성 높은 식민지로 탈바꿈시키기에는 턱없이 적은 인원이었다. 수리남에 더 많은 유럽인이 거주해야 할 필요 때문에, 수리남을 선전하기 위한 여러 안내책자가 출판되었다.[2] 1598년, 월터 롤리(Walter Raleigh)와 로런스 케미스(Lawrence Keymis)의 묘사를 바탕으로 쓰인 한 책자에서는 가이아나 지역(수리남 서쪽 지역으로, 현 가이아나—옮긴이)을 "젖과 꿀이 흐르는" 곳으로 묘사했다.[3]

플랜테이션에는 일꾼이 많이 필요했다. 따라서 플랜테이션의 농장주들은 그곳의 토착민을 노예로 삼거나('붉은 노예'라는 뜻에서 적노), 아프리카에서 더 많은 사람들을 노예로 끌고 와('검은 노예'라는 뜻에서 흑노) 일을 시켰다. 네덜란드가 점령한 이후로 1680년에 약 50군데였던 플랜테이션의 수가 1702년에 대략 200개로 크게 늘면서 노예가 된 사람들도 늘어났다. 소규모로 운영되는 곳도 일부 있었지만 대부분의 플랜테이션은 규모가 아주 컸다.[4] 식민지 지배 초기에 수리남의 관리는 1667년에서 1682년까지 네덜란드의 제일란트주가 담당했으나, 이후 네덜란드 서인도회사로 넘어갔고, 1683년부터는 민간 회사인 수리남 협회가 맡았다. 수리남 협회는 암스테르담시, 네덜란드 서인도회사, 그리고 코르넬리스 판아르선 판소멜스데이크(Cornelis van Aerssen van Sommelsdijck, 1637-1688)라는 개인이 합작해서 만든 기관이다. 판소멜스데이크는 뒤에서 다시 등장한다.

플랜테이션에서 실질적인 노동을 맡은 사람들은 노예였다. 노예제는 당시 널리 승인된 관습이었고, 설탕 생산에 크게 의존한 식민지 경제에 없어서는 안 되는 제도였다.

수리남에서 노예에 대한 메리안의 지식

지금까지 많은 학자가 메리안을 대서양을 건너가 낯선 대륙에서 자연사 연구에 몸 바친 독립적인 여성으로 숭배하고, 오늘날 비판되는 비인간적인 식민지 상황과는 무관한 선한 여성이자 영웅으로 평가했다. 그러나 본격적으로 메리안의 이야기를 하기 전에 먼저 당시 네덜란드 공화국의 노예무역과 노예제도를 살펴보는 것이 좋겠다. 스페인과 포르투갈령 식민지에서의 노예에 대한 잔혹한 처사는 네덜란드인 사이에서도 악명 높았다. 이는 스페인과 저지대 국가 사이에 벌어졌던 네덜란드 독립전쟁(1568-1648) 동안 스페인으로부터 겪은 경험에 비추어 평가된 것이다. 따라서 이 전쟁 중에 쏟아진 '스페인의 폭정'에 관한 출판물에서는 저지대 국가 사람들에 대한 스페인인들의 태도를 노예에 대한 잔인한 처우와 비교하는 경우가 많았다. 그러나 1630년 이후 네덜란드에서도 노예제에 대한 비판이 줄어들었고, 신학을 포함한 여러 분야에서 노예화를 받아들이고 정당화하는 주장이 나타났다. 결국 얼마 지나지 않아 네덜란드에서도 한때 경멸했던 이베리아인들의 관행이 자리 잡았다.[5]

메리안이 이런 사실들을 모두 알고 있었을까? 메리안은 1685년에 네덜란드 공화국 비우어르트의 라바디스트 공동체에 들어갔다. 당시 프리슬란트 지방에 터를 잡은 이 경건주의자 집단은 정착할 장소를 찾아 수년을 방랑하다가 1675년에 그곳에 도착했다.[6] 그들은 앞에서 언급한 수리남 협회의 창시자 중 한 사람인 코르넬리스 판아르선 판소멜스데이크가 라바디스트 신봉자인 자신의 누이 세 명을 맡긴 발트하 영지에 살았다. 1683년에 판소멜스데이크가 수리남 총독으로 부임하여 그곳으로 이주할 때 40명의 라바디스트가 그를 따라가 수리남에 새로운 라바디스트 정착지를 건설할 가능성을 탐색했다.[7]

1년 뒤 라바디스트들은 모호한 이야기들을 들고 돌아왔는데, 그 내용이 당시 비우어르트에서 잠시 교사로 머물렀던 전도사 페트뤼스 디텔바흐(Petrus Dittelbach, 1640-1704)를 통해 우리에게 전해진다. 디텔바흐는 비우어르트를 떠나며 그 공동체에 대해 부정적인 소책자를 썼다. 그는 라바디스트 운동에 대해 몹시 비판적인 입장으로 변절했으므로 그 점을 염두에 두고 디텔바흐의 이야기를 판단해야 한다.[8] 수리남에서 돌아온 사람들 중 일부는 그 땅을 진기하고, 맛있는 열매와 식물이 자라고, 넓은 사탕수수밭과 친절한 토착민이 사는 곳이라며 높이 평가했다. 반면에 그곳의 무더운 날씨와 사방에 널린 모기, 개미, 뱀 등을 불평한 이들도 있었다. 전반적인 결론이 부정적이었음에도, 라바디스트 지도자 피에르 이본(Pierre Yvon, 1646-1707)은 해외 정착 사업을 강행했고, 그래서 1684년 여름에 비우어르트 거주민의 일부가 수리남으로 떠났다. 이 중에 판소멜스데이크의 누이도 있었다. 판소멜스데이크는 파라마리보 또는 질란디아 요새 인근에 정착하라고 조언했지만, 문명에서 멀리 떨어지길 원했던 무리는 결국 수리남 강 상류에서 플랜테이션을 시작했다. 하지만 앞서 개척을 시도했던 이들의 부정적인 보고서가 사실로 드러났다. 경험이 없는 식민지 개척자들은 온갖 문제에 봉착했다. 그곳은 먹을 것이 부족했고, 많은 이들이 병에 걸렸다. 이들은 비우어르트에 더 나은 정착지를 물색하겠다는 소식을 보냈고, 그 결과 두 번째 라바디스트 집단이 수리남으로 떠났는데 여기에 판소멜스데이크의 둘째 누이가 함께했다.[9] 하지만 이들이 탄 배가 납치되면서 플랜테이션에 가져가려고 준비한 물품을 모두 빼앗기고 말았다. 이들은 천신만고 끝에 동료 라바디스트들이 운영하는 플랜테이션에 도착했으나 그곳의 상황도 말이 아니었다. 많은

이들이 병들었고, 옷도 제대로 갖춰 입지 못했으며, 모기에게 뜯기고, 경작에 실패하여 굶주렸다. 라우렌티위스 크나퍼르트(Laurentius Knappert)의 표현대로, "그들은 에덴이 아닌 병원을 발견했다".[10]

식민지 개척자들이 비우어르트의 라바디스트 공동체에 보낸 보고서를 통해 그 사실이 모두에게 알려졌다.[11] 메리안은 1685/1686년에 수리남에 도착했으므로 동료 라바디스트들이 신세계에서 겪은 어려움을 잘 알았을 것이다. 서신에서 일부 부정적인 내용은 전체 공동체에 공유되지 않았지만, 앞에서 언급한 페트뤼스 디텔바흐가 사실을 알았던 것은 분명하다. 라바디스트에 관한 소책자 〈라바디스트들의 쇠퇴와 몰락(Verval en Val der Labadisten)〉에서 디텔바흐는 수리남의 아메리카 토착민과 노예가 된 사람들에 대한 라바디스트들의 태도를 다음과 같이 묘사했다.

그들도 그 땅에서는 모든 일이 남녀 노예에 의해 이루어진다는 것을 알았고, 지도자와 그 식솔들은 그 사실을 몹시 불편하게 여겼을지도 모른다. 처음에 그들은 다른 농장주들에게 야만적인 대접을 받는 저 가련한 자들에게 선의와 자비를 베풀면 모든 것을 극복할 수 있으리라 믿었다.

그래서 많은 노예를 데려와 그들을 잘 대해주었지만, 저들도 결국에는 짐승이나 다름없는 자들의 의지는 짐승을 다스리는 채찍이 아니고서는 소유할 수 없다는 말이 사실임을 알게 되었다.[12]

그런 다음 당시 노예에게 가해진 잔혹한 형벌인 스페인 채찍에 관한 설명이 이어진다. 노예를 자비로 대하려던 라바디스트들의 선한 의지도 플랜테이션에서의 힘겨운 생활로 모두 증발된 것 같았다.[13] 게다가 라바디스트들이 노예제에 반대했다는 기록은 없지만, 당시에 이미 노예제에 반대하는 의견들이 있었던 것은 사실이다.[14] 디텔바흐의 소책자는 메리안이 암스테르담으로 이주하고 1년 뒤인 1692년에 암스테르담에서 출판되었다. 그래서 아마 메리안도 그 책을 읽고 수리남의 열악한 상황과 라바디스트들이 노예를 함부로 대했다는 사실 등을 알았을 것이다. 그러나 그런 상황들이 메리안의 수리남행을 막지는 못했다.

수리남에 있는 모든 플랜테이션이 노예로 운영되었으므로 메리안도 노예가 그곳에서 어떻게 대우받는지 알았으리라 짐작된다.[15] 메리안은 팔메네리보 플랜테이션에 머물렀는데, 당시 그곳은 소유주인 요

한 판스하르파위전(Johan van Scharphui-jzen)이 1699년에 사망하면서 한창 어수선했다. 이 플랜테이션은 상속녀 엘리사벗 바셀리르스(Elisabeth Basseliers, 1680-1702)가 지인인 니콜라스 비천의 조카 요나스 비천(Jonas Witsen, 1676-1715)에게 다른 두 곳의 플랜테이션과 함께 넘긴 것이다. 1706년에 비천은 자신의 새로운 소유지를 보고 싶어서 네덜란드 화가 디르크 팔켄뷔르흐(Dirk Valkenburg, 1675-1721)를 수리남에 보내 그곳의 풍경을 그리게 했다.[16] 팔켄뷔르흐는 여러 소묘 작품과 유명한 〈노예의 춤〉을 그렸는데 아마도 메리안이 방문하고 5년 뒤의 팔메네리보 플랜테이션일 것이다(그림 2). 그림 속 사람들이 실제 그곳의 노예라면 메리안도 그들 중 일부를 알았을 것이다. 이야기의 결말은 좋지 않았다. 플랜테이션을 소유하게 된 요나스 비천이 현지 관리자에게 노예들을 엄격히 다스리라는 명을 내리면서 노예를 더 가혹하게 대했기 때문이다. 1707년에는 반항하는 노예 집단에게 잔인한 형벌이 내려졌다. 네덜란드에서 이 두 비천이 소유한 호기심의 방을 방문했을 때 메리안은 이런 반란과 노예들이 겪어야 했던 끔찍한 상황을 알았을까?

그림 2. 디르크 팔켄뷔르흐 作, 수리남의 한 플랜테이션[팔메네리보?]에서 노예의 춤, ca. 1707, oil on canvas, 58×46cm, SMK(Statens Museum for Kunst), Copenhagen, KMS376.

메리안의 방식

여행을 준비하면서 메리안은 수리남에 관한 정보를 수집해야 했을 것이다. 아마 디텔바흐의 책자를 읽었을 테고, 조지 워런(George Warren)이 수리남에 대해서 쓴 짧은 책자를 접했을 가능성도 크다. 워런의 책은 원래 영어로 출간되었지만, 1669년에는 암스테르담에 네덜란드어 번역본이 나와있었고, 1673년에는 익명의 독일어 버전도 돌아다녔다.[17] 이 책자는 수리남의 지리와 날씨, 음식, 동물, 과일, 인구(토착민과 노예) 등을 설명하는데, 메리안의 1705년 작 《수리남 곤충의 변태》에 실린 정보가 워런의 책과는 다른 것으로 보아 메리안 자신이 직접 조사한 내용을 적었다고 볼 수 있다. 예를 들어 워런은 구아바 열매에서 건포도 맛이 난다고 했는데 메리안은 그 내용을 적지 않았다.[18] 그리고 둘 다 카사바로 만든 빵에 관해 썼고 이 식물의 유독한 즙을 언급했지만, 메리안은 현지인들이 그것으로 음료를 만든다는 말은 빼버렸다.[19]

《수리남 곤충의 변태》에서 메리안은 당시 수리남에 살던 사람들을 '인디언(indianen)', '주민(inwoonders)', '노예(slaven, slavinnen, zwarte slavin)', '유럽인(Europianen, Hollanders)'으로 명확히 구분했다.[20] 메리안이 머물던 시기에는 여전히 '적노'와 '흑노'가 매년 조사되는 거주자 명단에 올라와 있었다.[21] 따라서 메리안이 말한 '노예'는 노예가 된 아메리카 토착민과 아프리카인을 모두 지칭한다. 메리안의 분류에 따르면 그녀가 '인디언'이라고 언급한 아메리카 토착민은 노예가 아니지만, 같은 인디언이라도 노예 상태일 때는 '노예'라고 불렀다. 딱 한 번 메리안이 '검은'이라는 형용사를 사용해 자신이 말하는 노예 여성이 아프리카계임을 밝혔다(27번 도판). 그 도판에 해당하는 본문에서 '인디언'은 총 열한 번, '주민'은 여섯 번 사용되었다. 메리안은 아메리카 토착민을 언급할 때 '인디언'과 '주민'이라는 단어를 모두 사용했다. 그녀는 이들로부터 그 지역에 서식하는 식물의 용도를 배웠다. '노예'는 숲으로 가는 길을 열고(36번 도판), 애벌레를 구해다주어(27번 도판) 메리안의 연구를 도왔다. 유럽인들은 (메리안에 따르면 그들은 오직 설탕에만 관심이 있기 때문에) 수리남의 동식물에 대한 정보는 주지 못했지만, 자기네 플랜테이션에서 머물 수 있도록 장소를 제공했다. 메리안은 그 나라에 수익성이 있는 다른 천연자원이 많다고 한탄하면서 '사람들(mensen, lieden)'이라는 단어를 사용했다. "그곳 사람들은[mensen] 그런 것들을 조사할 생각이 없다. 그뿐 아니라 실제로 그들은 내가 그 나라에서 설탕이 아닌 다른 것을 찾는 걸 보고 조롱했다."(36번 도판) "그 나라에 다른 식물을 재배하거나 찾는 데 관심을 보이는 호기심 많은 사람들[mensen]이 부재한다는 것은 안타까운 일이다. 이 방대하고 비옥한 땅에서 얼마든지 많은 것들이 발견되고도 남을 텐데 말이다."(25번 도판) "[무화과는] 사람들[lieden]이 경작할 의사만 있다면 좀 더 풍부해질 텐데."(33번 도판) "그곳에서 [포도를(grapevines)] 재배하고 싶어 하는 사람들[mensen]을 찾지 못하는 것이 유감스럽다. 유럽의 와인을 수리남에 가져갈 게 아니라 수리남에서 와인을 생산해 네덜란드로 가져갈 수 있어야 한다. 이곳에서는 포도를 한 해에 여러 번 수확할 수 있을 테니까."(34번 도판)[22] 나는 이 모든 예시에서 말하는 '사람들'이 당시 수리남의 과일과 농산물을 상업화한 유럽인 농장주를 가리킨다고 생각한다.

메리안이 관찰한 내용 중 일부는 반복해서 인용되는데,[23] 이 장에서 나는 다양한 각도에서 그 글들을 조사할 것이다. 메리안은 곤충을 직접 관찰하고 기른 것으로 유명하다. 수리남에서도 마찬가지였다.

그녀는 애벌레를 잡아 올바른 먹이식물을 주면서 길렀고, 변태 과정 끝에 어떤 나비가 나오는지 관찰하고 자기가 본 것을 그리고 색칠했으며, 모든 항목을 날짜와 함께 적었다. 그러나 수리남이라는 낯선 환경에서는 유럽에서와 달리 다른 사람들의 지식과 경험에 의존해야 했다.

메리안은 자신의 연구만으로는 알 수 없는 수리남 동식물상에 관한 지식을 수집하기 위해 1) 기존 지식을 찾아내고, 2) 현지 주민과 자연의 상호작용을 관찰했으며, 3) 그들과 직접 소통하는 세 가지 방법을 사용했다. 첫째, 메리안은 현지에서 사용되는 이름, 지식, 관습을 조사했다. "나는 이 책에 나오는 식물의 이름을 아메리카 대륙의 주민과 인디언들이 사용하는 이름 그대로 썼다."(서문) "이 식물은 수리남에서 슬라페르테스(Slaapertjes[sicklepod, *Senna obtusifolia*])라고 불리며 내 정원에서도 키웠다. 상처에 바르면 치료에 도움이 된다."(32번 도판) "이 나무는 그 열매 때문에 마멜레이드-두시스-붐(Marmel-ade-Doosies-Boom[marmalade-box tree, *Duroia eriopila*])이라고 부른다."(43번 도판) 여기에서 메리안은 다른 이들과의 구체적인 교류를 언급하지 않고 그저 그 지역에서 통용되는 일반적인 정보를 정리해서 올렸다.

둘째, 메리안은 박물학자로서의 예리한 관찰력을 발휘해 토착민, 노예, 농장주가 전통적인 방식으로 동물과 식물을 사용하는 방식에 주목했다. "인디언들은 이것을 물에 담가 부드럽게 만든 다음, 붉은 염료가 나오면 바닥에 가라앉힌다. 그리고 서서히 물을 따라 버리고 바닥에 남은 염료를 말린다. 이 물질로 피부에 각종 그림을 그려 장식한다."(44번 도판) "이 식물은 수리남에서 옥케룸(Okkerum[*Abelmoschus esculentus*]) 또는 알테아(Althea)라고 부른다. [...] 아메리카 대륙의 노예들은 그 열매를 익혀서 먹는다."(37번 도판) "인디언들은 몸에 상처가 나면 바로 그 초록색 잎을 올려서 식히고 치유한다." "인디언들은 솜에서 실을 뽑아 해먹을 만들고 그 위에서 잔다."(10번 도판) "인디언들은 그것을 빵에다 발라서 먹고, 네덜란드인은 작게 잘라 고기나 생선과 함께 먹는다. 소스나 식초를 만들 때 사용하기도 한다."(55번 도판).

마지막으로 메리안은 사람들과 적극적으로 교류했다. "나는 서인도제도의 거미, 개미, 뱀, 도마뱀, 멋진 두꺼비와 개구리의 번식 과정도 책에 실었는데, 인디언들의 기록을 참고하여 추가한 소수를 제외하면 모두 아메리카 대륙에서 내가 직접 살아 있는 것을 관찰하여 그린 것이다."(서론) "흑인 여성 노예가 내게 그것을 가져오더니 거기에서 귀여운 메뚜기가 나왔다고 말했다."(27번 도판, 〈연구 노트〉 279쪽) "나는 이 식물을 숲에서 찾았는데, 칼로 자르면 뜨거운 열기로 인해 대번에 시들어 버리기 때문에 인디언에게 시켜 뿌리째 뽑아와 우리 집 정원에 심게 했다."(36번 도판) "하루는 한 인디언이 이 악어머리뿔매미(*Fulgora laternaria*)를 여러 마리 잡아 왔길래 커다란 나무상자 안에 넣고 지켜보았다(밤이 되면 빛이 나는 생물이라는 것을 알고 있었다)."(49번 도판) "사방에 엉겅퀴와 가시덤불이 숲을 가로막고 있어서 노예들을 먼저 보내 도끼로 베고 길을 열게 했다. 그랬는데도 뚫고 들어가기가 몹시 힘들었다."(36번 도판) "인디언들이 숲에서 이것을 가져오더니 야생의 나무에서 찾았다고 말했다."(〈연구 노트〉, 283쪽) 어떤 때는 메리안의 관심사를 알고 있는 토착민이나 노예가 그녀에게 신기한 동물이나 식물을 가져왔고, 또 어떤 때는 메리안이 그들에게 정원에 야생의 식물을 심거나 숲에 길을 내달라는 따위의 작업을 요청했다.

이 세 가지 방법을 명확히 구분하기는 어렵지만, 각각은 메리안이 어떻게 수리남의 동식물상에 관한 추가 정보를 수집했고 또 거주민과 교류했는지를 잘 보여준다. 메리안이 책에서 정보의 출처를 전혀 언급하지 않을 때도 있었다. 38번 도판에 대한 설명에서는 별다른 출처 없이 이 식물의 어린싹은 "설사약이나 관장제로 쓰인다. 요리에 쓰거나, 그 물은 벨작(Beljak, 수리남의 풍토병)을 앓는 사람에게 주어 마시게 한다"라고 썼다. 이 역시 어디선가 보거나 들어서 알게 된 지식일 것이다.

메리안이 노예를 소유했는가?

앞에서 언급한 것처럼 메리안은 자신의 책에서 노예와 토착민을 언급했다. "내 노예"라는 표현을 썼으며, 그들을 시켜 숲에 길을 내게 했다. "내 인디언"이 특정 식물을 구해 온 덕분에 메리안은 정원에서 키우는 애벌레를 먹일 수 있었다(둘 다 36번 도판). 메리안이 노예나 인디언이라는 말 앞에 소유격을 사용했기 때문에 메리안이 이들을 소유했다고도 볼 수 있지만, 확인할 문서는 없다. 수리남 협회의 문서보관소는 세금 관련 기록을 식민지 주민에 관한 정보와 함께 보관했는데,[24] 그 문서에는 메리안이 머물렀던 연도에 그곳의 노예 인

구 통계가 기록되었다. 1699년에는 유럽인 669명이 성인 노예(적노와 흑노) 8,575명과 15세 이하의 어린이 957명을 소유했다고 적혀있다. 1700년에는 유럽인 745명이 성인 노예(적노와 흑노) 8,926명과 어린이 1,024명을 소유했다. 1701년에는 유럽인 성인 618명과 12세 미만의 아이들 105명이 7,353명의 성인 노예(적노와 흑노), 그리고 12세 미만의 아이들 1,193명을 소유했다. 하지만 유럽인 소유주 명단에 메리안의 이름은 없었다. 그래서 공식적으로 메리안은 노예를 소유하지 않았지만, 엘라 레이츠마(Ella Reitsma)가 제안한 것처럼 메리안이 머물렀던 플랜테이션에 노예가 있었으므로,[25] 노예를 빌리거나 고용했다면 그들을 언급하면서 '나의'라는 소유격을 쓸 수도 있었을 것이다. 메리안이 노예를 소유했다고 주장하는 사람들도 있지만, 방금 본 것처럼 증거는 없다.[26] 노예를 소유했든 아니든 메리안은 자신의 연구에서 그들의 노동과 지식에 크게 의존했다. 또한 토착민과 아프리카 출신 노예들이 메리안에게 개인적이고 민감한 정보를 공유한 사례로 볼 때, 메리안이 그들과 신뢰를 쌓았을 가능성이 크다. 이를테면, '플로스 파보니스(*Flos Pavonis*, 그림 3)'에 대해 자주 인용되는 다음과 같은 설명이 있다.

플로스 파보니스[공작실거리나무, *Caesal-pinia pulcherrima*]는 키가 2.7미터인 식물로 노랗고 붉은 꽃이 핀다. 씨는 분만 중인 여성이 진통을 이어나가기 위해 사용된다. 네덜란드인 주인 아래에서 제대로 대우받지 못한 인디언들은 자녀가 그들처럼 노예가 되는 것을 원치 않아 그 종자를 사용해 낙태를 시도했다. 기니와 앙골라에서 온 흑인 여성 노예들을 친절하게 대하지 않으면 노예 상태에서 대를 잇길 바라지 않으므로 아기를 낳지 않을 것이다. 실제로 그들은 주인의 혹독한 처사로 인해 일부러 아기를 죽이기도 했는데, 내가 그들의 입으로 직접 들은바, 그 아기들이 친구의 나라에서 자유로운 몸으로 다시 태어날 거라고 믿었다(45번 도판).[27]

여기에서 메리안은 토착민들이 플로스 파보니스를 사용해 아기를 유산시킨다고 말했다. 노예로 끌려온 아프리카 여성들을 언급할 때는 그들이 이 식물을 같은 용도로 사용한다고 하지 않고 그저 그들에게 친절해야 한다고만 했다. 그러나 이 이야기를 플로스 파보니스 항목에 포함시킨 것으로 보아 그들도 같은 목적으로 사용했다는 결론을 내릴 수 있다. 굳이 자신이 직접 들은 내용이라고 강조한 것은 메리안과 노예 여성들 사이의 신뢰를 암시하며 그녀가 그들의 지식을 존중했음을 보여준다. 그러나 메리안이 플로스 파보니스 항목 외에 《수리남 곤충의 변태》에서 노예제의 어두운 부분을 언급한 적은 없다. 비천 같은 상류층과의 관계를 고려하면 부담스러웠을 수도 있고, 그녀 역시 이런 상황을 당연하게 받아들였을 수도 있다.

마지막으로, 메리안이 유럽으로 귀환하면서 토착민 여성 한 명과 함께 왔다는 사실은 중요하면서도 흥미롭다.[28] 이런 일이 아주 드문 것은 아니었다. 다른 농장주나 식민지 개척자들도 유럽으로 돌아올 때 아프리카인 노예나 (그보다는 적지만) 아메리카 토착민들을 데려오곤 했다.[29] 메리안의 시대에 이들은 네덜란드 공화국에 도착하면 자유를 얻었다. 그러나 노예 신분으로 수리남을 떠났을 경우, 수리남으로 돌아가면 다시 노예가 되었다. 엘라 레이츠마는 이 토착민 여성이 수리남에 관한 메리안의 책에서 중요한 정보원 역할을 했고, 암스테르담에서 메리안과 함께 머물렀을 거라고 제안한다. 역사학자 내털리 지먼 데이비스 역시 그 여성이 노예가 아닌 하녀였다고 보았다.[30] 그러나 사실 이 여성에 대해 알려진 바는 없다. 심지어 암스테르담에 도착했는지조차 알 수 없다. 그녀

그림 3. 마리아 지빌라 메리안 作, 플로스 파보니스(공작실거리나무) 위의 담배박각시나방(*Manduca sexta paphus*). M. S. Merian, *Metamorphosis Insectorum Surinamensium*, Amsterdam 1705, plate 45, hand-colored etching, 52×35cm(page), KB, National Library of the Netherlands, The Hague, KW 1792 A 19.

는 승객 명단에 정확한 이름이 없이 '인디언'이라고만 적혀있었다. 그녀가 암스테르담에 도착해 메리안과 함께 살았다고 해도 적어도 1711년에는 이 집에 있지 않았다. 그해에 메리안이 증언을 하면서 식솔로 이 여성을 언급하지 않았기 때문이다.[31] 이 여성은 자유인이었을까, 아니면 메리안의 소유였을까? 암스테르담에 도착해 메리안의 집에 머물렀을까, 아니면 지치고 병든

메리안을 돌보느라 함께 길을 나섰다가 네덜란드에 도착하자마자 바로 수리남으로 돌려보내졌을까? 우리는 알지 못한다.

신세계에 간 박물학자들

지금으로부터 10년 전, 여성학자 토모미 키뉘카바(Tomomi Kinukawa)는 메리안과 《수리남 곤충의 변태》에 관한 페미니스트 시각의 논문을 발표했다. 키뉘카바는 (증거는 없지만) 메리안이 노예를 소유했다고 주장했으며, 이와 더불어 한 가지 문제를 더 제기했다. 키뉘카바의 관점에서 메리안을 비롯한 당시의 박물학자들은 토착민의 지식을 유용했고 그로 말미암아 인종 불평등을 야기했다는 것이다. 키뉘카바에게는 노예제도보다 유럽인들이 토착민의 지식을 훔치고 상업화한 것이 더 큰 문제였다.[32] 비록 순수한 과학적 호기심에 이끌렸다고 하더라도 메리안이 수리남에서 수집한 표본과 수리남에 관하여 쓴 책으로 돈을 번 것은 사실이다. 그러나 메리안과 여타 박물학자들은 토착민의 지혜를 종이에 기록함으로써 그들의 지혜를 보존하는 공을 세우기도 했다. 그때까지 토착 지식은 구전을 통해 후대에 전해져 왔지만, 메리안과 다른 이들의 출판물은 이런 지혜를

전 세계와 역사에 알리는 역할을 했다.

자연 세계의 탐구를 위해 신세계로 떠난 박물학자가 메리안이 처음은 아니었다.[33] 1637년에 네덜란드 의사이자 박물학자인 빌럼 피소는 요한 마우리츠 판나사우시헌(Johan Maurits van Nassau-Siegen) 백작과 네덜란드 서인도회사의 초청으로 브라질에 가서 7년을 머물렀다. 그가 게오르크 마르크그라프(Georg Marcgrave, 1610-1644)와 함께 집필한 《브라질 자연사(Historia Naturalis Brasiliae)》가 1648년에 레이던에서 출판되었다. 이 책은 유럽인에게 브라질 동식물상에 대해 처음으로 알렸다. 피소와 마르크그라프도 메리안처럼 그곳에 노예로 끌려온 아프리카인들이 식물을 사용하는 방식과 관습에 주목했지만, 노예와 토착민들이 기여한 부분을 언급하거나 인정하지 않았다.[34]

프랑스의 샤를 플뤼미에도 같은 지역을 찾아갔고, 그 결과를 1693년에 《아메리카 식물에 대한 기술(Description des Plantes de l'Amérique)》로 발표했다(야이아 레몬트가 쓴 15장 참조). 플뤼미에는 책에서 식물을 객관적으로 설명하고 그 식물을 발견한 장소까지 언급했지만, 역시 정보의 출처나 그를 도운 사람들을 밝히지는 않았다.

비슷한 시기인 1687년에 스코틀랜드 의사 한스 슬론 경은 새로 임명된 총독의 개인 주치의로 자메이카에 갔다.[35] 총독이 바로 사망하는 바람에 임무를 수행하지는 못했지만, 15개월 동안 그 섬을 여행하면서 자메이카의 식물과 인구에 관한 정보를 수집했다. 그의 경험은 여행기와 자연사가 결합된 두 권짜리 책 《마데이라, 바베이도스, 니에베스, 세인트 크리스토퍼 섬, 자메이카제도로의 항해(A Voyage to the Islands Madera, Barbados, Nieves, S. Christophers and Jamaica)》(1707-1725)로 출판되었다. 책의 긴 서론에서 그는 각 나라와 그곳에 사는 사람들을 묘사했다. 노예로 끌려온 사람들에 대한 형벌에 관해 설명했고, 심지어 이때 사용된 채찍과 로프를 그렸다. 식물에 대해서도 비슷한 방식으로 묘사한 것으로 보아 노예에 대한 비인간적 대우에는 별다른 생각이 없었던 것으로 보인다. 슬론 역시 메리안처럼 그곳의 거주민을 농장주, 아프리카 출신 노예, 아메리카 토착민의 세 집단으로 나누었다. 그러나 책에서 그들이 어떻게 자기를 도왔는지는 언급하지 않았다. 그의 지식은 어디까지나 발견과 관찰에 기반했으며 다른 이들과 교류한 증거는 없었다.

메리안과 거의 동시대에 아메리카 대륙을 방문했던 또 다른 유럽 박물학자인 영국인 마크 케이츠비(헨리에타 맥버니가 쓴 16장 참조)는 북아메리카와 카리브제도에서 발견한 사실들로 《캐롤라이나, 플로리아, 바하마제도의 자연사》를 출판했다. 이 책에서도 케이츠비는 그가 방문했던 지역의 동식물상을 묘사했지만 그를 도운 사람들을 기록에 남기지는 않았다. 그러나 그가 1723년에 쓴 서신에 따르면 케이츠비는 아프리카 출신 남자아이를 노예로 들였고,[36] 이 소년의 이름은 그의 책 어디에도 나오지 않지만, 아프리카인(그리고 아메리카 토착민)이 식용과 약용으로 사용한 식물에 대해 설명한 내용을 보면 케이츠비가 노예와 토착민으로부터 관련 지식을 얻었음을 알 수 있다.

이들 동시대 박물학자들과 비교했을 때 메리안은 자신의 책에 기여한 토착민과 노예를 언급한 유일한 사람이었다. 비록 이름까지 밝히지는 않았지만 그들에게 공을 돌렸다. 이는 메리안에게도 예외적인 일인데, 자신과 함께 수리남에 갔고 이후 연구와 그림을 도운 두 딸의 이름도 책에서 언급하지 않았기 때문이다.

또 다른 예외로, 박물학자 게오르크 에베르하르트 룸피우스(베르트 판더루머가 쓴 13장 참조)는 메리안의 《수리남 곤충의 변태》와 같은 해에 출간한 《암본의 희귀물 창고》에서 토착민에 대한 존중을 표현했고, 익명이지만 메리안처럼 정보를 제공한 사람이 있다는 사실을 밝혔다. 예를 들어 룸피우스는 토착민이 그에게 조개껍데기를 가져다주었다거나, 현지 잠수부가 정보를 주었다고 설명했다.[37] 우리는 또한 룸피우스가 그의 책에 이름 없이 언급된 노예들의 도움을 받았다는 것을 알고 있다.[38] 1672년에 룸피우스의 집에는 24명의 성인 노예가 있었다. 그중에 15명은 남성, 9명은 여성이었고 아이도 5명 있었다.[39] 토착민과 노예가 룸피우스의 식물 연구에 기여한 바는 결코 과소평가할 수 없다.

룸피우스는 1653년에 네덜란드령 동인도에 가서 그곳에서 남은 생을 살았다. 그는 암본 토착민 사회에 들어갔는데 토착민들이 그에게 정보와 표본을 구해다 주었을 것이다. 메리안과의 가장 큰 차이라면, 룸피우스는 그가 네덜란드 공화국에 보낸 원고가 사후에야 출간되는 바람에 원고가 다른 사람들의 해석에 따라 출판되었지만, 메리안은 《수리남 곤충의 변태》의 출간 과정에 깊이 관여하여 스스로 책의 내용을 결정했다는 점이다.

결론

17, 18세기에 유럽의 여러 박물학자가 신세계와 이국적인 동식물을 찾아 세계를 여행했다. 일부 물건과 동식물은 그 지역을 먼저 방문했던 상인들이 유럽으로 들여오면서 어느 정도 익숙했지만, 마침내 직접 찾아가 조사함으로써 그 지역 동식물상의 전반적인 모습을 체계적으로 전할 수 있었다. 메리안이 수리남에 끌린 것도 암스테르담의 호기심의 방에서 보았던 아름다운 애벌레 표본과 라바디스트 공동체에서 보낸 시간들 때문이었다. 메리안의 《수리남 곤충의 변태》를 자세히 살펴보면 그녀의 연구 방법과 정보의 출처가 드러난다. 메리안은 수리남에 살면서 그곳에서 일하는 토착민과 아프리카 출신 노예들로부터 연구에 필요한 지식을 얻었고, 이들에 대한 고마움을 표현했다. 비록 이름까지 밝히지는 않았어도 그들의 도움을 언급하고 그들이 애벌레와 식물을 가져다주었다고 말했다. 메리안이 열대 식물과 곤충을 연구하는 데서 많은 부분이 이들의 협조 없이는 불가능했을 것이다. 메리안이 직접 노예를 소유했는지는 밝혀지지 않았지만 노예제로 혜택을 입은 것은 사실이고, 당시 식민지와 본국의 유럽인 대부분과 마찬가지로 노예제를 거부하지는 않았다. 그러나 메리안의 책을 보면 토착민과 노예가 어느 정도 그녀를 신뢰했고 그래서 적극적으로 도왔다는 결론을 내리는 것이 타당해 보인다. 어쩌면 거기까지가 우리가 기대할 수 있는 최선일지도 모른다. 마지막으로 우리는 메리안처럼 연구를 위해 남다른 여정을 떠난 위대한 연구자라도 우리들과 마찬가지로 한 시대를 살았던 그 시대의 사람이었다는 사실을 잊지 말아야 한다.

※이 장을 집필할 때 정보와 도움을 준 마리아나 더 캄포스 프랑코조, 케이 에서릿지, 요한 프랑커, 카를 하르낙, 헹크 덴헤이여르, 마르크 폰터, 베르트 판더 루머르, 안트 레인더르 스토름에게 감사를 전한다.

11장

"지금까지 출간된···
가장 호기심을 자아내는 성과물"

케이트 허드

영국 왕실 컬렉션과
《수리남 곤충의 변태》속
마리아 지빌라 메리안의 그림

윈저 성에 남아있는 메리안의 삽화

영국 국왕 조지 3세(1738-1820)가 독일의 화가이자 곤충학자인 마리아 지빌라 메리안의 그림 95점을 손에 넣은 것은 1810년 이전이다. 현재 이 작품들은 윈저 성에 소장되어 있다.[1] 수채화로 아름답게 그려낸 메리안의 자연사 연구는 유럽 본토는 물론이고 1699년에서 1701년까지 네덜란드 식민지 수리남에서 곤충의 변태를 상세히 조사한 내용이 바탕이 되었다.[2] 메리안의 선구적인 곤충학 연구는 세심한 삽화가 실린 출판물을 통해 유럽 전역에서 그녀에게 명성을 가져다주었다. 그중에서도 가장 중요한 책이 1705년에 출간된 《수리남

곤충의 변태》로 메리안이 수리남에서 관찰한 동식물상을 싣고 있으며 암스테르담에서 네덜란드어와 라틴어로 동시에 출간되었다.[3] 《수리남 곤충의 변태》에 대한 세간의 반응은 뜨거웠다. 1710년에 메리안은 런던 왕립학회에서 발간하는 〈철학회보(Philosophical Transactions)〉에서 "위대한 박물학자이자 예술가"로 소개되었고, 1711년 8월에 런던의 학술지 〈국내외 학문 현황에 대한 주간 기록을 담은 문헌집(Memoirs of Literature, Containing a Weekly Account of the State of Learning, both at Home and Abroad)〉에서는 이 작품이 다음과 같은 찬사를 받았다. "메리안 부인의 근면과 아량은 놀랍기 그지없다. 자연사

그림 1. 마리아 지빌라 메리안 作, 〈석결명과 갈래띠부엉이나비〉, luxury version of plate 32 from M. S. Merian, *Metamorphosis Insectorum Surinamensium*, 1702/1703, watercolor and bodycolor with gum arabic over lightly etched outlines on vellum, 35.7×27.4cm(sheet), Royal Collection, RCIN 921188. Royal Collection Trust/© Her Majesty Queen Elizabeth II, 2022.

그림 2. 피터르 슬라위터르(Pieter Sluiter)가 마리아 지빌라 메리안의 다음 작품을 따라서 그린 그림. *Metamorphosis Insectorum Surinamensium*, Amsterdam 1705, plate 32, counterproof edition, etching with hand−coloring, 53×38cm(volume), Royal Collection, RCIN 1085787. Royal Collection Trust/© Her Majesty Queen Elizabeth II, 2022.

를 사랑하는 사람이라면 누구나 그녀가 주는 선물을 무척 만족스럽게 받을 것이다. 이 작품은 지금까지 출간된 동종의 서적 중에서 단연 가장 호기심을 자아내는 성과물이다."[4] 이 장에서는 윈저 성에 보관된 메리안의 그림을 상세히 살펴 메리안의 작업 방식과 "호기심을 자아내는 성과물"인 《수리남 곤충의 변태》가 시사하는 바를 설명한다.

조지 3세가 입수한 95점의 그림은 영국의 의사이자 수집가인 리처드 미드의 소유로 기록된 1755년부터는 모두 한꺼번에 움직였지만, 그전에는 여러 점씩 묶여서 각각 다른 이가 소유했다.[5] 먼저, 《수리남 곤충의 변태》에 실린 60점의 화려한 도판이 있다. 그리고 항상 이 도판들을 따라다니던 유럽의 곤충 그림 9점이 있는데, 과거의 연구를 바탕으로 작업한 이 그림들

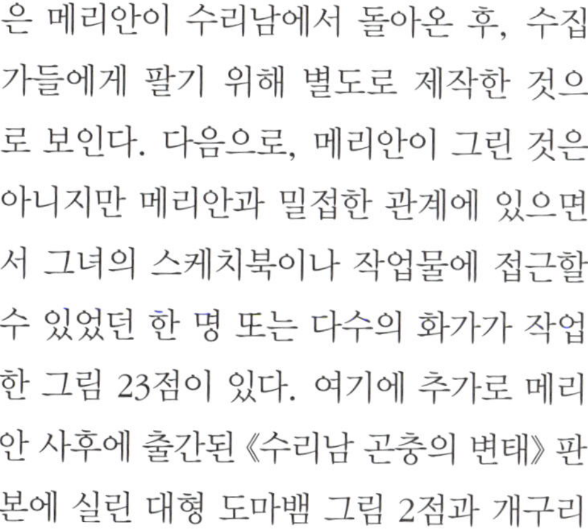

그림 3. 마리아 지뷜라 메리안 作, 〈검보림보 나뭇가지의 백마 녀나방〉, luxury version of plate 20 from M. S. Merian, *Metamorphosis Insectorum Surinamensium*, 1702/1703, watercolor and bodycolor with gum arabic over lightly etched outlines on vellum, 41.2×29.8cm(sheet), Royal Collection, RCIN 921174. Royal Collection Trust/© Her Majesty Queen Elizabeth II, 2022.

그림 4. 요서프 뮐더르(Joseph Mulder)가 마리아 지뷜라 메리안 의 다음 작품을 따라서 그린 그림. *Metamorphosis Insectorum Surinamensium*, Amsterdam 1705, plate 20, counterproof edition, etching with hand-coloring, 53×38cm(volume), Royal Collection, RCIN 1085787. Royal Collection Trust/© Her Majesty Queen Elizabeth II, 2022.

은 메리안이 수리남에서 돌아온 후, 수집 가들에게 팔기 위해 별도로 제작한 것으로 보인다. 다음으로, 메리안이 그린 것은 아니지만 메리안과 밀접한 관계에 있으면서 그녀의 스케치북이나 작업물에 접근할 수 있었던 한 명 또는 다수의 화가가 작업한 그림 23점이 있다. 여기에 추가로 메리안 사후에 출간된 《수리남 곤충의 변태》판본에 실린 대형 도마뱀 그림 2점과 개구리

의 생활사를 그린 작품이 있다. 이 마지막 3점(다른 수집품에 있는 버전)은 통상 메리안의 작품으로 알려졌지만 원작자를 명확히 가리는 추가 작업이 필요하다.[6] 조지 3세가 입수한 마지막 그림은 헤르만 헨스텐뷔르흐의 작품이다.[7]

이 장은 《수리남 곤충의 변태》에 실린 그림 60점을 고급스럽게 제작한 작품에 초점을 맞춘다. 독피지 위에 그려진 이 그

림들은 분명 부유한 수집가(아마도 리처드 미드)에게 고가로 판매하기 위해 호화스럽게 제작되었을 것이다. 1990년대에 들어와 이런 화려한 작품 대부분이 순전히 수작업으로 제작된 것은 아니고 일부는 인쇄된 바탕선이 있다고 밝혀졌다.[8] 게다가 많은 경우 최종 도판을 그대로 베낀 것도 아니었다(그림 1, 2). 예를 들어 윈저 성에 소장된 《수리남 곤충의 변태》 20번 도판을 분석한 결과 메리안이 작품의 다양성을 추구하면서 부분 인쇄를 이용해 사실상 별개의 작품을 제작했음을 알 수 있었다(그림 3, 4).[9] 윈저 성에 보관된 것 외에 대영박물관에도 메리안의 작품이 있는데, 리처드 미드의 친구이자 동료였던 한스 슬론 경이 소유했던 것이다.[10]

나는 이런 호화판 그림이 《수리남 곤충의 변태》의 제작 과정과 어떤 관련이 있는지를 물으며[11] 윈저 성의 왕실 컬렉션과 대영박물관에 소장된 《수리남 곤충의 변태》의 삽화들을 비교했다. 대영박물관 소장품은 윈저 성의 작품과 자매나 다름없지만 미묘하게 차이가 난다. 두 작품집은 제작 날짜가 비슷한데, 아마 《수리남 곤충의 변태》 출간 비용을 마련하기 위해 따로 제작되었을 것이다.

그림 5. 마리아 지뷜라 메리안 作, 〈포벨로 나뭇가지 위의 레일루스노을나방(Branch of pomelo with green−banded urania moth)〉, luxury version of plate 29 from M. S. Merian, *Metamorphosis Insectorum Surinamensium*, 1702/1703, watercolor and bodycolor with gum arabic and gold paint over lightly etched outlines on vellum, 36.7× 28.9cm(sheet), Royal Collection, RCIN 921148. Royal Collection Trust/© Her Majesty Queen Elizabeth II 2022.

인쇄와 수작업의 결합

왕실 컬렉션에 소장된 메리안의 작품에서 보이는 인쇄된 밑줄은 곤충 그림에서 가장 흔하게 나타난다. 53개 도판 가운데 곤충의 일부, 혹은 전체에서 아래에 인쇄된 선이 보인다. 반면, 함께 등장하는 식물은 손으로 직접 그린 것이다. 예외가 8번 도판인데 이 그림에서 식물은 인쇄된 선을

그림 6. 마리아 지빌라 메리안 作, 〈포멜로 나뭇가지 위의 레일루스노을나방〉 부분 확대.

밑그림으로 했고, 두 마리 나비 밑에는 인쇄 선이 없다. 인쇄된 밑그림과 수작업이 조합된 방식은 대영박물관 소장품에서도 발견되지만 정도에 차이가 있다.

이 인쇄된 선들은 카운터프루프 기법을 사용한다. 막 인쇄된 그림을 아직 잉크가 마르기 전에 다른 종이(이 경우에는 독피지)에 대고 눌러서 젖은 잉크의 선을 옮긴다. 이는 인쇄 과정에서 반전된 이미지를 한 번 더 뒤집어서 원래대로 되돌리는 이점이 있다. 메리안은 이 카운터프루프 기법을 《수리남 곤충의 변태》의 고급 버전에서는 물론이고 다른 출판물에서도 활용했다.[12] 앞서 《애벌레 책》(1679-1683)의 호화판 독피지 버전에서도 이 방식을 사용했는데, 다만 여기서는 이미지 전체를 카운터프루프 방식으로 옮겼기 때문에 출간된 그림과 완전히 동일했다.[13] 왕실 컬렉션과 대영박물관의 《수리남 곤충의 변태》 삽화는 이례적으로 이 기법을 부분적으로만 사용하고 나머지는 손으로 직접 그렸다. 그 과정에서 작품의 일부는 덮어서 가렸거나(원본 도판이든 카운터프루프를 사용해 인쇄된 결과물에서든) 크기를 맞춘 종이에 인쇄한 것으로 보인다. 가끔 작업 중의 실수로 카운터프루프된 구역에서 다른 부분이 보이는 것으로 미루어 메리안이 단순히 해당 도판에 추가된 선의 카운터프루프를 사용하는 대신 인쇄하고 싶은 영역을 따로 선별한 것을 알 수 있다. 윈저 성에 소장된 29번 도판 〈포벨로 나뭇가지 위의 레일루스노을 나방(Branch of pomelo with green-banded urania moth)〉에 나오는 애벌레가 그 좋은 사례이다(그림 5, 6). 이 그림에서는 과일 위의 애벌레 다리 주변으로 선영(線影)을 그려 넣었다. 이로써 메리안이 이 도판에서 다른 부분은 두고 애벌레만 직접 그렸다는 것을 알 수 있다.

왜 메리안은 굳이 도판 일부를 복제하려고 했을까? 그건 곤충이 중심인 책에서 그 크기를 균일하게 나타내기 위해서였을 것이다. 메리안 자신이 《수리남 곤충의 변태》에 나오는 모든 곤충을 정확히 실제 크기로 그렸다고 언급한 것으로 미루어 이 부분은 출판 작업에서 중요한 요소였다.

인쇄된 선을 그대로 옮김으로써 호화판에서도 같은 크기로 작업할 수 있었다. 그러나 메리안이 곤충은 인쇄된 밑그림으로 작업하고 식물은 직접 손으로 그린 좀 더 설득력 있는 이유가 있다. 도판 제작을 비롯한 전체 출간 과정 때문이다. 메리안 자신이 곤충을 중심으로 먼저 에칭하고 나머지는 전문 판화가에게 넘겨서 마무리하게 한 것 같다(메리안이 카운터프루프를 한 후 이어서 도판을 에칭했는지, 아니면 카운터프루프 후 곧바로 판화가에게 주었는지는 명확하지 않다). 현재는 에칭된 선만이 윈저 성의 왕실 컬렉션에 남아있다. 입체 표현이 도판에 추가되기 전에 선이 인쇄된 예시는 14번 도판의 가시여지(*Annona muricata*)에서 가장 명확하게 보인다. 윈저 성에 소장된 특별판(그림 7)과 원래 책에 실린 삽화(그림 8, 9)를 비교해 보면, 윈저 성 그림에 에칭된 윤곽은 카운터프루프 후에 입체 효과가 추가된 것임을 알 수 있다. 아마 식물은 (14번 도판처럼) 에칭 초반에 메리안이 살짝 표시만 남겼고 같은 단계에서 곤충은 좀 더 포괄적이고 상세하게 묘사한 것으로 보인다.[14] 호화판은 도판에 섬세한 입체 표현을 추가하기 전에 카운터프루프를 먼저 해 대부분 곤충이 식물보다 완성도가 더 높았다.

그림 7. 마리아 지뷜라 메리안 作, 〈가시여지와 매나방, 독나방 혹은 플란넬나방(Prickly custard apple with hawkmoth and tussock or flannel moth)〉, luxury version of plate 14 from M. S. Merian, *Metamorphosis Insectorum Surinamensium*, 1702/1703, watercolor and bodycolor with gum arabic over lightly etched outlines on vellum, 38.8×31.1cm(sheet). Royal Collection, RCIN 921168(detail). Royal Collection Trust/© Her Majesty Queen Elizabeth II, 2022.

그림 8. 마리아 지뷜라 메리안의 다음 도판을 따라 익명의 판화가가 작업한 그림. 그림 9 부분 확대. M. S. Merian, *Metamorphosis Insectorum Surinamensium*, Amsterdam 1705, plate 14, counterproof edition, etching with hand-coloring, 53×38cm, Royal Collection, RCIN 1085787(detail). Royal Collection Trust/© Her Majesty Queen Elizabeth II 2022.

그림 9. 그림 8의 원본.

왕실 컬렉션과 대영박물관에 소장된 작품들에 사용된 카운터프루프는 의심의 여지 없이 메리안이 손수 작업한 것이다. 뒤에서 더 논의하겠지만, 많은 작품에서 보이는 창의적인 재구성은 화가 본인이 아닌 다른 사람이 변경할 수 없는 조합이기 때문이다. 그러므로 윈저 성 소장품에서만 특별하게 나타나는 동식물 배치의 조합은 다른 결론으로 이어진다. 카운터프루프 작업을 하려면 메리안이 도판을 소유한 상태에서 자신이 원하는 형태로 찍기 위해 근처 인쇄소로 가져갔어야 한다. 그리고 자신이 직접 도판을 에칭한 다음 나머지를 전문 인쇄업자에게 맡겨 출판용 그림을 작업하게 했을 것이다. 인쇄업자는 메리안이 에칭한 선을 따라 작업하면서 주로 식물에 색조를, 또는 번데기나 애벌레에 입체를 추가했다. 윈저 성과 대영박물관 작품 속 카운터프루프는 명백히 그 도판이 넘겨지기 전에 찍힌 게 분명하지만 그럼에도 메리안 자신이 에칭한 선만 보인다. 이런 사실들을 염두에 두면 《수리남 곤충의 변태》가 인쇄된 전체 과정을 짐작할 수 있다. 이 사례를 통해 나는 메리안의 작품이 제작된 정확한 순서를 밝히려고 했다기보다, 도판의 제작 과정 자체를 깊이 이해하는 한 가지 방법을 보여주고 싶었다.

왕실 컬렉션과 《수리남 곤충의 변태》의 제작

왕실 컬렉션에 보관된 《수리남 곤충의 변태》의 삽화 60점 중에서 7점은 거의 전적으로 에칭에 기반했고, 6점은 인쇄된 바탕선이 전혀 없다.[15] 이 13점 모두 완성된 《수리남 곤충의 변태》와 조합이 정확히 일치한다. 이 그림들에 대해서는 메리안이 곤충의 위치를 바꾸거나 덩굴손을 추가할 기회를 전혀 활용하지 않았다. 전체가 인쇄된 그림이라면 다른 선택의 여지가 없었겠지만 손으로만 작업한 것이라면 이 결과물은 예상과 다르다. 부분적으로 인쇄된 여러 도판에서 그랬듯이 메리안이 얼마든지 다양한 배치를 시도할 수 있었기 때문이다.

이 6점에 인쇄된 선이 없는 이유를 두 가지로 추측해 볼 수 있다. 첫째, 메리안이 그 기법을 아직 시작하지 않았거나, 에칭된 도판을 이미 판화가에게 넘겨 카운터프루프를 사용할 수 없었을 가능성이 있다. 이 6점이 모두 이후 출판된 그림과 정확히 일치한 것으로 보아, 이 도판들에 대한 에칭이 완성되었고 그것을 판화가에게 넘긴 후라 손으로 직접 그릴 수밖에 없었을 가능성이 크다. 이 무렵 메리안은 완성된 《수리남 곤충의 변태》에 실린 도판과 똑같은 복제본을 고급화하여 판매할 생각을 하게 된 것 같다. 이 첫 번째 그림들을 넘긴 시점에 영국과 독일에서 후원자를 모집하려는 시도가 실패로 돌아갔기 때문에, 대규모에 비용이 많이 드는 책 제작에 자금이 더 필요한 상황이었다.[16] 이 시대에는 과학책에 실을 적절한 판화를 얻기가 쉽지 않았다. 일례로 1702년 12월 16일, 영국 박물학자 존 레이는 한스 슬론 경에게 저서를 제작하면서 "판화가와 감독자를 구하고, 기존에 출판된 최고의 패턴을 선택하고, 표본을 세밀하게 묘사하고, 판화가의 작업을 관리하고, 여러 조각가에게 제목을 맡기는 일이 만만치 않"다고 푸념한 바 있다.[17]

그러므로 첫 6점의 도판을 넘긴 시점에, 이처럼 아름답고 의미 있는 작품에 아낌없이 돈을 지불할 수집가로부터 후원받을 목적으로 호화로운 독피지 세트를 제작할 마음을 먹었다고 볼 수 있다. 이 그림들은 메리안에게 자금도 제공하고 홍보효과도 있었을 것이다. 따라서 같은 목적으로 그녀는 완성된 도판 일부(아마도 종이 위에 인쇄된)를 런던의 제임스 페티버에게 샘플로 제공했다. 런던 왕립학회 〈철학회보〉에 실린 광고에는 메리안이 "[페티버에게] 그림 몇 점을 일부는 채색된 상태로 보내어 호기심을 불러일으키고 인쇄된 그림의 수준을 보였다"라고 적혀있다.[18] 페티버 자신도 이 그림 중 하나를 옥스퍼드에서 약초 재배원을 관리하는 제이컵 보바트(Jacob Bobart the Younger, 1641-1719)에게 보내며 "격려할 가치가 있는 책이 될 것"이라고 말했다.[19]

메리안이 첫 6점의 도판을 이미 판화가에게 넘긴 뒤라 호화판은 어쩔 수 없이 손으로 그렸다는 가정이 맞다면, 오로지 인쇄된 선에 기반해서 그린 그림의 도판은 당시 그녀가 아직 갖고 있었어야 한다. 그러므로 메리안은 준비된 다음 도판들(윈저 성에 있는 그림 중에서 인쇄된 선에 기반해서 작업된 7점)에 대해서는 카운터프루프 작업을 완전히 마친 후에 판화가에게 넘겼을 것이다. 이렇게 해서 피터르 슬라위터르(1669-1726)에게 7점, 요서프 뮐더르(1658-1742)에게 5점, 그리고 1점은 서명이 없는 미확인 판화가에게, 총 13점의 도판이 판화가의 손에 들어갔다. 이 시점에서 메리안이 쓴 서신을 보자. 1703년 6월 28일에 메리안은 페티버에게 "도판 13개가 이미 완성되었어요"라고 썼다.[20] "완성되었"다는 말의 의미가 첫 에칭을 끝냈다는 말인지 도판 작업이 완료되었다는 뜻

인지는 명확하지 않지만, 원저 성의 독피지 그림은 1703년 6월 28일 전에 제작되었고, 메리안이 페티버에게 쓴 서신에 따라 첫 13점의 도판 번호는 6, 9, 10, 11, 18, 21, 37, 40, 42, 45, 49, 50, 58번임을 알 수 있다. 이 도판들 중 하나는 1703년 4월 17일 서신에서 발타사르 스헤이트(Baltasar Scheid, ?-1729)가 완성을 언급한 것이다.[21] 또한 《수리남 곤충의 변태》 도판을 작업한 판화가 중 이름이 밝혀진 세 번째 인물인 다니엘 스토펜달(Daniel Stoopendaal, 1672-1726, 그의 이름은 13번 도판에 나와있다)은, 첫 13점 중에 서명이 없는 도판을 그가 작업한 것이 아니라면, 1703년 6월까지는 아직 작업을 시작하지 않은 것을 알 수 있다. 이 도판들의 후속 작업은 제작이 계속된 에를랑겐에서 보낸 일련의 편지로 추적할 수 있다.[22]

그런데 왜 메리안은 판화가에게 도판을 넘기기 전에 그림 전체를 카운터프루프 방식으로 인쇄하지 않았을까? 앞에서 보았듯이 부분적으로 인쇄된 선에 바탕을 둔 도판의 대다수는 메리안이 그 도판으로 독피지 카운터프루프를 찍었던 시기에 에칭된 것이 분명하므로 전체를 찍는 것이 개별 모티프를 따로 제작하는 것보다 훨씬 수월했을 텐데 말이다. 메리안은 곤충만

따로 찍어내는 방식으로 그림의 여러 요소를 다양하게 배치할 수 있었고, 실제로도 9점의 그림에서 상당한 변화를 주었다.[23] 이 그림들을 비교해 보니 단순히 독피지의 크기가 다양해서 시도했던 것은 아니었다. 이 변화는 일종의 창의적인 과정으로 보는 것이 좋을 것 같다. 처음에 메리안은 완성된 그림의 똑같은 호화판 복제본을 만들었다가(첫 13개 도판), 하나둘씩 배치를 바꾸기 시작해 다양한 조합을 시도했다. 이 작업을 계속하면서 점점 대담해져서 나비와 나방을 여러 다양한 자리에 두기도 했다. 사실상 메리안은 이 곤충들에게 죽은 표본이 아닌 살아있는 생명체가 되어 화폭을 누빌 자유를 준 것이다. 출판된 책에서는 도판이 제작 순서대로 실리지 않아 이런 창의성이 잘 드러나지 않지만, 원저 성 수집품에서 인쇄된 선의 유무로 메리안의 작업 과정을 재구성해 보면 명확히 알 수 있다. 작품의 개별 구매자들은 알 수 없었겠지만(같은 도판의 여러 버전을 서로 비교해야 했으므로), 메리안 자신에게는 즐거움과 예술적 만족감을 주어 독피지에 작업하는 과정이 단순한 제작이 아닌 창작의 연속이 되었을 것이다. 작업이 계속되면서 처음에는 완성된 최종 그림을 그대로 따르던 것이 점차 구성 요소들을 다양한

위치로 옮긴 것이라면, 메리안이 가장 나중에 작업한 호화판 그림은 책에 실린 도판과 가장 큰 차이가 나야 한다(2, 16, 17, 19, 20, 25, 32, 33, 39번 도판).

하지만 이 모든 것은 추정일 뿐이고, 특히 11번 도판이 이 해석에 걸림돌이 되었다. 이 그림은 윈저 성의 그림 중에서도 오로지 손으로만 그린 것인데, 그렇다면 지금까지의 추론에 따라 제작된 즉시 판화가에게 넘겨진 첫 번째 도판들 중 하나여야 한다. 《수리남 곤충의 변태》에서 이에 해당하는 그림은 완성된 도판에 서명하지 않은 익명의 판화가가 작업한 것이다. 한편 메리안은 이 책에 실린 서명 없는 도판 3개의 판각 작업을 맡았다고 알려졌다.[24] 그렇다면 그 도판들은 메리안 자신이 갖고 있으면서 어느 시점이든 카운터프루프가 가능했으므로 윈저 성 그림에서도 인쇄된 선이 보여야 한다. 서명이 없는 도판 중 2점의 경우 출판된 그림을 자세히 비교하면 서로 다른 판화가가 작업한 것임을 알 수 있다. 동료보다 손끝이 덜 야무졌던 35번 도판의 판화가는 어두운 부분을 강조하기 위해 선들을 교차한 해칭(hatching, 단면을 알기 쉽게 빗금을 그어 나타내는 것—옮긴이)을 사용한 반면, 다른 두 도판의 판화가들은 기본 해칭만 사용했다. 그러므로 나는

서명이 없는 세 도판 모두 메리안이 그린 것이 아니며, 11번 도판의 수준이 다른 것들보다 월등히 뛰어난 것으로 보아 이 도판은 이름이 밝혀진 세 판화가 중 한 사람이 작업했으나 모종의 이유로 서명하지 않았거나, 네 번째 전문 판화가가 한두 개의 그림만 참여했다고 추정한다.

결론적으로 윈저 성과 대영박물관의 독피지 그림은 1702년 또는 1703년의 짧은 기간에 제작되었고 《수리남 곤충의 변태》의 제작에 필요한 비용을 대기 위해 세트로 팔렸다고 볼 수 있다. 두 세트 사이에 아랫선이 그려진 정도의 차이에 관해서는, 이 그림들을 동시에 그리지 않았고 차이가 크지 않은 것으로 보아 대략 몇 주 차이로 제작되었다고 보인다. 따라서 메리안이 1703년 중반에서 후반까지 이 도판들의 에칭을 완료했으며, 이듬해 이 특별판을 판매한 수익으로 판화가들이 책의 나머지를 완성하고 본문의 텍스트를 준비했다고 추정할 수 있다. 레비뉘스 빈센트(Levinus Vincent, 1658-1727)가 암스테르담에서 페티버에게 보낸 서신에 따르면 전 제작 과정은 1705년 3월 6일에 완료되어 인쇄에 들어갔다("Le livre de Mad. Merian est présentement parachevé, Il ce imprime…").[25] 이는 발타사르 스헤이트가

완성된 책의 컬러판을 주문한 1705년 2월의 서신에서 언급된 날짜와 조금 다르다. 유명한 수집가였던 스헤이트는 아마 책의 출간을 미리 알고 몇 주 전에 주문을 넣었을 것이다.[26] 이 호화판이 자연사에 관심이 많은 부유한 수집가 미드와 슬론 이 두 사람을 위해서 제작된 것인지 증명할 방법은 없지만 그들이 맨 처음 소유했던 사람일 가능성이 크다. 슬론에게 매입을 중개한 사람은 페티버인 것으로 보이며, 그건 미드도 마찬가지일 것이다.[27]

앞으로 윈저 성이나 대영박물관에 소장된 메리안의 작품을 계속 분석한다면 《수리남 곤충의 변태》 제작 과정을 한층 더 명확히 밝히고, 유럽의 예술과 자연사 연구에 막대한 영향을 끼친 이 야심 찬 출판 프로젝트를 메리안이 어떻게 계획하고 실행했는지 더 잘 조명할 수 있을 것이다.

※이 논문은 왕실 컬렉션의 메리안 작품에 대한 저자의 연구 가운데 초기 결론을 실은 것이다. 이 논문은 2017년 메리안 학회에서 발표되었다. 이 연구를 발표할 기회를 주신 학회 주최 측과 아낌없는 의견과 격려를 보내주신 참석자 여러분께 감사를 전한다. 왕실 컬렉션 재단의 종이 보존 책임자였던 알란 도니슨은 왕실 컬렉션의 수채화에 대한 중요한 연구를 수행했고 나와 함께 그림들을 자세히 검토하며 조언해 주었다. 대영박물관의 길리아 바트럼, 안젤라 로시, 크리스포터 콜스는 한스 슬론이 소유했던 메리안의 그림에 대한 연구를 친절하게 도와주었다. 이 연구와 관련해 많은 조언과 도움을 주신 다음 분들께도 감사 인사를 드리고 싶다. 마틴 클레이턴, 칼리 콜리어, 캐런 로슨, 조지 맥개빈, 대니얼 패트리지, 클라라 드라페나 맥티그, 푸에타 샤르마, 레이철 스미스, 애드 스틴먼, 케이트 스톤, 에마 스튜어트, 에마 터너, 브리지트 라이트, 에바 질린스카밀러.

12장

메리안의
활판인쇄공

크리스토프 레스케(Christoph Reske)는 《16, 17세기 독일어권의 활판인쇄공(Die Buchdrucker des 16. und 17. Jahrhunderts im deutschen Sprachgebiet)》에서 인쇄공이라는 직업을 독자적으로 인쇄기를 돌리는 사람이라고 정의했다.[1] 여기에는 인쇄기를 소유하고 장인을 고용해 책을 찍어내는 인쇄업자와, 왕실의 인쇄물을 맡아서 작업한 독립적인 인쇄업자도 포함된다. 레스케가 쓴 이 두꺼운 개요서는 독일어권 국가에서 활판을 찍는 모든 인쇄업자의 명단이 적힌 목록이다. 그러나 여기에 식각공이나 판각공 같은 요판인쇄공은 포함되지 않았다.[2] 프랑크푸르트에서 마테우스 메리안이 운영하던 출판사가 레스케

의 책에 실리지 않은 이유도 그래서이다. 출판업자이자 식각공, 판각공이었던 마테우스 메리안과 그의 후계자들은 활판인쇄를 하지 않았다. 그의 딸 마리아 지빌라 메리안과 사위 요한 안드레아스 그라프도 마찬가지였다.

이 장에서 나는 마리아 지빌라 메리안이 쓴 저서의 활판인쇄공을 수색한다. 《꽃 그림책》을 제외하고 활판인쇄(텍스트)와 요판인쇄(이미지)가 조합된 책에서 텍스트를 인쇄한 기술자가 누구인지 추적해 보자.

뉘른베르크의 활판인쇄공

메리안은 1675년에 첫 저서를 출판했다.

《꽃 그림책》이라는 제목의 이 책은 2년 뒤에 제2권, 그리고 1680년에 제3권이 출간되었다. 《꽃 그림책》의 각 권에는 이미지밖에 없지만, 1680년에 저 세 권을 묶어서 출간된 《새로운 꽃 그림책》에는 익명의 인쇄업자가 제작한 서문이 있다. 앞으로 보겠지만 이름이 언급되지 않았더라도 책의 활자를 인쇄한 사람을 찾아낼 방법은 있다. 그러나 그 방법에는 얼마간의 발품이 필요하므로 《새로운 꽃 그림책》의 활판인쇄공을 찾는 시도는 잠시 미루고 먼저 지금까지 알려진 인쇄공들을 소개하겠다.

메리안이 애벌레의 변태 과정을 설명하고 그림으로 그린 책은 1679년에 뉘른베르크에서 처음 출간되었다.[3] 그 책의 속표지에는 "Gedruckt bey Andreas Knortzen(안드레아스 크노르첸 인쇄)"라고 쓰여있다. 안드레아스 크노르츠(Andreas Knortz, ?-1685)의 인쇄소는 출발이 쉽지 않았다.[4] 기록에 따르면 크노르츠는 1673년에 뉘른베르크에서 볼프강 모리츠 엔트터(Wolfgang Moritz Endter, 1653-1728)가 운영하던 서적 인쇄소에서 인쇄공으로 일했다. 그러다가 1675년 초, 뉘른베르크 시의회에 자기 이름으로 된 작업장의 허가를 요청했지만 거부되었다. 거절당한 가장 큰 이유는 당시 뉘른베르크에서 운영할 수 있는 인쇄소가 최대 일곱 곳으로 정해져 있었기 때문이다. 이에 크노르츠는 빈에 있는 황제의 법정으로 향했고, 법원은 시에 크노르츠에게 인쇄소를 허용하라는 판결을 내렸다. 시의회는 탐탁지 않았으나 마지못해 그의 요청을 받아들였다. 이후에도 시의회와 크노르츠의 관계는 원만하지 못했는데, 그가 종종 검열을 통과하지 못한 책들을 찍어냈기 때문이다. 이런 요주의 인물이긴 했어도, 1676년부터 사망한 1685년까지 약 200권의 책을 출간한 사실을 보면 그 실력을 충분히 인정받고 있었음을 알 수 있다. 그러므로 메리안과 그라프가 크노르츠에게 책을 맡긴 것이 이상한 일은 아니다. 크노르츠는 《애벌레 책》 제2권도 맡을 수 있었지만, 1683년에 프랑크푸르트암마인으로의 이주를 앞두고 메리안은 크노르츠 대신 요한 미하엘 슈푀를린(Johann Michael Spörlin, 활동 시기 1683-1706)을 인쇄업자로 지정했다.

슈푀를린은 딜링겐에서 수년을 일한 뒤 1682년에 뉘른베르크로 와서 그해 10월 말, 활판인쇄공 크리스토프 게르하르트(Christoph Gerhard, 1624-1681)가 사망한 뒤 그의 부인과 혼인하면서 자기 인쇄소를 갖게 되었다.[5] 요한 미하엘 슈푀를린은 프랑크푸르트암마인에서 활판인쇄공이었던 요한 게오르크 슈푀를린(Johann Georg Spörlin)의 아들이었고,[6] 아버지 슈푀를린은 마테우스 주니어와 카스파르 메리안을 위해 책을 인쇄했던 사람이었다.[7] 따라서 메리안 가문과 슈푀를린 가문은 서로 잘 알았을 테고, 증거는 없지만 마리아 지빌라 메리안이 아들 슈푀를린에게 뉘른베르크에서의 첫 과제를 의뢰해 활판인쇄공으로서 발판을 마련해 주었다고 보아도 좋을 것이다.

사실 메리안은 자신의 책이 제작되는 과정에 깊이 관여하고 심지어 지휘하기를 원했으므로 이왕이면 아는 사람에게 일을 맡기려고 했을 것이다. 흥미롭게도 1679년과 1683년에 인쇄된 《애벌레 책》에는 동일한 인쇄공의 장식(꽃과 나비) 다섯 개가 나오는데,[8] 이는 메리안과 그라프가 직접 만든 것으로 보인다. 가능성은 희박하나 슈푀를린이 크노르츠에게서 얻었을 가능성도 무시할 수는 없다. 그러나 과연 크노르츠가 그렇게 생각 없이 자기 장식을 경쟁자에게 빌려줬을까?

암스테르담의 활판인쇄공

프랑크푸르트로 돌아온 후 메리안은 한동안 신간을 출간하지 않다가, 마침내 1705년에 암스테르담에서 수리남 곤충을 다룬 걸작을 냈다. 메리안 자신이 책의 제작 과정을 설명한 바 있지만, 거기에 활판인쇄공에 대한 정보는 없었다. 단, (오류이지만) 도서관 목록에는 인쇄공이 누구인지 기록되어 있다. 《수리남 곤충의 변태》(1705)와 《애벌레의 시작과 먹이, 그리고 기적의 변화(Der Rupsen Begin, Voedzel en Wonderbaare Verandering)》(1712)(《애벌레 책》의 네덜란드어판—옮긴이)의 제1권과 제2권을 찍은 인쇄공으로 종종 헤라르트 팔크가 지명되는데,[9] 그의 이름이 속표지에 나와있으므로 그럴만도 하다(그림 1). 팔크는 서적상으로 잘 알려진 인물이었는데, 판화를 제작하기는 했으나 인쇄공이었다는 이야기는 없다. 그는 담 광장에서 처남인 페트뤼스 솅크와 함께 가게를 운영했고, 한때 서적상과 인쇄공 연합인 암스테르담 길드를 이끈 적도 있다. 20세기에 들어와 M. M. 클리어쿠퍼(M. M. Kleerkooper)와 W. P. 판스토쿰(W. P. van Stockum), 그리고 이후에도 이사벨라 판에이헌(Isabella van Eeghen)이 암스테르담 기록보관소를 대대적으로 조사한 적이 있는데, 이때도 팔크가 실제로 책을 인쇄했다는 기록은 찾지 못했다.[10] 단 한 권의 예외가 있다면, 안드레아스 셀라리위스(Andreas Cellarius,

그림 1. 마리아 지빌라 메리안의 《수리남 곤충의 변태》의 속표지. M. S. Merian, *Metamorphosis Insectorum Surinamensium*, Amsterdam 1705, KB, National Library of the Netherlands, The Hague.

1595-1665)의 1708년 작 《우주의 조화(Harmonia Macrocosmica)》이다. 그러나 이 책은 색인을 제외하면 활자가 없는 판화집이다. 이처럼 팔크 자신은 인쇄공이 아니었지만, 그가 제작하고 판매했던 판화나 동판화가 그의 작업장에서 인쇄되었을 가능성을 배제할 수는 없다.[11] 그래서 팔크가 아니라면, 마리아 지빌라 메리안이 암스테르담에서 낸 책의 텍스트는 대체 누가 찍었을까?

활판인쇄와 요판인쇄

활판인쇄는 판화나 동판화를 찍는 요판인쇄와는 성격이 다르다.[12] 한마디로 활판인쇄는 튀어나온 것을 찍고, 요판인쇄는 파낸 부분을 찍는다. 메리안의 책에 나오는 이미지들은 판화가가 조각칼로 식각한 동판화이다.[13] 동판화를 제작하는 과정을 에칭(식각)이라고 하는데, 남편 그라프의 도움을 받아 메리안이 직접 작업했을 가능성이 크다.[14] 식각공과 판화가 중에는 도판인쇄기를 소유한 사람이 많았는데, 주로 에칭한 결과물이 원본과 일치하는지 확인하는 용도로 쓰였다. 메리안 자신이 쓴 글을 통해 그녀가 에칭과 판화 기술에 능숙하다는 사실이 잘 알려졌는데 아마 의붓오빠와 남편한테서 배웠을 것이다. 또한 메리안은 도판 인쇄기도 직접 다루었다고 짐작된다. 하지만 《수리남 곤충의 변태》의 도판은 60개 중 57개에 다른 예술가의 서명이 남아있는 것으로 미루어 메리안이 작업한 것은 아님을 알 수 있다. 어차피 그랬을 가능성은 높지 않은데, 당시 암스테르담 길드의 규정이 이를 금했기 때문이다. 메리안이 그린 그림들의 도판이 제작 및 인쇄된 과정을 더 깊이 조사하면 흥미로운 사실들이 많이 드러날 것이다(케이트 허드가 쓴 11장을 참조하라). 그 연구는 이 글의 영역을 벗어나지만, 헤라르트 팔크의 이름이 속표지에 두드러지게 표시된 이유를 설명할 수 있을지도 모른다.

수리남 곤충의 변태

《수리남 곤충의 변태》의 서론에서 메리안은 1685년과 1690년에 암스테르담에서 출판업자 요아니스 판소메런(Joannes van Someren, 활동 시기 1678-1710) 사후에 그의 부인이 출판한 호버르트 비들로(Govert Bidloo, 1649-1713)의 인체 해부서 형식을 따르고 싶었다고 썼다.[15] 비들로의 책은 2절판으로 출판되었는데 한 페이지에 이미지가, 그 맞은쪽 페이지에 텍스트가 있었다. 왼쪽 페이지에서 텍스트가 계속될 때는 종이를 더 추가했다. 메리안은 자신의 책에서 텍스트를 한 페이지로 제한했고 모든 이미지를 한쪽으로 몰았다. 그녀는 《애벌레 책》에서도 같은 방식을 적용했다. 활판인쇄와 요판인쇄는 서로 다른 인쇄기로 찍어야 했는데, 보통 글자를 먼저 인쇄하고 남겨둔 공간에 요판인쇄가 들어갔고, 더 큰 이미지의 경우에는 텍스트가 인쇄된 뒷면을 비워놨는데, 채색이 들어가면 물감이 종이에 스며들어 텍스트가 번질 염려가 있

기 때문이었다(그림 2).

텍스트 인쇄에는 이런 문제가 없다. 종이의 앞면과 뒷면을 사용해 인쇄하면 60쪽을 찍는 데 종이 30장이 필요했다. 속표지와 서론까지 포함해 《수리남 곤충의 변태》의 텍스트는 총 32장으로 구성된다.[16] 당시에는 종이가 아주 값나가는 물건이었으므로 이런 방법을 사용해야 비용을 줄일 수 있었다. 그러나 메리안은 텍스트 인쇄를 여유 있게 주문했던 것 같다. 메리안 사망 후 1717년에 요하네스 오스테르비크가 둘째 딸 도로테아 마리아 메리안으로부터 메리안의 작업실에 있던 작품을 모조리 매입했을 때 네덜란드어와 라틴어로 된 텍스트 인쇄본이 상당히 많이 남아있었다고 추정되는데, 오스테르비크가 1718년에 출간한 판본의 처음 60쪽 텍스트가 1705년 판본과 완전히 동일했기 때문이다. 새로 조판한 흔적은 없었다.[17]

장식성 이니셜의 비교

익명의 인쇄공을 찾는 일은 쉽지 않다. 이미 16세기에도 교회와 정부는 익명의 작가가 종교와 국가를 공격하고 조롱한 전단을 찍어낸 인쇄공들을 색출하기 위해 혈안이 된 적이 있다. 하지만 그들이 단순히

그림 2. 마리아 지뷜라 메리안의 《수리남 곤충의 변태》에서 40번 도판의 앞과 뒤. Amsterdam 1719, hand-colored etching, counter-proof, Artis Library, Allard Pierson, University of Amsterdam, AB Legkast 019.01.

활자만 사용하면서 자신을 감추려고 마음 먹으면 찾는 것은 거의 불가능했다. 그러나 중세 필경 문화의 유산인 머리글자 장식을 사용하는 경우에는 정체가 드러날 수 있다. 이는 투옥은 물론이고 사형에까지 처해질 수 있는 위험한 실수이다. 파울 데이스텔베르허(Paul Dijstelberge)는 자신의 학위 논문에서 16세기 후반부터 17세기 초반에 제작된 장식용 머리글자들을 한데 모은 '위르시쿨라(Ursicula)'라는 데이터베이스를 제작했다.[18] 2014년에는 데이스텔베르허의 학생 두 명이 이 방법으로 스피노자(Benedictus de Spinoza, 1632-1677)의 《에티카(Ethica)》를 인쇄한 기술자를 찾아냈다.[19] 나도 이들의 방식을 따라 할 생각이지만, 데이스텔베르허의 데이터베이스는 1650년까지의 자료밖에 없으므로 사용하지 못했다.

'I'라는 글자

문제가 하나 더 있었다. 《수리남 곤충의

변태》의 라틴어판과 네덜란드어판의 텍스트에는 장식용 머리글자가 딱 하나밖에 없기 때문이다. 서론의 'I'이다.

내가 처음 후보로 찾아낸 인쇄공은 프랑수아 할마(François Halma, 1653-1727)로 위트레흐트에서 수년간 시(市)와 대학 소속 인쇄공으로 경력을 쌓은 뒤 1699년에 암스테르담에서 일을 시작했다. 할마는 18세기 초반에 게오르크 에베르하르트 룸피우스가 쓴 《암본의 희귀물 창고》의 인쇄를 의뢰받았다. 메리안은 룸피우스의 작품에 참여한 예술가로 종종 언급된다. 《암본의 희귀물 창고》에 실린 도판을 복제했다고 보이는 메리안의 수채화가 여러 점 알려졌는데, 이는 상트페테르부르크 수채화라고 알려진 작품의 일부이다.[20] 암스테르담 대학교 아르티스 도서관에 보관된 룸피우스 작품의 사본에는 메리안이 채색을 했다고 적혀있다.[21] 이 작품에 메리안이 얼마만큼 관여했는지 명확하지 않고, 또 명성 있는 출판업자이자 인쇄업자로서 할마가 이처럼 커다란 2절판 판형의 활자를 인쇄하는 데는 문제가 없었겠지만 그럼에도 메리안과 할마 사이에는 모종의 관계가 있었을 것으로 추정된다. 머리글자의 크기 덕분에 나는 수색의 범위를 2절판 또는 4절판의 대형 판형으로 제한할 수 있었다.

할마가 인쇄한 많은 책을 조사했지만 일치하는 글자는 발견하지 못했다.

나는 다음 후보를 찾아서 1704년 4월 메리안이 〈암스테르담 쿠란트(Amsterdamse Courant)〉에 낸 광고를 살펴보았다. 이 신문에서 메리안은 《수리남 곤충의 변태》를 홍보하면서 니우어 스피헬스트라트에 있는 자택이나 헤라르트 팔크, 헨드릭 베츠테인(Hendrik Wetstein), 빌럼 더쿱(Willem de Coup, 활동 시기 1689-1707), 또는 사위인 야코프 헤롤트의 집 등에서 책을 구매할 수 있다고 썼다. 이 서적상 중 일부는 인쇄업자이기도 했다.

열거한 이들 가운데 앞에서 말한 이유로 배제한 팔크를 제외하고 가장 관심이 가는 인물은 헨드릭 베츠테인(1649-1726)이었다. 그는 스위스 바젤에서 태어났고, 암스테르담 발론 교회의 일원이었다. 그곳은 예안 더라바디(Jean de Labadie)가 스스로 종교 공동체를 시작하기 전에 설교했던 교회다. 이후 더라바디가 비우어르트에 세운 종교 공동체가 바로 메리안이 6년 가까이 머물렀던 곳이다. 베츠테인의 모국어가 독일어이고 또 그가 개신교 신자였다는 사실이 후보로서 자격에 가산점을 줄 수 있는데, 메리안이 쓴 서신들로 미루어보면 평소 그녀가 독일어를 좀 더 편안하

그림 3. 머리글자 'I'. 왼쪽은 1719년에 출판된 《수리남 곤충의 변태》, 오른쪽은 1704년에 출판된 타키투스의 책(*Alle de werken*). Artis Library, Allard Pierson, University of Amsterdam, AB Legkast 019.01 and Allard Pierson, University of Amsterdam, KF 61-100.

게 사용했기 때문이다.

할마 때와 마찬가지로 베츠테인이 작업한 책들을 뒤진 결과, 나는 1794년에 출판된 고대 로마 역사가 푸블리우스 코르넬리우스 타키투스(Publius Cornelius Tacitus)의 완성집에서 'I'를 발견하고 기뻤다(그림 3). 이 책의 속표지에는 세 명의 이름, 즉 다니엘 판덴달런(Daniel van den Dalen, 레이던, 활동 시기 1673-1700), 빌럼 판더바터르(Willem van de Water, 위트레흐트), 피터르 세페뤼스(Pieter Scepérus, 암스테르담)가 추가로 실려있었다. 그렇다면 왜 베츠테인일까? 첫째, 메리안의 광고에서 언급된 것이 그의 이름뿐이었고 다른 이들의 이름은 나오지 않았다. 둘째, 메리안이 다른 도시에서 온 인쇄공에게 자신의 책을 부탁했을 리 없다고 보아, 빌럼 판더바터르와 다니엘 판덴달런은 제외했다. 피터르 세페뤼스는 암스테르담에서 활동했지만 전단 등 주로 소규모 인쇄물을 작업했다. 다만 그의 서점이 담 광장이라는 핵심 지역에 있었으므로 타키투스 출판에 유리한 파트너가 되었을 것이다.

1712년판 《애벌레 책》

메리안이 암스테르담에서 출판한 두 번째 작품은 《애벌레 책》의 네덜란드어 축약본이었다. 제1권과 제2권이 1712년에 인쇄되었다.[22] 도판은 메리안이 1679년과 1683년에 사용했던 것과 동일하며 몇 가지 새로운 곤충의 변태 과정이 추가되었다. 텍스트는 네덜란드어로 작성되었고 훨씬 축약된 상태였다.[23] 그리고 《수리남

그림 4. 머리글자 'H'. 왼쪽은 1712년에 출간된 《애벌레 책》, 오른쪽은 헤라르트 온더르더린던이 새긴 글자(거꾸로 되었음)이다. J. Ruyter, *Klaagschrift over de Onchristelyke Beschuldigingen tegen den Onschuldigen Johannes Ruyter*, Amsterdam 1712(right, upside down), Artis Library, Allard Pierson, University of Amsterdam, AB Legkast 019.02 and Allard Pierson, University of Amsterdam, UvA Pfl N I 13.

곤충의 변태》처럼 명확히 분리되어 인쇄되었다. 제1권과 제2권은 거의 항상 제3권과 함께 합본되었는데 새로운 도판과 설명이 추가되어 메리안의 둘째 딸 도로테아 마리아가 메리안 사후인 1717년에 출간했다.

1712년에 출판된 《애벌레 책》 제1권과 제2권의 인쇄공을 찾기 시작하면서 나는 아주 큰 조력자를 얻었다. 네덜란드 대학 도서관과 네덜란드 국립도서관이 주관한 구글 디지털화 프로젝트 결과물이 온라인으로 출판되었기 때문이다. 따라서 머리글자를 검색하기가 훨씬 쉬웠고 덕분에 많은 시간을 절약했다. 그러나 온라인에서 후보를 찾은 후에는 정확성을 위해 인쇄된 실물 책에서 머리글자를 비교했다. 한편 이 경우에는 알파벳 'D', 'H', 'M', 'G'처럼 비교할 이니셜들이 더 많았다는 것도 유리한 조건이었다.

나는 인쇄공과 출판업자로 당시 활발하게 활동했던 베츠테인에서 시작했지만 소득은 없었다. 다음으로 그의 아들인 뤼돌프와 헤라르트를 유력한 후보로 봤지만 역시 운이 따르지 않았다. 이어서 나는 《수리남 곤충의 변태》의 경우처럼, 1712년 11

월 23일 자 〈그라베나헤 쿠란트('s-Graven-haegse Courant)〉에 실린 《애벌레 책》 광고로 접근했다.

　　결과적으로 광고 목록에서 제일 먼저 나온 헤라르트 온더르더린던(Gerard onder de Linden, 1682-1727)이 내가 찾던 사람이었다. 암스테르담의 네스 안트 터 랑에 브뤼흐스테이흐에서 가게를 운영하던 그는 존경받는 인쇄공이자 출판업자로 프랑수아 팔렌테인(François Valentijn)이 네딜란드령 동인도에 관해서 쓴 대작의 출판에 관여했다. 나는 헤라르트 온더르더린던이 쓴 책을 여러 권 보았고 마침내 (비록 거꾸로이긴 했지만) 4개의 머리글자 중의 하나인 'H'를 발견했다(그림 4).[24] 그림 4에서 왼쪽의 'H'는 온더르더린던의 것이고, 오른쪽은 《애벌레 책》에서 온 것이다. 온더르더린던과 메리안 사이에는 또 다른 연관성이 있었다. 레이던에 있는 네딜란드 곤충학협회 도서관에는 이른바 '보르 버전(Wor copy)'이라고 불리는 《애벌레 책》이 보관되어 있다. 헤라르트 온더르더린던이 죽은 후 그의 부인인 아드리아나 판다켄뷔르흐(Adriana van Daakenburgh, 1682-1749)와 결혼한 출판업자 아드리안 보르(Adriaan Wor)가 펴낸 이 책은 카운터프루프 방식의 아름답게 채색된 제1권과 제2권,

그리고 제3권의 (인쇄되지 않은) 수채화 이미지로 구성된다.

1717년 애벌레 책

메리안 사후인 1717년에 출판된 《애벌레 책》 제3권에서는 헤라르트 온더르더린던의 다른 작품과 일치하는 머리글자를 찾지 못했다. 다음 후보자는, 메리안이 세상을 떠난 후 그녀가 작업실에 남긴 작품들을 매입했던 요하네스 오스테르비크였다. 그는 1718년에 《애벌레 책》 라틴어 번역본을 인쇄한 사람이기도 했다. 네딜란드어로 된 《애벌레 책》 제3권에서 머리글자는 'H' 하나밖에 없었다. 그리고 1718년의 라틴어판에서는 같은 머리글자 모음에서 온 듯 보이는 것들이 몇 개 있었지만 'H'는 없었다. 나는 1720년에서 시작해 오스테르비크가 작업한 인쇄물들을 거슬러 올라가며 찾아보았는데, 주로 혼인이나 장례처럼 특별한 행사를 위한 인쇄물이 대부분이었지만 마침내 오스테르비크 자신이 쓰고 인쇄했다고 주장되는 《사도 바울의 아테네 아레오파고스 연설(Paulus in Areopago, of Desselfs Redenvoeringe in de Vierschaer van Athenen)》에서 《애벌레 책》과 일치하는 'H'를 발견했다(그림 5).

그림 5. 머리글자 'H'. 왼쪽은 1712년에 출간된 《애벌레 책》 제3권, 오른쪽은 오스테르비크가 새긴 글자. J. Oe[J. Oosterwyk], *Paulus in Areópago*, Amsterdam 1710, Artis Library, Allard Pierson, University of Amsterdam, AB Legkast 019.02 and Utrecht University Library, B qu 186:2.

결론

세 사례에서 각각 일치한 하나의 머리글자는 그 자체로는 빈약한 증거이다. 그러나 인쇄공의 배경, 비슷한 배치 방식, 신문 광고, 유사한 폰트까지 염두에 두면 《수리남 곤충의 변태》의 텍스트를 인쇄한 사람은 헨드릭 베츠테인, 《애벌레 책》 네덜란드어판의 첫 두 권은 헤라르트 온더르더린턴, 제3권은 요하네스 오스테르비크일 가능성이 크다.

그럼 이 장을 끝내기 전에 시작으로 다시 돌아가야겠다. 우리에게는 풀어야 할 수수께끼가 한 가지 더 남아있다. 《새로운 꽃 그림책》의 서문을 인쇄한 사람은 누구일까? 1675년에 출간된 《꽃 그림책》의 유일한 디지털 사본은 밤베르크 주립도서관에 보관되어 있으며 동일한 서문이 인쇄되었다. 그러나 실제 내용을 읽어보면, 1679년 《애벌레 책》을 언급하기 때문에 훨씬 나중에 인쇄된 것이 분명하다. 이 텍스트에도 장식된 머리글자가 몇 개 있지만 독특한 것은 아니다. 다만 그것들은 안드레아스 크노르츠가 인쇄한 1679년 《애벌레 책》의 머리글자들과 비슷하며, 페이지 상단의 장식도 크노르츠의 작품에서 인쇄된 것과 유사하다. 따라서 《애벌레 책》을 맡아 훌륭하게 인쇄한 크노르츠가 1년 뒤에 《새로운 꽃 그림책》의 서문을 인쇄했다고 보는 것이 논리적이다. 단, 확실한 증거는 없다.

마지막으로 왜 《수리남 곤충의 변태》와 《애벌레 책》 제1권과 제2권에서 실제 인쇄공은 언급되지 않고 헤라르트 팔크의 이름이 눈에 띄는 자리에 새겨졌는지에 대한 의문이 아직 남아있다. 길드의 수장이었던 팔크가 세간에 잘 알려진 인물이고 영향력도 컸기 때문이었을까? 물론 유명 인사를 내세우는 전략은 판매에 큰 도움이 되었을 것이다. 또한 우리는 메리안이 마케팅에 재주가 뛰어났다는 사실을 알고 있다. 그러나 이 도판이 헤라르트 팔크의 전문화된 작업장에서 인쇄되었을 가능성도 고려해야 한다.

메리안에 대한 퍼즐들이 서서히 풀려가고는 있지만 아직 답을 알지 못하는 질문들은 여전히 남아있다.

※이 장은 2017년 메리안 학회에서 발표한 내용을 바탕으로 썼음을 알린다.

아흐너스 블록의 정원에서 살구를 색칠하면서

가지가 대각선을 따라 아프게 휘어지길,
그렇게 기대어 빛을 향하길 원했어.
기억을 향해 벌어진 잎이
갈망의 작은 잔으로 말려들어 가길 원했어.

저 살구들이 레몬 노란색과 지평선의 주황색의
작고 주근깨가 박힌 구체가 되기를,
아기 엉덩이처럼 갈라지길 원했어.
너, 가슴이 노란 작은 새가
높은 곳에서 가만히 있다가 뒤뚱거리는 체조선수가 되길 원했어.

가장 가는 끝으로 과일에 주근깨를 입히고,
잎맥을 그리고 새의 배에 있는 깃털을 그렸어.
수많은 대화가 있었지.
차가운 푸른색과 흰색, 빨간색과 주황색,
가느다란 잠자리와 불투명한 평지.

이 장면으로 들어간 것이 처음은 아니었지만,
그 순간 단맛에 갈증을 느끼는
새의 광기 어린 눈빛을 이해했어.

인내

농부가 달걀로 그러하듯 나는 촛불에 당신을 비추어 보았습니다.
오, 가는 실로 장식된 날개여.
오, 길어진 복부와 지방의 싸개.
무엇이 당신을 구슬려 짙은 잠에 들게 할까?
온기? 쉼터? 시간?
당신 앞에서 나는 40개의 다른 고치를 연구했습니다.
나는 그들의 부드러운 분열과,
임시 더듬이, 축축한 진행을 기다렸지.
그러나 그 잔해에서 기어 나온 것은 무엇이었을까?
그건 구더기와 파리, 술에 취한 파리뿐.

죄

그대는 나더러 집착한다 하지만
말해주시오
집착 없이 어찌 신을 모실 수 있는지.
그대의 옷은 깨끗하고, 식탁 위의 저녁은 따뜻하며,
아이들은 보살핌을 받고 있고, 화로는 뜨겁게 지펴졌지.
그대는 내게 하루의 그 두세 시간을 인색하게 굴 텐가?
내가 신의 가장 작은 피조물들과 함께하는 그 시간을?

박물학자의 침대 옆에서,
딸과의 마지막 대화

벽에 걸려 늘어진 그물들,
트렁크는 새끼 새처럼 입을 벌리고,
챙 넓은 모자 위에는 먼지가 쌓여있다.

그대는 지금 어디에 있는가?
발은 정글을 딛고, 목은 벌집에 들이밀고,
배는 진흙 위에 깔고,
눈은 물 위에서 스케이트를 타는 가늘고 긴 다리로 향하고,
코는 이파리에 댄 채, 젖은 날개가 침(spittle)과 딱지 사이로 펴지는 곳에 있소?

그대의 눈은 감겨있고, 손은 무릎 위에 올렸지.
깃털 달린 탁자 위로
잠이 조금씩 그 손가락을 움직여
가는 붓을 향하고 있는가?
그대는 혀로 붓끝을 적시고
공기를 어둡게 물들이는가?
내게 말해주시오.
나의 이 희박한 우연에 입을 벌려주시오.
여기 깡통 배 안에 갇힌 채
그대의 다음번 열린 바다,
그 검은 물 위에 떠있는 나에게.

—신시아 스노

메리안과 룸피우스의 관계

메리안 지뷜라 메리안이 《암본의 희귀물 창고》에 참여했다는 주장

1705년은 네덜란드 문헌(文獻) 역사에서 놀라운 해였다. 마리아 지뷜라 메리안의 《수리남 곤충의 변태》와 에베르하르트 룸피우스(리커 판데인선이 쓴 18장의 그림 3과 그림 5 참고)의 《암본의 희귀물 창고》라는 두 권의 화려한 출판물이 출시되었기 때문이다. 두 책 모두 자연사 문헌에 실린 삽화의 전통에 정점을 찍은 고유한 표현 양식을 개척했다. 이 책들은 고품질로 인쇄된 모범적인 자료가 되어, 1705년 이후로 많은 책의 저자가 메리안과 룸피우스의 텍스트와 이미지를 참고했다.[1] 이렇게 두 사람의 작품은 자연사 연구의 기준이 되었지만, 실제로 두 책의 차이점은 유사점 못지않게 컸다. 유럽을 중심으로 단순화하

면 한 책은 네덜란드인들이 '서양'이라고 부르는 지역에서 여성이, 다른 책은 '동양'에서 남성이 썼다. 두 저자 모두 독일계이고, 말년에 네덜란드 식민지에서 수익, 착취, 정복이 목표인 경제 관행을 통해 자연에 대한 열정을 표출했으며, 세심한 관찰 내용을 현지인과 토착민에게서 얻은 지식과 결합했다.[2] 다만 두 사람의 가장 큰 차이라면, 메리안은 자신의 책이 제작되는 과정에 결정권을 쥐고 직접 개입했고, 룸피우스는 1702년 인도네시아 암본섬에서 사망한 후 다른 사람들이 대신 책을 출판했다는 점이다. 게다가 룸피우스는 1670년에 시력을 잃은 후 그림을 그릴 수 없었으므로 다른 이들의 도움을 받아야 했다. 반

그림 1. 야코프 더라터르(Jacob de Later, 동판화가) 作. 12개 의 청자고동. G.E. Rumphius, *D'Amboinsche Rariteitkamer*, Amsterdam 1705, tab. 34, etching, KB, National Library of the Netherlands, The Hague, KW 759 A 6.

그림 2. 화가 미상. 12개의 청자고동, early eighteenth century, watercolor and bodycolor on vellum, 375×278mm, Saint Petersburg Archive of the Russian Academy of Scienc-es(SPbARAN), inv. no. R.IX. Op. 8. no. 82 © SPbARAN.

면, 예술적 재능이 뛰어났던 메리안에게 는 곤충, 동물, 식물의 그림이 연구의 핵 심을 이루었다.

두 책 모두 60점의 동판화가 삽화로 들 어가 있다. '삽화'라는 표현은 텍스트에 딸 린 느낌을 주기 때문에 다소 부정확하다. 실제로 두 책에서 이미지는 제작 과정에

서 저자 외에도 많은 이들이 참여한 핵심 요소였다. 두 책이 비슷한 시기에 제작되 었고 삽화의 품질이 뛰어난 점으로 미루 어 두 작품을 연결해서 해석하려는 학자들 이 있는 것도 무리는 아니다. 뒤에서 설명 하겠지만 메리안은 자신의 수리남 책 제작 비용을 마련하기 위해《암본의 희귀물 창

고》에 들어갈 일부 원화와 디자인 의뢰를 수락했다고 추정된다. 상트페테르부르크 러시아 과학원 서고에 소장된 메리안의 작품 중에서 양피지 위에 그린 수채화 54점은 룸피우스 책에 실린 60점의 동판화 가운데 54점과 일치하며, 조개껍데기, 갑각류, 암석, 광물이 주요 대상이다. 많은 학자가 그 그림을 룸피우스 책에 실린 동판화의 원화라고 추정한다(그림 1, 2). 이 작품은 메리안이 그렸다고 알려진 수채화 184점으로 구성된 더 큰 컬렉션의 일부이며, 대부분 식물과 곤충을 그렸다.[3]

이 장에서는 먼저 메리안의 전기 자료를 살펴 그녀가 룸피우스의 출판물에 관여했다는 소문이 어떻게 시작되고 자리 잡았는지 설명한다. 이어서 나는 메리안이 그 책의 원화를 그리지 않았고, 상트페테르부르크 수채화 컬렉션의 54점도 그녀의 작품으로 보기 어렵다고 주장할 것이다. 텍스트와 시각 증거를 면밀히 조사하여 다다른 결론이지만, 이 주장은 보다 폭넓은 관점에서 설명될 수 있다. 현 연구에서는 메리안의 전기에서 사소한 사실을 수정하는 것 외에도 메리안에 대한 역사적 기술에 문제를 제기한다. 18세기의 한 문헌에서 스치듯 언급된 한 문장에서 시작해, 메리안이라는 사람이 목표를 달성하기 위해

의뢰를 받아들이고 그 과정에서 자신의 고유한 스타일을 버려야 했으며, 이후 자신의 작업을 인정받지 못해 지구 반대편에 있던 어느 남성 박물학자의 명성을 익명으로 보조한 독립적이고 진취적인 여성의 이미지를 얻게 된 과정은 무척 흥미롭다. 메리안이 남성 중심의 세계에서 자신의 자리를 찾기 위해 치열하게 노력해야 했던 특별하고 독립적이고 재능 있는 여성이었다는 사실에는 아무 문제가 없다. 그러나 이런 내용을 역사 기록의 관점에서 보는 과정 중에 일부 데이터가 저 이미지에 지나치게 꿰맞춰져 왔다. 지금까지 50년 넘게 메리안에 관한 수많은 연구, 소설, 연극, 만화, 그림, 시 등이 발표되어 왔지만 이제 역사 속 메리안의 평판에 대한 철저하고 체계적인 고찰이 필요하다.[4]

다음으로, 이번 연구와 관련된 관점과 사상의 경향은 예술 작품의 원작자를 밝히고 정확한 연대 측정을 목적으로 하는 감정학의 전통적인 관행과 연관되었다. 최근 몇십 년간 메리안에게 쏟아진 관심은 자연사 삽화의 원작자 확인으로 수렴되는 효과를 보일 것이다. 메리안의 작품 전체에 대한 근래의 논의는 두 딸 요하나 헬레나와 도로테아 마리아의 작품에까지 확장되었다.[5] 그러나 메리안은 독일은 물론이

고 네덜란드에서 자연을 그린 소묘 화가(대개는 여성이고 우리가 이름을 모르는)들의 연결망이 방대하게 형성된 활기찬 문화에서 활동했다. 게다가 뒤에서 논의하겠지만 메리안의 사망 직후, '실물을 보고' 그리는 메리안의 그림 양식이 러시아에 소개되어 하나의 전통이 되었다. 이 장은 메리안의 작품이 전파된 과정을 짧게 언급하며 마무리 짓는다.

메리안이 관여했다는 가정

메리안과 룸피우스의 연관성은 상대적으로 늦게 문헌에 등장했다. 처음으로 메리안의 전기를 쓴 두 작가, 네덜란드의 아르놀트 하우브라컨(Arnold Houbraken, 1660-1719)과 독일의 요한 가브리엘 도펠마이어(Johann Gabriel Doppelmayr, 1677-1750)는 메리안이 룸피우스의 작품에 관여했다는 언급을 전혀 하지 않았다.[6] 이들이 직접적인 정보를 바탕으로 전기를 썼다는 점에서 이는 의미심장한 사실이다. 만약 메리안이 어떤 식으로든 참여했는데도 그녀의 이름이 《암본의 희귀물 창고》에 나와 있지 않다면 그 사실은 더 놀라울 수밖에 없다. 후원자인 헨드릭 드아퀴엣(Hendrik d'Acquet, 1632-1706)이나 편집자 시몬 스

헤인붓 등 다른 기여자에 대해서는 책의 서문에서 성의 있게 감사를 표했기 때문이다. 이런 누락은 메리안의 성별 때문일 수도 있고 이 책에 메리안 고유의 스타일이 반영되지 않은 탓일 수도 있지만,[7] 《암본의 희귀물 창고》가 판매를 목적으로 제작된 책이라면 아무래도 의아한 일이다.[8] 1705년 즈음, 메리안의 명성은 상당히 높았으므로 출판업자라면 그녀의 이름을 속표지나 서문에서 언급하는 절호의 기회를 마다했을 리가 없기 때문이다.

룸피우스의 책과 메리안 사이의 연관성은 독일 신학자 요하네스 안드레아스 크라머(Johannes Andreas Cramer, 1723-1788)가 조개에 관해서 쓴 문헌의 개요에서 찾아볼 수 있다. 이 책은 1758년에 프란츠 미하엘 레겐푸스(Franz Michael Regenfuss, 1713-1780)가 《특별한 달팽이, 조개 및 기타 갑각류(Auserlesne Schnecken, Muscheln und andre Schaalthiere)》라는 제목으로 펴냈고, 8년 뒤 독일어 번역판인 《암본의 진기한 보물실(Amboinische Raritäten-Cammer)》이 출간되었다. 이 책에서 크라머는 "메리안 가문의 유명한 따님"이 룸피우스를 위해 '아프차이히눙겐(abzeichnungen)'을 제작했다고 썼다. 이는 독일어로 '그림'을 나타내는 '차이히눙

겐(zeichnungen)’에 ‘ab-’라는 접두사가 붙어 ‘원작을 따라 했다’라는 뜻으로 해석될 수도 있지만, ‘abzeichnungen’에는 스케치와 모사라는 뜻이 둘 다 있으므로 크라머의 말은 메리안이 룸피우스 책의 원화를 그렸다는 뜻으로 쉽게 읽힐 수 있다.[9] 이어서 룸피우스 책의 독일어판 편집자 요한 히로뉘무스 헴니츠(Johann Hieronymus Chemnitz, 1766-1800)가 이 문장에 살을 붙였다. 한 여성 수집가에게 보낸 공개 서신에서 그는 《암본의 희귀물 창고》에 실린 메리안의 그림에 드러난 ‘성실성’을 여성이 패류학에 기여한 증거로 보았다(그러면서도 그는 메리안을 이름이 아니라 “메리안 가문의 딸”이라고 언급했다[10]). 룸피우스 책에 메리안이 참여했다고 언급한 또 다른 오래된 출처는 1800년에 출간된 네덜란드 박물학자 아르나우트 포스마르(Arnout Vosmaer, 1720-1799)의 경매 목록이다. 이 목록에는 “M. S. 메리안 자신이 자연물을 보고 양피지에 그리고 채색한” 룸피우스의 책 사본이 기록되어 있다.[11] 현재 이 사본은 포스마르의 메모와 함께 암스테르담 아르티스 도서관에 소장되어 있다.[12]

20세기 초기에 쓰인 메리안의 전기에서 룸피우스 책에 대한 기여는 언급되지 않았다. ‘현대’에 들어와 제일 먼저 책을 출간한 네덜란드 전기 작가 얀트 스튈드레허르닌하위스(Jant Stuldreher-Nienhuis)는 메리안이 룸피우스 책의 이미지 일부를 직접 색칠해 달라는 요청을 받아들였고 이는 그녀의 채색 실력을 증명한다고 했다.[13] 심지어 스튈드레허르닌하위스는 1711년에 메리안을 방문한 한 독일 여행가가 룸피우스 책을 보고 그녀가 그 책의 모든 그림을 “실물처럼” 그렸다며 “과한 열정으로” 보고했다고까지 썼다. 독일 전기 작가 엘리자베트 뤼케어(Elisabeth Rücker)와 헬무트 데케르트(Helmut Deckert)는 초기 연구에서 메리안이 룸피우스의 책을 작업했다고 말하지 않았다.[14] 전환점이 된 것은 1974년에 상트페테르부르크의 러시아 국립과학원에 소장된 184점의 수채화 중에서 50점을 모아서 출간한 《레닌그라드 수채화집(Leningrader Aquarelle)》이었다. 이 책의 본문에서 헬가 울만(Helga Ullmann)과 볼프디트리히 베어(Wolf-Dietrich Beer)는 메리안이 그린 작품의 생명과 과학적 가치를 고찰했는데, 울만은 능력 있는 메리안이 룸피우스 책의 삽화를 의뢰받은 것이 놀랄 일은 아니라고 하면서 이는 자연에 대한 메리안의 폭넓은 관심의 증거라고도 보았다.[15] 베어는 초기 전기 작가들이 왜 이 의뢰를 간과했는지 의아해하면서 그 그림들을 자연의 형태 분석과 분류학에 초점을 맞춘 체계적 접근이 급증하던 시대의 맥락에서 해석했다. 저자에 따르면 메리안은 이러한 방식으로 룸피우스의 명성에 기여했다.[16]

이후 많은 저자들이 이 길을 따랐다. 1995년에 내털리 지먼 데이비스는 메리안이 룸피우스 책의 편집자 스헤인붓과 함께 네덜란드 컬렉션에서 발견한 표본에 대해 메리안 자신의 방식이 아닌 "룸피우스의 표현 양식"에 따라 에칭용 견본 60점을 그렸다고 말했다. 이는 "메리안이 자연을 표현하는 방식은 기술이나 습관의 문제가 아닌 선택의 문제"임을 보여주었다.[17] 프랑크푸르트와 하를럼에서 열린 1997/98 메리안 전시회에서는 룸피우스 책에 실린 그림 4점이 전시되었는데, 관람객에게 배포된 목록에는 베어의 주장을 근거로 메리안이 일부는 네덜란드 컬렉션에 소장된 표본을, 일부는 암본에서 보내온 표본을 보고 그 그림을 그렸으며, 표본의 배치는 편집자인 스헤인붓이 결정했다고 적혀있었다.[18] 같은 목록에서 초기 전기 작가 뤼케어의 견해도 이 스토리에 추가되었다. 뤼케어는 메리안이 《암본의 희귀물 창고》에 이름을 남기지 않은 것은 삽화의 '구성'이 그녀의 예술 양식과는 너무 달랐기 때문이

아닐까 제안했다.[19] 메리안에 관한 최근의 문헌에서도 메리안이 룸피우스 책에 기여했다는 가정은 여전히 반복되었다.[20]

정작 룸피우스를 다룬 문헌들은 메리안의 기여에 관해 확실히 더 보수적인 입장이다. 1959년에 출간된 《룸피우스 기념집(Rumphius Memorial Volume)》은 룸피우스의 연체동물학 연구를 다룬 책인데, 여기에서 생물학자 바우테라 판벤트험 유팅(Woutera van Benthem Jutting)은 덴하흐의 네덜란드 국립도서관에 소장된 책 한 권을 언급하면서, 그것들이 "아마 원화"일 것이라는 의견을 적었다. 《G. E. 룸피우스 작, 암본의 희귀물 원화집(Dessins originaux des Raretés d'Amboine par G.E. Rumphius)》이라는 제목의 이 18세기 책에서는 2절판 크기의 용지에 붓, 검은 잉크로 워시 드로잉(wash drawing)을 사용하여 그린 566개의 그림을 오려서 붙였다(그림 3). 총 45쪽에 실린 거의 모든 그림이 《암본의 희귀물 창고》에 실린 표본과 일치했지만, 2절판에 모아놓은 것들은 인쇄된 최종 판화와 일치하지 않았다. 1694년에서 1700년까지 암본에서 일했던 피터르 더라위터르(Pieter de Ruijter)라는 화가가 서명한 2점을 제외하면 원작자가 누구인지 명확하지 않다. 본문의 고둥은 《암본의 희귀

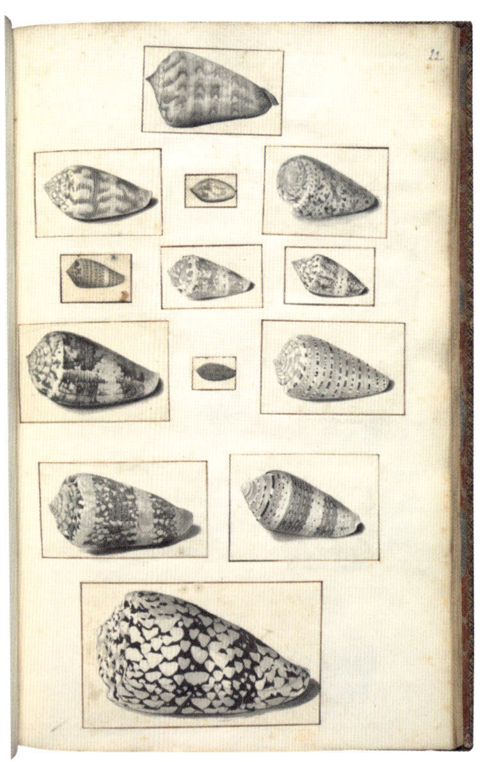

그림 3. 화가 미상, 13개의 청자고둥, in *Dessins originaux des raretés d'Amboine par G.E. Rumphius*, early eighteenth century, washed drawing with pen and black ink on paper, 395×245mm, KB, National Library of the Netherlands, The Hague, KW 68 A 3, f. 22.

물 창고》의 도판, 그리고 상트페테르부르크 수채화에서와 달리 좌우 반전 없이 모두 원래대로 그려졌다.[21] 같은 기념집에서 헨드릭 엥얼(Hendrik Engel)은 룸피우스가 묘사한 극피동물을 설명하면서 《G. E. 룸피우스 작, 암본의 희귀물 원화집》의 삽화는 "대체로 《암본의 희귀물 창고》의 도판보다 실제에 더 가깝다"라고 지적했다.[22]

언어학자 에릭 몬타휘 베이크만(Eric Montague Beekman)은 1999년에 출간된 룸피우스 저작의 귀중한 영어 번역본에서, 연체동물학자 헤르만 L. 스트라크(Hermann L. Strack)의 정보를 토대로 상트페테르부르크에 소장된 54점은 원화로 쓰이지 않았다는 점을 확신한다고 간략히 언급했다.[23] 6년 뒤, 생물학자 플로렌서 피터르스와 로프 몰렌베이크(Rob Moolenbeek)는 덴하흐의 《G. E. 룸피우스 작, 암본의 희귀물 원화집》에 대한 상세 연구를 최초로 출판했다. 저자에 따르면 책에 실린 659개의 표본 중에서 360개가 암본에서 보낸 것이고 나머지는 네덜란드 컬렉션에 있던 것이었다. 그들은 상트페테르부르크에 있는 룸피우스 도판의 원화를 메리안이 그렸다면 그건 메리안의 그림 양식이 완전히 바뀌었음을 암시하므로 사실일 수 없다고 말했다. 또한 그 도판들은 메리안이 그렸다고 하기에는 세부적인 섬세함이 부족하고 실수가 잦으며 색상의 사용도 부자연스럽다고 주장했다. 피터르스와 몰렌베이크는 예술사학자 얀 판데르발스(Jan van der Waals)의 견해를 따랐는데 그는 상트페테르부르크의 그림들은 "메리안의 작업실에서 채색이 이루어진 많은 사본의 견본"이라고 주장했다.[24] 룸피우스 전문가 중에서 유일하게 다른 의견을 낸 사람은 공학자 빔 바위저(Wim Buijze)로, 그는 2006년에 출간한 심도 있는 룸피우스 전기에서 메리안이 그 원화를 그렸다고 확신했다. 바위저는 상트페테르부르크의 동판화와 룸피우스 책의 동판화가 100퍼센트 일치한다고 보았고, 비록 메리안 자신의 작품보다는 "예술성"이 떨어진다고 인정하면서도 그 정밀함을 칭찬했다.[25]

지금까지 논의된 사례에서 나타난 혼란은 충분히 이해할 만하다. 메리안과 그녀의 두 딸은 암스테르담의 케르크스트라트에서 작업실을 운영하며 메리안 본인의 작품은 물론이고 다른 이들의 자연사 문헌에 인쇄된 그림을 장식했다. 그렇다면 룸피우스 책의 사본을 소유한 사람이 그녀에게 채색을 의뢰했을 가능성은 충분하다. 메리안의 서신을 보면, 메리안이 자신의 책과 《암본의 희귀물 창고》의 사본을 색칠해서 팔았다고 했고, 그 일부가 여전히 남아 있다.[26] 이 작업실에서 룸피우스의 책에 실린 표본의 실제 색깔을 보여주는 견본에 따라 채색 작업이 이루어졌을 가능성이 크다. 룸피우스가 보낸 그림들은 무채색이었으므로 색깔 견본은 메리안이 (아마도 스헤인붓의 도움으로) 다양한 네덜란드 컬렉션에서 발견한 표본을 보고 색칠했을 것이

다. 메리안이 룸피우스 책 삽화의 컬러 사본을 만들었기 때문에 메리안이 채색을 넘어 원화까지 그렸다고 가정하는 것도 가능하다.

상세한 출처 조사

룸피우스와 메리안의 연관성에 대한 증거로 자주 사용되는 문헌이 있다. 메리안이 직접 룸피우스의 작품을 언급한 두 편의 서신이다. 그러나 이 편지에서 메리안은 자신이 이 책의 원화를 그렸다고 말한 적이 없고, 사실상 자신의 책에 대한 홍보 및 판매 전략에 대해 써 내려갔다. 첫 번째 편지는 뉘른베르크 의사 요한 게오르크 폴카머(Johann Georg Volkamer, 1662-1744)에게 보낸 것이다. 1702년 10월 8일 날짜가 적힌 이 서신에서 메리안은 《수리남 곤충의 변태》의 제작비를 어떻게 마련하면 좋을지를 의논한다. 그녀는 "암본 책처럼" 출간 전에 후원자를 모집할 계획을 이야기했다.[27] 18세기 초, 두 책이 한꺼번에 제작에 들어가면서 암스테르담의 박물학자, 예술가, 출판업자가 대거 투입되는 종합 프로젝트가 형성되었을 것이다. 첫 번째 편지에서 볼 수 있듯이 메리안은 룸피우스의 책이 동시에 제작되고 있다는 사실

을 잘 알고 있었다. 1711년에 쓴 두 번째 편지에서 메리안은 아른슈타트의 역사학자 크리스티안 슐레겔에게 《수리남 곤충의 변태》와 《암본의 희귀물 창고》의 컬러 사본을 구입하라고 권한다. 특히 후자는 책이 한 권밖에 남지 않았고 더 채색할 생각이 없다는 정보를 주었다.[28] 여기에서도 메리안이 원화를 그렸다는 언급은 없다. 한편 1702-1705년에 쓴 편지들에서는 메리안이 수리남 책 제작으로 너무 바빠서 다른 출판물과 관련한 큰 작업은 의뢰받기 힘든 상황이었음을 알 수 있다.

자주 인용되는 두 번째 문헌은 프랑크푸르트 귀족인 차하리아스 콘라트 폰 우펜바흐의 여행담이다. 1711년 2월, 케르크스트라트에 있는 메리안의 집을 방문한 폰 우펜바흐는 그곳에서 룸피우스가 "실물을 보고 그렸다"라고 설명한 크고 묵직한 책과, 메리안 본인의 작품에 실린 '원화'들을 보았다. 여기에서 폰 우펜바흐가 룸피우스의 저서라는 맥락에서 '원화'라는 말을 사용한 것이 아니라는 점에 주목해야 한다. "실물을 보고 그렸다"는 말은 판데르발스, 피터르스, 몰렌베이크가 제안한 것처럼 메리안이 실제로 암스테르담 컬렉션에서 표본을 찾아 룸피우스의 책을 자연스럽게 색칠했고, 자기 작업실에서 컬러 견

본을 만들었다는 뜻일 수 있다. 그러나 폰 우펜바흐가 말한 것이 과연 현재 상트페테르부르크의 문서보관소에 있는 그림일까?

보리스 루킨(Boris Lukin), 이리나 레베데바(Irina Lebedeva), 나탈리야 코파네바(Natalya Kopaneva)는 상트페테르부르크에 보관된 메리안의 그림에 얽힌 복잡한 역사를 연구했다. 그들이 살펴본 그림은 국립과학원 문서보관소의 184점과 식물 연구원의 18점인데,[29] 이들이 조사로 알아낸 것은 저 그림들이 계속해서 거처를 옮겼다는 사실이었다. 표트르 1세가 처음 매입한 이후로 종이와 양피지에 그린 메리안의 작품들이 19세기 말까지 주기적으로 추가되었다. 1717년에 궁중 주치의 로버트 아레스킨이 황제의 대리인 자격으로 메리안의 딸 도로테아 마리아와 사위 게오르크 크젤에게서 매입한 254점의 드로잉이 이 컬렉션의 중심축을 이룬다. 한편 아레스킨은 메리안이 남긴 유산을 개인적으로도 상당량 구입했는데, 1726년에 그가 세상을 떠난 후 러시아 국립과학원, 그리고 인접한 쿤스트카메라 박물관의 컬렉션에 추가되었다. 1734년에는 당시 남편과 함께 상트페테르부르크에서 박물관 인테리어 디자이너이자 러시아 학생의 미술 교사로 일하던 도로테아 마리아가 암스테르담으로 돌아가

면서 어머니의 꽃 그림 34점을 가져갔다. 이 시기에 그 그림들은 어린 러시아 미술학도들의 서양식 드로잉 수업 시간에 견본으로, 또는 곤충학 및 식물학 연구의 참고 자료로 많이 사용되어 보관소에서 자주 반출되었다(이 책의 21장 참조). 19세기 러시아에서 메리안의 그림은 개인 소장품에도 추가되었다. 1864년, 에스토니아 출신의 의사이자 니콜라이 1세 및 알렉산드라 표도로브나(Alexandra Feodorovna)의 주치의였던 게오르그 아돌프 본 라우크흐(Georg Adolf von Rauch, 1789-1864)는 유산으로 메리안이 종이에 그린 작품 54점을 국립과학원에 기증했다. 상트페테르부르크 문서 보관 기록을 연구한 보리스 루킨에 따르면 이 가운데 "게, 달팽이, 연체동물, 해파리, 성게"를 그린 것이 26점, 광물을 그린 것이 3점이었다.[30]

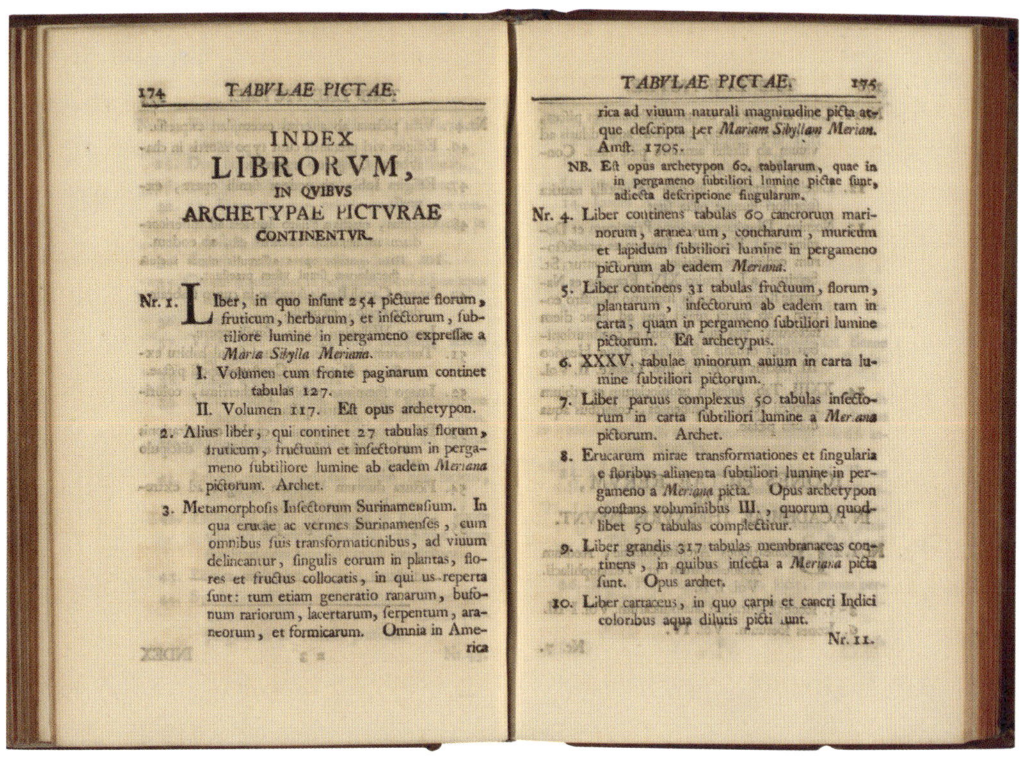

그림 4. 메리안의 작품이 실린 두 페이지. *Museum Imperialis Petropolitani*, volume 2,1, Saint Petersburg, 1741. Niedersächsische Staats– und Universitätsbibliothek Göttingen.

1741년에 간행된 《상트페테르부르크 제국박물관(Musei Imperialis Petropolitani)》에 실린 상트페테르부르크 소장품 목록은 변화무쌍한 상황으로 특징되는 시대를 잘 보여준다. 이 도록은 러시아 국립과학원과 쿤스트카메라 박물관의 소장품을 설명하는데, 그중에서 메리안의 작품은 총 여덟 권이 수록되었다(그림 4). 당시 메리안 컬렉션은 아마 1717년에 매입된 두 권, 아레스킨의 개인 소장품에서 추가된 것, 도로테아 마리아가 암스테르담에서 수집한 작품, 그리고 우리에게 알려지지 않은 다른 추가 작품들로 구성되었을 것이다. 폰 우펜바흐의 일화에서처럼 이 도록의 모든 설명은 그 책이 "원작 작품"("opus archetypon", "archet" 등)을 포함한다고 정확하게 명시한다.[31] 그러나 룸피우스 책과 연관된 4번 설명에서는 '원화'라는 말이 언급되지 않고, "바닷가재, 거미, 조개류, 뿔소라, 암석 등을 메리안이 양피지에 수채화로 색칠한 60점의 그림을 수록한 책"이라고만 되어있다. 이 여덟 권에 실린 그림 중에서 수채화 184점만 현재까지 남아있고, 그중 도록에 언급된 룸피우스 책의 삽화 60점 중에는 54점이 남아있다는 사실을 염두에 두자.

조개껍데기 자세히 들여다보기

요약하면 문헌 자료만으로는 메리안이 룸피우스의 원화를 그렸다는 결론을 내지 못한다. 그러나 상트페테르부르크 수채화가 메리안이 손수 작업한 컬러 '원화' 견본이 었을 가능성은 없을까? 그 그림들은 네덜란드 컬렉션에 소장된 표본을 바탕으로 작업되었고, 메리안의 작업실에서 룸피우스 책의 사본을 채색할 때 견본으로 사용하기 위해 제작되었을지도 모른다. 그러나 이 그림들을 세밀하게 분석해 보면 그 가능성은 희박해진다. 우리는 이미 룸피우스에 관한 책을 쓴 일부 저자들이 고둥껍데기 그림이 부정확하다고 언급한 것을 확인했다. 또한 《레닌그라드 수채화집》에서 베어는 "깜짝 놀랄 정도로 형편없는 몇몇 삽화"를 보았고, 이를 두고 룸피우스가 암본에서 그려서 네덜란드로 보낸 견본을 메리안이 복제했기 때문은 아니었을까 궁금해했다.[32]

플로렌서 피터르스가 페트뤼스 셍크의 〈우정수첩〉에서 메리안이 남긴 그림을 발견한 덕분에 우리는 같은 고둥(코누스 아우리시아쿠스)을 그린 4점의 그림을 비교할 수 있었다. 〈우정수첩〉에 실린 그림은 서명과 날짜가 적혀있기 때문에 메리안이 그

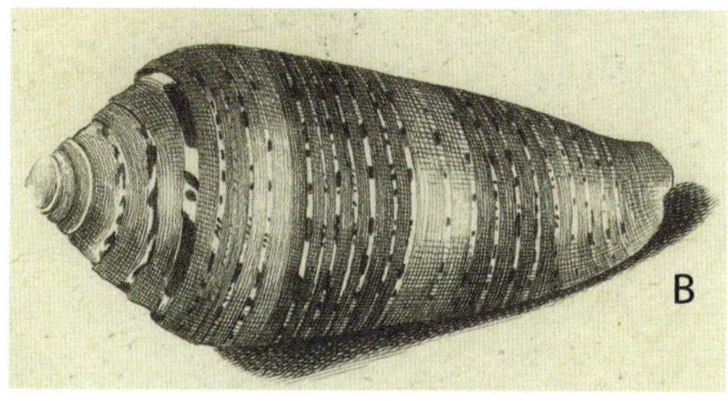

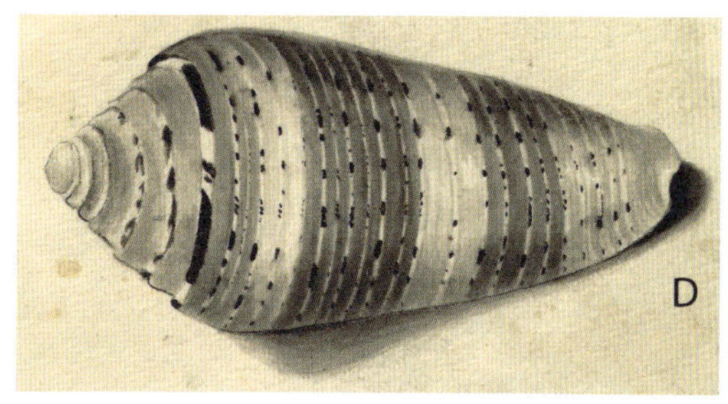

그림 5. 코누스 아우리시아쿠스를 그린 4점의 그림.

A. 마리아 지뷜라 메리안, 페트뤼스 솅크의 〈우정수첩〉. watercolor and bodycolor on paper, Leiden University Libraries, inv. no. LTK 903, f. 102r.

B. 야코프 더라터르(동판화가). G. E. 룸피우스의 《암본의 희귀물 창고》. Amsterdam 1705, tab 34, etching, KB, National Library of the Netherlands, The Hague, KW 759 A 6.

C. 화가 미상, 그림 2. watercolor and bodycolor, early eighteenth century, Saint Petersburg Archive of the Russian Academy of Sciences(SPbARAN), inv. no. R.IX. Op. 8. no. 82 © SPbARAN.

D. 화가 미상, 그림 3. drawing in manuscript, washed drawing with pen and black ink, sheet 395×245mm, detail 58×83mm. KB, National Library of the Netherlands, The Hague, KW 68 A 3, f. 22.

린 것이 분명하다(그림 5A. 이 책의 6장, 그림 4 참조). 메리안은 《암본의 희귀물 창고》 출간 4년 후에 이 우정수첩을 작업했으므로 이 책의 채색된 견본을 보고 그렸을 가능성이 크다. 같은 고둥이 룸피우스의 책에 편집자 스헤인붓이 추가한 다른 고둥과 함께 34번 도판에 좌우 반전 상태로 그려져 있다(그림 5B. 이 장에서는 비교를 위해 다시 좌우 반전 했음). 그렇다면 그 고

둥껍데기의 원화는 네덜란드에서 그린 것이 분명하다. 상트페테르부르크 컬렉션의 82번 그림에도 같은 고둥이 실렸다(그림 5C). 이 이미지는 《암본의 희귀물 창고》에 인쇄된 그림의 거울상이다. 메리안을 연구한 여러 저자에 따르면 이 그림이 책에 실린 동판화의 원본 수채화이다. 네 번째는 덴하흐의 네덜란드 국립도서관에 소장된 《G. E. 룸피우스 작, 암본의 희귀물 원

화집》 22쪽에 실린 무채색 그림이다(그림 5D). 룸피우스를 연구한 일부 저자는 이것을 원화로 보았다.[33]

이미지를 분석하기에 앞서 코누스 아우리시아쿠스가 대단히 귀한 생물이었다는 점을 주목하자. 이 고둥은 델프트 시장 헨드릭 드아퀘엣의 소장품이었는데 당시 그는 네덜란드에서 유일하게 이 표본을 소유했다. 드아퀘엣은 룸피우스의 책에 실린 많은 조개류의 표본을 제공했다.[34] 1706년에 드아퀘엣이 사망한 후 그 표본은 경매에서 80플로린에 낙찰되었다. 아마 소유자는 이 값비싼 소장품에 큰 자부심을 느꼈을 것이다. 이 조개들은 칼 린네가 1758년 작 《자연의 체계》 제10판에서 언급하면서 기준 표본의 이미지로도 사용되었다.[35] 모든 고둥껍데기의 형태가 고유하고 특이하므로 숙련된 감정가-수집가들은 각각을 지문처럼 비교해 그 형태나 무늬의 미묘한 차이를 구별할 수 있다. 특히 실력 있는 화가라면 이 사실을 분명히 인지했을 것이다. 네 복제본의 품질, 그중에서도 상트페테르부르크 그림(C)의 품질이 떨어지는 것은 유감이지만, 각각을 상세히 비교하여 몇 가지 결론을 끌어낼 수 있었다.

이 고둥의 몸통은 원뿔 모양에 표면이 매끄럽다. 맨 위의 꼭지에는 봉합 부위가 분명하다. 몸통의 기본 색깔은 컬러 버전에서는 분홍기가 도는 흰색에 3개짜리 넓은 주황-갈색의 나선형 띠가 두르고 있고, 흑백 버전에서는 띠가 2개만 있다. 꼭지는 똑같은 주황-갈색이다. 몸통 전체에 가늘고 검정-하얀색 점의 나선형 줄무늬가 있다. 처음 보면 B와 D가 좀 더 둥글어 보이는데 이는 그림자가 더 두드러지기 때문이기도 하고, 세부 구조에 대한 묘사 방식 때문이기도 하다. 룸피우스의 책에 실린 동판화(B)는 에칭 기법을 사용해 선이 좀 더 선명하다. 각 그림에서 점과 흑백 선의 형태를 비교하면 차이는 눈에 띄게 드러난다. 분명 붓질은 하나같이 고유하지만 그 차이를 보면 단순한 실수라고 하기엔 무리가 있는 수준이다. 예를 들어 봉합선 아래로 가장 두꺼운 흑백의 가로띠에서는 2개의 더 작고 검은 점 사이에 흰색 구역이 있는데 길고 검은 줄무늬 2개가 양쪽에 있고 다시 제일 끝에 2개의 흰색 구역이 나타난다. 이런 패턴이 A, B, D에는 나타나지만 C에서는 보이지 않는다. C에서는 아래쪽 검은 띠에 추가로 2개의 흰색 무늬가 있다. 사소한 차이라고 넘어갈 수도 있지만, 앞에서 언급했듯이 숙련된 감정가라면 충분히 식별할 수 있다. 다른 얼룩무늬 선들을 비교하면 차이가 더 명확해진다. 이를테면 가운데의 가장 넓은 주황-갈색 띠 7개의 패턴을 보자. 고둥의 몸통에서 점선이 그림자와 맞닿는 부위를 보면 C는 실선의 검은 줄무늬에 흰색 반점이 제멋대로 나있지만, A, B, D의 패턴은 훨씬 세밀하고 다양하며 선 하나하나의 무늬가 고유하다. 또한 선과 간격의 리듬도 다르다. C에서는 선들이 서로 평행하지 않고 때로는 가늘어지기까지 하지만 이런 특징이 다른 세 이미지에서는 덜 두드러진다. 고둥을 그린 그림에서 선은 껍데기가 둥근 원뿔 모양으로 보이는 효과를 일으키는 중요한 요소다. 다시 말해 A, B, D의 화가는 껍데기의 둥근 3차원 형태를 효과적으로 표현하려면 이 선들을 평행하게 그려야 한다는 점을 제대로 이해했다. 하지만 C의 화가는 이 부분을 이해하지 못했거나 경험, 전문성, 또는 집중력 부족으로 2차원 평면에서 제대로 살리지 못했다. 이는 자연물을 그릴 때 예술적 기술만이 아니라 인지 과정과 정보를 바탕으로 한 선택이 동시에 요구되며 이 둘은 분리될 수 없다는 것을 보여준다.

중요한 차이가 또 있다. 수관구(siphonal canal, 그림상 제일 오른쪽 끝부분) 근처에 V 자 형태로 움푹 들어간 부분은 어쩌다가 깨진 것일 수 있는데, 연체동물학자

예룬 하우트(Jeroen Goud)가 내게 친절하게 알려준 바에 따르면 이 부분도 각 그림에서 다양하게 표현되었다. D에서 가장 눈에 띄게 그려졌고, B에서도 명확히 표현되었으며, A에서는 겨우 구분할 수 있고, C에서는 아예 없다. 추가로 제일 왼쪽의 꼭지 부분도 A와 C에서는 좀 더 뾰족하고, B와 D에서는 좀 더 둥글고 뭉툭하다. 하우트에 따르면 청자고둥 껍데기는 대체로 끝이 날카롭고 뾰족하지만 마모되면 둥글어질 수도 있다. 하우트는 D의 꼭지가 가장 그럴듯하고 따라서 껍데기의 구조와 나선형 줄무늬를 더 잘 드러냈다는 의견을 제시했다. 또한 그림 A에서 메리안이 일부러 꼭지를 뾰족하게 다듬어 일반적인 청자고둥속 고둥들과 비슷하게 수정한 것이 아닐까 의심했다.[36] 한편 D의 그림자가 좀 더 설득력 있는데, 물체 자체에 빛이 반사되면서 밝아진 그림자 내의 미묘한 색채를 더 잘 반영했기 때문이다.[37] 나머지와 비교했을 때, C의 그림자는 밋밋한 회색이다. 이와 같은 사실들을 바탕으로 이 네 이미지의 구체적 관계에 대한 새로운 질문을 이어나갈 수 있지만, 일단 이쯤에서 몇 가지 결론을 내려보자.

예시된 이미지를 들여다볼수록 상트페테르부르크에 소장된 C는 《암본의 희귀물

창고》에 실린 동판화 B나, 메리안이 우정
수첩에 그린 수채화 A의 견본으로 보기 어
렵다. C가 견본이었다면, B의 에칭을 맡
은 야코프 더라터르가 인쇄 전에 수정하
고, 메리안 역시 셴크의 우정수첩을 그릴
때 자기 그림을 고쳤다고 가정해야 하는데
그랬을 가능성이 희박하다. 그보다는 덴
하흐에 소장된 책에 나온 D가 원화이고,
A는 무채색의 D와 출처를 알 수 없는 컬
러 견본을 따라 그렸으며, C는 동일한 또
는 비슷한 컬러 견본의 빈약한 모사본으로
볼 수 있다. 메리안처럼 재능과 자질이 훌
륭하고 경험이 풍부하며 세밀한 부분까지
놓치지 않는 화가가 그림 5의 C를 그렸다
고 생각하기는 어렵다. 또한 같은 근거로
상트페테르부르크 수채화를 '원화'의 컬러
견본으로 볼 수도 없다. 편집자 스헤인붓
과의 친분을 생각하면 메리안이 덴하흐에
서 D를 그렸을 가능성도 있다. D는 워싱
기법을 사용한 그림인데 메리안이 그렸다
고 알려진 회색의 워싱 그림은 없고, D를
자세히 보면 메리안 특유의 꼼꼼하고 매끄
러운 미니어처 스타일에 비해 좀 더 회화
적이고 느슨한 측면이 두드러진다. 그 밖
에도 D를 그렸을 가능성이 있는 화가로는
스헤인붓의 아내이자 새의 유화 또는 수
리남 곤충의 수채화를 그린 능력 있는 화

가 코르넬리아 더레이크(Cornelia de Rijck,
1653-1726), 혹은 많은 작품에서 스헤인붓
과 함께했고 《암본의 희귀물 창고》 표지를
그린 얀 후레이(Jan Goeree, 1670-1731)가
있다.[38] 그러나 더 많은 사실을 밝히려면
후속 연구가 필요하다.

상트페테르부르크 수채화 가운데 룸피
우스 책에 실린 그림들이 모두 철저하게
분석되어야 하지만 여기에서 다 다룰 수
는 없다. 삽화의 품질은 같은 페이지 안에
서도 크게 다를 수 있고, 상트페테르부르
크 수채화 중에서도 몇 장은 앞에서 예시
한 것보다 훨씬 수준이 높지만 어디까지나
소수의 예외일 뿐,[39] 디자인이나 그 결과
물을 보았을 때 전반적으로 메리안보다 실
력이 부족한 사람이 그린 것으로 보인다.
한 가지만 더 예를 들어보자. 상트페테르
부르크 소장품 중에서 수정고둥과 생물을
그린 88번 도판을, 이에 상응하는 《암본의
희귀물 창고》의 36번 도판(그림 6A, 6B)과
비교한 것이다. 상트페테르부르크 수채
화에는 그림자가 없는데, 의도적으로 그
리지 않았을 수도 있다. 간혹 그렇게 주장
하는 사람도 있지만 상트페테르부르크 수
채화(그림 6B)가 채색된 카운터프루프(갓
색칠하여 젖은 그림을 다른 종이에 찍어서 만

들어 낸 좌우 반전된 그림)일 가능성은 적은데, 도판 안에서 고둥껍데기들의 상대적 위치가 너무 다르기 때문이다. 맨 윗줄의 왼쪽에 있는 투르비넬라 피룸(*Turbinella pyrum*)은 《암본의 희귀물 창고》의 동판화(그림 6A)와 비교했을 때, 그 옆에 있는 람비스 람비스(*Lambis lambis*)에 비해 확실히 더 위쪽에 있고 크기도 더 크다. 두 번째 줄에서도 람비스 밀레페다(*Lambis millepeda*)와 람비스 스코르피우스(*Lambis scorpius*)의 돌출부는 사실상 맞물려 있지만, 동판화에서는 좀 더 떨어져 있다. 특히 오른쪽 껍데기는 제일 오른쪽 끝의 수관구가 끝까지 직선으로 내뻗지만 책에 실린 동판화에서는 룸피우스가 설명한 대로 꺾여있다. 이런 차이가 단순히 에칭 과정에서 식각공이 개입했기 때문일 가능성은 매우 낮다. 그보다는 상트페테르부르크 수채화를 그린 화가가 견본을 제대로 따라서 그리지 않았을 가능성이 더 크다. 게다가 고둥껍데기의 능선 모양도 상당히 다르다. 수채화에서는 좀 더 왼쪽으로 치우쳐 보이지만, 동판화에서는 좀 더 수직이다. 이 경우, 책에 실린 동판화는 덴하흐 네덜란드 국립도서관의 《G. E. 룸피우스 작, 암본의 희귀물 원화집》, 그리고 실제 표본에 좀 더 일치한다(그림 6C). 마지막으로,

세 번째 줄 왼쪽에 있는 흰색의 큰 조개껍데기, 시누스트롬부스 라티시무스(*Sinustrombus latissimus*)를 비교해 보자. 덴하흐 책에서는 넓은 입구에서 발산하는 빛이 회색으로 부드럽게 전환된다(그림 6D). 책에 실린 동판화에서는 거친 에칭 작업 중에 이런 미묘함이 조금 사라졌다(그림 6A의 L). 몸통의 부풀어 오른 부분의 물결선도 인쇄물에서 좀 더 선명하게 강조되었다. 두 그림 모두 몸통 아래의 곡선을 따라 아래와 오른쪽에 그림자가 명확하다. 상트페테르부르크 수채화(그림 6B)에서는 다른 두 이미지에서 보이는 미묘한 뉘앙스가 없이 흰색의 직선으로 도식화되었다. 그림자는 거의 없다시피 해서 입체성이 희미해졌다. 나선형으로 올라가는 꼭대기 부분도 마치 화가가 한 가지 기법만 알고 있는 것처럼 각각의 다양성이 강조되는 대신 도식적으로 그려놓았다. 덴하흐 책의 그림에는 이런 부정확성이 보이지 않으며, 또한 《암본의 희귀물 창고》의 최종 삽화와도 훨씬 유사하다. 덴하흐의 그림이 책에 실린 동판화보다 자연에 더 가깝다고 주장하는 이들도 있다. 이 559점의 흑백 그림이 식각공들에게 견본으로 제공되었을 가능성은 매우 높아 보인다.

학생들이 그렸을 가능성

전반적으로 상트페테르부르크에 보관된 수채화 중에서 룸피우스 저서의 삽화에 해당하는 그림은 식각공이 책에 실을 동판화를 제작할 때 견본으로 사용했다고 생각할 수 없는 수준이고, 메리안이 직접 작업한 것으로도 볼 수 없다. 얼핏 보면 그 다채로운 수채화는 충분히 매력적이지만, 자세히 살펴보면 미숙한 솜씨로 그렸다고 추정되는 부정확한 부분이 많이 드러난다. 메리안의 재주 많은 두 딸, 도로테아 마리아와 요하나 헬레나도 이런 수준의 작품을 그리지는 않았을 것이다. 그 그림들은 알려지지 않은 또 다른 견본을 모사했을 가능성이 크다. 심지어 작업장의 학생이나 수습생이 그린 것이라고까지 생각할 수 있다.

그렇다면 저 그림들은 암스테르담이나 상트페테르부르크에서 제작되었을 가능성이 있다. 암스테르담의 메리안 작업실에 관해서는 알려진 바가 없지만 두 딸 외에도 다른 여성들이 그곳에서 일했을 가능성이 있다. 1692년 8월의 한 암스테르담 신문에는 "딸에게 드로잉과 수채화를 가르치려는" 가문을 타깃으로 삼은 광고가 실렸다.[40] 메리안은 20년 전 뉘른베르크에서 가르쳤던 젊은 처녀들의 모임(Jung fern Combanny)을 새로 시작하려고 했던 것 같다(5장 참조). 만약 암스테르담의 메리안 작업실에 다른 여성들이 있었다면 그들이 '공식적인' 작품의 제작 과정에 어떤 식으로 참여했을까? 또한 상트페테르부르크 수채화가 암스테르담에서 미숙한 이들의 손으로 그려졌다면 황제의 대리인이었던 아레스킨은 그 차이를 알지 못한 채 메리안의 유산을 매입한 걸까? 그랬을 것 같지는 않다.

어쩌면 룸피우스 수채화는 애초에 메리안의 유산이 아니라 상트페테르부르크에서 별도로 제작된 것인지도 모른다. 앞에서 언급했듯이 메리안의 그림은 박물학자들의 참고 자료이자 미술학도들의 모델로서 많이 사용되었다. 메리안의 수채화가 상트페테르부르크로 이송되던 해에 도로테아 마리아와 남편 게오르크 크젤은 표트르 1세의 초대로 새로운 수도인 상트페테르부르크에 정착하여 그를 위해서 일하게 되었다. 그들이 맡은 임무의 하나는 러시아의 젊은 예술가들에게 "실물을 그대로 따라" 그리는 서양의 전통을 가르치는 것이었다. 《레닌그라드 수채화집》의 개요에서 루킨은 크젤을 "상트페테르부르크에서 회화와 드로잉 학파를 형성한 메리안 지벌라 메리안의 비법을 관리하는 사람"으로

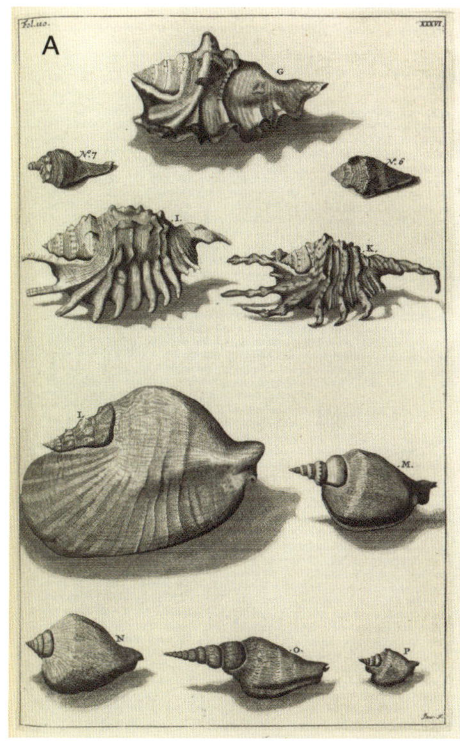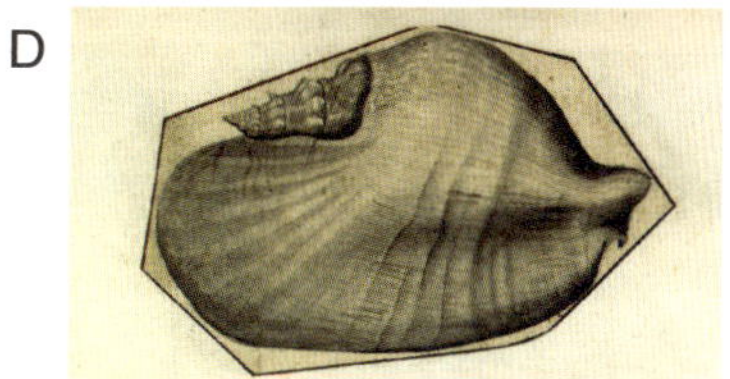

그림 6.

A. 요하네스 되르(Johannes Deur, fl. 1699–1714, 동판화가), 10개의 고둥껍데기. G.E. Rumphius, *D'Amboinsche Rariteitkamer*, Amsterdam 1705, tab. 36, etching, KB, National Library of the Netherlands, The Hague, KW 759 A 6.

B. 화가 미상, 10개의 고둥껍데기. watercolor and bodycolor, early eighteenth century, 373×275cm, Saint Petersburg Archive of the Russian Academy of Sciences (SPbARAN), inv. no. R.IX. Op. 8. no. 88 © SPbARAN.

C. 화가 미상, 람비스 스코르피우스. in *Dessins originaux des raretés d'Amboine par G.E. Rumphius*, early eighteenth century, fol 24(detail), washed drawing with pen and black ink, sheet 395×245mm, detail 45×98mm, KB, National Library of the Netherlands, The Hague, KW 68 A 3.

D. 화가 미상, 시누스트롬부스 라티시무스. in *Dessins originaux des raretés d'Amboine par G.E. Rumphius*, early eighteenth century, fol. 25(detail), washed drawing with pen and black ink, sheet 395×245mm, detail 78×117mm, KB, National Library of the Netherlands, The Hague, KW 68 A 3.

불렀고, 메리안의 수채화는 수업에서 필수적인 도구라고 덧붙였다. "학생들은 메리안의 작품을 신중하게 연구했고, 선과 색채의 비밀을 꿰뚫어 보았으며, 때로 모방했다. 그런 다음 스스로 자연을 연구하게 되었다."[41] 미카일 네크라소우(Mikhail Nekrassov, 1712-1778)라는 학생이 모사한 메리안의 수채화는 그 수준이 대단히 뛰어나 "국립과학원 도서관에 보관"되기까지 했다. 알베르튀스 세바(Albertus Seba, 1665-1736)의 소장품 중에서 《암본의 희귀물 창고》의 아름다운 카운터프루프 컬러 사본이 현재 상트페테르부르크 동물학연구소에 보존되어 있는데, 이 책은 학생들이 빛 처리 기술을 배우는 또 다른 본보기가 되었을 수 있다.[42]

1723년에 도로테아 마리아는 또 하나의 종합 프로젝트를 지시받았다. 쿤스트카메라 박물관의 모든 소장품을 그리는 것이었다. 이 프로젝트는 1730년대에서 1740년대까지 그녀의 학생들과 함께 진행되었다.[43] 이 '종이 박물관'에 실린 2,000점 이상의 삽화는 여전히 보존되어 있고, 그중 4점은 앞에서 말한 네크라소우가 메리안의 원화를 모사한 작품으로 여겨진다.[44] 시간이 지나면서, 재능은 있지만 경험이 부족한 학생들의 작품이 서고에 보관

된 메리안의 수채화 컬렉션에 섞이게 되었을 것이다. 현재 상트페테르부르크에 보관된 룸피우스 책 수채화에 다른 이들의 작품이 섞여있다는 사실은 컬렉션 자체에서 분명하게 드러난다. 특히 두 장의 그림이 눈에 띈다. 1번 그림은 양피지에 그린 《암본의 희귀물 창고》 권두 삽화의 거울상 그림으로, 부자연스럽게 밝은 색상과 거칠고 정제되지 않은 성급한 전환을 보인다. (아마도 훈련 중인) 화가가 인체 해부 구조의 색상과 색조를 나타내는 방법을 잘 알지 못하고 그린 것으로 추정된다. 자세히 들여다보면 두꺼운 물감층 아래로 잉크의 크로스해칭이 보이기 때문에 판화(카운터프루프?) 위에 색칠한 것임을 알 수 있다 (그림 7). 103번 그림은 또 다른 예로 짙은 회색 배경에 조개껍데기 3개가 있는데, 조개를 그린 다른 수채화와 달리 훨씬 대담하고 넓은 붓질로 칠해졌다.[45] 한 가지 남은 문제는 왜 이처럼 '학생들'의 작품이 저렴한 종이가 아닌 고가의 양피지에 그려졌는가 하는 것이다. 기록에 따르면 도로테아 마리아는 암스테르담에서 양피지와 물감을 주문했고 상트페테르부르크에서 양피지 제작을 감독했는데,[46] 차르의 예술과학연구소에서는 이런 재료들을 더 쉽게 구할 수 있었던 걸까?

그림 7. 얀 후레이(원화가), 야코프 더라터르(동판화가), 화가 미상 (채색가), 《암본의 희귀물 창고》의 권두 삽화(확대). G.E. Rumphius, *D'Amboinsche Rariteitkamer*, Amsterdam 1705, 34.5×22.5cm, Saint Petersburg Archive of the Russian Academy of Sciences(SPbARAN), inv. no. R.IX. Op. 8. no.1 © SPbARAN. Compare Fig.5 on p.224.

그렇다면 이런 단서들로 미루어 상트페 테르부르크의 수채화는 가치가 떨어진다 고 생각해야 할까? 넓은 관점에서 이 그 림을 작업실 관행, 교육 전략 및 보관상의 변동 등이 복잡하게 뒤엉킨 결과라고 보면 그 가치는 낮지 않다. 이 모든 과정에서 "놀라운 여성" 마리아 지빌라 메리안이 핵 심적인 요소였음은 말할 필요도 없지만 결

국 그녀도 자연사 삽화가, 동판화가, 인쇄 업자, 출판업자가 참여한, 생생한 문화적 네트워크 안에서 그 역할을 수행했다. 메 리안의 작품 전체에 대한 재평가는 전통적 인 감정업과 새로운 자료 및 기술 연구를 결합하는 엄청난 과제가 될 것이다. 그러 나 한 작품이 메리안의 손으로 그려졌는가 그렇지 않은가의 문제가 주된 목표가 되어 서는 안 된다. 렘브란트 작품 전체의 역사 적 연구와 비교해 보면, 여기에서도 누가 그렸는가의 문제가 결국 작업장의 관행에 대한 새로운 이해와 '진본(authenticity)'의 개념에 대한 재평가로 이어졌다.[47] 이는 이러한 의문들을 자연사 삽화를 그린 작업 실의 관행에 대한 지금까지 연구되지 않은 주제로 확장하는 데 일조한다. 룸피우스 의 수채화 컬렉션이 시사하는 바가 있다면 바로 이러한 역사적 현실의 복잡성이다. 앞으로 메리안의 물질적 유산에서 자연사 삽화의 문화라는 더 넓은 개념으로 시야를 넓힌다면 새로운 질문과 훌륭한 통찰을 얻 게 될 것이다.

※이 장은 내가 다음 문헌에서 다룬 내용을 좀 더 자세히 설명한 글이다. Van Delft & Mulder(2016), p.22–23. 귀한 의견을 나누어 준 케이 에서릿지, 예 룬 하우트, 한스 뮐더르, 플로렌서 피터르스, 아트 스 테인만에게 감사드린다.

14장

마리아 지뷜라 메리안과 요하네스 스바메르담

개념의 틀, 관찰 전략 및 시각적 기법

에릭 요링크

서론

마리아 지뷜라 메리안의 1679년 작《애벌레 책》의 헌시에서 크리스토프 아르놀트는 토머스 모핏, 요하네스 후다르트, 요하네스 스바메르담을 비롯해 메리안보다 앞서 활동했던 독일의 화가 및 박물학자 몇몇의 이름을 언급했다.[1] 수십 년 뒤에는 메리안이《수리남 곤충의 변태》에 자신에게 영감을 준 이들의 목록을 직접 적었다. 거기에서도 같은 이름이 있고, 그 외에도 스테번 블랑카르트가 1688년에 출간한 성공작《관람극장(Schou-burg)》, 그리고 프레데릭 라위스와 니콜라스 비천이 수집한 자연물도 언급된다. 메리안에 관한 수

많은 2차 문헌들은 그녀가 과거 및 동시대 동료의 연구에 대해 언급한 내용에도 주목한다. 예를 들어 재니스 네리(Janice Neri)와 케이 에서릿지는 울리세 알드로반디와 후다르트의 작품이 나비가 애벌레에서 성충으로 변신하는 과정을 담은 메리안의 그림에 미친 영향을 논의했다.[2] 그들이 강조한 대로 메리안의 작품에서 가장 두드러진 특징은 그녀가 곤충 종의 변태 과정은 물론이고 생태적 맥락까지 염두에 두었다는 점이다. 따라서 메리안의 책에서는 자생 환경 속 생활사 전체가 텍스트와 그림으로 설명된다. 각 항목은 보통 먹이식물로 시작한다. 메리안은 모든 곤충이 알에서 나온다고 주장했으며, 이는 성

충이 짝짓기 한 결과다. 이 명백한 과학적 사실이 17세기 후반에는 아직 참신한 발상이었다.

이 장에서 나는 메리안의 생태적 접근의 배경을 상세히 살핀다.[3] 출발점은 요하네스 스바메르담이다. 스바메르담은 메리안 못지않게 근면한 관찰자이자 재능 있는 화가였다.[4] 메리안과 스바메르담 모두 종교 공동체에서 생활했는데, 스바메르담은 1673년부터 시작해 프랑스 신비주의자 앙투아네트 부리뇽(Antoinette Bourignon, 1616-1680)과 오래 서신을 주고받았고, 1675년 9월에서 1676년 6월까지 9개월 동안 슐레스비히에서 부리뇽이 운영하는 공동체에 머물렀다.[5] 메리안 역시 1685년 말에 네덜란드 프리슬란트주 비우어르트의 라바디스트 공동체에 들어가 영적 이상을 공유하며 6년을 지냈다. 스바메르담은 메리안보다 조금 앞서 곤충의 생활사에 큰 관심을 보였는데, 그중에서도 번식과 변태의 과정에 집중했다. 그는 곤충은 알에서 나오지 저절로 생기지 않는다는 사실을 명확히 밝힌 최초의 인물 중 하나였다. 곤충은 유성생식을 통해 번식한다.

스바메르담의 초기 작품인 《곤충 일반사(Historia Insectorum Generalis)》(1669)와 그 후속작인 《하루살이의 생애(Ephemeri Vita)》(1675)는 메리안의 《애벌레 책》(제1권은 1679년에, 제2권은 1683년에 출간)에서 표현된 관찰 중심의 시각적 전략과 흥미로운 유사점을 보인다. 메리안도 비슷한 시기인 1660년대에 연구를 시작했다고 알려졌다. 출판된 작품을 제외하고도 스바메르담은 아름다운 그림 수백 점을 포함해 방대한 미출간 원고를 남겼다(아마 메리안도 알고 있었을 것이다). 스바메르담은 메리안의 《애벌레 책》 제1권이 발간된 다음 해인 1680년에 세상을 떠났는데, 그가 남긴 긴 원고는 사망 후 수십 년 뒤인 1737년에야 《자연의 성서(Bybel der Natuure)》라는 제목으로 출간되었다. 스바메르담의 작품은 실물에 가까운 표현, 축척과 공간 비율, 생태적 맥락, 시간에 따른 곤충의 발달 과정에 대한 관심을 보여준다. 즉, 메리안을 유명하게 만든 방법상의 여러 요소가 스바메르담의 작품에서 이미 사용된 적 있다는 말이다. 이 장에서 나는 암스테르담에서 활동한 동시대 인물과의 비교 연구를 통해 메리안의 작품 전반을 더 깊이 이해하고 해석할 수 있으며, 또 그렇게 해야 한다고 주장한다. 지금까지 메리안과 관련된 많은 문헌에서 스바메르담이 간혹 언급되었으나, 둘 사이의 유사점이 본격적으로 연구된 적은 없다.

17세기 후반, 곤충에 대한 학문적, 예술적 관심이 증가하고, 특히 확대경과 다양한 현미경이 개발되면서 박물학자들은 여러 가지 표현 양식을 실험하고[6] 미지의 영역을 탐험하게 되었다. 하지만 그때까지 작품에 생활사와 곤충의 서식지를 모두 그린 사례는 없었고 메리안의 예술 작품이 유일했다. 학자든 예술가든 모두 새로운 시각 기술을 발달시켜야 했다. 당시 어느 정도 교육을 받은 사람이라면 모두 병아리가 알에서 나온다는 사실을 알았고, 코끼리를 본 적이 없어도 그 생김새를 알고 있었다. 그러나 곤충의 세계는 대체로 잘 알려지지 않았다. 스바메르담은 다양한 예술 전략을 실험한 반면 메리안의 시각 언어는 일관되고 안정적이라 당연해 보였고, 그 바탕에 깔린 노력과 실천이 감춰졌다. 드로잉이든 판화든, 손으로 색칠한 카운터프루프든, 메리안의 놀라운 이미지는 마법과 같은 경험을 불러일으키므로 사실은 대단히 계획적으로 구성된 작품이라는 사실을 잊게 된다. 하지만 메리안의 그림에는 직접 곤충을 기르면서 생활사의 각 단계를 관찰하고 그린 과정은 물론이고, 그녀가 의도적으로 배치하고 복제한 과정 또한 반영되어 있다.

게다가 메리안이 곤충의 생활사를 표현한 방식에는 자연의 모든 생명체는 동일한 기본 원리로 창조되었고 동일한 생장 및 (유성) 번식의 단계를 거친다는, 스바메르담과 동일한 기본 철학이 있다. 이런 개념이 1670년에는 명확하지 않았다. 최근에 과학사학자 다니엘 머르고치(Dániel Margócsy)가 설명했듯이 17세기를 마무리하는 몇십 년 동안,

대부분의 자연사학자들은 곤충이 작은, 때로는 눈에 보이지 않을 정도로 작은 알을 낳아서 유성 번식하지, 아무것도 없는 곳에서 느닷없이 나타나는 것이 아니라는 사실을 확신하게 되었다. […] 메리안은 곤충의 유충이 알에서 나오고 이어서 성충으로 변태하는 과정을 기록함으로써 이 발견에서 중요한 역할을 맡았다.[7]

그러나 이러한 과정을 연구한 것이 메리안이 처음은 아니었다. 지금부터 보겠지만 메리안은 스바메르담과 동일한 시각적 표현 전략을 구사했을 뿐 아니라 동일한 철학적 근간에서 작품을 만들어 냈다.

요하네스 스바메르담과 곤충 연구

메리안을 연구하는 많은 학자들이 대개 스

바메르담을 대충 건너뛰고 후다르트를 연구의 시작점으로 언급한다.[8] 이는 후다르트와 메리안 둘 다 책의 제목에서 곤충의 변태를 명시했기 때문인 것 같지만, 메리안은 《수리남 곤충의 변태》에서만 '변태'라는 말을 사용했고, 《애벌레 책》의 정식 제목에서는 '변신(Verwandelung)'이라는 말을 썼다. 그러나 '변태'는 기만적이고 문제의 소지가 있는 용어로, 정해진 법칙에 따른 구체적인 생장 과정을 나타내는 좀 더 일반적인 변형을 의미하기도 하고, 우연성을 배제한 자연발생을 함축하기도 한다. 여기에서 메리안은 후다르트보다는 스바메르담을 따랐다.

후다르트의 《자연의 변태(Metamorphosis Naturalis)》는 1660년에 제1권이 출간되었다. 이는 메리안을 비롯한 많은 후대 박물학자가 언급한, 중요하고도 영향력이 큰 사건이었다. 미델뷔르흐 출신의 이 화가는 대단히 많은 나비 종을 잡아서 직접 먹이고 키우며 관찰했고, 애벌레와 성충, 그리고 어떤 종은 번데기까지 모두 그림으로 그렸다.[9] 과거의 박물학자들은 형태적 유사성에 따라 곤충을 정리하고 각종 벌레, 유충, 애벌레 등을 한 도판에 보여주었으며, 몇백 쪽 뒤에 다시 전혀 관련 없는 성충들을 한데 모아두었다.[10] 이와 달리 후다르트는 각 종의 연속적인 단계를 하나의 이미지에 담았다. 이렇게 보면 한 애벌레에서 한 나비가 변태하는 모습을 제대로 보여준 것 같지만, 후다르트는 일관성이 없었고 대개 번데기는 보여주지 않았다. 후다르트는 누에의 사례처럼 곤충의 짝짓기와 산란을 언급하면서도 "저절로 발생한다고 알려진 많은 작은 생물들은 부패한 것과 온기 속에서 번식한다"고 확신했다.[11] 자연이 고정된 법칙을 따른다는 생각이 후다르트에게는 낯설었고, 유성생식이 모든 종류의 곤충에 적용된다는 것도 그는 알지 못했다. 또한 기생하는 곤충을 몰랐기에, 같은 애벌레를 동일한 조건으로 길러도 어떤 때는 나비가 되고 어떤 때는 추한 파리 떼가 되는 현상을 보고 놀라워했다.

처음에는 후다르트의 이러한 야외 연구, 단계별 관찰, 시각적 전략이 메리안의 접근법과 직접적인 연관성이 있는 것처럼 보인다. 그러나 변태라는 용어와 애벌레가 나비로 변신하는 단계를 보여준 시각 효과 때문에 후다르트와 메리안이 생각하는 자연의 개념이 실은 서로 상극이라는 사실이 묻히고 말았다. 1668년에 출간된 《자연의 변태》 제3권에서 후다르트는 자연발생 개념을 옹호했다. 10년 뒤의 메리안은 그렇지 않았다. 그 이유가 무엇일까? 이 지점에서 스바메르담이 등장한다. 그는 곤충의 자연발생 개념을 의도적으로 파괴한 사람이다.[12] 스바메르담은 후다르트의 《자연의 변태》 제1권이 출간된 해에 곤충 연구를 시작했고, 메리안의 《애벌레 책》 제1권이 출간된 다음 해에 사망했다. 스바메르담은 후다르트의 자연발생 개념을 공공연하게 공격했고 그 그림들을 비웃었다. 스바메르담이 지향하는 것은 후다르트와는 근본적으로 달랐다. 그는 같은 생물을 연구하면서도 전혀 다른 것을 보았다. 후다르트는 번데기를 의인화하여 표현했고, 스바메르담은 그런 그림들을 두고 "상상으로 그린", "터무니없고", "기괴하다"라고 표현했다.[13] 신앙이 깊은 후다르트는 생물의 자연발생을 인간이 헤아릴 수 없는 신의 경이로 보았다. 스바메르담에 따르면 후다르트는 "진정한 역사가 아닌 소설을 말한다".[14] 또한 스바메르담은 후다르트의 "실수", "착오", "오류", "끔찍한 실책"을 길게 비판했다.[15] 스바메르담은 자연의 모든 생물이 동일한 "규칙과 질서"를 따른다는 공리에서 출발했으며, 이것이야말로 "지혜롭고 탁월한 정신"의 존재를 증명하는 증거였다.[16] 메리안은 자신의 글에서 가끔 선배 박물학자들을

언급했는데, 그녀의 연구는 후다르트의 연구와 개념적 틀보다는 스바메르담에 더 가까웠다.

스바메르담은 암스테르담의 약재상이자 자연물 수집가의 장남으로 태어났다. 그는 1661년에 레이던 대학교 의과대학에 진학했는데 당시 유럽에서는 해부학과 자연사 연구가 가장 활발한 곳이었다. 그는 라위스, 비천 등 앞서 언급한 동료 학생들과 함께 뛰어난 해부학적 발견을 이루어냈다. 그들은 동물과 인체를 해부하고, 표본을 준비하고, 주입, 관찰, 방부 처리 하는 새로운 기술을 실험했으며, 그림으로도 곧잘 그릴 수 있었다. 이에 더하여 그들은(그중에서도 스바메르담이 가장 두드러졌지만) 르네 데카르트(René Descartes, 1596-1650)의 새로운 자연철학에 영감을 받았다. 데카르트는 몸을 기계와 비교하면서 모든 자연이 근본적으로 동일한 법칙에 순응한다고 주장한 사람이다. 이런 확신은 살아있는 존재의 연구에 지대한 영향을 주었다. 심장은 펌프와 비교되었고, 신체의 움직임은 기계학과 유체역학으로 이해되었으며, 모든 생물의 내부 구조는 기본적으로 동일한 청사진을 따르는 것으로 여겨졌다.

그러나 데카르트의 철학은 답을 알 수

없는 한 가지 커다란 질문을 남겼다. 만약 몸이 기계라면 기계의 자손은 어디에서 오는가? 데카르트는 평생 이 문제와 씨름했는데, 이 주제에 관해 그가 남긴 노트에서 명확하게 드러난다. 이 노트는 데카르트 사후에 《인간론(De Homine)》(1662)과 《태아발생론(Traité de la Formation du Foetus)》(1664)으로 출판되었는데, 흥미롭게도 이 책들이 메리안의 벗인 크리스토프 아르놀트의 서재에 있었다.[17] 1660년경, 스바메르담은 데카르트가 제시한 난제를 받아들였다. 스바메르담은 곤충의 내부에는 해부학적 구조가 없고 무작위적으로 발생한 결과라는, 윌리엄 하비(William Harvey, 1578-1657)나 후다르트 같은 동시대 자연과학도에게서 되풀이된 사실을 믿지 않았다.[18] 그가 보기에 이런 주장은 우연과 기회에 문을 열어두는 꼴이라 되레 신의 전능함을 거부하는 것이었다. 스바메르담에 따르면 '존재의 대사슬(Great chain of being)'은 신성모독이며, '고등생물'과 '하등생물' 사이의 존재론적, 해부학적 구별은 없다. 곤충의 해부 구조는 사자나 코끼리만큼 복잡하고, 그 작은 크기 때문에 오히려 연구 가치는 더 높다. 곤충과 양서류, 그 밖에 전통적으로 멸시와 무시를 당했던 생물들도 이른바 더 높은 자리에 있

는 것들과 동일한 창조 원리에 따라 만들어졌으므로 동일한 생식 시스템을 갖추어야 한다. '*Generatio spontanea*(자연발생)'은 터무니없는 소리이고, 죽은 애벌레가 아름다운 나비로 부활했다거나 작은 날벌레로 회생한다는 이야기는 스바메르담의 마음속에서 명백한 무신론적 발상으로 취급되었다.

이런 신념과 표본 처리법, 확대경, 단일렌즈 현미경 등 새로운 기술 개발에 힘입어 스바메르담은 자기의 주장을 명확히 정리하기 시작했다. 관찰과 경험주의는 사실에 기반해 중립적으로 편견에 휩쓸리지 않고 필연적 진실에 연결되는 행위처럼 보인다. 그러나 화성에 강이 흐른다고 확신하는 사람은 자신이 그것을 보았다고 믿기 때문에 확신하는 것이다. 마찬가지로 자연발생이라는 개념을 옹호한 과학자들은 모든 것에서 그 증거를 볼 수 있었다. 더 고등한 생물에서 생식기관이나 번식 과정의 유사성을 찾는 사람들도 곧 자신의 생각을 뒷받침하는 증거를 찾게 되었다. 인간의 생식계를 이루는 정자와 난자, 그리고 수정이 곤충에서도 발견될 참이었다. 그리고 스바메르담이 맨 처음 그렇게 한 사람이었다. 1665년에 그는 애벌레와 번데기를 해부하여 생식기관과 나비의 구

조를 이미 구분할 수 있었다. 애벌레가 나비로 변신하는 것은 "형태의 변화, 형체의 탈피, 죽음과 부활이라고 잘못 기술된" 수수께끼 같은 변태의 결과가 아니었다.[19] 그것은 엄연한 생장의 과정으로, 정확히 말하면 "병아리는 닭으로 변신하는 것이 아니라, 몸이 자라서 닭이 **되는 것**"이다.[20] 암탉과 수탉의 짝짓기, 알에서 태어난 병아리, 그리고 병아리가 자라서 닭이 되는 순환처럼, 곤충의 발생에서도 같은 과정이 관찰되어야 했다.

《곤충 일반사》

곤충과 다른 생물의 생식적 유사성을 밝힌 스바메르담의 증거는 1669년 12월에 출판된 《곤충 일반사》에서 아주 상세히 다루어졌다. 이 선구적인 연구에서 그는 곤충이 생성되는 다양한 방식을 밝히려고 했다. 첫 번째 분류는 이(louse) 같은 곤충으로 구성되었는데, 이런 곤충은 알에서 태어날 때부터 성충과 생김새가 비슷했다. 가장 복합한 방식은 스바메르담이 세 번째로 분류한 것으로 나비, 잠자리, 하루살이 등이 대표적인 예이고 다양한 단계를 거치며 생장했다. 스바메르담은 자신이 네 가지로 분류한 항목을 개괄하고 각각에 해당하는 곤충의 예를 설명하는 것 외에도 요점을 그린 동판화를 실었다.

스바메르담은 이미지의 인식론적 가치를 잘 알았을 뿐 아니라 실제로 재능 있는 화가였다. 자연이라는 책은 마치 성경처럼 모든 문장과 음절, 그리고 점 하나마저 신을 가리키므로 아주 작은 것까지 자신의 눈으로 직접 확인해야 했다. 자연은 "인간의 공상"과 "타락한 전통"에 의해 "더럽혀지고 오염된" "아름다운 그림"이었다.[21] 스바메르담은 직접 나서서 광택제와 먼지층을 제거하고 그림의 "광채와 아름다움"을 복원했다.[22] 우리는 메리안의 작품에서도 동일한 종교적 동기를 볼 수 있다. 스바메르담은 요리스 회프나겔의 작품을 훌륭한 사례로 자주 언급했고, 지금까지 살아남은 스바메르담의 원본 그림들은 그의 예술적 재능이 최소한 이 안트베르펜 사람에 버금간다는 것을 보여주었다(그림 1). 메리안과 달리 스바메르담의 삽화들은 거의 연구되지 않았고, 지금까지도 그의 훈련, 작업 방식, 기법과 재료 사용에 대해 알려진 것이 없다.[23] 하지만 스바메르담에게 시각적 표현과 소통이 글로 된 설명만큼 중요했다는 것은 명백하며, 이는 메리안과 비슷하다.

그림과 글은 서로 필요불가결한 관계

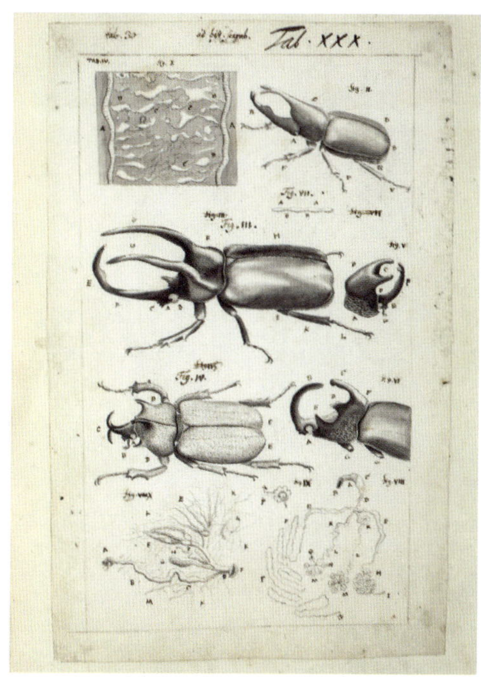

그림 1. 요하네스 스바메르담 作. 장수풍뎅이, 상세 해부 구조 포함. original drawing, 287×197mm, Leiden University Libraries, Ms BPL 126 B, f. 31r.

다. 스바메르담은 로버트 훅의 《마이크로그라피아(Micrographia)》가 1665년에 인쇄되어 등장하기 훨씬 전부터 자신의 연구 결과를 시각적 보고서로 그렸다. 그리고 사실상 후다르트보다는 훅이 스바메르담에게 출발점을 제공했다고 볼 수 있다. 《마이크로그라피아》는 미세 세계 연구에서 커다란 전환점이 되었다. 그러나 훅은 여전히 자연발생론을 모호하게 받아들였다.[24] 훅도 다른 사람들처럼 어떤 곤충

은 알을 낳고, 곤충은 아주 작은 오토마타(automata, 자동 장치)이며, 설명할 수 없는 어떤 메커니즘에 의해 입자가 무작위적으로 새로운 생명을 형성한다고 인지했다. 서로 모순되는 이것들을 하나의 개념 아래 모으기는 어려웠다. 따라서 훅은 이를 이해하려고 애쓰는 대신에 경험적 사실에 매달렸고, 곤충의 눈, 탈피, 유충, 코르크의 질감 등 낯선 세계를 아주 세세한 부분까지 기록하여 페이지를 접을 수 있는 커다란 판화로 출판했다. 미세 세계의 그림은 실제 크기를 가늠하게 해줄 기준이 없었기에 더 완벽하게 낯설었다.[25] 크리스티안 하위헌스(Christiaan Huygens, 1629-1695)가 "고양이만큼 큰 벼룩과 이"라고 강조한 바 있지만[26] 사람들은 누에의 알과 모기의 유충을 보면서도 실제로 자기가 본 것이 무엇인지 전혀 알지 못했다.

《곤충 일반사》에서 스바메르담은 로버트 훅과의 시각적 대화를 시작했다. 스바메르담은 새로운 단계별 시각 전략을 개발했다. 먼저 그는 모기의 유충을 수면 바로 밑의 생태 환경 안에서 실제 크기로 그렸다(그림 2). 그 양옆에는 같은 생물을, 훅이 그렸던 것처럼 약 15배 확대한 그림을 배치해 보는 사람으로 하여금 그 생물이 사는 자연환경과 외형적 특징을 모두 쉽게

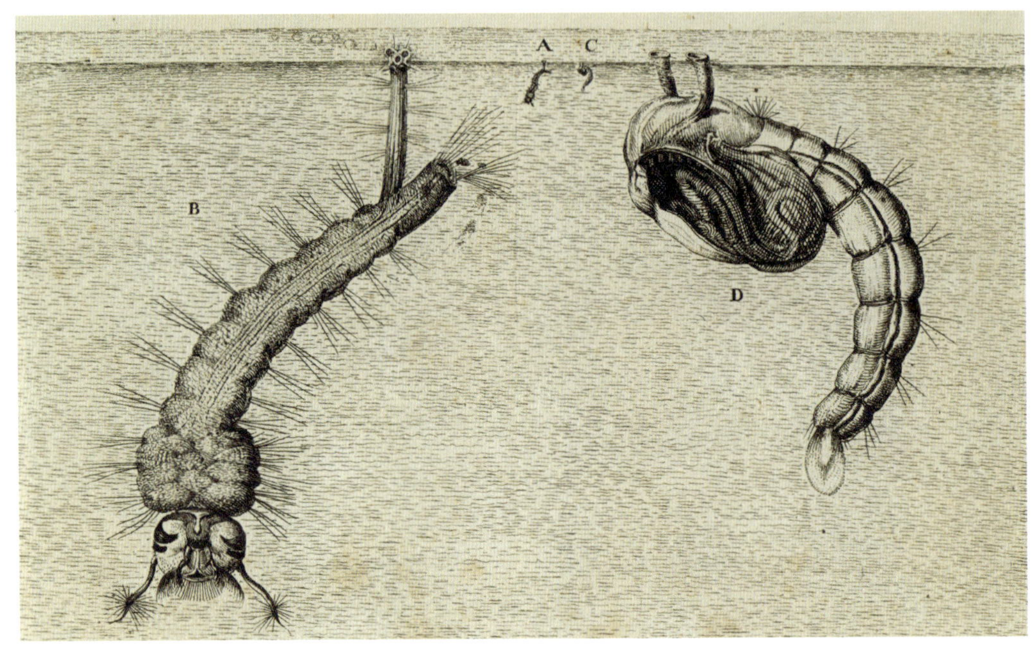

그림 2. 요하네스 스바메르담 作, 모기의 유충, 자연 서식처에서의 실제 크기(A와 C), 15배 확대한 그림(B와 D). J. Swammerdam, *Historia Insectorum Generalis*, Utrecht 1669, Tab. 2, etching, Leiden University Libraries.

알 수 있게 했다.

다음으로 스바메르담은 알에서 성충까지 생장의 전 과정을 시각적으로 나타냈다. 《곤충 일반사》의 말미에 접혀있는 페이지를 펼치면 다음 단계를 수직 세로단으로 보여주어 독자가 곤충의 생활사를 다른 순서로 '읽을' 수 있게 했다. 이것들은 모두 실제 크기로 그려졌다. 곤충의 작은 알을 잘 보이게 하려고 배경을 검게 처리했고, 식각이 목각보다 세밀한 표현이 가능하므로 동판화를 사용했다. 가로축에서는

변신 과정의 각 단계를 좀 더 구체적으로 확장했다. 애벌레가 번데기를 거쳐 성충으로 변신하는 그림이 한 예이다(그림 3). 여기에서 스바메르담은 배율이 제한된 확대경 또는 현미경을 사용했다. 자연과 그 밑바탕이 되는 질서에 순응하는 모습을 보여주기 위해 스바메르담은 개구리와 카네이션의 생장 과정을 그린 동판화를 포함시켰다(그림 4).

《곤충 일반사》의 텍스트와 삽화는 후속 연구의 견본이 되었다. 《곤충 일반사》

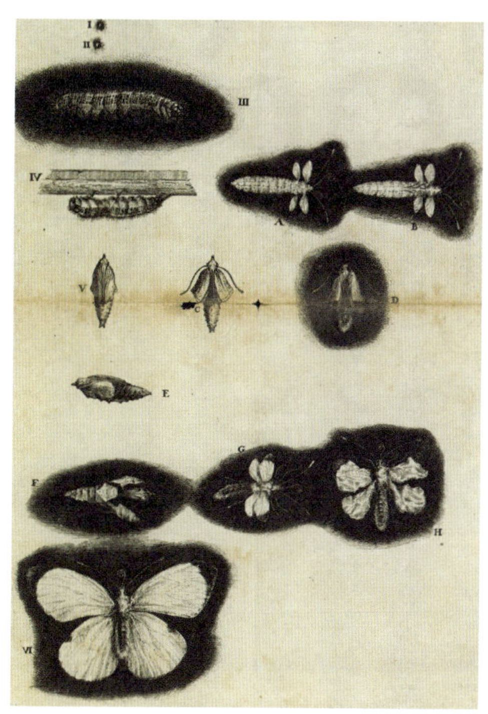

그림 3. 요하네스 스바메르담(원화가), 누에를 포함하는 애벌레의 변태. J. Swammerdam, *Historia Insectorum Generalis*, Utrecht 1669, Tab. 13, etching, Leiden University Libraries.

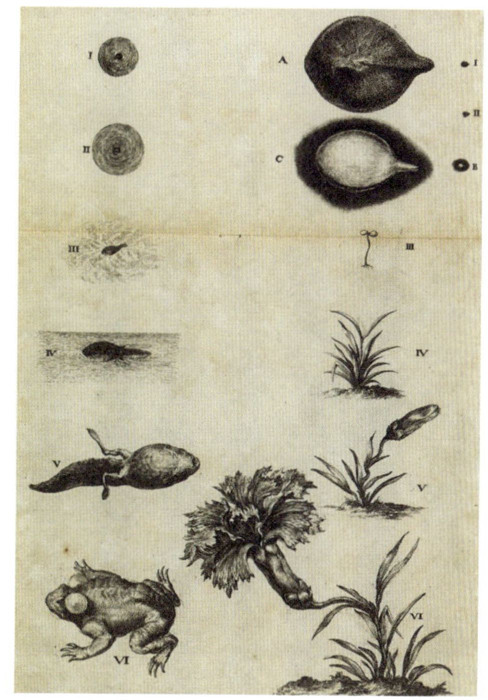

그림 4. 요하네스 스바메르담(원화가), 개구리와 카네이션의 발달 과정. 자연의 균일성을 시각적으로 예시함. J. Swammerdam, *Historia Insectorum Generalis*, Utrecht 1669, Tab. 12, etching, Leiden University Libraries.

가 인쇄되는 동안 스바메르담은 이탈리아 생물학자 마르첼로 말피기가 1669년에 출간한 《누에에 관한 서한 형식의 논문(De Bombyce)》 한 권을 받았다. 이 책은 말피기가 누에의 외형 및 내부 구조를 제시한 놀라운 작품이었다.[27] 알다시피 스바메르담은 더 일찌감치 애벌레를 해부한 적이 있었다. 그러나 말피기는 현미경을 이용해 경제적 가치가 높은 생물의 낯선 내부 구조를 보여주었다. 말피기의 책에서 자극을 받은 스바메르담은 같은 과정에 도전해 대규모 조사를 시작했다. 그도 말피기처럼 새로운 관찰 기법을 적용했고 현미경을 더 많이 사용했다. 예전에는 배율이 15배 정도 되는 렌즈를 사용했지만, 곤충 내부의 비밀을 밝히기 위해 60-100배 확대가 가능한 현미경을 사용하기 시작했다. 스바메르담은 광학이라는 선구적인

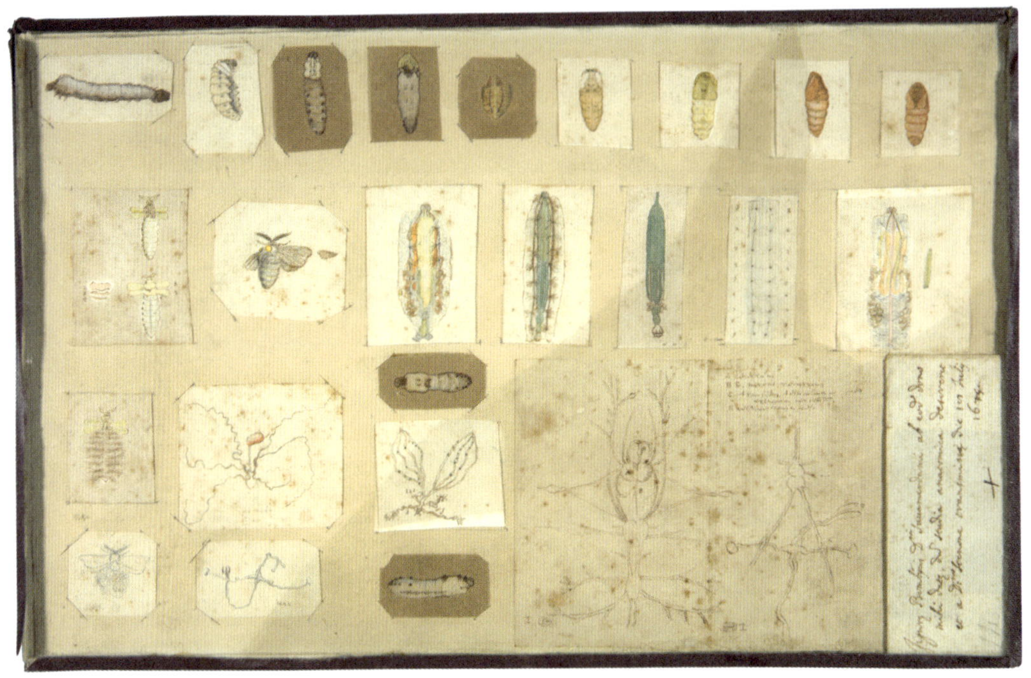

그림 5. 요하네스 스바메르담 作, 누에의 단계별 생장, 확대된 내장 포함. original drawing, 26×40cm, Bologna University Library, Ms 936. Courtesy Bologna University Library.

분야를 연구한 크리스티안 하위헌스와 스피노자 같은 과학자들의 좋은 친구였던 수학자 요하네스 휘더(Johannes Hudde, 1595-1647)가 개발한 현미경을 사용했다.[28] 그리고 말피기의 누에 연구도 반복했다. 남아있는 그림은—사라졌다가 최근에야 되찾았는데—《곤충 일반사》에 실린 동판화와 동일한 시각적 전략을 보여주며 시간에 따른 배치와 확대된 세부 구조를 특징으로 한다(그림 5).[29]

이와 동시에 스바메르담은 하루살이에 대한 연구도 계속했다. 1675년에 출간된 그 결과물은 스바메르담의 시각적 접근법의 두 가지 새로운 방향을 보여주었다. 스바메르담이 생명체의 내부 구조를 더 깊이 들여다볼수록 해당 구조에 대한 설명이 없이는 그림을 이해할 수 없었다. 도시를 그린 지도처럼 구조물은 문자로 표시되고 각 부위에는 "y는 신경계이다"와 같은 간단한 설명이 필요했다. 스바메르담은 유충을 해부하면서 눈에 보이는 모든 내부 기관을 관찰하여 그림으로 그렸고 한 폭에 훌륭하

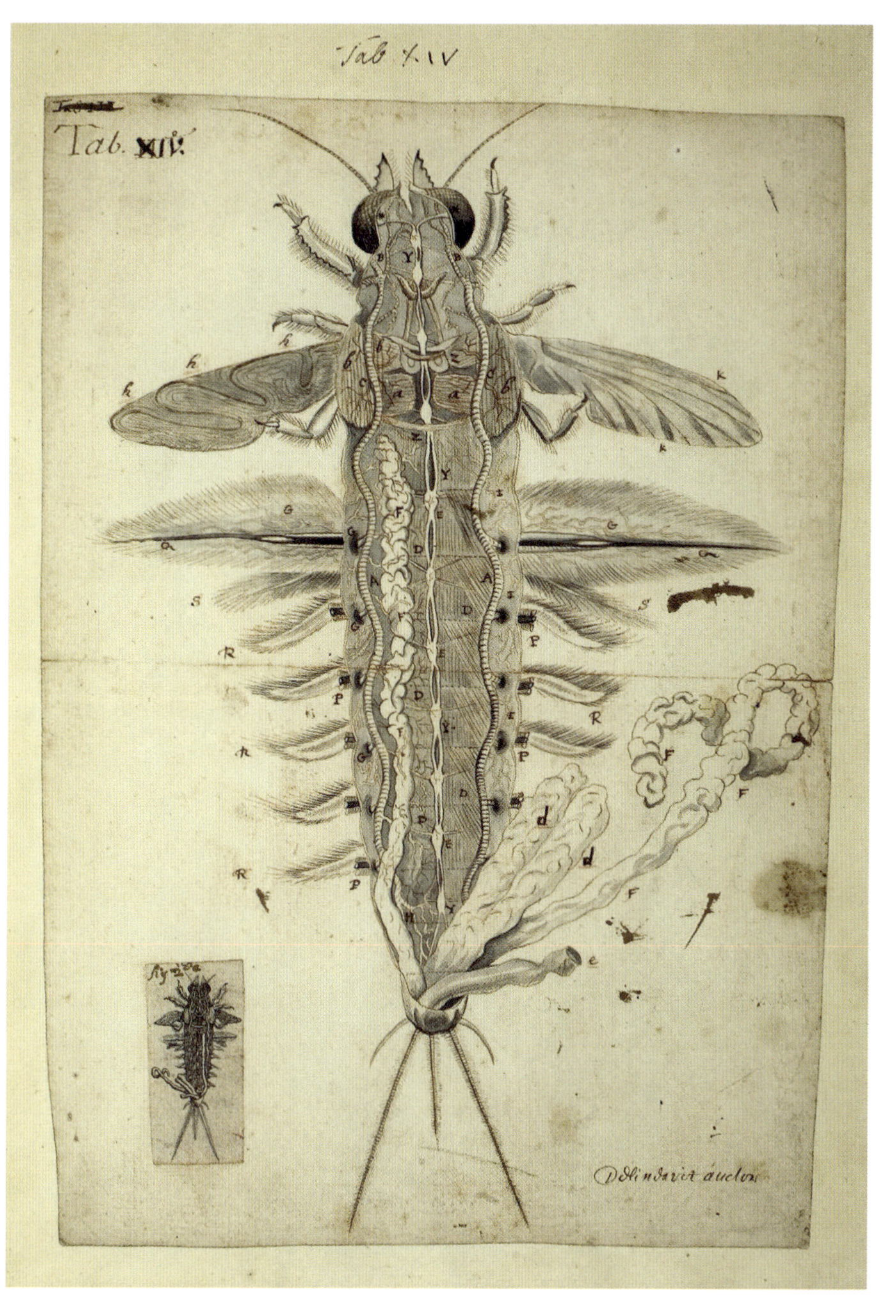

그림 6. 요하네스 스바메르담 作, 하루살이의 해부도, original drawing 295×201mm(drawing), Leiden University Libraries, Ms BPL 126 b, f. 15r.

게 합성했다. 그 원본이 여전히 존재한다 (그림 6). 개요와 동시에 상세한 내용을 모두 보여주기 위해 스바메르담은 곤충을 수십 번 해부하고, 각 세부 구조를 그리고 퍼즐 조각들을 하나의 큰 그림으로 짜맞춰야 했다. 이번에도 크기를 가늠하게 하기 위해 좌측 하단에 약 3센티미터 길이로 실제 크기의 곤충을 그려놓았다. 자부심이 강했던 스바메르담은 하루살이 해부도에 책의 저자가 직접 그렸다는 뜻으로 "delineavit auctor"라고 서명했다.

스바메르담은 메리안처럼 과학과 예술의 교차점에서 이를 의식하며 작업했다. 같은 방식을 다른 곤충으로 확장하면서 스바메르담은 《곤충 일반사》의 원작 동판화를 사용해 미세 해부도의 자세한 내용을 세로로 적었다. 곤충의 종류별 발달 단계가 이미 이 책에서 설명되었다(나중에 메리안이 좀 더 자세히 설명했다). 두 사람의 기법은 기본적으로 동일했다. 관찰한 각 단계를 주의해서 그려내고, 한 장에 합성하여 전체 생활사를 담아냈다. 그러나 앞에서 이야기한 대로 스바메르담의 작업물 상당 부분은 1737년이 되어서야 출판되었다.

그렇지만 스바메르담의 두 번째 새로운 접근법은 메리안에게 알려졌을 가능성이 크다. 《곤충 일반사》에서 스바메르담은 각다귀, 물벼룩, 수면 아래의 담륜충, 또는 잎사귀 밑의 애벌레처럼 일부 곤충을 그들이 사는 환경과 함께 그렸다. 또한 강바닥에서 3년을 사는 유충, 물속에서 나와 천적에게 둘러싸인 성충, 강둑에서 탈피하는 과정까지, 하루살이를 자연 서식처 안에서 시각적으로 표현했다. 스바메르담의 연구가 말피기와 안토니 판레이우엔훅이 추구했던 현미경 관찰 연구에 버금가게 진행되면서 그는 내부 구조를 상세하게 그리고 텍스트로 설명하는 첫 번째 방식에 좀 더 초점을 두게 되었다. 생태학적인 두 번째 방법은 스바메르담이 추구하던 길은 아니었지만 이후 메리안이 완성시켰다.

나가는 말

1675년, 스바메르담은 자신의 하루살이 연구를 책 《하루살이의 생애》에서 발표했다. 스바메르담의 정신적 지주였던 앙투아네트 부리뇽이 보낸 서신이 함께 실린 이 책에서 그는 ("과학과 호기심"을 포함해) 속세를 떠나겠다고 선언했다.[30] 스바메르담은 슐레스비히에서 부리뇽의 측근으로 약 1년을 보내고 1676년에 암스테르담으로 돌아왔다. 신경쇠약에 걸렸기 때문이라는 주장도 있지만 사실은 미생물학 연구를 계속하려는 열망 때문이었다. 그리고 4년 뒤인 1680년에 사망했다. 스바메르담이 스스로 "위대한 연구"라고 부른 연구 결과물은 1737년에 유일하게 《자연의 성서》라는 책으로 출간되었다. 따라서 《하루살이의 생애》가 스바메르담 생전에 출간된 마지막 작품이었다. 이 책은 곤충의 상세한 내부 구조와 생태 환경을 그린 그림 외에도 깊은 영적 성찰을 담고 있다.

스바메르담과 메리안은 공통점이 많다. 두 사람 모두 곤충의 변태라는 미지의 영역에서 개척적인 연구를 시도했다. 또한 둘 다 훌륭한 관찰자이자 뛰어난 예술가이며, 영적인 생각에 이끌려 한동안 종교 공동체에 머물렀다. 메리안이 직접 스바메르담의 작품을 언급한 것은 1705년이지만 일찌감치 《곤충 일반사》(1669)와 《하루살이의 생애》(1675)를 알았다는 점은 의심할 수 없다. 설령 메리안이 네덜란드어로 된 텍스트를 이해하지 못했다고 하더라도(그럴 리는 없지만) 스바메르담이 시각적으로 명확하게 표현한 주장만큼은 확실히 받아들였다. 메리안은 스바메르담처럼 시간에 따른 변화를 상세히 그린 동판화로 곤충이 알에서 부화한 후 번데기를 거쳐 성충이

되는 완전한 생활사를 보여주었다. 이는 후다르트의 엉성한 동판화와는 달랐다. 메리안은 곤충이 자연발생하는 것이 아니라 유성생식하며 고등동물과 동일한 자연법칙을 따른다는 철학적 틀에 완전히 동의했다. 《애벌레 책》 제1권의 '불나방' 항목에서 보이듯 메리안도 스바메르담처럼 곤충을 해부했다. "그러나 애벌레의 맞은쪽 아래 그림에서 보듯이, 그들이 나오기 전에 맨 바깥 껍질을 벗겨내면 곤충이 그 안에 어떻게 누워있는지 볼 수 있다."[31] 기생충과 포식 기생자는 메리안도 연구 초기에 크게 관심을 보인 대상이다. 메리안이 이 "잘못된 변화"를 이상하게 여겼다는 사실은 그녀와 스바메르담이 변태의 진행을 곤충의 한 유형으로 이해하고 있었음을 알려준다.

스바메르담이 특히 《하루살이의 생애》에서 곤충의 삶을 생태학적 맥락에서 언급한 부분은 메리안에 와서 완전히 발전했다. 메리안이 스바메르담의 연구에 익숙했다는 것은 1683년에 출간된 《애벌레 책》 제2권에서 크리스토프 아르놀트가 쓴 헌시에서 명확해진다. 그 시에서는 말피기의 누에 논문과 하루살이의 짧고 비루한 삶에 대한 스바메르담의 해부학적 설명 및 경건한 성찰이 돋보인다.[32] 메리안이 자연

의 질서와 곤충의 생활사에 대한 사고를 어느 정도까지 발전시켰는지는, 그녀의 시각적 언어가 발전한 수준과 마찬가지로 자료 부족으로 아직 해결되지 못한 상태다. 그러나 스바메르담과의 연관성만큼은 분명해 보인다.

15장

열대 그리기
마리아 지뷜라 메리안과
샤를 플뤼미에가 그린
카리브해 지역의 자연

근대 초, 국내외에서 자연이 (재)발견되면서 유럽에서는 다양한 형식의 이미지가 집약적으로 생산되었다. 식물은 토종 식물과 외래 식물 할 것 없이 치료제, 식용, 수집용 등으로 전례 없는 수익을 약속했고, 그 식물들을 그린 그림 역시 해당 식물의 상업적 잠재력을 홍보하는 효과와 함께 그 자체로 예술의 대상이 되었다. 따라서 이미지 제작, 특히 드로잉은 예술가와 박물학자의 특화된 기술로서 강력한 통제와 전문성을 상징하는 수단이 되었다. 이 장은 자연을 그린 그림, 특히 17세기 후반과 18세기 초반에 유럽인들이 카리브제도에서 수집된 식물 표본을 보고 그린 작품을 탐구한다. 16세기 초부터 유럽의 식민지가 확대되고 서양인들이 새로운 천연자원에 눈독을 들이면서 시각적 기록의 필요가 커졌다. 이들은 종자와 식물(압착된 것이든 아니든)을 유럽으로 되가져와 따로 연구하거나 직접 기르면서 땅과 기후에 적응시켰다(성공의 정도는 다양했다). 한편 드로잉은 판화로 인쇄되면서 그 식물의 형태를 영구히 보전하고, 예술가들로 하여금 자연의 부패 과정을 거역하게 했다.[1]

특히 17세기를 마무리하는 몇십 년은 유럽에서 열대식물학이 발전한 중요한 시기였다. 그중에서도 1705년은 현장에서 그린 그림들로 제작된 자연사 대작이 두 편이나 나온 놀라운 해였다. 독일에서 태어나고 네덜란드에서 주로 활동한 마리아 지빌라 메리안은 암스테르담에서 《수리남 곤충의 변태》를 각각 라틴어와 네덜란드어로 발간했다. 한편 프랑스 프로방스에서 태어난 샤를 플뤼미에가 쓴 《아메리카 양치식물 논고》는 그의 사후에 파리에서 왕립 인쇄소를 통해 출간되었다. 둘 다 놀라운 식물 그림이 책의 전면을 차지하고 텍스트가 추가로 제공된다. 요한 볼프강 폰 괴테는 메리안이 플뤼미에를 모방하기 위해 수리남행을 결심했을지도 모른다고 말한 바 있다.[2] 물론 메리안은 《수리남 곤충의 변태》 서문에서 니콜라스 비천, 프레데릭 라위스, 레비뉘스 빈센트의 수집품에서 발견한 곤충 표본이 계기가 되었다고 명확하게 밝혔지만, 이 글은 괴테가 제기한 연관성을 출발점으로 삼아 메리안과 플뤼미에에 초점을 맞추어 카리브제도 식물의 이미지 제작과 관련된 몇 가지 특징을 탐구한다. 일단 나는 관객을 그림 속으로 끌어들이려는 몰입형 방식과 드로잉 기술 및 판화 제작을 함께 살펴볼 생각이다. 이 논의에는 대서양을 가로지르는 복잡한 상황 속에서 그림 제작을 중심으로 시작된 드로잉 방법론과 시각적, 담론적 전략이 포함된다. 이번 분석은 자연을 표현하는 방식의 효과성, 이런 유형의 그림을 뒷받침하는 통제 메커니즘, 회화적 권위의 형태와 관련된 질문을 제기하며, 식물과 이미지 제작자를 중심으로 초기 근대 세계에서 자연을 표현하는 미적, 물질적 관행을 다룬다. 나는 회화 제작, 특히 드로잉 기술이 대서양을 아우르는 동식물상 조사에서 특히 가치 있는 지식 형태이자 과학적 권위의 표현으로 받아들여지게 되었다고 주장한다. 메리안과 플뤼미에는 서로 다른 배경에서 활동했지만 서로 이웃하는 타국의 영역에서 생태계를 철저히 조사, 관찰하고 제작한 방식을 공유했다. 그들의 작업 방식은 근대 초기의 유럽 관찰자들이 해외에서 적극적으로 자연과 분투한 과정을 온전히 보여준다.

플뤼미에는 '가장 작은 이들의 수도회' 소속 성직자로 뛰어난 식물학자이면서 (잘 알려진 바는 아니지만) 드로잉과 회화 훈련도 받았다. 그는 1687년, 1689년, 1694년에 걸쳐 17세기 당시 프랑스 지배하에 있던 마르티니크, 생도맹그, 그 밖의 앤틸리스제도에 장기간 머무르며 이 섬들의 동식물상을 연구하고 그렸다.[3] 플뤼미에는 왕실 식물학자로 임명되었고 연구 결과의 일부가 《아메리카 식물에 대한 기술(Description des Plantes de l'Amérique)》(1693), 《아메리카 식물의 새로운 속(Nova Plantarum Americanarum Genera)》(1703), 《아메리카 양치식물 논고》(1705) 등 세 권으로 출간되었다. 마리아 지빌라 메리안 개인이 제작한 《수리남 곤충의 변태》는 뛰어난 동판화를 모아놓은 걸작으로 1699년부터 1701년까지 당시 네덜란드 식민지였던 수리남에서 직접 관찰한 식물과 곤충을 그렸다.

메리안의 작품은 개인 출간이고 플뤼미에는 국가에서 후원을 받았지만 기본적으로 두 책 모두 유럽 식민주의 배경에 단단히 뿌리박고 있으며, 프랑스와 네덜란드의 해외 정복이 아니었다면 탄생할 수 없었다. 메리안과 플뤼미에는 식물(메리안의 경우는 곤충)을 텍스트와 이미지로 묘사하는 것을 목표로 삼아, 서양에 잘 알려지지 않은 종(적어도 린네 이전 체계에 있었던 플뤼미에의 경우)의 목록을 만들어 명명 및 분류하고 그 종의 서식 환경이라는 새로운 맥락에 적용했다. 이는 천연자원의 통제와 예속, 지배 및 가축화, 그리고 유럽으로의 수출을 통한 수탈을 수반하는 과제였다.[4] 그런 작품은 무에서 창조된 것이 아니라 과거 및 동시대 문헌에서 정보를 얻었으며, 본문에서 참조된 게오르크 마르크그라프와 빌럼 피소의 《브라질 자연사》(암스테르담, 1648)가 그 한 예이다.

그림의 힘

메리안과 플뤼미에의 이야기는 모두 그림에서 시작한다. 《수리남 곤충의 변태》의 짧은 서문에서 메리안은 네덜란드 공화국에 돌아간 후 수리남에서 그린 그림들을 호기심 많은 대중에게 보여주었더니 감동한 나머지 출판을 권유했다고 설명했다. 그런 식으로 당시의 관례인 겸양의 수사를 따르면서도[5] 메리안은 그림이 자신의 연구와 《수리남 곤충의 변태》 제작의 중요한 목적이었다고 강조했다. 메리안과 플뤼미에의 책을 장식하는 그림은 메리안이 《수리남 곤충의 변태》의 부제와 본문에서 반복해서 강조했듯이, 자신이 실제로 관찰하고 그린 것들이다.[6] 플뤼미에의 그림 역시 교육적 측면에서 정확성과 정밀성을 중요시하여 직접 관찰한 내용에 기반했고 실물 크기 그대로 제시되었다.[7] 그러나 메리안과 플뤼미에는 레온하르트 푹스(Leonhart Fuchs, 1501-1566)의 획기적인 저작물인 《식물사에 관한 저명한 주석(De Historia Stirpium Commentarii Insignes)》(바젤, 1542)에서와 달리 이미지의 특별한 의의에 대해서는 자세히 설명하지 않았다. 《식물사에 관한 저명한 주석》은 근대 식물학을 대표하는 최초의 걸작 중 하나인데 저자는 텍스트보다 그림이 식물에 관한 정보를 좀 더 효과적으로 담아낸다고 언급했다.[8] 지식의 수집과 생산이라는 맥락에서 그림은 특별히 강력하고 믿을만한 전달체가 되어, 쉽게 사라져 버리는 지식을 고정시키고, 그림이 없으면 이해하기 어려운 형태적 정보를 알리는 특별한 매체다.

대상이자 행위로서의 그림과 소묘 기술은 단순한 사실 수집을 넘어서는 중추적 역할을 했다. 식물을 그린다는 것은 식물에 이름을 붙이는 것처럼 사진 이전의 사회에서 고정하기, 선반에 얹기, 정리하기 등의 은유적 작업을 통해 미지의 것을 지배함으로써, 유럽 국가들이 최근에 정복한 영역과 그 땅의 천연자원 및 거주민에 대한 소유권을 주장하는 수단이었다.[9] 토착민의 지식은 메리안과 플뤼미에가 텍스트에서 식물의 용도, 치료법, 이름 등을 다룰 때 활용되었다. 메리안은 본문에서 아프리카계 사람들과 토착민들이 책에 기여한 바를 언급했지만 그들은 여전히 익명으로 남았다(판델프트가 쓴 10장 참조). 플뤼미에와 메리안의 책에서 현지인이 제공한 정보가 익명으로 표시된 것과 대조적으로 과학적 정보 출처가 서양인인 경우(예를 들어 피소와 마르크그라프, 그리고 헨드릭 판레이더(Hendrik van Reede))는 적절한 절차에 의해 이름이 명확하게 표기되었다. 이 책들에 그려진 식물 역시 빈 배경 속에 덩그러니 놓여 맥락을 잃었고, 그렇게 자연과 사람에 대한 서구의 식민지 상업화 및 착취에 큰 역할을 했다.

열대 지역은 다양한 야생동물과 식물이 서식하는 남다른 생물다양성으로 서양 박물학자들의 이미지 창조를 자극했다.[10] 새로운 조사 대상으로서 식물은 감상의 방식까지 구체적으로 유도하는 새로운 표현 양식을 불러일으켰다. 보는 사람으로 하여금 상세히 살펴보고 몰입해서 관찰하게 하는 이미지 구성을 위해 특이한 방식으로 식물을 확대하거나 대폭 단축하고, 대형 판형 위에 식물의 선택된 부분을 오려서 붙였다.[11]

이와 같은 과학적 탐험의 맥락에서 그림은 기록 수단으로서 큰 가치를 얻게 되었다. 일례로 플뤼미에가 마르세유의 의사이자 화학자인 조제프 도나 쉬리앙(Joseph Donat Surian, 165?-1691)의 후원을 받아 앤틸리스제도로 떠난 첫 번째 여행과 관련하여 1687년 7월 22일 자로 찍힌 왕실 칙령에서는 이런 측면을 강조해 수도사 플뤼미에에게 "식물, 종자, 기름, 고무, 추출액의 특징을 찾고 새, 물고기, 기타 동물을 그리"라고 명령했다.[12] 이와 비슷하게, 플뤼미에의 두 번째 앤틸리스 여정에 대한 1689년 5월 18일 자 칙령에서는 그림 작업이 주요 목적임을 확인할 수 있다. 또한 플뤼미에가 "섬의 씨앗, 식물, 나무들의 수집을 계속하면서 그 땅의 물고기, 새, 기타 동물의 수집도 시작할 것이다"라고 적혀있었다.[13] 플뤼미에가 방대하게 그려낸 그림들은 이 지역의 동식물상 전체를 아우르려는 포부를 보여주며 이미 칙령에 그 단서가 있다. 그의 책은 4,300점의 식물 그림을 포함한 총 6,000점의 그림이 실린 거대한 저장소가 되었고, 종종 라틴어로 된 기재문이 딸려 왔다.[14]

예술가로 교육받고 자란 메리안은 곤충의 변태와 먹이원을 자세하게 기록하는 능력이 남달랐다. 메리안처럼 정식 교육을 받은 것은 아니었지만 플뤼미에도 정보 기록이라는 특별한 양식에 따라 그림을 그렸다. 플뤼미에는 식물에 대해 상당히 일관된 드로잉 기법을 개발했다. 먼저 윤곽에 집중해 연필로 빠르게 스케치한 다음, 그 위를 펜과 잉크로 덧그리고 수채물감으로 가볍게 마무리하는 방식이다. 그림 1의 활짝 핀 마그놀리아 암플리시모 플로레 알보(*Magnolia amplissimo flore albo*)가 그 예다. 놀라울 정도로 뚜렷하고 자신감 있는

그림 1. 샤를 플뤼미에 作, 마그놀리아 암플리시모 플로레 알보, *Botanicum Americanum, seu Historia Plantarum in Americanis Insulis Nascentium*, plate 90, ca. 1689–1697, graphite, pen, ink, watercolor on paper, 385×245mm, Bibliothèque centrale, Muséum national d'Histoire naturelle, Paris, Ms 6. © Muséum national d'Histoire naturelle.

선은 유쾌한 드로잉 실력과 명료함에 대한 열망을 모두 드러낸다. 인쇄된 도판에서도 플뤼미에는 윤곽선을 비슷하게 강조하여 푹스의 《식물사에 관한 저명한 주석》과 유사한 16세기 도안을 떠올리게 한다. 플뤼미에는 초벌 도안에서 보인 것처럼 처음에는 간단한 기하학적 형태로 식물을 해체하여 초기 근대 드로잉 기법서에서 추천

그림 2. 샤를 플뤼미에 作. 필릭스 라모시시마 라모시시마 키쿠타이 폴리이스, in Ch. Plumier, *Filicetum Americanum, seu Historia Filicum in Insulis Americanis Nascentium*, plate 35, ca. 1689–1697, graphite on paper, 372×240 mm. Bibliothèque centrale, Muséum national d'Histoire naturelle, Paris © Muséum national d'Histoire naturelle, Ms 1.

하는 방식을 따랐다. 플뤼미에는 양치식물인 필릭스 라모시시마 라모시시마 키쿠타이 폴리이스(*Filix ramosissima ramosissima cicutae foliis*, 그림 2)를 그리면서 처음에는 잎을 삼각형으로 그리고, 기하학의 언어를 사용해 자연을 시각적으로 헤쳐놓은 상태에서 종이 위에 고정시켰다. 16세기 중반부터 빠르게 확산된 예술 기법서들에서도 제일 먼저 현상의 형태를 단순한 기하 도형으로 나타내게 했다. 예를 들어 크리스페인 더파서 2세(Crispijn de Passe the Younger, ca. 1594-1670)가 쓴 설명서에 따르면 새를 그릴 때 첫 단계에서 먼저 대상을 단순한 타원형으로 표현한다.[15] 따라서 기하학 지식, 그리고 선과 단순한 도형의 문법을 익히는 것이 자연을 관찰하고 그대로 종이 위에 옮기는 과정에 도움이 되었다. 이런 드로잉 방식은 화가는 물론이고 플뤼미에처럼 스스로 그림을 완전히 제어하고자 했던 박물학자들이 사용하기에 적합한 그림 도구가 되었다.

프랑스 국립과학원 서기였던 베르나르드 퐁트넬(Bernard de Fontenelle, 1657-1757)은 식물학은 "게으른" 과학이 아니라고 주장한 적이 있다. 실제로 플뤼미에와 메리안의 책과 그림은 주변 자연에 대한 고된 탐색의 결과물이었다.[16] 플뤼미에는

해안과 시골을 돌아다니며 종이 위에 풍부하게 흔적을 남겼다. 메리안 사후인 1719년에 제작된《수리남 곤충의 변태》판본의 권두 삽화는 포충망으로 곤충을 잡고 있는 메리안을 등장시켜 자연과의 직접적인 교감을 강조한다(그림 3). 야외에서 작업 중인 예술가를 내세우는 표현 양식은 주로 수사적 전략에 따른 것이다. 이는 저자의 경험을 정확하게 전달하는 것이라기보다, 메리안의 텍스트에서 강조된 바와 같이, 자연을 현장에서 직접 관찰하는 것이 인식론적이고 예술적인 실천의 핵심임을 그림으로 재확인시키는 과정이다.

열대 자연이 자아내는 경이로움은 실제로 지켜본 이들에 의해 계속 강조되었다. 예전부터 자연은 신의 영광을 보여주는 거울로 이해되어 왔지만 카리브제도의 풍부한 동식물상은 특별히 강렬한 반응을 불러일으켰다. 이 이국의 자연은 훨씬 다양하고 색채도 화려했으며, 유럽에서는 볼 수 없었던 거대한 스케일과 풍부한 컬러 스펙트럼을 보여주었다.《아메리카 양치식물 논고》의 서문에서 플뤼미에는 식물들이 "드물게 경이롭고" "드물게 놀라워" 감탄을 일으킨다고 여러 번 언급한다.[17] 플뤼미에에게 자연은 신의 가장 훌륭한 창조물이고, 그의 책은 그 기적 같은 찬란함을

그림 3. 프레데릭 오턴스, 권두 삽화. M. S. Merian, *Over de Voortteeling en wonderbaerlyke Veranderingen der Surinaemsche Insecten*, Amsterdam 1719, Artis Library, Allard Pierson, University of Amsterdam, AB Legkast 019.01(see also the whole image on p.225).

칭송한다. 이와 대조적으로 메리안의《수리남 곤충의 변태》에서는 신에 대한 언급이나 신앙적 동기가 전혀 나타나지 않지만, 메리안의 다른 출판물이나 개인 서신에서는 종교적 색채가 드러난다. 이런 경외감은 이국적인 식물을 특별히 가치 있는 대상으로 보는 회화적 전통과 관련이 있다. 이미 16세기 초부터 저 새롭고 이상하고 아름다운 식물 표본들은 위대한 예술가들이 붓을 들 가치가 있는 소재로 보였는데, 예를 들어 곤살로 페르난데스 데 오비에도(Gonzalo Fernández de Oviedo, 1478-1557)의《아메리카 대륙의 역사 및 자연(Historia General y Natural de Las Indias)》

에 그런 주장이 나온다. 스페인의 식민지 행정관이자 연대기 작가인 오비에도는 아메리카 대륙에서 발견된 특별한 나무들을 페드로 베루게테(Pedro Berruguete), 레오나르도 다 빈치(Leonardo da Vinci), 안드레아 만테냐(Andrea Mantegna) 같은 유명 화가들이 그려야 한다고 말했다.[18] 이렇게 해외에서 들여온 식물들은 별도의 예술적 대접을 받을 필요가 있었다. 이 식물들에 요구되는 특별한 관심은 메리안과 플뤼미에에게로 이어졌다.

개별 식물에 대한 안정적이고 전달력이 좋은 그림 정보를 확보하는 것은 국내외에서 초기 근대 박물학자에게 어려운 도전 과제였다. 글만으로는 설명이 충분하지 않았으므로 이미지가 중요한 역할을 했다. 의사이자 프랑스 국립과학원 회원인 드니 도다르(Denis Dodart, 1634-1707)는 1676년에 파리에서 출간된 《식물의 역사에 기여하는 회고록(Mémoires pour servir à l'Histoire des Plantes)》에서 그림이 아닌 글로 식물을 설명할 때의 어려움을 강조했다. 도다르는 "새로운 방식의 말하기"와 어휘의 확장을 지지했다.[19] 예를 들어 식물학자들에게 색채의 영역에서 그들의 어휘와 색상 팔레트를 풍부하게 하기 위해 화가, 염색업자, 태피스트리 제작자의 언어를 빌려오라고 제안했다. 이는 예술가와 공예가가 단순한 이미지 생산자 이상의 전문성을 지녔다는 암시이다. 특히 경력 초기에 메리안이 바느질, 자수, 직물 페인팅에 대해 관심을 보인 것은 매체와 업무 사이의 상호작용이 생산적 인식의 전환을 가져올 수 있다는 도다르의 직관을 입증한다. 플뤼미에와 메리안의 텍스트에서는 색깔 같은 특정 정보를 최대한 정확하게 전달하려는 분투를 볼 수 있으며, 이는 그림의 한계를 인정하는 것이다. 이런 목적에서 플뤼미에는 이를테면 녹색 계열의 색조를 설명하기 위해 비교, 또는 다양한 형용사를 사용했다.

통제와 권위

플뤼미에와 메리안의 작품에서 저자가 직접 텍스트를 작성하고 이미지 제작을 주도했다는 사실은 대단히 중요하다. 플뤼미에도 메리안처럼 자연을 연구하며 상당히 많은 분량의 그림을 그렸고, 판화 제작에도 관여했다. 이는 《아메리카 양치식물 논고》의 수많은 도판 아래에 표시된 다음과 같은 문구에서 명백하게 나타난다. "Fr. C. Plumier [⋯] D.[elineavit] et Sc.[ulpsit]"(수도사 샤를 플뤼미에가 원화를 그리고 판화를 새겼음).[20] 메리안은 과거에 출간한 다른 책들에 실린 판화를 상당 부분 손수 제작했지만 아마도 건강 문제로 《수리남 곤충의 변태》에서는 직접 나서지 못한 것 같다. 그러나 최고의 동판화가를 고용했고 제작 과정을 일일이 감독했다.[21] 책 속 내용물을 엄격하게 제어함으로써 저자는 최종 인쇄된 도판이 최대한 원화에 가까워지게 했고, 그 덕분에 다른 사람이 쓰고 그린 작품들—예컨대 아메리카 대륙이라는 주제를 다루는 것들—에서 발견되는 격차를 피할 수 있었다.[22] 원고 노트를 보면 원화의 판화가 인쇄되는 과정에서 일어날 실수를 방지하기 위해 플뤼미에가 책의 내용물을 부분적이나마 통제하고 싶어 한 것을 알 수 있다.[23] 이미지에 특별한 의미를 부여한 것은 저자만이 아니라 책의 소유자들도 마찬가지였다는 사실은 책에 남은 흔적이 보여준다. 예를 들어《수리남 곤충의 변태》의 18세기 사본(현재 파리의 국립자연사박물관 소장)에 누군가가 손으로 적은 메모는 메리안이 직접 색을 입혔다는 점을 강조한다. "이 사본은 메리안의 손에서 나왔고, 그녀가 직접 칠했거나 적어도 그녀가 지켜보는 가운데 칠한 것이다."[24] 메리안이 관여했다는 이런 식의 주장은 사실상 불가능한 상황에서도(이를테면 메리안

사후에 인쇄된 책의 도판에 대해서도) 꽤 자주 보였다.[25] 메리안의 실제 참여 여부와 상관없이 이런 메모는 판매 전략에 사용되거나, 또는 수집가들에게 메리안이 실제로—또는 가정일지라도—처음부터 마지막 채색 단계까지 철저히 감독하는 가운데 책의 제작이 진행되었다는 중요한 증거가 될 수 있다. 이는 분명히 예술 작품이자 상품으로서 《수리남 곤충의 변태》의 시장가치를 더했을 것이다. 책의 이미지가 그렇게 엄격한 확인을 거쳤다면 그림은 텍스트와 함께 책의 요지를 증명하고 주장을 입증하는, 신뢰할 만하고 합법적이며 권위 있는 증거로 기능할 수 있다. 예를 들어 플뤼미에는 두 변종의 차이를 "텍스트와 그림"으로 보여주겠다고 썼다.[26]

그림은 식물 자체의 대용으로 기능했고, 크기가 넉넉한 판형에 그려져 관찰자가 이미지를 알아보기 쉽게 한다는 중요한 목적을 수행했다. 도판의 크기가 2절판이라 그림을 보고 식물의 구조를 이해하거나 지식을 얻는 것이 용이했기 때문이다. 실제로 플뤼미에는 이렇게 강조했다. "경험상 식물을 작게 그리는 것은 아주 어렵다. 나는 저 식물들을 원래의 크기로 그리고 싶었다."[27] 헨드릭 판레이더의《말라바르의 정원(Hortus Malabaricus)》(암스테르담,

1678-1703)은 인도 남서부의 식물상을 그린 책인데 여기에 나오는 대형 판화가 그린 측면에서 중요한 본보기였다.[28]

　　직접 그린 것이든 판화든, 이들 그림에서는 몰입적인 관찰을 유도하는 시각적 전략을 시도한다. 플뤼미에의 작품 속 일부 그림은 16세기에 인쇄된 약초서와 비슷한 방식으로 식물을 묘사하여, 흰색 바탕에 뿌리까지 포함된 완전한 식물을 보여준다. 그러나 대부분은 식물의 특정 부위에 초점을 맞추어 자르거나 오려내고, 잎이나 꽃을 확대해서 보여준다(그림 1 참조). 대개 전경에서 화면 평면(picture plane)에 가깝게 표현되는 식물은 종이의 가장자리까지 침범하며 공간 대부분을 차지하므로 관찰자들은 자기가 보는 대상에 아주 가깝게 서있다고 착각하게 된다. 메리안도 이와 비슷하게 《수리남 곤충의 변태》에서 커다란 도판을 사용했는데, 과거 유럽 생물을 대상으로 제작한 《꽃 그림책》이나 《애벌레 책》보다 훨씬 큰 판형이었다. 또한 《수리남 곤충의 변태》의 첫 번째 도판에서 메리안은 생생한 느낌을 주는 몰입형 전략을 사용한다. 초록색, 빨간색 잎이 폭죽처럼 펼쳐지는 곳에서 파인애플이 자랑스럽게 자라 나와 독자들에게 거창한 인사를 전한다(그림 4). 이 파인애플은 살짝 옆으

그림 4. 마리마 지뷜라 메리안(원화가), 요서프 뮐더르(동판화가), 파인애플. *Metamorphosis Insectorum Surinamensium*, Amsterdam 1705, plate 1, hand-colored etching, 52× 35cm(page), KB, National Library of the Netherlands, The Hague, KW 1792 A 19.

로 기울어 있는데 그 주위에서 잎을 기어다니는 탐욕스러운 바퀴벌레 때문에 한층 불안한 인상을 준다. 이 식물은 너무 커서 뿌리를 포함한 전체를 2절판 용지 한 장에다 담을 수 없다. 식물이 종이의 틀을 벗어나는 이런 설정은 쉽게 길들일 수 없는 자연이라는 감각을 전달한다. 메리안은 근거리에서 그림을 그려 식물을 전경의 화면 평면에 연속해서 배치했다. 식물과 전경 사이의 간격이 멀지 않기 때문에 관찰

자는 파인애플이 바로 앞에 있는 기분을 느낀다. 이런 프레임 기법은 보는 사람을 이미지 속으로 끌어들이는 효과가 크다. 다른 그림, 특히 바나나, 레몬, 수박 같은 열매 그림에서 이런 효과의 사용이 두드러진다. 열매와 꽃이 앞으로 튀어나오게 그리는 단축 효과로 인해 대상이 관찰자의 물리적 공간 안까지 침범한 느낌을 강하게 준다. 같은 맥락에서 메리안은 식물을 입체적으로 표현하는 데 중점을 둔다. 플뤼미에의 그림은 명료함을 위해 윤곽에 초점을 맞추었으므로 압착된 식물이 연상되는 평면성이 강하지만, 메리안의 그림은 촘촘한 해칭의 정교한 그물망을 광범위하게 활용해 빛과 그림자의 대비는 물론이고 부피감과 질감까지 나타낸다.

두 사람이 쓴 책의 텍스트는 집중적인 시각적 조사에 대한 암시로 가득 차있어서 저자가 장기간에 걸쳐, 또는 하루에 여러 번 지속적이고 반복적으로 대상을 조사했다고 증언한다. 플뤼미에는 이렇게 썼다. "나는 내게 허락된 만큼 최대한 관찰한다."[29] 메리안의 책에서도 도판과 함께 제공되는 설명을 통해, 식물과 곤충의 진화 및 상호작용을 추적하기 위해 여러 계절에 걸친 직접적이고 장기적이며 심층적인 시각적 몰입 방식을 사용했음이 여러 차례

은연중에 드러난다. 또한 플뤼미에와 메리안은 육안에만 의지한 것이 아니라 그 한계를 보완하기 위해 확대경이나 현미경 등의 기계적인 도움을 받았다.[30] 메리안의 경우, 이것은 커다란 발견의 순간으로 이어진다. 확대경 아래에서 애벌레는 세심한 주의를 요구하는 아름다운 매력을 뿜어낸다.[31]

저자들은 눈으로만 열중해서 식물을 본 것이 아니라 냄새와 맛은 물론이고 서로 다른 부위의 질감까지 조사했다고 언급한다. 식물학적 지식은 시각, 후각, 미각, 촉각이 모두 동원되어 진정으로 체화된 과정을 통해 얻어진다.

메리안과 플뤼미에는 짧고 일시적인 경험을 기록했을지도 모르지만 그들의 연구는 지속적으로 영향을 끼쳤고 책이 출판된 이후에도 오랫동안 계속해서 사람들의 관심을 불러일으켰다. 플뤼미에가 남긴 식물 그림들로 제작한 사후 판본은 18세기 후반에 네덜란드 공화국에서 출간되었다.[32] 메리안의 《수리남 곤충의 변태》는 보강되어 1719년에 재출간되었고, 1726년 덴하흐에서, 1771년 파리에서 프랑스어판이 번역되었다. 이런 소재들이 예술과 지식의 창작에서 성취한 과제는 참으로 대단하다. 그것들은 이미지 제작의 중요성을

강하게 뒷받침했고, 주의 깊은 관찰과 경험을 통해 자연환경의 구성을 체계적으로 조사하는 과정과 분석적이고 실용적이고 시각적인 과학의 추구로서 그리기 관행에 뿌리를 내렸다.[33]

이런 과정을 거쳐 제작된 이미지는 자연의 표본이라는 일시적 형태를 포착할 뿐 아니라 자연 세계를 관찰하고 이해하는 새로운 도구를 제공하여 자연을 감상하고 또 이야기하는 회화 및 대화적 장치를 활성화시켰다. 따라서 이미지 창작자들(메리안이나 플뤼미에처럼, 공식적으로 훈련을 받았든 그렇지 않든)은 그림의 제작 과정을 통제함으로써 개방적이고 필수 불가결한 시각적 해석자의 지위를 굳혔다. 그들은 끝없이 확장되는 시각적 세상을 이해시켰고, 그러면서 인간과 식물의 지적이고 감각적인 상호작용에 기반한 미적 시스템을 개발했다.

※고견을 주신 요제 벨트란, 캐서린 파웰 워런, 베르트 판더루머르에게 감사 인사를 전한다.

16장

마리아 지뷜라 메리안의 작품이 마크 케이츠비의 예술과 과학에 미친 영향

헨리에타 맥버니

서론

마리아 지뷜라 메리안이 수리남에 머물던 2년 동안(1699-1701) 연구한 열대 곤충과 식물의 이미지는 18세기 초 런던 과학계에 상당한 영향을 주었다. 그중에서도 영국의 박물학자이자 화가이고 메리안보다 26년 어린 마크 케이츠비(Mark Catesby, 1683-1749)는 유독 메리안의 작품에서, 특히 《수리남 곤충의 변태》로부터 지대한 영향을 받았다. 메리안처럼 "동물과 식물을 자생지에서" 연구할 필요를 느낀 케이츠비는[1] 1700년대 초에 북아메리카를 두 번 방문해 장기간 머물렀고, 그 결과 《캐롤라이나, 플로리다, 바하마제도의 자연사》(런던)를 출간했다. 이 장에서는 박물학자이자 화가인 두 선구자가 내놓은 작품 사이의 유사점을 고찰한다. 여기에는 두 사람이 관찰한 동물과 식물 사이의 상호작용, 그림을 그리는 과정, 두 사람 책에서의 예술과 과학의 밀접한 상호 의존 관계가 논의된다.

18세기 초 런던에서 메리안의 작품에 대한 지식

파격적인 열대 식물과 곤충을 담은 메리안의 그림이 불러온 충격은 《수리남 곤충의 변태》가 출간되기 전부터 이미 런던 학계에서 감지되었다. 1703년 왕립학회에서는 다음과 같은 이야기가 있었다.

지빌라 메리안 그레핀이 수리남의 식물과 곤충에 관해 그린 새로운 판화 작품이 공개되었다. 많은 이들이 그 디자인을 인정하여 후원을 약속했다.[2]

약재상이자 수집가인 제임스 페티버는 1711년에 암스테르담에서 메리안을, 1714년에 식물학자 리처드 브래들리(Richard Bradley, 1688-1732)를 만났고 페티버와 브래들리 모두 메리안의 작품 홍보에 나서기로 했다.[3] 1720년대와 1730년대에 메리안은 영국에서 존경받는 인물이었고, 《수리남 곤충의 변태》는 케이츠비의 스승인 식물학자이자 약재상 새뮤얼 데일(Samuel Dale, 1659-1739), 그와 동시대를 살았던 보포르 공작부인(Duchess of Beaufort), 한스 슬론 경, 리처드 미드 박사, 그리고 왕립학회의 서고 등에서 찾을 수 있었다.[4]

1705년에 이미 한스 슬론 경은 메리안이 그린 원화를 상당히 소유하고 있었는데, 수리남 생물과 연관된 91개 수채화를 포함하는 화집(페티버를 통해서 메리안으로부터 200기니에 샀다. 현재로 따지면 약 6만 유로)과, 더 오래전에 작업한 유럽의 곤충 수채화 160점이다.[5] 그 화집은 슬론이 소장한 200권 이상의 "미니어처 북" 목록에 등록되었다. 미니어처 북은 그가 자연사 화가나 자연철학자, 기타 "호기심꾼들"을 위해 마련한 컬렉션이었다.[6]

케이츠비는 청년 시절에 슬론의 컬렉션을 방문해 메리안의 수채화와 출간된 작품을 연구할 기회가 있었다.[7] 메리안은 박물학자이자 예술가이며, 동식물을 "그것이 자생하는 나라"에까지 가서 연구하고 수집했을 뿐 아니라 야생에서 직접 보고 그린 탐험가의 본보기였다. 박물학자로서의 선구적인 행위만으로도 충분한 영감을 받았겠지만, 그 결과를 그리고 출판한 작품까지 더해지자 영향력은 더욱 커졌다. 런던에 소장된 전시품이 아니라 날것 그대로의 상태로 자연을 보고자 하는 열망과 그 자신이 발견한 것들로 책을 쓰고자 하는 그의 야망은 메리안을 통해 여러 측면에서 자극을 받았다.

탐험가이자 개척적인 야외 박물학자였던 메리안과 케이츠비

메리안은 《수리남 곤충의 변태》 서론에 어느 네덜란드 수집가의 소장품 가운데 "동인도와 서인도에서 가져온 아름다운 생물들을 보며 경이를 느꼈다"고 쓰면서 자신의 진정한 관심은 이 생물들의 "기원과 발달 과정"을 알아내는 것이라고 덧붙였다. "연구를 계속하기 위해 비용이 많이 드는 장기적인 여행을 감행하게 한" 것이 바로 그 열정이었다.[8] 메리안은 1699년에 52세의 나이로 수리남의 네덜란드 식민지로 개척적인 항해를 떠났으나, 경제적인 부분은 물론이고(메리안에게는 후원자가 없었다) 건강 때문에도 21개월 만에 연구를 접고 돌아와야 했다.

메리안은 동물학과 식물학적 지식은 물론이고 "호기심, 열정, 끈기, 그리고 고된 작업과 불편함, 궁핍을 견딜 수 있는 능력"이 요구되는 야외 박물학자에게 마지막으로 필요한 회복력을 보여주었다.[9] 메리안은 대부분의 사람들이 포기했을 힘든 여건에서도 결연히 나아갔다. 열대 지역은 "가시덤불이 숲을 가로막고 있어서 노예들을 먼저 보내 도끼로 베고 길을 열게 했다. 그랬는데도 뚫고 들어가기가 몹시 힘"든 상태라 접근이 어려웠다.[10] 네덜란드 식민지 개척자들에게도 도움을 기대하기는 힘들었다. "그들은 내가 그 나라에서 설탕이 아닌 다른 것을 찾는 것을 보고 조롱했다."[11] 메리안은 미지의 생물을 조사하고 수집하여 표본으로 만들겠다는 강

한 의지에 두려움 없이 행동했고 때로는 그 대가를 치러야 했다. 구아바 나무에서 발견한 털 달린 애벌레는 "아주 독성이 강했다. 경험상 맨손으로 만지면 곧바로 피부가 부풀어 오르는데 매우 아프다".[12] 그녀는 토착민들로부터 독성이 있거나 치명적인 생물을 구분하는 법을 배웠다. 그들이 카사바 식물의 즙을 짜는 것을 보면서 "사람이나 동물이 그 즙을 그대로 마시면 극도의 통증을 느끼며 죽지만, 끓여서 마시면 훌륭한 음료가 된다"는 것을 발견했다.[13]

메리안이 《수리남 곤충의 변태》에서 내보인 헌신과 열정은 케이츠비를 크게 감동시켰다. 메리안의 책이 발표되고 7년 뒤 케이츠비는 29세의 나이에 미국 버지니아의 자연사를 연구하고 수집하고 그리기 위한 여행에 나섰다.

나의 호기심은 내 나라의 생물을 보는 것에 만족하지 못했고, 나는 곧 동물과 식물을 그것이 자라는 나라에서 직접 보고픈 강렬한 욕망을 느꼈다.[14]

케이츠비 역시 후원자 없이 여행길에 올랐다. 그러나 7년 뒤 돌아왔을 때는, 영국의 자연과학 커뮤니티에 보여준 표본과

그림 덕분에 두 번째 여행을 떠날 수 있었다. 사우스캐롤라이나의 새로운 영국 식민지로 향하는 케이츠비에게는 열두 명의 후원자가 있었고 그중 절반이 "자연에 관한 지식을 개선하기 위한 런던 왕립학회" 회원이었다. 사우스캐롤라이나에서 3년, 바하마에서 1년 동안 연구한 결과물은 케이츠비가 세상을 떠나기 2년 전에 완성한 2절판 형식의 두 권짜리 《캐롤라이나, 플로리다, 바하마제도의 자연사》를 통해 20년에 걸쳐 열한 차례로 나누어 출간되었다.

케이츠비도 사우스캐롤라이나와 바하마 야생에서 독이 있는 동식물 때문에 고초를 겪었다. 그 역시 메리안처럼 현지 아메리카 토착민의 도움으로 어떤 것은 먹을 수 있고 어떤 것은 해롭고 독이 있는지를 익혀서 자신을 보호했고, 토착민들이 동식물을 사용하는 방식을 보고 식용, 약용, 의복, 의례, 기타 쓸모에 대해 배웠다(판델프트가 쓴 10장 참조). 또한 메리안과 같은 호기심으로 인해 때로 무모함의 대가를 치렀는데 바하마에서 만치닐 나무 베기를 돕다가 눈이 멀뻔한 일도 있었다.

유백색의 독즙이 눈에 들어간 바람에 이틀 동안 완전히 앞이 보이지 않았고 눈과 얼굴이 퉁퉁 부었으며 처음 24시간은 바늘로 찌르는 듯이 고통스러웠다.[15]

글과 그림으로 기록하기

메리안은 자신의 책에 인쇄된 커다란 도판 맞은쪽 페이지에 직접 관찰한 내용을 기록했는데, 케이츠비도 그의 책에서 같은 방식을 사용했다.[16] 메리안이 동물의 형태적 특성과 행동, 식물의 생활을 직접 관찰하고 놀라움과 기쁨으로 묘사한 신선한 스타일이 케이츠비에게 강한 인상을 남겼던 모양인지 그는 그것을 그대로 모방했다. 야외에서 활동한 박물학자이자 수집가로서 두 사람은 생물의 형태적 구성은 물론이고 구체적인 모양, 색깔, 형상 등을 관찰하고 기억하게끔 훈련했다. 그들의 텍스트는 이런 자세한 관찰을 생생하게 전달한다. 메리안은 피파두꺼비(*Pipa pipa*)와 바다쇠비름(*Sesuvium portulacastrum*) 그림에 소라게를 그리고 다음과 같이 설명했다.

나는 이 소라껍데기들을 물속에서 꺼내서 그 안에 어떤 생물이 사는지 보았다. 몇 마리는 강제로 끄집어냈는데 뒤쪽이 달팽이처럼 껍데기 안으로 들어가는 일종의 게라는 걸 알게 되었다. 낮에는 꼼짝하지 않고 있다가 밤이 되면 다리로 조용한 소음

을 내는데 절대 가만히 있지 않는다.[17]

케이츠비도 소라껍데기 안에 사는 캐리비안묻집게(*Coenobita clypeatus*)를 보고 똑같이 매력을 느꼈다.

자연은 [이 소라게의] 부드러운 부위를 보호하기 위해 제 크기와 모양에 가장 잘 맞는 빈 물고기 껍데기 안에 들어가 살게 했다. 소라게의 몸이 너무 커져서 껍데기의 크기가 맞지 않으면 그곳을 떠나 넉넉한 크기의 다른 껍데기를 찾아 들어가며, 이런 식으로 몸이 커질 때마다 거주지를 바꾼다. 이들은 등에 껍데기를 지고도 아주 빨리 기어다니고, 위협을 느끼면 껍데기 안에 몸을 숨기거나 큰 집게발을 내밀어 방어 자세를 취한 후 누구든 자신을 괴롭히면 세게 꼬집는다.[18]

메리안과 케이츠비는 박물학자의 활동을 예술가의 일과 결합하여 자기가 관찰한 그 자리에서 스케치하고 색칠했으며, 살아 있는 생물이 없을 때는 되도록이면 방금 죽은 생물을 보고 그렸다. 그러나 야외의 상황은 호의적이지 않았다. 메리안이 말한 것처럼 "이 나라의 열기는 감당하기 힘들어 작업이 고생"스러웠다.[19] 날씨와

곤충 떼로 인한 어려움과 불편함에 더하여 17세기 후반과 18세기 초에는 수채화를 그리는 과정이 훨씬 힘들었다. 약재상이나 염료상에게서 산 원료에서 직접 물감을 만들어야 했기 때문이다. 대개 원료를 아라비아고무나 기타 식물의 나뭇진 같은 용매와 섞어 희석해서 썼다. 메리안은 한 학생에게 보낸 편지에 "바탕색이 있는 조개껍데기 2개와 바니시가 든 작은 병을 보내겠다. 혹시 물감이 더 필요하면, 나한테 아름다운 색이 좀 있단다"라고 썼다.[20]

두 예술가 모두 한 편의 수채화를 완성하기까지는 시간이 걸렸다. 메리안은 자신이 현장에서는 필요한 것만 그렸다고 구체적으로 기록했다.

수리남에 있을 때 유충과 애벌레는 물론이고 그들의 먹이와 습성도 함께 그리거나 적었습니다. 그러나 나비, 딱정벌레 등 당장 그곳에서 색칠하지 않아도 되는 것은 브랜디 안에 넣거나 압착하여 보관해서 들고 와 나중에 커다란 판형의 독피지에 실제 크기로 그렸어요.[21]

메리안이 야외에서 색칠까지 한 사례는 이름을 알 수 없는 어느 말벌의 경우가 유일하다. "나는 수리남에서 내 주위를 날아

다니는 이 벌레를 그리며 내내 시달렸다. 그들은 내 물감 상자 근처에 진흙으로 둥지를 지었다."[22] 이 내용으로 미뤄보면 메리안은 숲으로 조사를 나갈 때 물감을 들고 가지 않고 집에 두었던 것 같다. 아마 숲까지 들고 갈 형편이 되지 못했을 것이다. 그러나 케이츠비는 원정을 떠나며 물감을 챙겼다.

이 짧은 여행에 나는 인디언을 시켜 상자를 들고 가게 했다. 상자 안에는 종이와 물감 재료 말고도 내가 수집한 식물의 건조 표본, 씨앗 등이 들어있었다. 나는 이 친절한 인디언들에게 많은 도움을 받았다. 그들이 사냥한 것으로 연명했고, 비가 오면 그들이 나와 내 짐이 젖지 않게 나무껍질로 오두막을 지어주었다.[23]

완성된 책의 왼쪽 페이지에서 발견된 여러 그림을 보면 케이츠비는 야외에서 주로 펜과 잉크로 드로잉을 하고 수채물감으로는 일부 세부적인 부분을 기록하거나 색에 대해 메모를 적었던 것 같다.[24] 메리안처럼 케이츠비도 박물학자가 동물과 식물을 기록하고 동정할 때 색깔이 필수적인 진단 요소임을 인지했다. 다만 메리안과 달리 케이츠비는 색소에 관해 혼자서 배워

야 했다. 프랑크푸르트와 뉘른베르크에서 어린 시절을 보낸 메리안은 전문적인 미술 환경에서 일찌감치 색상 관련 지식을 배웠다. 그곳에서 그녀는 네덜란드 정물화가인 의부 야코프 마렐과 그의 제자이자 미래에 남편이 될 요한 안드레아스 그라프의 작업실에서 유화와 수채화를 모두 섭렵했다. 화가이자 판화가로서 메리안의 실력은 당시 발간된 메리안의 전기에 이렇게 묘사된다.

메리안은 꽃, 과일, 새로 구성된 각종 장식을 유화와 수채화로 그리는 훌륭한 교육을 받았다. 그녀는 뛰어난 기술, 섬세함, 지성을 발휘해 실크, 새틴, 기타 재료로 된 패널에 수채화로 이 모든 것을 그렸다. (…) 무엇보다도 그녀는 사실적이고 자연주의적인 판화 기술로 유명했다.[25]

반면에 케이츠비는 독학한 화가로서 여러 문헌을 공부하고 다른 화가의 작품을 연구하며 사물에 "색깔을 입히는" 법을 스스로 터득했다. 예를 들어 아마추어를 위한 "수채화 그리기" 과정은 친구인 조지 에드워즈(George Edwards, 1694-1773)가 알려주었다.[26]

케이츠비가 자연사 삽화에 색깔을 사용

한 것은 주로 흑백 그림을 그린 과거의 자연사 화가들과 크게 대조된다. 메리안이 채색한 대형 이미지는 중요한 예외이자 본보기가 되었고 케이츠비는 메리안의 그림을 보면서 색채의 중요성을 다시 한번 확인했다. 그는 책의 서문에서 자신의 신념을 이렇게 밝혔다.

특히 자연사 연구에서 채색은 대상에 대한 완벽한 이해에 필수적인 요소라, 그림 없는 정확한 설명보다는 정확하게 채색된 동식물 그림에서 더 명확한 아이디어를 얻을 수 있다.[27]

케이츠비는 또한 색깔이나 물감을 선택할 때 내구성을 따지고 그가 "색칠하는" 자연의 대상을 가장 정확하게 묘사할 수 있는 색상을 골랐다.

채색할 때 나는 특히 녹색의 경우, 가장 자연스러운 것, 그리고 내구성이 강하고 광택이 오래가는 물감과 색을 고른다. 겉으로는 그럴듯하고 빛이 나지만 부자연스럽거나 색이 바래는 물감은 사용하지 않았다.

자연의 색을 포착하는 일에는 또 다른 어려움이 있었다. 물고기가 물 밖으로 나오면 원래의 색을 빨리 잃는다는 것을 알게 된 케이츠비는 "그것들이 색을 잃어가는 가운데 연속해서" 색을 입히는 작업을 여러 번 시도해야 했다.[28] 다행히 파충류는 "먹이가 없어도 몇 달을 살기 때문에 그들이 살아있는 동안 그리는 데 어려움이 없었다".[29]

메리안 역시 메넬라우스모르포나비의 설명에서 색깔을 생생하게 포착하는 어려움을 토로했다.

나는 [서양모과에서] 이 노란 애벌레를 발견했다. 몸 전체에 분홍색 줄무늬가 있었다. 집에 가져가서 키우자 잔가지에 누워있는 나무색 번데기로 빠르게 변했다. 2주 후인 1700년 1월이 끝날 무렵 세상에서 가장 아름다운 나비가 나왔는데 반짝이는 은빛에 사랑스러운 군청색, 녹색, 보라색이 뒤섞여 도무지 형언할 수 없었다. 그 아름다움은 붓으로는 표현할 수 없었다.[30]

환경과의 연관성, 작품의 배열

그 시대를 살았던 다른 사람들처럼 케이츠비도 숙주 식물 위에 곤충을 그린 메리안의 삽화에 충격을 받았다. 메리안이 삽화와 함께 동물과 식물의 상호 의존성에 대

그림 1. 메리안 지빌라 메리안 作, 파충류 네 종의 연구. lizard(*Tropidurus* sp.), lesser earless lizard(*Holbrookia* sp.), 거대어미바도마뱀(*Ameiva ameiva*), and gecko(fam. Gekkonidae), watercolor and bodycolor on vellum, Saint Petersburg Archive of the Russian Academy of Sciences(SPbARAN), inv. no. R.IX. Op. 8. no. 65. Photo from Hollmann(2003). Courtesy Artis Library.

그림 2. 마크 케이츠비 作, 파충류 연구. 그레이엄도마뱀(*Anolis grahami*), 다섯줄도마뱀(*Plestiodon fasciatus*), 점박이도롱뇽(*Ambystoma maculatum*). watercolor and bodycolor, 375× 265mm, Royal Collection, RCIN 926018. Royal Collection Trust / © Her Majesty Queen Elizabeth II 2021.

해 적은 설명이나 그녀가 쓴 《수리남 곤충의 변태》의 서문 역시 커다란 영향을 주었다. "나는 이 모든 동물을 각각에게 영향을 주는 식물, 꽃, 과일 위에 올려놓았다."[31] 케이츠비 역시 그의 책 서문에서 이렇게 썼다. "명확히 밝혀진 경우라면, 새를 그릴 때 그들이 먹는 먹이나 그 새와 관련된 식물과 함께 각색해서 그렸다."[32] 자연 세계의 여러 요소 사이에서 일어나는 상호작용을 그려내려는 열정은 옛사람들은 물론이고 동시대인 사이에서도 벗어나는 중요한 일탈이었다. 예를 들어 케이츠비가 그린 새 그림은 "작품의 주제인 주인공을 돋보이게 하기 위해 밑그림에 약간의 장식을 더했다"라고 쓴 조지 에드워즈와 크게 대조되었다.[33]

메리안과 케이츠비는 스스로 관찰하고 수집한 동식물의 '종이 표본'이라고 할만한 것을 생산했다(그림 1, 2). 메리안이 수리남에서 제작한 표본의 소묘는 현재 상트

그림 3. 메리안 지뷜라 메리안 作. 스페인재스민, 엘로박각시, 아마존트리보아. watercolor and bodycolor with gum arabic over lightly etched outlines on vellum, 363×289mm(vellum sheet), Royal Collection, RCIN 921203. Royal Collection Trust / © Her Majesty Queen Elizabeth II 2021.

그림 4. 마크 케이츠비 作. 리본뱀과 카넬라. watercolor and bodycolor, 371×273mm, Royal Collection, RCIN 925998. Royal Collection Trust / © Her Majesty Queen Elizabeth II 2021.

그림 5. 마크 케이츠비 作. 리본뱀과 카넬라. M. Catesby, *The Natural History of Carolina, Florida and the Bahama Islands*, volume 2, London 1743, plate 50, hand-colored etching, 35×25.5cm. Royal Society of London, 188894.

페테르부르크에 보관된 〈연구 노트〉에서 볼 수 있다. 메리안은 이 내용을 바탕으로 나중에 곤충이 각각의 식물 숙주와 함께 보이도록 작품을 구성했다.[34] 케이츠비도 초벌 드로잉을 모아둔 스케치북이 있었을지 모르지만 전해지지 못했다. 지금까지 남아있는 것은 현재 윈저 성 왕립도서관에 소장된 《캐롤라이나, 플로리다, 바하마제도의 자연사》를 위한 밑그림 모음집뿐이다. 이 화집은 총 220개의 도판에 실린 263점의 드로잉으로 구성되었는데 일부 페이지에는 왼쪽에 약 40개의 추가 스케치가 있다. 이 그림집에서 케이츠비가 동판화의 최종 구성을 만든 단계뿐 아니라 메리안의 삽화가 그 과정에 영향을 미친 방식도 엿볼 수 있다.

케이츠비의 그림을 분석하다 보면 자연스럽게 그가 작품을 만드는 과정을 따라가게 된다. 《수리남 곤충의 변태》 44번 도판에서 메리안은 스페인재스민(*Jasminum grandiflorum*)을 엘로박각시(*Erinnyis ello*)와 함께 보여주는데, 애벌레, 번데기, 성충의 세 단계가 식물의 줄기와 잎에 달려 있다. 식물 밑에는 아마존트리보아(*Coral-*

그림 6. 마리아 지빌라 메리안 作, 당귤나무와 로스차일드누에나방. watercolor and bodycolor with gum arabic over lightly etched outlines on vellum, 406×286mm(vellum sheet), Royal Collection, RCIN 921209. Royal Collection Trust / © Her Majesty Queen Elizabeth II 2021.

그림 7. 마크 케이츠비 作, 커스터드애플과 세크로피아나방. watercolor and bodycolor, 426×305mm(sheet of paper), Royal Collection, RCIN 926048. Royal Collection Trust / © Her Majesty Queen Elizabeth II 2021.

lus hortulana)가 구불거리며 장식하고 있다. 이런 배치는 그림에 딸린 텍스트에서 설명된다. 메리안은 도마뱀, 이구아나, 뱀 등이 재스민의 강력하고 달콤한 냄새 뒤에 숨어있는 것을 관찰했고, "이런 이유로 이 식물의 발치에서 발견한 아주 아름다운 뱀을 추가했다"라고 썼다. 《캐롤라이나, 플로리다, 바하마제도의 자연사》의 2번 도판과 50번 도판에서 케이츠비는 식물인

카넬라(*Canella winterana*)와 그 밑에 웅크리고 있는 리본뱀(*Thamnophis sauritus*)을 보여준다. 이 작품을 보면 케이츠비가 다른 도판에서 뱀의 이미지를 잘라다가 붙인 것을 알 수 있는데, 그 과정에서 식물의 줄기가 어색하게 가려지고 그곳에 있던 텍스트가 사라졌다. 완성된 작품에서는 뱀이 식물 줄기 뒤에서 똬리를 틀고 있는 모습으로 다시 배치해 동물과 식물의 공간 관

그림 8. 마크 케이츠비 作. 커스터드애플과 세크로피아나방, 그리고 그 고치. M. Catesby, *The Natural History of Carolina, Florida and the Bahama Islands*, volume 2, London 1743, plate 86, hand−colored etching, 35×25.5cm(plate), Royal Society of London, 188894.

계를 바로잡았다(그림 3, 4, 5). 케이츠비가 "바하마섬의 조밀한 숲"에서 발견한 식물과, 유럽의 강과 개울과 연못에서는 흔하게 발견되지만 바하마에서는 서식하지 않는 뱀은 서로 관계가 없지만 한 페이지에 함께 그려져 동물과 식물을 조합하는 메리안식 작품의 시각적 특징을 드러낸다.

케이츠비가 커스터드애플(*Annona reticulata*), 세크로피아나방(*Hyalophora cecropia*)과 그 고치(《캐롤라이나, 플로리다, 바하마제도의 자연사》, 2번, 86번 도판)로 연출한 최종 작품은 과학적 내용은 물론이고 구성에서도 메리안에게 빚을 졌다. 메리안의 책은 주로 곤충에게 초점을 맞추고 있지만, 케이츠비의 《캐롤라이나, 플로리다, 바하마제도의 자연사》는 훨씬 포괄적인 범위를 다룬다. 서문에서 케이츠비는 동물 중에서도 처음엔 새에 집중했고 이어서 다른 동물로 넘어갔지만, 곤충의 경우는 종합적인 컬렉션을 제작하거나 "기술할" 시간이 없었다고 말했다.[35] 그럼에도 이 책을 보면 그가 곤충의 변태에 관한 메리안의 작품을 상세히 연구한 것을 알 수 있다. 보여주기 측면에서 케이츠비는 메리안 작품의 특징인 대각선 구도를 의도적이고 과감하게 모방했다. 그래서 나방의 이미지를 열매의 대각선 반대쪽 모퉁이에 배치하여 《수리남 곤충의 변태》 52번 도판과 비슷하게 구성했다. 이 도판에서 메리안은 당귤나무(*Citrus sinensis*) 가지를 로스차일드누에나방(*Rothschildia aurota*)과 함께 보여주었는데, 케이츠비는 자신의 동판화에서 같은 배치가 여의치 않자 각각을 재배열하고 열매가 달린 줄기를 압축하여 그 아래에 있는 나방에 맞추었다(그림 6, 7, 8). 다음에는 메리안처럼 나방의 고치를 그 옆에 두었다(그림 8 참조). 이것은 케이츠비가 곤충 발달의 여러 단계를 한 그림에 담은 유일한 삽화다. 그가 고치를 조사하고 묘사하게 된 것도 곤충의 생활사에 대한 메리안의 선구적 작업 덕분이었을 것이다. 케이츠비는 본문에서 이렇게 상세히 설명했다.

이 나방의 애벌레는 달걀형의 실크 주머니 2개 안에 들어있다. 바깥에서 실크는 헐렁한 상태이고 더 얇고 부드러우며 크기가 작은 질감의 또 다른 막으로 덮여있는데 그림에서 보는 것처럼 구조가 그렇게 균일하지는 않다.[36]

과학과 예술의 균형

메리안과 케이츠비는 자신의 예술적 성취

가 과학 연구에 기여한다고 생각했다. 케이츠비에게 자연을 있는 그대로 관찰하고 기록하는 행위는 탐구와 발명에 대한 끝없는 욕구와 함께 이어졌다. 그는 야생에서 자연을 예리하게 관찰한 것처럼 다른 자연사 예술가의 삽화와 기법도 똑같이 연구했다. 과학자의 관찰과 예술가의 관심이 나란히 이어지는 또 다른 사례를 메리안의 작품에서도 볼 수 있다. 메리안은 곤충 및 식물에 대한 연구와 관찰 내용을 정확히 표현하려고 애쓰는 동시에 예술가로서도 그림을 통해 자신의 발견을 대단히 극적이고 장식적인 작품으로 창조해 냈다. 그녀의 작품에서 어떤 요소는 예술적인 이유로 추가되었으며, "나는 도판의 장식을 완성하기 위해 뱀을 추가했다" 내지는 "화지를 채우기 위해 날고 있는 커다란 딱정벌레를 상단에 추가했다"와 같은 설명을 적었다.[37]

각각의 작품에는 더 깊은 연관성이 존재한다. 그들이 과학자이자 예술가이기에 발생한 과학과 예술 간의 긴장이다. 또는 요한 볼프강 폰 괴테가 메리안에 대해 말한 것처럼 "예술과 과학의 이중성과 융합"이기도 하다.[38] 그들의 독창적인 안목과 예술적 실천도 그런 긴장에서 나왔고, 그런 이유로 대부분의 다른 18세기 자연사 삽화와는 차별되었다. 박물학자이자 예술가로 활동하며 생장한 이미지는 예술과 자연의 종합이다. 그들의 예술가적 기교는 과학의 기록이라는 경계를 넘어서 하나의 기념비로 살아남았다.[39] 궁극적으로 두 사람은 그들의 그림을 통해, 그들이 만났고 과학을 위해 기록했던 자연의 아름다움, 참신함, 다양성 안에서 기쁨을 전달한 것이다.

17장

대단한 여성
마리아 지뷜라 메리안이
독일의 자연사 연구에 미친 영향

안야 그레베

학식 있는 수많은 남성이
끝없이 고민해 온
바로 그 문제를
여성들이 진지하게
다루었다는 사실이
얼마나 대단한가.

게스너도, 워튼도, 펜도, 모펏도
출간하지 않아 오늘날
우리가 읽을 수 없던 것들,
오 영국이여,
내 나라 독일에서 재능 있는
한 여성의 손으로
빛을 보게 되었구나.[1]

1679년, 마리아 지뷜라 메리안은 뉘른베르크에서 첫 책인 《애벌레 책》을 출간했다. 이 책은 다양한 변태 단계에 있는 곤충을 각자 선호하는 먹이식물과 함께 전면에 새긴 동판화 50점으로 구성되었다. 각 그림에는 메리안이 그 곤충의 변태, 생태, 행동에 대해 관찰한 내용을 독일어로 짧게 적었다.[2] 일부를 발췌한 앞의 시는 뉘른베르크 신학자이자 시인인 크리스토프 아르놀트가 메리안을 노래한 〈찬시(Lobgedicht)〉인데, 메리안의 책에서 서문 역할을 대신했다.[3] 메리안에 대한 아르놀트의 찬사가 당시로서는 이례적이었을지도 모르지만, 이 장에서 살펴볼 것처럼 그녀의 작품은 지금까지 밝혀진 것보다 독일, 특히 프랑코니아(Franconia, 독일 바이에른 북부와 그 인접 지역을 가리키는 역사적, 지리적 명칭―옮긴이)에서는 그때나 그 이후의 학자들 사이에서 훨씬 더 높이 평가되었다.

근대 초기에 아르놀트가 쓴 것 같은 찬사의 노래는 책의 목적을 강조하고 동시에 저자의 성취를 평가하는 중요한 시적 도구였다.[4] 그러나 아르놀트의 경우는 메리안이 유명한 판화가이자 인쇄업자인 마테우스 메리안의 여식이었다는 사실 말고는 메리안과 그녀의 작품에 관해 별다른 정보를 주지 않았다. 대신 그는 메리안을 유럽에서 다양한 시대에 활동한 여러 국가 출신의 유명한 박물학자들과 비교했는데, 그들 중에는 콘라트 게스너(Conrad Gesner, 1516-1565), 토머스 모핏, 요하네스 후다르트, 요하네스 스바메르담이 있다. 아르놀트에 따르면 메리안은 자연철학자, 그리고 예술가의 지식과 덕목을 겸비했고, 추가로 여성이었다는 면에서 "대단한(re-markable)" 사람이었다. 메리안의 존재로 인해 독일은 일순간에 자연사 분야에서 다른 모든 국가를 능가하는 나라가 된 것 같았다. 그녀를 남성 동료들 사이에서 돋보이게 하기 위해 아르놀트는 정규교육을 받지 않은 젊은 여성이었음에도 메리안이 저명한 다른 학자들과 대등하거나 심지어 월

등했다는 점을 들어 메리안이라는 사람 자체가 자연의 경이라고 선언했다.

메리안의 예술적-과학적 접근법

메리안 시대에 통용되는 과학의 언어는 라틴어였다. 예술가이자 장인의 가문에서 태어나 여성으로 살았던 메리안은 사실상 중등학교에 다닐 기회가 없었다. 학교에 갔다면 라틴어를 배우고 대학에도 진학했을 것이다. 이와 달리 크리스토프 아르놀트가 1679년 "찬시"에서 열거한 박물학자들은 거의 학력이 높았다.[5] 그들 대부분 의학을 공부했고, 의사 일을 하다가 생리학과 해부학에 관심이 생겨 동물 및 곤충 생물학을 연구하게 되었다. 저자가 과학 논쟁에서 목소리를 인정받기 위해서 관련 문헌에 대한 지식을 증명하는 것은 의무나 다름없다. 과학 담론의 측면에서 메리안은 평생 아마추어였다. 라틴어를 배운 적이 없기에 남성 동료와의 학술적 대화에 온전히 참여할 수 없었기 때문이다.

그러나 메리안은 전통적인 학력의 부족을 예술적 훈련과 역량으로 채웠고 실제로 그 이상을 해냈다. 그녀가 화려하게 식각한 동판은 과거 이름 모를 예술가가 작업한, 대개는 조잡한 목판화와는 비교할

수 없이 훌륭했다. 독일 의사 헤르만 콘링(Hermann Conring, 1606-1681)은 아마도 메리안이 그린 과학 삽화의 놀라운 수준에 대해 처음으로 언급한 사람일 것이다. 1687년에 출간된 《의학의 전체와 부분에 대한 입문서(Introductio in Universam Artem Medicam Singulasque Eius Partes)》에서 콘링은 메리안과 그녀의 업적을 다른 저명한 곤충학자들과 비교했다. 이탈리아 과학자이자 수집가이며 《곤충에 관한 일곱 권의 책(De Animalibus Insectis Libri Septem)》(1602)을 쓴 울리세 알드로반디, 《곤충 또는 아주 작은 동물들의 극장(Insectorum Sive Minimorum Animalium Theatrum)》(1634)의 저자 토머스 모핏, 그리고 《일반 곤충사》(1669)를 쓴 요하네스 스바메르담이 대표적이다.[6] 메리안의 그림을 과거의 다른 책들과 나란히 두고 보면 그 차이점은 명확하다. 일반적으로 다른 화가들은 곤충을 표현할 때 그림자를 그리지 않았고, 대개 그 시대의 나비 컬렉션같이 위에서 본 모습을 그리거나 또는 옆에서 그렸다. 이런 상태에서는 표면의 질감이나 외골격 또는 날개의 무늬 등 형태적 특징이 좀 더 정확하게 구현되지만 입체감을 전달하지는 못한다. 콘링은 알드로반디의 그림을 두고 "기적처럼 아름답고 정확"하다는 의견을 달았지만 "진정한 예술의 구현"이라고 칭찬한 것은 메리안의 도판뿐이었다.[7]

아르놀트의 찬사와 콘링의 확언에도 불구하고 메리안의 출판물에 대한 남성 지배적인 과학계의 반응은 그다지 뜨겁지 않았다.[8] 메리안의 책은 "흥미롭고" "예술적"이긴 하지만 온전한 과학 문헌으로 받아들여지지는 않았다. 예술사학자 하이드룬 루트비히(Heidrun Ludwig)에 따르면 "메리안의 장점은 새로운 발견에 있는 것이 아니라 이미 알려진 것을 퍼트려 최대한 많은 이들이 곤충의 변태라는 경이를 볼 수 있게 한 것이다".[9] 루트비히는 다른 사람들 중에서도 메리안과 동시대에 활동한 독일 역사가 요한 카스파르 에베르티(Johann Caspar Eberti, 1677-1760)를 참조했다. 에베르티는 메리안의 《애벌레 책》을 "대단히 매력적이고 흥미롭고 누구나 받아들일 수 있는 작품"이라고 평가했다.[10] 그런데 루트비히는 에베르티가 내린 평가의 인식론적 맥락이나 그가 주로 참조한 《의학의 전체와 부분에 대한 입문서》에서 콘링이 《애벌레 책》에 드러난 곤충 세계에 대한 신선한 통찰과 미적 특성을 칭찬한 부분은 언급하지 않았다.[11] 그러나 동시대인들의 판단은 적절한 담론적 맥락에서 해석되어야 한다. 우선 에베르티는 고대에서 현대까지 두각을 나타낸 여성들에 대한 백과사전식 연구서인 《학식 있는 여성들을 위한 열린 지식의 보고(Eröffnetes Cabinet deß Gelehrten Frauen-Zimmers)》(1706, 독일어로만 편집됨)에 "마리아 지빌라 그레핀"에 대한 짧은 평가를 실었다. 에베르티의 책은 작가이자 학자로서 여성의 능력을 다룬 "여성에 관한 논쟁(Querelle des Femmes)"의 맥락에서 읽혀야 한다. 그리고 이런 여성들의 전기를 모은 "박물관"에 메리안이 포함된 것은 세계적으로 유명한 여성 작가이자 박물학자에게 충분히 기대할 수 있는 것이었다.[12]

1715년에 독일의 법리학자 고틀리프 지크문트 코르피누스〔Gottlieb Siegmund Corvinus, 1677-1647, 아마란테스(Amaranthes)〕가 《유용하고 품위 있고 흥미로운 여성 백과사전(Nutzbares, galantes und curiöses Frauenzimmer-Lexicon)》에서 에베르티가 쓴 내용을 빌려왔다.[13] "마리아 지빌라 그레핀"에 관한 항목에서 코르피누스는 에베르티가 메리안에 대해 "자연에 관한 경험이 풍부한 여성"이라고 했던 표현을 반복했을 뿐 아니라, 이 전임자의 오류까지 그대로 가져와 메리안을 "저명한 의사 메리안 그라프의 딸"로 잘못 적

었다. 그리고 메리안이 1678년에 출간한 《꽃 그림책》을 《애벌레 책》 제1권과 혼돈했다. 코르피누스는 콘링을 참조했지만, 콘링이 책에 실은 에베르티의 긴 라틴어 인용문을 삭제하고 대신 요아힘 폰 잔트라르트가 《독일 아카데미》에서 회화, 드로잉, 꽃자수 분야에서 메리안의 "완벽한" 기술을 강조하기 위해 적은 평가를 실었다.

코르피누스의 《유용하고 품위 있고 흥미로운 여성 백과사전》에는 주목할 만한 여성들에 관한 전기 외에도 가정용품, 가구, 의복, 패션, 책, 애완동물, 역사적 사건, 육아, 요리 레시피, 종교 및 도덕적 문제에 관한 항목을 비롯해 여성의 다양한 관심사가 포함되어 있다. 총 1,100쪽에 이르는 이 책은 특별히 여성을 설명하는 최초의 그리고 가장 영향력이 뛰어난 독일어 백과사전으로서 그 시대 다른 백과사전식 서적과 어깨를 나란히 한다.[14] 이 책은 1739년과 코르피누스의 사후인 1773년에 개정판이 출간되어 독일어권에서 그 영향력을 강조한다.[15] 1739년 판본에서는 메리안에 관한 항목이 거의 그대로 유지되었지만,[16] 코르피누스 사후에 출간된 1773년 확장판에서 메리안은 완전히 삭제되었다. 이는 아마도 담당 편집자가 여성 독자에게 유용한 일반적인 백과사전적 지식에 좀 더

치중하면서 개인의 전기를 배제했기 때문일 것이다.

에베르티와 코르비누스의 백과사전은 계몽시대 이전 여성 지식의 주요 문헌으로 메리안의 책을 소개했다.[17] 이와 대조적으로 콘링이 과거에 내렸던 메리안에 대한 긍정적인 평가는 잘 알려진 그의 라틴어 의학 매뉴얼 《의학의 전체와 부분에 대한 입문서》의 1726년 개정판에서 등장했다.[18] 이것은 남성 중심의 과학계 안에서 그의 판단에 큰 권위가 실리는 계기가 되었다. 에드윈 로스너(Edwin Rosner)는 이 책이 건강검진의 필요성 같은 체계적인 질문에 초점을 맞추고, 자연과학 같은 이웃 분야와의 관련성을 탐구했으며, 600명 이상의 저자를 인용한 점으로 미루어 "최초의 근대 의학사 서적"이라고 평가했다.[19]

이런 배경에서 보았을 때 콘링이 《의학의 전체와 부분에 대한 입문서》에서 메리안을 칭찬하고 상대적으로 긴 문단을 할애한 것은 대단히 이례적이다. 이는 메리안의 《애벌레 책》이 이미 1687년에 순수한 남성 학계에서 참고문헌으로 추천되었다는 뜻이다. 게다가 메리안은 유일한 여성 저자였고 《애벌레 책》은 콘링이 인용한 극소수의 비(非)라틴어 문헌 중 하나였다. 그러나 콘링은 현대 메리안 연구에서 대개 간과되었고 그래서 이런 인식은 널리 알려지지 못했다.

18세기 독일에서 메리안의 지위

메리안의 작품은 많은 예술가에 의해 복제되었고, 회화와 판화, 직물, 그리고 자기류(porcelain)에 이르기까지 여러 매체로 전환되었다. 단일 요소만을 잘라내어 차용한 예술가와 장인도 있었고, 작품 전체를 복제한 이들도 있었다.[20] 그러나 메리안의 이미지가 곤충의 변태라는 복잡한 과정과 관련해 품고 있는 이야기는 종종 추종자들에게 무시되었는데, 그들은 기본적으로 예술가였지, 예술가이자 자연과학자는 아니었기 때문이다.

메리안을 따라 예술과 자연사를 결합한 사람들은 소수에 불과했다. 곤충학 분야에서 예를 들자면 엘레아차어 알빈(Eleazar Albin, fl. 1690-ca. 1742)의 《영국 곤충의 자연사(A Natural History of English Insects)》(1720)가 있다.[21] 알빈은 독일에서 태어난 것으로 추정되며, 1708년 이후 영국 문헌에 등장한 인물로 예술가이자 박물학자로 활동했고, 왕립학회 회원인 조지프 댄드리지(Joseph Dandridge, 1665-1747), 제임스 페티버와 가깝게 지내면서 이들에게서 메리안의 작품을 소개받았을 것이다.[22] 《영국 곤충의 자연사》 각 장 말미에 실린 참고문헌에서 알빈은 여러 차례 메리안의 《애벌레 책》을 참조했다. 알빈은 저자의 성으로 참고문헌을 인용했고 남성과 여성을 차별하지 않았다. 즉 알빈은 메리안과 그녀의 발견에 여느 (남성) 저자의 것과 똑같은 가치를 부여했고, 곤충 세계에 대한 메리안의 진정한 초학문적 접근법에서 예술가이자 박물학자로서의 영감을 끌어냈다.

메리안의 저서를 성별을 넘어서 과학적 논쟁의 대상으로 삼았던 곤충학자 중에 독일 판화가이자 교사인 요한 레온하르트 프리슈(Johann Leonhard Frisch, 1666-1743)가 있다. 프리슈는 1699년부터 베를린에서 일하면서 1720년에 〈독일의 각종 곤충에 대한 설명(Beschreibung vonallerley In-secten in Teutschland)〉이라는 연속간행물을 내기 시작해 1738년까지 총 13호를 발행했고, 1730년에서 1753년까지 재판을 찍었다.[23] 프리슈는 자신이 베를린에서 관찰했거나 브란덴부르크주 여행에서 수집했던 국내 곤충에 초점을 맞췄다. 그는 작고 흔한 곤충 또는 이, 벌레, 말벌, 파리, 모기 같은 "해충"에 집중했고 현미경을 곧잘 이용했다. 각 장은 대개 유충에 대한

설명으로 시작해 변태의 여러 단계를 묘사했다. 5호부터는 권두에서 유명한 곤충학자의 작품을 소개했다. 프리슈는 메리안의 관찰과 도판을 꾸준히 인용하면서도 메리안을 따로 권두에 소개하지는 않았는데, 이는 아마 메리안이 국내의 작은 곤충이나 맵시벌과(科) 곤충에 크게 관심을 두지 않았기 때문일 것이다. 메리안과 그녀의 작품에 대한 우호적인 문장과는 별개로 프리슈는 메리안이 관찰한 내용 일부를 비판하기도 했다. 예를 들어 호랑나비 유충과 그 냄새에 대해 메리안은 여러 종류가 함께 뒤섞여 있을 때 과일 향이 난다고 묘사했지만,[24] 프리슈는 향기는커녕 "고약한 악취"라고 표현하며 그것이 그 동물이 스스로를 보호하는 방식이라고 설명했다.[25]

메리안의 발자취를 뒤쫓은 독일 곤충학자들 가운데 뉘른베르크에서 온 박물학자 두 명이 있다. 첫 번째는 마르틴 프로베니우스 레데르뮐러(Martin Frobenius Ledermüller, 1719-1769)로 원래 변호사였다가 자연과학자 겸 예술가가 되었다.[26] 1761년에 그는 《현미경으로 본 마음과 눈의 즐거움(Mikroskopische Gemüths und Augen-Ergötzung)》을 출간했는데 여기에는 "자연을 그리고 채색까지 한" 판화 100점이 포함되었다(그림 1).[27] 책 속 삽화는

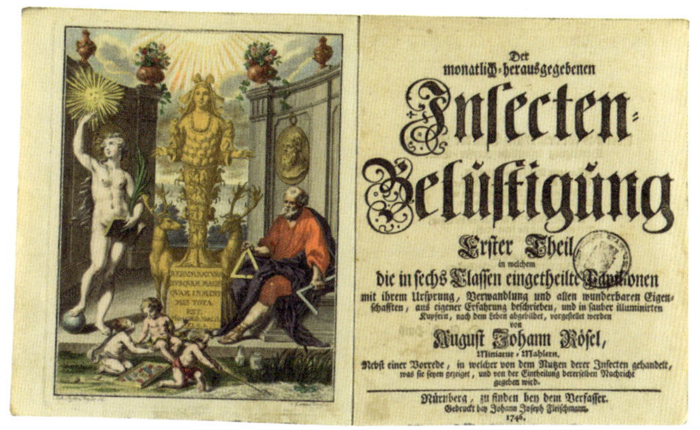

그림 1. 마르틴 프로베니우스 레데르뮐러(원화가), 아담 볼프강 빈테르슈미트(Adam Wolfgang Winterschmidt, 동판화가), *Coccumpolonicum[= Porphyrophora polonica]*, in M. F. Ledermüller, *Mikroskopische Gemüths–und Augen–Ergötzung*, 1761, plate 32, etching, 25.5×21.5cm, Stadtbibliothek Nürnberg. Hert. II. 39.4˚.

그림 2. 아우구스트 요한 뢰젤 폰 로젠호프, *Der Monathlich–Herausgegebenen Insecten–Belustigung*, volume 1, 1746, Title page and frontispiece, ca. 21×18cm(page), Stadtbibliothek Nürnberg, Will. IV. 6.4˚.

식물, 동물, 곤충, 광물의 미세한 이미지를 보여주고 있으며, 포도 위의 곰팡이 포자(2번 도판), 나비 날개의 가루(9번 도판), 소변 방울의 결정 구조(15번 도판) 같은 특별한 볼거리를 포함한다. 레데르뮐러는 종종 곤충에 관한 문헌이나 전문가들의 논쟁을 참조하여 자신의 과학 지식을 강조했다. 그가 인용한 저자 가운데 "우리의 유명한 메리안"이 있는데 그는 수리남으로의 여정을 예술을 위한 일종의 나비 사냥으로 묘사했다.[28] 메리안의 《수리남 곤충의 변태》에서처럼, 레데르뮐러의 《현미경으로 본 마음과 눈의 즐거움》에는 한 곤충의 서로 다른 변태 과정은 물론이고 그것이 발견된 문화적, 환경적 맥락에 관한 추가 정보까지 포함되어 있다.

더욱 흥미로운 인물은 아우구스트 요한 뢰젤 폰 로젠호프(August Johann Rösel von Rosenhof, 1705-1759)이다. 그는 화가이자 판화가 가문에서 태어났고,[29] 메리안과 마찬가지로 과학적 연구를 예술과 결합했다. 뢰젤은 자신의 곤충 연구를 1746년에서 1755년까지 편집하여 《곤충의 즐거움(Insecten-Belustigung)》이라는 제목으로

그림 3. 아우구스트 요한 뢰젤 폰 로젠호프, 박각시, color sample, ca. 28.5×22cm, for J.A. Rösel von Rosenhof & C.F.K.Kleemann, *Der Monathlich–Herausgegebenen Insecten–Belustigung*, ca. 1740–1761, Stadtbibliothek Nürnberg, Nor. H. 934.

여러 권 출간했다. 제4권은 뢰젤이 세상을 떠난 후 그의 사위이자 화가이자 채색가인 크리스티안 프리드리히 카를 클레만(Christian Friedrich Carl Kleemann, 1735-1789)(그림 2)이 펴냈다.[30] 메리안과 반대로 뢰젤은 당대 최고의 저명한 자연과학자들, 특히 칼 린네와 비슷한 방식으로 곤충에 접근하여 이 집단을 '파필리오눔 녹투르노룸(*Papilionum Nocturnorum*)'에서 '파필리오눔 디우르노룸(*Papilionum diurnorum*)'까지 6개의 유형으로 나누었고, '토종 메뚜기와 귀뚜라미' 항목을 추가했다. 메리안처럼 뢰젤도 현미경을 폭넓게 사용해 곤충의 해부 구조를 연구하고 많은 부위를 발견했다. 책의 삽화에 딸린 텍스트는 그 자신이 관찰한 내용은 물론이고 다른 연구자들의 연구와 의견도 광범위하게 제공했는데 그중 일부가 메리안의 것이다.

첫 번째 유형인 파필리오눔 녹투르노룸 중에서 뢰젤이 "grosse geschwänzte Windig-Raupe"〔꼬리가 큰 서양메꽃 애벌레=박각시(*Agrius convolvuli*)〕라고 설명한 것이 있는데, 이는 바로 메리안의 《애벌레 책》2권의 25번 도판에 나오는 것이다. 이 도판은 곤충의 여러 발달 단계는 물론이고 애벌레의 배설물까지 보여주는데, 덕분에 사람들은 기가 막히게 위장한 이 곤충의

유충에 주목할 수 있다. 뢰젤은 이 애벌레와 변태에 관한 메리안의 관찰을 언급하면서 자기가 관찰한 것과의 차이점을 이야기했다. 특히 뢰젤은 해당 곤충이 선호하는 먹이에 관해 이견을 제시했는데, 메리안의 확언과 달리 그는 이 유충이 뿌리가 아니라 초록색 잎을 선호한다고 관찰했기 때문이다.[31] 메리안처럼 뢰젤도 《곤충의 즐거움》을 컬러판과 흑백판으로 나누어 팔았다. 채색의 정확도를 보장하기 위해 뢰젤은 각 도판의 컬러 견본을 만들었고 이런 방식은 뉘른베르크 시립도서관에 보관된 견본에서 볼 수 있듯이 그의 사위에게까지 이어졌다(그림 3).[32] 각 도판에서 곤충과 여러 요소의 색상은 시각적으로나 텍스트에서나 세심하게 구현되었다. 가장자리에는 각 색상과 색소 정보, 색상 사이의 관계, 밝기 등에 관한 상세한 설명이 적혀 있다. 컬러 견본과 실제 색칠된 도판은 사용된 색소의 품질과 혼합 방식에 따라 변이가 나타난다. 그러나 색상은 일반적으로 견본에 맞춰 결정된다. 메리안과 두 딸은 아마 색채의 정확도를 보장하기 위해 비슷한 컬러 견본을 사용했을 것이다.[33]

메리안을 통해 예술은 자연과학의 필수적인 요소가 되었다. 메리안의 가치를 인정한 또 다른 세계적인 학자로 뉘른

그림 4. 게오르크 뒤오니지우스 에레트, 메리아나 플로레 루벨로. C.J. Trew, *Plantae Selectae*, Decuria 4(1754), plate 40, etching, 39.5×25cm(plate), Allard Pierson, University of Amsterdam, OL 63–494.

그림 5. 게오르크 뒤오니지우스 에레트, 에흐레티아. C.J. Trew, *Plantae Selectae*, Decuria 3(1752), plate 25, etching, 40×26.5cm(plate), Allard Pierson, University of Amsterdam, OL 63–494.

베르크의 의사이자 식물학자인 크리스토프 야코프 트레브(Christoph Jakob Trew, 1695-1769)가 있다.[34] 저서인 《선별된 식물(Plantae Selectae)》(1750-1773)에서 트레브는 한 난초과 식물에 '메리아나 플로레 루벨로(*Meriana flore rubello*)'라는 이름을 붙여 기념했다. 희망봉에서 가져온 씨앗을 런던의 첼시 피직 가든에서 재배해 1750년에 처음으로 꽃을 피운 식물이었다. 트레브는 곤충의 세계는 물론이고 작품을 통

해 식물의 세계까지 조명한 메리안을 영원히 기억하기 위해 이 우아한 식물의 이름을 메리안으로 정했다.[35] 삽화는 당시 최고의 식물 화가로 알려진 게오르크 뒤오니지우스 에레트(Georg Dyonisius Ehret, 1708-1770)가 그렸다(그림 4). 1759년에 린네는 에레트의 삽화를 참조하여 '안톨리자 메리아나(*Antholyza meriana*)'라고 재명명했고, 현재의 적법한 학명은 '바트소니아 메리아나(*Watsonia meriana*)'이다.

이와 비슷하게 트레브는 지치과의 한 아름다운 식물을, 그가 가장 좋아하는 예술가 게오르크 에레트(Georg Ehret)를 기억하고자 '에흐레티아(*Ehretia*)'라고 이름 붙였다(그림 5). 현재 에흐레티아속은 여전히 유효하며 약 50종의 종을 포함한다. 에흐레티아를 그린 도판은 메리안에게서 영감을 받았다고 보이는데, 트레브가 후원자의 서재에서 메리안의 《수리남 곤충의 변태》를 보았기 때문이다.

뉘른베르크의 상인이자 식물학자 요한 크리스토프 폴카머 같은 사람들은 메리안의 도판을 그대로 복제했다. 폴카머의 저서 《뉘른베르크 감귤류—고귀한 시트론, 레몬, 오렌지 열매에 대한 철저한 설명》의 마지막 권에 메리안의 파인애플(에서릿지가 쓴 2장 참조)이 실려있다. 추가로 메리안의 골리앗새잡이거미는 다음 도판에서 복제되었다. 19세기에 인기 있던 동물 백과사전 《브렘의 동물 생활(Brehm's Tierleben)》 초판 제6권에도 같은 거미가 메리안의 삽화와 똑같이 그려져 있다.[36]

결론

마리아 지빌라 메리안은 동시대를 살았던 남성 동료에 비해 세간의 관심을 덜 끌었지만, 메리안의 발견을 참조한 수많은 문헌과 논의는 당대 학계에서 그녀의 높은 위치와 명성을 강조한다.[37] 예를 들어 트레브가 쓰고 베네딕트 크리스티안 포겔(Benedict Christian Vogel, 1745-1825)이 마무리 지은 《선별된 식물》에서 학명이 사람 이름으로 기념된 소수의 식물을 보면 메리안은 에레트, 페티버, 부르하버(Herman Boerhaave), 말피기 같은 사람들과 함께 들어가 있다.[38] 저 남성들은 왕립학회 회원인 유명 인사들이다. 메리안은 독일에서 곤충학 연구의 기초를 마련한, 그것도 최초로 경험에 기반해 틀을 세운 사람으로 공을 인정받아야 한다. 메리안의 가장 위대한 성취는 과학 연구와 예술을 하나로 섞어놓은 데 있기 때문이다.

18장

메리안 마케팅

작고한 여성 박물학자의 시각적 브랜딩

1717년 9월 28일, 암스테르담의 공증인 피터르 스하발여(Pieter Schabaalje)는 불세출의 여성 박물학자 마리아 지빌라 메리안의 새로운 대중적 이미지가 탄생한 계약을 눈앞에서 보았다. 그해 1월 메리안이 사망하자 딸 도로테아가 어머니의 미완성 작품을 마무리하여 출판했고, 도로테아와 남편은 이 유명한 《애벌레 책》 시리즈의 세 번째이자 마지막 책을 공개한 후 암스테르담을 떠나 상트페테르부르크에 가서 표트르 1세(1672-1725)의 궁정을 방문할 예정이었다.[1] 그러나 출발하기 전에 어머니의 유산을 안심할 수 있는 사람의 손에 맡기고 싶었다. 암스테르담 출판업자 요하네스 오스테르비크는 1,200길더라는 상당한

액수를 지불하고 메리안이 수작업한 컬러 사본과 동판 도판을 포함해 인쇄된 텍스트와 이미지 재고 일체는 물론이고, 메리안의 《꽃 그림책》과 유럽 및 남아메리카 곤충에 관한 모든 도서의 독점 출판권을 확보했다.[2]

유능한 사업가였던 이 출판업자는 그때부터 2년간, 저명한 여성 박물학자라는 메리안의 대중적 이미지를 키울 기회를 모조리 붙잡았다.[3] 예를 들어 그는 모두가 손꼽아 기다린 《애벌레 책》 라틴어 완역본을 최초로 발간했고, 《수리남 곤충의 변태》의 라틴어 및 네덜란드어 번역본을 재발간했다. 추가로 오스테르비크는 책에 첨부할 헌시와 삽화, 그리고 메리안의 초상화를

그림 1. 마리아 지뷜라 메리안의 초상화, 1708–1780. 게오르크 크젤(디자인), 야코뷔스 하우브라컨(에칭). M. S. Merian, *Der Rupsen Begin, Voedzel en Wonderbaare Verandering*, Amsterdam 1712–1717, hand–colored etching, 16.2×13cm(plate), Artis Library, Allard Pierson, University of Amsterdam, AB Legkast 019.02.

의뢰했다. 특히 인쇄용 초상화는 전도유 망한 예술가 야코뷔스 하우브라컨(Jacobus Houbraken, 1698-1780)에게 에칭을 맡겨, 메리안의 사위이자 도로테아의 남편인 게오르크 크젤이 그린 메리안의 초상을 새기고 미흡한 부분을 보완하게 했다(그림 1). 널리 알려진 명성에도 불구하고 그때까지 메리안은 인쇄된 초상화가 없었다. 메리안을 그린 그림이 거의 남아있지 않아 누군가는 "마이너스 초상화"라는 말까지 했다. 1949년에 마르가레트 피스터부르칼터(Margaret Pfister-Burkhalter)는 메리안의 초상화에 대해 개괄하면서 "어린 시절부터 노년까지 여러 점이 전해졌다"라고 말한 바 있지만,[4] 이 유명한 박물학자의 초상이라고 식별된 수많은 이미지 중에 진위가 확인된 것은 하나밖에 없다. 그것이 바로 오스테르비크가 의뢰한 것이다. 출판된 직후부터 이 초상화가 대중에게 메리안의 시각적 이미지를 형성하는 데 결정적인 역할을 한 것은 놀랍지 않다. 이어지는 수백 년 동안 이 그림을 바탕으로 수많은 메리안의 초상이 제작되면서 그 영향력과 상징성이 더욱 공고해졌다.[5]

이 장에서는 이 상징적 초상화에서 출발해, 사망 직후 제작되어 이후 작품에 실린 메리안의 시각적 이미지에 초점을 맞춘 다. 근대 초기에 지식인의 초상화가 어떻게 활용되었는지 소개한 다음, 오스테르비크가 의뢰한 메리안의 이미지가 지적 권위를 갖춘 여성이라는 명성에 얼마나 적극적으로 기여했는지를 분석한다. 이어서 이 그림을 저명한 남성 동료의 작품 속 권두 삽화와 비교하고, 여기에 적용된 도상학적 전략에 초점을 맞춰 근대 초기 지성인 사회에서 메리안에 대한 시각적 형상이 그간 끈질기게 지속된 성별의 위계에 어떻게 도전했는지 살펴본다.

초상화, 지적 권위의 브랜딩

마리아 지뷜라 메리안의 공식 초상화가 드물었다는 사실은 당시 초상화가 유명인의 지적 권위를 세우고 알리는 데 큰 역할을 수행했다는 점을 생각하면 이례적이다. 지식인의 초상화는 고대 그리스·로마 시대부터 유행했지만, 이 장르가 확실히 유행하기 시작한 것은 근대 초기에 접어들어서였다. 16세기 인문주의자들은 흔히 서신에도 자신의 초상화를 넣고는 했는데, 이는 직접 대면할 일이 없는 동료에게 자신을 소개하는 기능을 했다.[6] 또한 이 시기에 지식인의 초상화는 도서관이나 서재에서 눈에 띄는 자리를 차지했다.[7] 뛰어난 위인들의 이미지에 둘러싸여 있으면 지적 자극을 받을 수 있다고 여겼기 때문이다. 이런 초상화는 대개 비슷한 양식으로 그려졌고, 학식 있는 이들의 시각적 계보에서 한자리 차지하고 싶은 야심 찬 젊은 세대에게 직접적인 기준이 되었다.

지식인의 초상화가 유행하면서 학자나 문인의 초상이 판화로 제작되기 시작했다. 인쇄된 그림은 책에 실리는 것은 물론이고 별도로 판매되거나 수집, 전시되었다. 17세기를 거치며 모든 신간에 저자의 초상화가 실린 권두 삽화와 속표지가 제작되었다. 서점에 가면 저자의 초상화를 맨 위에 얹은 미제본 원고 더미가 손님을 맞이했다.[8] 책이라는 맥락에서 저자의 얼굴은 프랑스 역사학자 로제 샤르티에(Roger Chartier)의 주장처럼 "작품이 진품임을 알리는 개인성의 표현"으로 기능했다.[9] 초상화와 텍스트의 결합은 일종의 거래였고, 독자에게 서론의 기능을 했다. 책의 맨 앞장에 보기 좋게 자리한 이 초상화들은 저자를 미화하고 기품을 더해 저자의 견해에 권위를 부여했다. 이처럼 저자의 초상화는 시각적 요소(권두 삽화, 속표지, 저자의 초상화)와 텍스트적 요소(서문, 헌사, 출판특권)로 구성되는 전문(前文)의 목적에 중요한 역할을 하고, 저자에 대한 강력하고

고유한 이미지를 구축하는 데 기여했다. 출판업자나 서적상 같은 대리인들은 책의 권두 부분을 적극 활용해 저자라는 브랜드(반복해서 나타나고 인지할 수 있는 특징)를 대중에게 알렸다.[10]

자신을 감추는 여성 지식인

저자의 대중적 페르소나가 중요시되고 특히 저자의 인쇄된 초상화를 찾는 수요가 늘면서 근대 초기의 학식 있는 여성들은 어려움을 겪었다.[11] 여성 지식인이 급증하면서 이들도 인쇄술을 활용해 작품을 출간할 방도를 찾았지만 초상화에서 발목이 잡혔다. 근대 초기에 들어와 개인의 자율성이 점차 강조되는 분위기에서도 여성이 공공 및 지적 영역에 공개적으로 참여할 기회는 여전히 제한되었다. 말하기와 글쓰기가 정숙한 여성의 행실에 어울리지 않는 행위로 간주된 지는 오래였고, 익명의 청중에게 배포하고 판매할 요량으로 인쇄용 초상화를 그리는 것은 발칙한 일이었다. 그 결과 초창기에는 여성 저자 중 작품에 초상화를 싣는 사람이 드물었고, 그래서 지식층 여성은 오랫동안 자기 작품 안에서 눈에 띄지 않았다. 가장 기억할 만한 예외가 있다면 "배운 젊은 여성", 아나 마리

아 판스휘르만(Anna Maria van Schurman, 1607-1678)으로 그녀는 지적 권위자라는 대중적 명성을 높이기 위해 의도적으로 자신의 초상화를 내세웠다.[12]

그러나 일반적으로 여성이 글이나 이미지를 통해 스스로를 대중 앞에 드러낼 때 그 페르소나는 정숙한 여성이라는 토포스(topos) 뒤에 조심스럽게 감춰지거나 남성 동료의 그늘에 가려졌다. 메리안의 경우도 마찬가지였다. 메리안과 동시대에 활동한 남성 동료는 저서에서 지적 권위자로서 자신을 드러내는 일이 빈번했지만 저자로서 메리안의 페르소나는 생전에 출판된 작품에서 다소 숨겨져 있었다. 초상화를 싣지 않는 것에 더하여 메리안은 작품에서 자기 자신을 알리고 싶어 하지 않는 것 같았다. 1675년에 첫 책으로 데뷔하면서 이 여성은 대중에게 딱 한 번 자신을 알렸다. 그리고 《꽃 그림책》 제1권의 라틴어 속표지에 "Maria Sibylla Graffin"이라고 이름을 넣으면서도 독립적인 지적 권위를 주장할 생각이 없었다. 대신 유명 인사였던 작고한 아버지와의 관계("Matthæi Meriani Senioris Filia"), 그리고 마침 출판업자이자 인쇄 기술자였던 남편과의 관계("Joh: An-dreas Graff excudit")를 강조함으로써 딸과 아내의 역할을 부각했다. 출신 배경이 주

는 권위를 강조한 것과 비슷한 전략이 뉘른베르크의 저명한 문헌학자이자 시인인 크리스토프 아르놀트에 의해서도 시도되었다. 그는 두 권의 독일어판 《애벌레 책》에 헌정한 서시(序詩)에서 그녀를 "훌륭한 메리안 가문의 부지런한 딸", 그리고 "그레핀 부인"이라고 불렀다.[13] 메리안이 처음으로 독자에게 직접 말을 건넨 것은 과거에 따로따로 출간되었던 세 권의 책을 하나로 묶은 《새로운 꽃 그림책》(1680)의 서문이 유일하다. 그러나 역사적 일화 뒤에 가려진 이 서문에서조차 메리안은 자신의 목소리를 거의 드러내지 않아 대중은 그녀의 학식을 짐작하는 수준에서 그쳐야 했다.

1705년에 《수리남 곤충의 변태》의 네덜란드어판과 라틴어판이 출간되었을 때 책의 권두에는 저자 자신이 쓴 짧은 소개가 실렸다. 자신을 수리남까지 이끈 곤충에 대한 평생의 사랑을 자전적으로 표현한 이 서문은 메리안이 출판한 글 중에서 가장 개인적인 이야기였다. 그러나 그조차 의도적으로 두 쪽을 넘기지 않았고, 남성이 지배하는 지성인 사회에서 학식 있는 여성이라는 이례적인 지위는 물론이고 지적 사견을 자세히 남기는 것도 거부했다. "본문의 글을 좀 더 길게 쓸 수도 있었지만, 작

금의 세상은 대단히 예민하고 배운 자들의 의견이 서로 충돌하여 나는 그저 내가 관찰한 것만 적을 생각이다. 따라서 내가 전달하는 자료는 누구나 자신의 생각과 의견에 따라 생각해 볼 수 있다."[14] 이번에도 그녀의 지적 권위는 (기껏해야) 책의 앞부분에서 암시적으로만 언급되었다.

여성 박물학자의 시각화

메리안의 대중적인 이미지는 세상을 떠난 직후 그녀의 유산이 암스테르담의 열정적인 인쇄업자 요하네스 오스테르비크의 손에 넘어가면서 급격하게 달라졌다. 타고난 상인인 오스테르비크는 다른 출판업자로부터 이미 제작된 동판이나 재고를 구매해 오래된 자료를 매력적인 새 형식으로 재판매하는 일에 탁월했다.[15] 특히 그는 자신의 '스타 저자'들을 최적으로 마케팅하기 위해 책의 권두 부분을 적극적으로 활용하여 매출을 늘려왔다. 메리안의 경우, 오스테르비크는 작품의 새로운 판본을 암스테르담의 이름 있는 귀족들에게 전략적으로 헌정했다. 그리고 메리안에게 바치는 헌시와, 더 중요하게는 메리안의 대중적 이미지를 뒷받침할 시각적 이미지를 의뢰했다.

메리안을 독립적인 지적 권위자로 마케팅하려는 의도는 완결된 《애벌레 책》의 고대하던 라틴어판에 싣고 또 별도로 판매할 요량으로 야코뷔스 하우브라컨에게 의뢰한 초상화로 잘 설명된다. 일반적인 학자의 초상화가 그렇듯, 메리안의 초상은 대상의 능력을 강조하기 위해 세심하게 설계된 도상학적 요소로 가득 채워졌다. 이 작고한 박물학자의 첫 인쇄용 초상화는 그녀가 평소 지내던 장소에서 자연스러운 모습을 보여준다. 메리안은 호화로운 가운을 입고 책상 뒤에 앉아 몸을 오른쪽으로 4분의 3 정도 돌리고 오른손을 뻗은 자세다. 이 서재에서 그녀는 자신의 주요작으로 보이는 세 권의 책과 깃털 펜이 꽂힌 잉크, 조개껍데기, 꽃, 곤충, 붓, 확대경, 천구, 그리고 나비와 함께 있는 식물 등의 사물과 열매로 둘러싸여 있다. 메리안은 학식 있는 여성이자, 기술과 전문성 측면에서 모두가 인정하는 곤충학 분야의 권위자로 그려진다. 그러나 이 초상화의 배경은 그녀의 영감에 기여한 두 가지 요인을 추가로 강조한다. 벽에는 명예의 상징인 월계수 화관, 그리고 제 꼬리를 물고 있는 뱀이자 영원을 상징하는 우로보로스가 둘러싼 메리안 가문의 문장이 걸려있다. 그것은 아르놀트의 찬시처럼 가문의 성공적인

그림 2. 게오르크 크젤, 〈마리아 지뷜라 메리안의 초상화(Portrait of Maria Sibylla Merian)〉, ca. 1715, brown ink on paper. Photographic reproduction; whereabouts artwork unknown. RKD, The Hague. 오른쪽 상단에 메리안이 출생일과 사망일이 적혀있다.

그림 3. 파울 아우구스트 룸피우스(원화가), 야코프 더라터르(동판화가), 〈게오르크 에베르하르트 룸피우스의 초상화〉, 1696, in G.E. Rumphius, *D'Amboinsche Rariteitkamer*, Amsterdam 1705, etching, Artis Library, Allard Pierson, University of Amsterdam.

계보에서 메리안이 차지한 위치를 부각한다. 문장 아래에는 조각상이 새겨진 기둥이 있으며, 영원한 명성을 상징하는 이 기둥 앞에는 자유의 모자를 쓴 네덜란드 처녀가 앉아있다. 그녀의 발치에서 천사가 책에 몸을 기울이고 찬양의 나팔을 불며 이 독일 태생 박물학자의 이름과 명성이 네덜란드 공화국에서 얼마나 중요한지 강조한다.

이러한 도상학적 프로그램을 공들여 구성하면서 하우브라컨은 크젤이 그린 초상화 원본을 최대한 살렸다(그림 2). 크젤이 그린 선을 거의 동일하게 동판에 옮긴 하우브라컨의 선택은, 원작의 강한 표현력과 신실한 디자인에서 영감을 받았기 때문만이 아니라, 그 초상화가 과거 요하나 쿠르턴의 저명한 수집품에 포함되어 있었다는 사실 때문이기도 했다(피터르스와 판더 루머르가 쓴 6장 참조).[16] 하우브라컨이 메리안의 작업 도구를 덜어내어 그녀의 솜씨와 재주를 강조하지 않았다는 점 말고도 크젤과 하우브라컨의 초상화가 보인 가장 큰 차이점은 크젤의 그림에 네덜란드어로 적혀있던 찬가가 대체된 것이다.

Waar God trekt van den Mensch, als regt is, wat hij geeft Hij woekert sterk, en met zijn Schepper vredig leeft. Dus bragt vrouwe Merian de gaaf van haar Penseel En andre kunst met vrugt ten Offer 't Tafereel Der wondren van Gods hand, dit keurig oog sloeg gaa En navloog en vermeert diep in America, Laat hare vlijt nu na, tot nut van dit geslacht, Dat, als haar 't wormtje wijst regt na verand'ren tracht.

신은 자신이 창조한 풍요로 인간이 평화를 누리며 번영하길 요구한다. 메리안 부인은 신의 손길이 빚어낸 경이를 섬세한 눈으로 바라보았고, 자신의 붓과 예술로 이곳과 아메리카에서 자연의 찬란함을 복제하려고 노력했다. 이제 그녀는 애벌레처럼 변신을 거듭하는 근면의 열매를 남겼다.[17]

이 시는 마태오복음(25:14-30)을 언급하면서 "메리안 부인"이 어떻게 신이 내린 재주를 인류를 위해 사용하여 창조의 경이를 작품 속에 포착했는지 설명한다. 에칭에 관해 설명한 네덜란드어 원문은 평범한 라틴어 비문으로 대체되었다. "Maria Sibilla Merian/Nat: XII. Apr: MDCXLVII. Obiit XIII. Jan: MDCCXVII(마리아 지뷜라 메리안/1647년 4월 12일 출생. 1717년 1월 13일 사망)". 네덜란드어로 된 헌시를 번역해서 사용하는 대신, 유대인 외과의사 살로몬 드 페레스(Salomon de Perez)가 《애벌레 책》의 라틴어 번역본 초상화에 실을 새로운 시를 요청받았다. 페레스는 전통적인 외모 묘사로 시작해 예술가이자 박물학자로서 메리안의 성과와 드높은 명성을 노래했다. 그는 네덜란드어 헌시에서와 동일한 성경 구절에서 영감을 얻어 메리안의 성공을 신이 내린 재능을 가장 잘 활용한 사례로 그려냈다.[18] 이와 같이 시각적이면서도 텍스트를 강조한 초상화는 메리안을 강인하고 독립적인 여성 예술가 및 박물학자라는 브랜드로 재탄생시키려고 한 오스테르비크의 전략에 빈틈없이 맞아떨어졌다. 이 이미지에서 혈통은 메리안의 성공에 최소한의 역할밖에 하지 않는다. 신의 사려 깊은 시선 아래 그녀는 독립적인 권위자가 되었다.

남성 모델을 여성의 틀에 맞추다

메리안을 독립적인 지적 권위자로 내세우려면 그녀가 명성 있는 남성 동료와 대등하고 심지어 그들보다 월등하다고 강조해야 했다. 그러기 위해서 오스테르비크는 《애벌레 책》라틴어 번역본을 위해 의뢰한 권두 삽화와 초상화에서 학식 있는 남성의 전통적인 도상학을 여성화하여 변형했다. 저명한 박물학자 게오르크 에베르하르트 룸피우스의 시각적 이미지가 직접적인 참고 기준이 되었다(그림 3). 그럴 수밖에 없는 것이, 독일 태생의 이 두 박물학자는 이미 많은 이들에게 유사한 비교 대상이 되었기 때문이다. 메리안은 자연의 경이를 제대로 연구하기 위해 해외로 떠나 전임자인 룸피우스의 행보를 좇았고, 룸피우스의 사후인 1705년에 출간된 《암본의 희귀물 창고》에도 참여한 바 있었다(베르트 판더루머르가 쓴 13장 참조).

메리안의 대중적 이미지를 위해 두 학자의 유사점이 활용된 방식은 두 사람의 인쇄용 초상화를 비교하면서 이미 명확해졌다. 룸피우스와 메리안의 초상화는 일터에서 그들의 일을 대표하는 물건과 상징에 둘러싸인 상반신으로 아주 비슷한 양식에 따라 그려졌다. 그러나 메리안의 초상화는 여성이라는 명백한 성별을 숨기지 않았고, 또 그녀가 과학 연구에 대한 포부를 실천하기 위해 사회적 관행에 도전해야 했다는 사실 때문에 전통적인 장르에서 벗어났다. 이 초상화는 지적 커리어를 선호한 메리안의 이례적인 선택을 미묘하게 강조한다. 화병의 도상이 한 예다. 거기에 새겨진 그림을 주의 깊게 관찰한 사람이라면 오비디우스가 쓴 《변신 이야기(Metamorphosis)》에서 님프인 다프네가 아폴로의 욕정으로부터 도망치다가 월계수로 변신하는 인상적인 장면이 생각날 것이다. 메리안의 작품에 핵심적인 변신(변태)이라는 주제를 암시하면서 이 신화는 동시에 메리안 개인의 삶도 표현한다. 다프네의 변신은 곧 메리안이 누군가의 딸이자 아내에서 존경받고 독립적인 여성이자 지적 권위자로 변신하는 과정을 나타낸다. 해방적 도상을 구현함으로써 메리안의 초상화는 룸피우스의 초상화로 굳어진 전통적인 학자의 초상화에서 벗어나 지적 여성의 정체성을 한 단계 더 발전시켰다.

룸피우스의 이미지가 메리안이라는 새로운 브랜드의 길잡이가 되었다는 사실은 오스테르비크가 인쇄한 다음 인쇄물에

그림 4. 시몬 스헤인뷧 작, 마리아 지뷜라 메리안의 《애벌레 책》 라틴어판 권두 삽화. Amsterdam 1712–1717, hand-colored etching, 18.6×14cm(plate), Artis Library, Allard Pierson, University of Amsterdam, AB Legkast 019.02.

그림 5. 얀 후레이(원화가), 야코프 더라터르(동판화가), 게오르크 에베르하르트 룸피우스의 《암본의 희귀물 창고》 권두 삽화. Amsterdam 1705, hand-colored etching, 35×22.3cm(plate), Artis Library, Allard Pierson, University of Amsterdam, AB Legkast 005.

그림 6. 프레데릭 오턴스 작, 《수리남 곤충의 변태》의 네덜란드어판 권두 삽화. Amsterdam 1719, hand-colored etching, 45.5×31.5cm(plate), Artis Library, Allard Pierson, University of Amsterdam, AB Legkast 019.01.(자세한 내용은 219-220쪽 참조)

서 더 확연하게 드러난다(그림 4). 《애벌레 책》의 라틴어판에 실을 권두 삽화를 디자인한 화가 시몬 스헤인붓은 룸피우스의 유명한 저서 《암본의 희귀물 창고》를 염두에 두었다(그림 5). 그러나 속표지 구성이 명백하게 유사한 가운데에도, 룸피우스 작품의 편집자이기도 했던 스헤인붓은 이 새로운 디자인에 여성적 변화를 주었다. 룸

피우스 책의 속표지에는 전통 의상을 입은 남성들에 둘러싸여 연구에 대한 열정을 공유하는 남성 박물학자를 그린 반면, 메리안의 책에는 자연물 연구에 참여한 이들을 여성으로만 그렸다. 탁자 끄트머리에서는 개미로 덮인 가운을 입고 날개 달린 머리를 한 여성(연구를 상징한다)이 메리안에게 곤충학을 강의한다. 그 옆에는 젊은 여성

두 명이 함께 있는데 한 여성(아마도 메리안의 딸들 중 하나)이 가슴 세 개 달린 여성(자연을 상징)에게 가르침을 받고 있다. 이처럼 메리안 책의 권두 삽화는 여성의 지적 능력에 대한 신선하고 새로운 관점을 제시한다. 실제로 여성은 남성 지식인의 가르침에 의존하지 않고도 존경받는 학자가 될 수 있다. 흥미롭게도 이 이미지에 포함된 남성은 곤충이 담긴 쟁반을 운반하는 하인들뿐이다.

오스테르비크가 1719년에 《수리남 곤충의 변태》의 네덜란드어와 라틴어판을 재발간했을 때, 독립적인 여성 지식인으로서 메리안의 이미지는 절정에 이르렀다(그림 6). 이 유명한 수리남 곤충 책을 시작하는 권두 삽화는 프레데릭 오턴스(Frederik Ottens, 1694-1727)가 그리고 새긴 작품을 통해 메리안의 혁신적인 야외 연구를 최초로 시각화했다. 거대한 석조 아치를 통해 관찰자는 그녀가 열대 수리남의 배경에서 곤충을 잡는 모습을 볼 수 있다. 전경에는 가슴을 거의 드러낸 여성(자연과학의 상징)이 자연물을 갖고 노는 천사들과 함께 탁자에 앉아있다. 바닥에 펼쳐진 책은 연구의 가장 좋은 예로서 《수리남 곤충

의 변태》에 실린 인쇄물의 미리 보기를 제공한다. 이와 같이 오스테르비크의 마지막 인쇄물은 곤충을 잡고 상자에 담아 정리하는 모습, 메리안의 출판물에 포함된 에칭에 관한 시각적 표현 등 연구 과정을 묘사함으로써 박물학자로서의 확고한 지적 권위를 시각화한다.

메리안이 자신의 명성을 확고히 다지게 된 데 궁극적으로 고마워해야 할 사람이 있다. 《수리남 곤충의 변태》의 네덜란드어판과 라틴어판에 실린 헌시를 끝맺으면서 네덜란드 역사학자 맛회스 브라우에리위스 판니덕(Mattheus Brouërius van Nidek, 1677-1743)은 메리안의 명성이 지속되는 데 크게 기여한 오스테르비크의 공을 기렸다. 메리안의 유산은 오스테르비크의 손에서 안전하게 지켜졌다. 그는 메리안의 연구와 이른바 "고아 글자(Letterweeskind)"를 "키우고 두 발로 서게 한" 사람이다.[19] 브라우에리위스 판니덕은 이 출판업자의 투자를 묘사하며 "양육자"라는 은유를 선택했다. 이는 당연히 어머니의 역할을 의미하는 것이다. 이렇게 마침내 여성이라는 성은 진실로 그 권위가 증명되었다.

19장

18세기 개인 서고에서 마리아 지빌라 메리안의 자리

알리시아 C. 몬토야

마리아 지빌라 메리안의 작품을 처음 접한 독자들에게 지적 배경을 제공한 초기 근대 서적에는 무엇이 있을까? 이 장에서 나는 메리안이 출간한 저작들의 초기 반응을 조명하기 위해 다양한 저작물과 장르, 그리고 그녀의 출간물 사이의 연관성을 탐색한다. 이와 관련한 질문을 던지기 위해 전통적인 서지학 방식은 물론이고 18세기 개인 서고에 소장된 서적 목록집 수백 건으로 이루어진 데이터베이스를 사용했다.[1] 18세기 개인 서고에 존재하는 특정 서적이 메리안의 책과 어떤 상관관계가 있을까? 애서가의 책장에 메리안의 책과 함께 꽂힌 다른 책은 무엇이 있을까? 당시 사람들이 메리안의 작품을 해석하는 방식에 관

해서 이 분석이 무엇을 말해줄 수 있을까? 다시 말해 메리안의 작품이 처음에는 그 일부로 인식되었던 더 큰 문학 체계, 또는 여러 작품과 작가, 문화 및 과학적 맥락들 사이의 총체적인 연결망은 무엇일까?

자연신학과 자연사

애벌레가 번데기로, 그리고 마침내 눈부신 나비로 변하는 변태의 과정을 처음으로 상기시킨 사람이 마리아 지빌라 메리안은 아니었다. 곤충의 변신은 근대 초기 문학에서 대단히 강력한 이미지를 제공하여, 17세기 중반에서 18세기 말까지 다양한 국가와 언어적 배경 아래 여러 작품과

장르에서 반복해서 나타났다. 18세기 말 네덜란드 소설가 엘리자베스 마리아 포스트(Elisabeth Maria Post, 1755-1812)는 소설 《편지 속 나라(Het land, in brieven)》(1788)에서 당시에 이미 진부해진 문학적 토포스를 사용해 친구인 두 여성이 시골길을 걷는 장면을 묘사했다. 산책 중에 이 젊은 여성들은 포도밭에 들어가 나비 그림이 새겨진 묘비를 본다. 저자의 분신인 에밀리아가 친구인 외프로지너에게 이 이미지의 의미를 설명한다. 그녀의 이야기는 애벌레의 변신에 대한 박물학자 같은 설명으로 시작한다.

그래요, 나비는 […] 감옥에서 나와요. 그리고 그 표면 아래에는 처음 모습이던 애벌레가 있습니다. 자연에서 이 작은 존재만큼 변화하는 몸의 운명에 대해 정확한 이미지를 주는 것이 또 없지요. 처음에는 땅이나 나무 위를 기어다니는 작은 벌레예요. 밟힐 위험이 그치질 않지요. 그런 다음 벌레는 스스로 만든 작은 감옥에 들어가 무감각한 잠에 빠져 오랜 시간을 보내요. 그러다가 마침내 처음으로 날개를 달고 아름다운 나비가 되어 날아올라요. 선명한 색채의 날개가 공기를 가르며 이곳저곳을 날아다니죠.[2]

독자가 이것을 유명한 동시대인 조르주 루이 르클레르 드 뷔퐁 백작(Georges-Louis Leclerc de Buffon, 1707-1788)의 베스트셀러 《박물지(Histoire naturelle)》(1749-1789)에서와 같은 단순한 자연 묘사로 치부하지 않게 하려고 화자는 이어서 이 이미지의 기독교적 의미를 제시한다. 에밀리아는 인간의 영혼과 나비를 동시에 나타내는 그리스어 '프시케(psyche)'와의 어원적 연관성을 암시하면서 설명을 이어나간다.

예수님 안에서 다시 깨어나는 자들이라면 비슷한 변신을 경험하지 않겠습니까? 이 아래에서 그들은 이 땅에 얽매인 연약하고 미천하며 궁핍한 몸을 둔하고 무기력하게 끌고 다니고 있어요. 이 몸은 언젠가 감각이 없는 죽음의 상태로 들어갈 테고, 그런 상태로 몇 년, 몇백 년을 머무르겠지요. 그러나 부활의 날이 오면 그 불쾌한 먼지에서 벗어나 아름답고 멋지고 쾌활한 불멸의 몸으로 일어날 것입니다. 그 몸은 더 이상 땅에 묶여있지 않고 빛의 속도로, 치천사의 민첩함을 그대로 따라 창조의 한쪽 끝에서 날아올라 다른 쪽으로 이동하며 영광 가득한 구세주의 몸과 비슷하게 될 것입니다. 이런 기대만으로도 얼마나 기쁜지요![3]

메리안의 작품에 익숙한 독자라면 첫 번째 단락에서 그녀의 자연사 저작물 중심에 있는 변태의 이미지를 쉽게 인지했을 것이다. 그러나 애벌레의 변태를 신학적으로 해석하는 두 번째 단락은 메리안과의 연관성이 덜 명확하다. 1680년대에 특히 부각되었던 메리안 자신의 라바디스트적 신념과 종교적 독실함을 염두에 두지 않는다면 말이다.[4] 이 시기에는 과학과 종교의 연결이 그리 드물지 않았다. 요하네스 후다르트와 요하네스 스바메르담의 책에서 볼 수 있듯이 17세기와 18세기에 수행된 획기적인 곤충학 연구의 대부분은 기독교적 독실함, 명확한 신학적 관점과 밀접한 관계가 있었다. 이들의 연구에 따르면 사람이 신을 기리기 위해 공부할 수 있는 것이 성경 말고 또 있었으니, 바로 자연이라는 책이다.[5] 특히 전통적으로 자연 세계를 나타내는 '존재의 대사슬'의 틀에서 가장 낮은 곳에 있는 하찮은 곤충에 대한 연구는 신진 과학자들이 창조의 경이를 마주하는 이상적인 도구였다. 자연과학자들은 신실한 이들에게 신의 전지전능함 앞에서 마땅히 가져야 할 겸손을 권하며 플리니우스로부터 영감을 받은 격언을 전했다. "신은 가장 작은 생물에게서 자신을 드러낸다(*ex minimas patet ipsi Deus*)".[6] 이런 18세

기 자연신학의 경향은 프리드리히 크리스티안 레서(Friedrich Christian Lesser, 1692-1754)가 쓴 《곤충 신학(Insecto-theologia)》(1738) 같은 작품으로 이어졌다. 이 책의 영어판은 《곤충 신학, 곤충의 구조와 생태에 대한 고찰을 통한 하느님의 존재와 완전성의 증명(Insecto-Theology, or a demonstration of the being and perfections of God, from a consideration of the structure and economy of insects)》이라는 제목으로 번역되었다. 이런 전통을 이어 네덜란드에서 요하네스 플로렌티위스 마르티넛(Johannes Florentius Martinet, 1729-1795)이 출간한 네 권짜리 《자연의 교리문답(Katechismus der Natuur)》(1777-1779)은 엘리자베스 마리아 포스트의 소설에 직접적인 영향을 끼쳤다.

앞에서 인용한 포스트의 《편지 속 나라》는 애벌레가 다른 존재로 변신하는 것으로 상징되는, 18세기 문학과 사상 전반에서 반복되어 나타난 커다란 문화적, 지적 현상을 예시한다. 이는 과학 서적에서만 드러나는 것이 아니라 자연신학 서적, 감상적인 소설, 청소년 독자를 겨냥한 교육용 출판물에서도 나타났다. 이 세기에 재활용된 또 다른 문학적 관습에서 교육자들은 픽션과 과학이 그린 변태를 수사학적

으로 비교했다. 애벌레의 변태를 잘못 그린 동화나 오비디우스의 《변신 이야기》를 자연의 진정한 경이와 대조하면서, 잔마리 르프랭스 드 보몽(Jeanne-Marie Leprince de Beaumont)과 장리스 부인(Félicité de Genlis, 1746-1830) 같은 저자들은 젊은이들이 후자에 더 관심을 두어야 한다고 주장했다. 그 결과 자연사는 근대적 교육 프로그램의 자부심, 나비의 애벌레는 양육이 필요한 아이들에 대한 강력한 은유가 되었다.[7] 이처럼 애벌레-나비의 이미지가 만연한 상황에서 저 책들은 메리안의 작품을 처음 접하는 그 시대 독자들에게 문화적 배경을 제공했고, 사람들의 서고에서 메리안의 책 옆에 자연신학 작품이 꽂혀있을 가능성이 높다는 가설을 세울 수도 있게 되었다.

수집가와 서고

이전의 두 출판물에서 나는 메리안의 작품이 18세기 개인 서고에서 상대적으로 자주 나타났다고 썼다. 총 50만 권이 실린 네덜란드 개인 서고 경매 목록집 254개를 조사했더니 전체의 19퍼센트 목록집에 메리안의 책이 한 권 이상 등록되어 있었다. 이는 서고 다섯 곳 중의 하나에 해당한다.[8]

이 순위는 조르주루이 르클레르 드 뷔퐁 백작과 거의 대등하다. 뷔퐁의 《박물지》는 그의 첫 주요작이 출간된 1749년 이후에 인쇄된 목록집의 26퍼센트에서 등장했다. 이어지는 후속 연구에서는 메리안의 작품이 실린 네덜란드의 개인 서고 경매 목록집을 추가로 찾아내어 그녀의 작품을 소유한 네덜란드 수집가 78명을 추렸다.[9] 그러나 이런 결과가 암시하는 바에도 불구하고, 이 목록들은 모두 네덜란드어로 작성되었으므로 네덜란드 공화국 출신 저자의 출판물이 더 선호되었을 것이다. 따라서 이것은 초기 샘플링에 불과하며, 무엇보다 과거 연구에서는 선별된 책에 대해서만 초점을 맞추었으므로 종합적인 비교 통계가 여의치 않았다는 점이 중요하다.

18세기 문헌에서 메리안의 작품이 차지하는 위치를 완전히 이해하려면 '빅 데이터'를 이용할 수 있는 디지털 기법과 정량적 도구가 필수적이다. 이런 도구를 사용해야만 메리안의 작품과 핵심적인 이미지를 공유한 다른 작품의 연관성을 드러낼 수 있다. 메리안의 작품에 대한 위와 같은 접근법은 유럽연구위원회가 주관한 MEDIATE 프로젝트(Measuring Enlightenment: Disseminating Ideas, Authors, and Texts in Europe 1665-1830)를 통해 600개의 개인 서고 경매 목록집 전체가 디지털화하면서 가능해졌다. 이 프로젝트는 18세기 개인 서고 경매 목록집 데이터베이스를 이용해 18세기 유럽의 서적과 사상의 배포 과정을 연구하는 것이 목적이었다. 이 글을 쓰는 2021년 4월에도 디지털화는 진행 중이지만, 600개의 카탈로그 중에서 580개가 완성되었으므로 이 정도 데이터라면 예비 분석을 하기에 충분하다고 보았다. 이 데이터는 내가 초기 논문에서 메리안의 상업적 성공을 평가할 때 사용했던 도구와는 여러 면에서 다르다. 첫째, 네덜란드, 프랑스, 이탈리아, 영국제도에서 수집한 개인 서고까지 포함되면서 지리적 범위가 넓어졌다. 시기 역시 1700-1830년까지 골고루 분포되어, 국가를 초월한 의미 있는 비교를 허락했다. 둘째로, 내 초기 연구에는 익명의 컬렉션이 포함되었지만 MEDIATE 데이터는 소유자의 이름이 명확하게 밝혀진 서고만 다루었다. 나는 이 목록집들이 작성 시기, 대개는 소유자 사망 이후 개인 서고에 남아있던 서적들의 정확한 스냅숏을 제공한다고 본다.[10] 마지막으로 MEDIATE 프로젝트는 지금까지 학문적 관심의 대상이 되었던 잘 알려진 애서가나 수집가의 소장품만이 아니라 1,000권 미만의 작은 서고들에까지 확장되어 서고 경매 시장에 나온 좀 더 '평범한' 이들까지 아우른다.

표 1은 MEDIATE에서 메리안의 작품을 한 권 이상 보고한 서고에 관한 개요다. 이 목록의 가장 놀라운 특징은 크기이다. 수는 더 적지만 규모가 더 큰 애서가의 개인 서고 경매 목록집을 조사한 내 이전 연구에서는 메리안의 책을 보고한 수집가가 78명이었다. 소형 목록집으로 이루어진 MEDIATE 데이터에서는 28명에 불과하다. 내 2004년 연구에서는 조사 대상인 18세기 서고의 19퍼센트에서 메리안의 작품이 나왔지만, 1700년에서 1830년까지 경매에 올라온 서고의 목록집에서는 메리안의 작품이 고작 6퍼센트이다. 이런 명확한 차이는 MEDIATE 목록의 규모가 상대적으로 작기 때문이라고 설명할 수 있다. 내가 앞선 출판물에서 주목했듯이 메리안의 작품이 등록된 컬렉션은 "네덜란드 공화국 경매에서 팔린 대형 서고 중에서도 평균보다 규모가 조금 더 컸다".[11] 컬렉션의 규모는 수집가의 부를 평가하는 척도로 사용될 수 있으며, 서고에 메리안의 책이 존재하는지를 결정하는 중요한 요인으로 보인다. 따라서 18세기에 《수리남 곤충의 변태》는 자부심 있는 어느 서고에서나 발견되었다"라는 케이트 허드의 발언

표 1. MEDIATE에서 마리아 지빌라 메리안이 쓴 책이 보고된 목록

소유자	직업	연도	장소
헨리 데스마러츠(1633–1725)	위그노 목사, 성경 편집자	1725	덴하흐
헨드릭 스바르트(생몰년 미상)	네덜란드 서인도회사 암스테르담 본부 행정관	1728	암스테르담
존 콜먼(?–ca. 1730)	미상	1730	런던
야코뷔스 판노컨(?–1729)	의사	1741	위트레흐트
요한 베른하르트 판데르마르크(생몰년 미상)	워먼드 집행관?	1747	레이던
헤라르트 스하크(생몰년 미상)	미상	1748	암스테르담
얀 아르놀트 판오르소이(1700–1753)	상인, 시 번역가	1754	암스테르담
아브라함 더브라우(?–1763)	호프 판플란데런 시장	1763	미델뷔르흐
마리조제프 드 사발레트 드 뷔슐레(1727–1764)	세금 징수 청부인, 자연사 수집가	1764	파리
장 니콜라 타베른 드 르네스퀴르(1694–1769)	플랑드르 고등법원 법관	1764	릴
피에르장 마리에트(1694–1775)	예술품 딜러 및 수집가	1775	파리
조지 콜브룩(1729–1809)	동인도회사 의장이자 영국 하원의원	1777	런던
피터르 크라머르(1721–1776)	상인, 곤충학자	1777	암스테르담
얀 요스트 마르퀴스(1729–1780)	시장, 암스테르담 보육원 운영자	1780	암스테르담
크리스토프프랑수아 니콜로 드 몽트리블루(1733–1786)	남작, 은행가, 예술품 수집가	1782	리옹
장토마 오브리(1714–1785)	가톨릭 사제, 성경 수집가	1785	파리
프란지파니 가문	로마 귀족 가문	1787	로마
벤저민 뉴턴 발렛(1745–1787)	미상(골동품상의 아들)	1789	런던
로버트 매스터스(1713–1798)	성직자, 역사학자	1798	런던
마리아 쉬자나 마르콘(결혼 전 성은 Barnaart, ?–1799)	사망한 의사이자 예술품 수집가의 부인, 시인	1799	레이던
리처드 풀테니(1730–1801)	의사, 식물학자, 린네 전기 작가	1802	런던
알베르폴 메스메, 콩드 도보(1751–1812)	기병대 장교	1804	파리
코르넬리스 미힐 텐호버(?–1805)	법관	1806	덴하흐
피터르 스멧 판알펀(1753–1810)	상인, 은행가	1810	암스테르담
A. R. 욜러스(생몰년 미상)	미상(알베르튀스 리카르뒤스 욜러스?)	1812	암스테르담
샤를 레이오폴 폰 데어 하이든 벨더부쉬 백작(1749–1826)	외교관, 도지사, 상원의원	1826	파리
프랑수아브누아 호프만(1760–1828)	극작가, 비평가	1828	파리
장바티스트 라마르크(1744–1829)	식물학자, 프랑스 국립자연사박물관 큐레이터	1830	파리

은 잘 해석할 필요가 있다.[12] 상류층의 서고는 확실히 이런 비싸고 호화로운 작품을 위한 자리를 마련해 두지만, 덜 열정적인 애서가들은 좀 더 쉽게 접근할 수 있는 책을 선호해 이를 무시했을 가능성도 있다.

MEDIATE 데이터베이스의 서고 목록집 중에서 메리안의 작품을 한 권 이상 보고한 목록집을 분석했더니 경향이 더 추가되었다. 전반적으로 봤을 때, 서고를 소유한 사람들은 메리안의 책 소장에 관한 앞선 연구 결과와 유사점이 있었다. 이 목록에는 과학이 아닌 시각적 측면에서 메리안의 연구를 높게 평가했다고 보이는 예술품 수집가가 여럿 있었다. 또한 식민지 관

리들도 많이 나타나는데, 이 역시 메리안
의 수리남 책이 지닌 이국적인 매력을 반
영한다. 수집가의 대부분은 의사나 생물
학자였다. 그들 중에서 화려한 삽화를 자
랑하는《아시아, 아프리카, 아메리카의 세
대륙에서 발견된 외국 나비들(Uitlandsche
Kapellen, voorkomende in de drie Waer-
eld-Deelen Asia, Africa en America)》의 저
자 피터르 크라머르(Pieter Cramer) 같은 도
해 수집가는 칼 린네에 영감을 받았으며,
1775-1782년 사이에 출간된 책의 권두 삽
화에서 메리안의 저작을 언급했다(그림 1).
또 다른 생물학자이자 수집가인 리처드 풀
테니(Richard Pulteney)는 린네의 전기를
쓴 영국인 작가이자 린네를 대중에게 보
급한 사람으로, 그의 서고는 1802년에 런
던에서 팔렸다. 그러나 이 데이터에서 가
장 잘 알려진 생물학자는 두말할 것 없이
장바티스트 모네 슈발리에 드 라마르크
(Jean-Baptiste de Monet de Lamarck)이다.
많지 않은 830권의 소장품은 그가 사망
하자마자 궁핍한 가족이 경매에 부쳤고,
1830년 4월 19일에 자르댕 뒤 루아(Jardin
du Roi, 현재의 식물원)에 있는 그의 집에서
팔렸다.

이 작은 하위 집단 안에서 네덜란드 서
고가 차지하는 비율이 상당히 높다. 28개

그림 1. 야코뷔스 바위스(Jacobus Buys), 피터르 크라머르의
《아시아, 아프리카, 아메리카의 세 대륙에서 발견된 외국 나비들》
권두 삽화. Amsterdam & Utrecht 1779(detail). Wikimedia
Commons.

서고 중에서 13개가 네덜란드, 9개가 프
랑스, 5개가 영국, 1개가 이탈리아에 소재
했다. 메리안의 작품이 한 권 이상 등록된
서고는 11개였다(표에서 해당 소유자를 진하
게 표시). 개별 항목의 수는 조금 더 많아서
총 47권인데 아마도 일부가 합본(Sammel-
bände) 형태로 여러 곳에서 보고되었기 때
문일 것이다. 예를 들면 1789년에 팔린 벤
저민 뉴턴 발렛(Benjamin Newton Bartlett)
의 서고에서 메리안의《수리남 곤충의 변
태》는 1730년에 출판된《유럽 곤충의 역
사(Histoire des Insectes de l'Europe)》와 합
본되었다. 그러나 보통은 네덜란드어 또
는 프랑스어로 쓴 메리안의《애벌레 책》과
《수리남 곤충의 변태》가 2절판짜리로 합
쳐진 것들이었다.[13]《유럽의 곤충들》또는

제목	네덜란드어	라틴어	프랑스어	독일어
《애벌레 책》	15	5	7	1
《수리남 곤충의 변태》	10	6	3	–

《유럽 곤충의 역사》는 둘 다 1730년에 출판되었다. 메리안이 쓴 책을 소장한 서고들의 목록집은 이전에 광고에서 발견된 사실을 증명하며, 그녀의 작품에 대한 경매 대부분이 1760년대에서 1790년대 사이에 이루어졌다고 시사한다. 메리안의 책을 소유한 서고 목록집은 28개 중에서 8개이며 1770년대에서 1780년대 사이에 집중되었다.[14]

표 1에 열거된 서고들은 평균 권수가 1,063권으로, MEDIATE에 등록된 평균 서고보다 조금 규모가 크지만, 작은 서고들도 포함되어 있어 흥미롭다. 메리안의 작품을 한 권 이상 보고한 서고 중에서 여섯 곳은 전체 항목이 1,000권 미만이었고, 그들 중 두 곳은 500권도 채 되지 않았다(벤저민 뉴턴 발렛의 서고가 418권 중에 메리안의 작품이 3권, 마리 조제프 드 사발레트 드 뷔슐레(Marie-Joseph de Savalette de Buchelay)의 서고가 399권 중에서 메리안의 작품이 4권)). 마지막으로, 다른 목록집 데이터베이스를 조사하여 네덜란드어로 된 목록집에서 메리안의 전 작품이 발견되었던 내 이전 연구와는 대조적으로 MEDIATE에서는 《애벌레 책》(주로 네덜란드어판)과 《수리남 곤충의 변태》만 있었다. 네덜란드어가 과도하게 차지하는 현상은 예전 조사에서와 동일하여 47권 중에 25권이 네덜란드어이고, 반면에 라틴어는 11권, 프랑스어는 10권이었다(표 2). 독일어로 된 원본 《애벌레 책》은 암스테르담 시민인 헤라르트 스하크(Gerard Schaak)의 서고에서 단 한 권 보고되었다. 독일어판이 희소하다는 것은 대부분의 독자가 원본을 심하게 잘라내고 축소한 네덜란드어판과 기타 다른 언어의 번역본만 접할 수 있었다는 뜻이다. 따라서 메리안의 과학 연구를 부정적으로 받아들이기 쉽다는 해석이 가능하다.[15] 심지어 《애벌레 책》의 네덜란드어 번역본을 구매한 사람들은 자신이 책의 축약본을 샀다는 사실조차 몰랐을 것이다.

요약하면, 이 소규모 서고에서 메리안이 쓴 책이 전반적으로 낮은 빈도를 보인다는 점을 제외하면, 이전 연구 결과에서 보듯 도서의 분포나 소유자의 수는 대규모

순위	메리안 비소장 서고(n=420)		메리안 소장 서고(n=28)	
	저자	비율	저자	비율
1	성경	92%	메리안	100%
2	오비디우스	79%	성경	93%
3	호라티우스	76%	오비디우스	89%
4	베르길리우스	75%	호라티우스	89%
5	키케로	71%	베르길리우스	82%
6	타키투스	67%	에라스뮈스	82%
7	호메로스	65%	타키투스	82%
8	페넬롱	65%	페넬롱	82%
9	테렌티우스	64%	키케로	75%
10	에라스뮈스	63%	조지프 애디슨	71%
11	그로티우스	62%	그로티우스	68%
12	플루타르코스	60%	퀸투스 쿠르티우스	68%
13	플라비우스 요세푸스	60%	테렌티우스	64%
14	볼테르	60%	호메로스	64%
15	세네카	58%	유베날리스	64%
16	유베날리스	58%	대 플리니우스	64%
17	퀸투스 쿠르티우스	57%	플라비우스 요세푸스	64%
18	율리우스 카이사르	56%	룸피우스	64%
19	푸펜도르프	55%	플라우투스	64%
20	조지프 애디슨	54%	볼테르	61%

서고에서와 대체로 비슷하게 나타났다.[16] 그럼 지금부터 이 책들이 자리하는 좀 더 넓은 문화적 맥락을 살펴보자.

메리안의 책을 소장한 서고의 특징

메리안이 쓴 책을 소장한 18세기 사람이 당연히 그녀의 책만 소유한 건 아니었다. 이 각각의 목록집에 실린 천여 권의 서적 중에 고작 한 권, 많아야 서너 권이 메리안의 책이라면, 그 책 옆에 꽂혀있는 다른 책들의 정체를 밝혀 그것이 소유자의 지적 세계관에 관해 무엇을 말해주는지 생각해 볼 수 있다. 이런 질문은 궁극적으로 사람들이 실제로 어떻게 메리안의 책과 상호작용 했는지 밝히며, 책 소유와 관련된 대규모 데이터는 18세기 독서 문화에 관한 새로운 단서를 제공할 수도 있다. 메리안의 책을 구입한 사람들이 개인 서고에 또 어떤 작품들을 소장하고 있을까? 서고의 비교를 통해 메리안의 작품과 그 사람이 소유한 다른 장르 사이의 상관관계를 구할 수 있을까? 애벌레의 생활사나 변태에 관해 다룬 다른 책은 어떨까? 요약하면 메리안의 책을 소장한 서고의 전형적인 특징은 무엇일까? 이들 질문에 답하기 위해 나는 메리안의 책을 소장한 28개 서고에서 가장 많이 나타난 저자의 목록을 정리해 메리안의 책이 없는 서고와 비교해 보았다.(표 3). 이 데이터 중에서 메리안의 책이 최초로 보고된 것이 1725년 덴하흐의 위그노 목사이자 성경 편집자인 헨리 데스마러츠(Henri Desmarets)의 서고였기 때문에 이 분석을 1725년에서 1830년으로 제한했다.

이들 서고에서 가장 자주 등장한 저자는 고대 그리스, 로마 시대의 고전을 쓴 사람들이다. 메리안의 책을 소장하지 않은 서고에서 상위 20위에 있는 인물 중 여섯 명(12%)이 중세 이후 사람이고, 그중에서도 프랑수아 페넬롱(François Fénelon, 1651-1715), 볼테르, 조지프 애디슨(Joseph Addison, 1672-1719)만 18세기 작가이다. 메리안의 책을 소장한 서고도 전체적인 그림은 비슷하다. 상위 20명 중에서 메리안을 포함해 7명이 근대 저자다. 고전의 우세는 상위 100위 목록 끝까지 지속된다. 메리안의 《수리남 곤충의 변태》와 함께 서고에 나타날 가능성이 가장 높은 두 책이 성경, 그리고 공교롭게도 오비디우스의 《변신 이야기》였다. 18세기에 들어와 애벌레의 변태와 오비디우스가 묘사한 신화적 변신이 흔하게 비교되면서 두 책이

한 서고에서 발견되는 경우가 많아졌는지도 모른다.

이처럼 고전에의 확연한 편향에도 불구하고 두 유형의 목록에는 차이가 있다. 메리안의 책을 소장한 서고는 그렇지 않은 서고와 비교하면 특정 작품의 저자가 더 큰 비중을 차지하는 경향이 있었다.

이를테면 오비디우스의 책은 메리안의 책이 있는 서고에서 89%이고, 메리안 책이 없는 서고에서는 79%였다. 즉, 전자에서 오비디우스의 작품을 발견할 가능성이 1.13배 더 크다. 또한 상위 20위 목록 전체에서는 그 가능성이 평균 1.09배 더 크다.

메리안의 책이 없는 서고에서 더 빈번하게 나타난 예외는 플루타르코스, 호메로스, 세네카 세 사람이었다. 메리안의 책이 있는 서고의 저자 중에서 메리안의 책이 없는 서고에서 높은 순위에 있는 사람은 조지프 애디슨(1.31), 에라스뮈스(1.3), 페넬롱(1.3)으로 모두 근대 사람이었다. 따라서 메리안의 책을 한 권 이상 소장한 서고는 그렇지 않은 서고와 비교해 조금 더 근대적인 가치관을 가졌다고도 볼 수 있겠다.

메리안의 작품이 있는 서고에 게오르크 에베르하르트 룸피우스의 《암본의 희귀물 창고》가 자주 등장하는 것은 놀랍지 않

다. 근대 자연사 삽화집인 이 작품은 메리안의 《수리남 곤충의 변태》와 같은 1705년에 출간되었다(삽화 일부를 메리안이 직접 그렸다는 이야기도 있다[17]). 룸피우스의 책은 메리안의 책이 있는 서고의 64퍼센트가 소장했다. 반대로 메리안의 책이 없는 서고에서는 고작 5퍼센트로, 격차가 컸다. 대 플리니우스가 쓴 저서의 상대적 순위는 차이가 덜한데, 그의 《박물지(Naturalis Historia)》는 근대 자연사 서적에 순위를 빼앗기기는 했어도 18세기 말까지 학식 있는 사람들의 단골 소장품이었다. 대 플리니우스의 책은 메리안의 책이 있는 서고의 64퍼센트에서 보였지만, 메리안 책이 없는 서고에서는 45퍼센트에만 있었다. 이런 비교 결과는 사람들이 마리아 지벌라 메리안의 책에 보인 관심이 (룸피우스의 책에서와 같이) 매력적인 삽화 때문만이 아니라 과학이라는 주제(룸피우스와 대 플리니우스처럼)

에 의해서도 유발되었음을 암시한다.

메리안의 책을 소장한 서고의 과학과 자연신학 저서

메리안의 책을 소장한 서고에서 상위 20위 안에 들어간 저자가 근대적 사고방식과 자연사 연구에 대한 편애를 드러냈다면, 덜 인용된 저자들 사이에서도 비슷한 패턴을 기대할 수 있을지 모른다. 메리안의 작품은 후다르트의 《자연의 변태》(1660-1669)와 같은 초기 과학자 및 곤충학자의 작품과 가장 확실한 지적 친화성을 보였다. 표 4는 메리안의 책을 소장한 서고와 그렇지 않은 서고 사이에서 17세기와 18세기의 곤충학자와 다른 자연사 저자들의 대표작을 비교한 것이다.

메리안의 책을 한 권 이상 소장한 서고는 1.61배(부르하버)에서 7.14배(스바메르

표 4. 메리안 소장 서고와 메리안 비소장 서고의 자연사 저자의 삽화집

저자	메리안 소장 서고	메리안 비소장 서고	비율
요하네스 스바메르담	50%	7%	7.14
조르주루이 르클레르 드 뷔퐁	46%	24%	1.92
요하네스 후다르트	46%	9%	5.11
칼 린네	39%	16%	2.44
르네앙투안 레오뮈르	32%	10%	3.20
헤르만 부르하버	29%	18%	1.61
프란체스코 레디	18%	4%	4.50
안토니 판레이우엔훅	18%	7%	2.57

담)까지 전체적으로 자연사 서적의 빈도가 더 높았다. 이런 차이는 특히 곤충의 생활을 연구한 작품에서 두드러졌다. 메리안의 저서를 소장한 서고는 스바메르담의 획기적인 1669년 작 《곤충 일반사: 무척추동물에 대한 일반 논고》와 해부학자 헤르만 부르하버(1668-1738)의 사후 판본인 《자연의 성경 또는 곤충의 역사(Bybel der Natuure of Historie der Insecten)》 또는 같은 책의 라틴어판(*Biblia Naturae, sive Historia Insectorum*)을 소장할 가능성이 7배를 넘었다. 스바메르담은 애벌레의 변태가 보인 정교한 조직이 최고신에 의해 창조된 우주의 질서를 나타내는 상징이라는 신념을 지지한 또 다른 옹호자였다.[18] 스바메르담 다음으로 많이 등장한 인물이 후다르트로, 메리안의 《수리남 곤충의 변태》는 그의 《자연의 변태》를 향한 경의의 손짓이 표현된 작품이라고도 알려졌다. 후다르트의 뒤를 잇는 사람은 이탈리아 의사이자 시인인 프란체스코 레디인데, 아리스토텔레스의 자연발생설에 반박하는 《곤충의 발생에 관한 실험(Esperienze intorno alla Generazione degl'Insetti)》을 스바메르담의 책보다 1년 앞서 출간했다.

그러나 앞에서 주목했듯이 메리안의 책을 소장한 서고에서 12.8배라는 압도적인 수치로 다른 근대 서적을 능가한 책은 룸피우스의 《암본의 희귀물 창고》였다. 표 5는 두 서고에서 삽화로 알려진 다른 자연사 작품의 수를 비교한다.

삽화가 실린 과학책이라는 특정 장르에 초점을 맞추고 보면 메리안을 소장한 서고의 특징이 가장 뚜렷하게 드러난다. 이 서고들은 근대적 세계관과 자연사에 대한 편향을 드러낼 뿐 아니라, 삽화가 풍부한 자연사 작품에 대한 관심도 두드러졌다. 메리안의 책을 소장한 서고는 삽화가 있는 다른 자연사 작품을 보유할 가능성이 5배에서(알빈) 100배(크라머르)에 이르렀다.[19]

표 5. 메리안 소장 서고와 메리안 비소장 서고의 삽화가 있는 자연사 작품

저자	메리안 소장 서고	메리안 비소장 서고	비율
게오르크 에베르하르트 룸피우스	64%	5%	12.8
마크 케이츠비	36%	2%	18.0
아우구스트 요한 뢰젤 폰 로젠호프	18%	3%	6.0
C. & J. C. 셉	14%	2%	7.0
엘레아차어 알빈	11%	2%	5.5
피터르 크라머르	7%	0.07%	100.0

표 6. 메리안 소장 서고와 메리안 비소장 서고의 자연신학 저자들의 작품

저자	메리안 소장 서고	메리안 비소장 서고	비율
노엘앙투안 플뤼슈	54%	44%	1.23
존 레이	32%	14%	2.29
윌리엄 더햄	32%	26%	1.23
베르나르 니우벤테이트	25%	19%	1.32
샤를 보네	25%	8%	3.12
요하네스 플로렌티위스 마르티넛	14%	11%	1.27
엘리자베스 마리아 포스트	11%	3%	3.67
프리드리히 크리스티안 레서	7%	4%	1.75

이런 발견은 놀랍지 않고, 이전 주석가들이 지적한바 메리안의 작품과 마크 케이츠비의 《캐롤라이나, 플로리다, 바하마제도의 자연사》 또는 메리안에게 직접 영감을 받은 아우구스트 요한 뢰젤 폰 로젠호프의 《곤충의 즐거움》의 연관성을 서지학적으로 확인한 예이다. 로젠호프의 책은 1746년에 독일어로, 나중에는 네덜란드어(ca. 1764-1766)로 출간되었다. 메리안이 그랬듯이 삽화와 에칭 또는 판화 작업이 모두 저자 자신의 손으로 이루어졌다. 이후에는 예술가이자 과학자인 딸 카타리나 바르바라 뢰젤 폰 로젠호프(Katharina Barbara Rösel von Rosenhof)에 의해 채색되었을 가능성이 크다. 이처럼 18세기 서고의 내용물에 대한 통계적 분석을 통해 작가와 작품 사이에 존재하는 무수한 지적 친밀감과 영향력이 새롭게 드러날 수 있다.

폭넓은 자연신학의 전망을 보여주는 작품은 메리안의 책을 소유한 사람들에게 특별한 매력을 제공했을지도 모른다. 마지막으로 표 6은 두 종류의 서고에서 자연신학 저자들의 작품 빈도를 비교한 것이다. 여기에는 영국제도(더햄, 레이)에서부터 네덜란드(니우엔테이트, 마르티넛, 포스트), 프랑스(플뤼슈), 독일(레서), 스위스(보네)까지 다양한 기간과 국적 안에서 활동한 저자들이 포함된다.

이 마지막 표의 상대 빈도는 앞선 비교보다는 덜 눈에 띄지만 분명한 경향성을 나타내기는 한다. 자연철학 저자들의 작품은 메리안의 책이 없는 서고보다 있는 서고에서 좀 더 많이 보고되었다. 이들 저자 중에서 상업적으로 가장 성공한 엘리자베스 마리아 포스트는 (비록 메리안 책을 보유한 서고들 사이에서 네덜란드 서고의 경매 목록집이 과도한 수를 차지하고 있기는 해도) 메리안의 책이 없는 서고보다는 있는 서고

에서 나타날 가능성이 거의 4배는 더 높았다. 네덜란드어를 사용하지 않는 저자 중에서 가장 높은 비율을 차지한 것은 제네바 사람인 박물학자이자 철학자인 샤를 보네(Charles Bonnet, 1720-1793)로 그가 1745년에 쓴 《곤충학 논고(Traité d'insectologie)》는 기독교에서 영감을 받은 '존재의 대사슬' 체계를 근대 생물학 관점에서 업데이트하고 재통합하는 데 크게 기여했다. 특히 《자연의 장관(Le spectacle de la nature)》의 저자 노엘앙투안 플뤼슈(Noël-Antoine Pluche)와 《자연신학(Physico-theology)》의 저자 윌리엄 더햄(William Derham, 1657-1735)처럼 내 서고 데이터에 있는 책의 절대적인 수량으로 측정했을 때 특히 많이 등장하는 이들은 메리안의 책을 소장한 서고와 그렇지 않은 서고에서 비슷한 빈도를 보였다. 플뤼슈와 더햄은 메리안 책이 없는 서고보다 있는 서고에서 1.23배 더 많이 나타났고, 이는 메리안 책을 소장한 서고의 모든 책에 대해 과잉 대표된 평균인 1.09보다 살짝 더 높을 뿐이다.

결론

MEDIATE 데이터베이스의 계산 능력을 빌려 마리아 지빌라 메리안의 작품을 보유한 18세기 개인 서고의 프로파일을 구축함으로써, 역사학자들은 메리안의 책을 소유한 사람들의 '공통된' 윤곽을 그릴 수 있게 되었다. 메리안의 책을 보유한 서고와 그렇지 않은 서고를 비교했을 때, 눈에 띄는 차이와 눈에 잘 띄지 않는 미묘한 차이가 있었다. 이런 경향이 뚜렷한 경우에는 새로운 문제를 제기하거나 처음의 거시적 접근법을 보완하기 위해 개별 작품 사이의 유사점을 미시적으로 분석할 수 있다.[20] 두 종류의 서고 모두 고전 저자 및 고대 그리스 저자와 작품에 대한 편향을 보였으나, 메리안 책을 소유한 서고는 근대적 가치관이 조금 더 강했고 자연과학을 다룬 작품, 특히 자연사 삽화가 풍부한 작품 위주로 명확한 편향을 보여주었다. 아마도 더 흥미로운 것은 메리안의 작품을 한 권 이상 보유한 서고가 메리안 책이 없는 서고보다 자연신학적 학습을 더 뚜렷하게 공유한다는 것이다. 그렇다면 앞으로 18세기 사람들이 메리안의 작품에 접근한 더 폭넓은 지적 맥락을 이해하기 위해 근대 초기 자연사 저서들이 속한 신학적 틀을 염두에 둘 필요가 있겠다. 이런 맥락은 예술과 과학 사이의 깊은 관계는 물론이고 종교와 과학의 관계까지도 지적한다. 앞으로 메리안의 종교적 정체성과 문화적 맥락의 발달 사이의 연관성을 좀 더 고려하면 두 주요 작품인 《애벌레 책》과 《수리남 곤충의 변태》가 18세기까지 동시대 독자들에게 지닌 의의를 밝힐 수 있을지도 모른다.

20장

가치 있는 시선

암스테르담의 프랑스인 삼인방이
요하네스 후다르트의 작품을 오용해
마리아 지뷜라 메리안 '전집'을 만든 과정과
이것이 내가 하는 예술에 주는 의미

요스 판더플라스

1부. 도둑맞은 관찰

밀레니엄의 시작과 함께 어린 시절 나를 매료시킨 대상이 슬며시 내 스튜디오로 들어왔다. 나비였다. 나비는 아주 짧은 시간에 내 시각 전체를 장악했고 지금까지 나와 함께하고 있다. 우선 나비는 고서(古書), 즉 과학이 기원하던 시기에 쓰인 서적에 대한 관심을 새롭게 불러일으켰다. 그 중에서도 가장 큰 관심은 식물과 곤충을 다룬 책에 쏟아졌다. 이들 유명 도서에 익숙해지는 과정에서 한 영역이 유난히 내게 영감을 주었다. 나비의 변태, 그리고 이 놀라운 과정이 발견되고 연구되며 기록되고 그려진 과정이다.

유명 인사

이런 관심에서 시작해 마침내 나는 마리아 지뷜라 메리안이 남긴 유산, 그 시대 자연과학의 발달, 메리안 시대의 과학책들을 연구하게 되었다. 이는 나 자신의 예술과 연구에도 중요한 촉매제가 되었다. 메리안의 연구와 나 자신의 연구에서는 관찰, 그것도 대단히 집중된 관찰이 중요하다.

메리안의 유산을 파헤치다 보니 무엇보다 그녀의 눈으로 열대 지역을 관찰하고 싶어졌다.[1] 그리고 나는 그곳에서 메리안이 영감을 받은 순간을 찾아다녔다. 메리안의 상상력을 사로잡고 그녀에게 동기를 준 것은 무엇이었을까? 어떻게 메리안은 그처럼 놀라운 이미지들을 만들어 냈을까? 알려지지 않은 곤충과 식물을 세심하게 관찰하다가 마침내 무언가를 새롭게 발견한 순간 메리안은 틀림없이 짜릿함을 느끼며 미지의 땅을 처음으로 밟은 탐험가가 된 기분이 들었을 것이다.

시각예술을 창작하고 책을 읽고 애벌레와 나비를 키우면서 나는 주기적으로 그 퍼즐에 뛰어들어 수리남에서 메리안이 작업했던 플랜테이션을 찾고, 비스바덴 박물관의 게르닝 컬렉션을 대상으로 조사를 시도했다.[2] 메리안 퍼즐에 사로잡힌 나는 한동안 스튜디오를 떠나 도서관, 박물관, 동물원과 식물원에서 수수께끼를 풀어나갔다. 영감을 수색하는 과정의 부산물이 내 호기심을 자극했고, 겉으로는 스튜디오 작업을 내려놓고 일탈을 유도하는 것처럼 보였지만, 궁극적으로는 그 일을 좀 더 흥미진진하게 만들고 놀라움으로 채워주었다.

예술가라는 내 직업이 과학자와 비교해 좋은 점이 한 가지 있다면 훨씬 자유롭다는 것이다. 과학자가 의도하는 최종 산물은 지식이다. 새로운 이론을 뒷받침하는 바탕을 찾는 것이다. 하지만 사적인 과학의 영역에서 지식을 얻는다는 것은 무작정 즐겁고 영감을 주는 경험이다. 과학에서도 영감이 차지하는 역할이 있지만 예술에서만

큼 중요하지는 않다. 내 '연구의 목적'은 어디까지나 영감이다. 나는 내게 영감을 주고 새로운 예술 작품을 향한 원동력을 만들어내는 대상을 찾는다. 하지만 영감을 찾는 과정에서 때로 발견도 이루어진다.[3]

경솔한 출판업자

2012년 5월 11일, 자주 찾던 암스테르담의 아르티스 도서관에서 우연히 《유럽의 곤충들》이라는 두꺼운 2절판 책을 보게 되었다. 페이지를 넘기다 보니 메리안의 모든 작품을 하나로 모은 책이었다. 《수리남 곤충의 변태》, 《애벌레 책》 세 권, 《꽃 그림책》 세 권과 그 세 권을 합본하고 서론을 추가한 《새로운 꽃 그림책》까지. 이 이상적인 작품은 메리안이 사망하고 13년 뒤인 1730년에 암스테르담에서 장 프레데릭 베르나르가 펴냈다.

베르나르는 프랑스 브로 출신으로 1711년에 암스테르담에서 출판업을 시작했다. 그는 메리안의 동판화 원본을 모두 소유하고 있었는데, 1718년에 《애벌레 책》의 라틴어판, 1719년에 《수리남 곤충의 변태》확장판을 출간한 암스테르담 출판업자 요하네스 오스테르비크한테서 구입한 것이었다 (18장 참조). 덕분에 베르나르는 1730년에 《유럽의 곤충들》이라는 제목으로 메리안

'전집'을 출간할 수 있었다. 같은 해에 베르나르는 《유럽 곤충의 역사》라는 제목으로 프랑스어판을 출간했을 뿐 아니라 《수리남 곤충의 변태》의 새로운 판본도 인쇄했다. 프랑스어판과 네덜란드어판의 다양한 판본을 살펴보니 어느 하나 똑같지 않았다. 예를 들어 어떤 책은 《수리남 곤충의 변태》를, 또 어떤 책은 《애벌레 책》과 《꽃 그림책》만 실었다. 그럼에도 이 책들을 크게 두 범주로 나눌 수 있었다.

(1) '상세판'이라고 부를 수 있는 버전은 대개 《유럽의 곤충들》의 한 페이지에 2개의 동판화를 실었다. 아마 애초에 책이 그렇게 구상되었을 것이다. 이런 배열 상태에서는 도판을 가장 잘 보여줄 수 있다. 그러나 《애벌레 책》 제1권의 장미(24번 도판), 참나무(50번 도판)처럼 어떤 페이지에는 도판이 하나밖에 없었다. 나는 암스테르담 대학교 소장품 중에서 이런 '상세판'을 대표하는 책을 발견했다(그림 1).[4] 이 책의 앞표지에는 "M. S. MERIAN Surinaamsche en Europische INSECTEN"이

그림 1. 마리아 지빌라 메리안 作, 《수리남 곤충의 변태》. 1719년에 요하네스 오스테르비크가 출판한 것을 1730년에 장 프레데릭 베르나르가 《유럽의 곤충들》로 합본했다. 왼쪽 페이지의 화환은 '상세판' 《유럽의 곤충들》과 《수리남 곤충의 변태》를 구분한다. Allard Pierson, University of Amsterdam, KF 61–3823(1–2).

라는 제목이 인쇄되어 있었다. 이는 적절한 제목인데 1719년에 출간된 오스테르비크 버전의 《수리남 곤충의 변태》는 《유럽의 곤충들》보다 먼저 출간되었고, 《유럽의 곤충들》은 《애벌레 책》 세 권과 《꽃 그림 책》 세 권으로 구성되었기 때문이다. 후자는 베르나르에 의해 인쇄되었고 유럽 곤충만 포함하고 있다. 내가 본 모든 '상세판'에서 《수리남 곤충의 변태》와 《유럽의 곤충들》 두 절은 곤충 열두 마리로 장식된 추가 도판으로 나뉘어졌다(그림 1, 비고 a 참조).

(2) 내가 '축약판'이라고 부른 두 번째 버전에서는 판본의 차이가 더 심하다. 여기에서 언급한 책은 한때 네덜란드 곤충학회 도서관에 소장되었고, 현재는 레이던 자연사박물관에 보관되었다(Merian & Marret, *De Europische Insecten*, published by J.F. Bernard in Amsterdam in 1730). 이 버전의

그림 2. '축약판' 도판 배치의 예시. 2010년에 출간된 《유럽의 곤충들》(Merian & Marret) 복제본을 참고 도서로 사용했다.

그림 3. (왼쪽) 요하네스 후다르트, 《자연의 변태》, Middelburg 1666–1669, volume 2, plate 33, 9.5×7.2cm. (오른쪽) 메리안의 원본 화환, 그리고 원제를 대체한 후다르트의 곤충 그림. Artis Library, Allard Pierson, University of Amsterdam, AB: 181–28(왼쪽); Naturalis, Library of the Netherlands' Entomological Society(NEV), Leiden(오른쪽).

《유럽의 곤충들》에서는 4점의 동판화가 한 페이지에 배치되어 있다(그림 2).

복제의 발견

처음 《유럽의 곤충들》을 찾은 아르티스 도서관에서 나는 《꽃 그림책》을 발견하고 멈칫했다. 뭔가 옳지 않다는 생각에 마음이 찜찜했다. 메리안의 책에 이질적인 것이 추가되어 있었다.

추가된 그림 하나는 나비의 번데기였는데 계속해서 마음에 걸렸다. 전혀 메리안스럽지 않은 생물이었기 때문이다. 그리고 분명 어딘가에서 본 적이 있었다. 그러다 어느 날 아침, 잠에서 막 깨어나는 순간 갑자기 그 그림을 어디서 봤는지가 생각났다. 요하네스 후다르트가 쓴 《자연의 변태》 제2권이었다.

나는 다시 도서관에 가서 후다르트의 책을 빌렸다. 그리고 《꽃 그림책》 도판에 추가된 삽화가 후다르트의 것임을 확인했다. 심지어 그 삽화는 후다르트의 도판을 바로 찍은 것도 아니었다. 후다르트의 책 속 삽화를 복제한 다음 메리안 책의 동판에다 식각한 것 같았다. 그 결과 대부분이 좌우 반전 상태였다. 메리안 책에 맞추느라 일부 수정된 부분이 있기는 해도 대체로 거의 똑같았다(그림 3). 나는 복제된 그림 56점을 일일이 후다르트의 원본과 비교했다(289쪽의 비교표 참조). 물론 후다르트 본인이 이 《꽃 그림책》 도판에 자신의 그림을 삽입했을 리는 없다. 후다르트는 이 이상한 책이 출판되기 한참 전에 세상을 떠났으니까.

누구라도 저 '증강된' 도판을 보면 메리안과 후다르트의 그림이 서로 어긋나는 기분이 들 것이다. 후다르트의 진지한 드로잉은 메리안의 복잡한 그림보다 자연스러움이 덜하다. 게다가 후다르트의 책에서처럼 경직된 열을 따르려다 보니 메리안의 도판에 상당히 어색하게 배치되었다. 후다르트의 생물을 메리안의 '정물화'에 삽

입한 경우 역시 확실히 이질적이었다.

절충된 그림

단서를 찾던 중 장 프레데릭 베르나르가 《유럽의 곤충들》 속표지에 추가한 또 다른 장식을 발견했다. 작은 삽화 안에 트럼펫 배너와 함께 다음과 같은 서명 및 날짜가 숨겨져 있었다. "B. Picart, del, 1718." 내가 발견한 베르나르 피카르(Bernard Picart, 1673-1733)는 세상을 떠나기 수십 년 전부터 암스테르담에 거주했던 프랑스 예술가였다. 그는 출판업자인 장 프레데릭 베르나르를 위해 정기적으로 일했고, 과거에 《세계 모든 민족의 종교 의례와 관습(Cérémonies et Coutumes Religieuses de Tous les Peuples du Monde)》(1723-1743)이라는 여러 권짜리 유명 작품의 출판 초기에 협업했다. 암스테르담 국립미술관에는 피카르의 작품이 여러 편 소장되어 있다. 피카르는 다양한 양식과 전문 분야에서 재능을 보인 유명한 예술가였다. '중급 화가'로서 주로 의뢰를 받아서 일했고, 암스테르담에서 제자 몇 명과 함께 작업했을 가능성이 크다.

레이던 대학교 도서관의 프렌텡카비닛(Prentenkabinet)에도 피카르의 작품이 보관되어 있었다. 이곳에서 나는 누에의 변

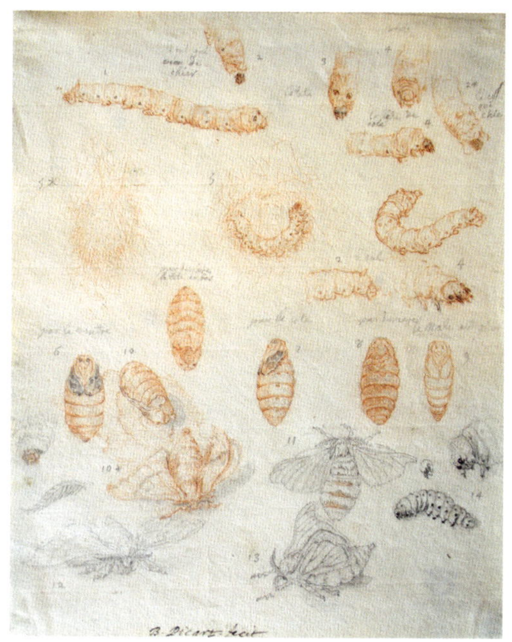

그림 4. 누에의 변태를 그린 피카르의 스케치(197mm×154mm, 왼쪽)와 《애벌레 책》 제1권에서 사용된 결과물(오른쪽). Prentenkabinet, Leiden University Libraries, PK AW 1296(왼쪽) Rijksmuseum, Amsterdam(오른쪽).

태를 붉은 분필로 그린 그림을 발견했다. 피카르의 이름은 밑에 검은색 잉크로 적혀 있었다. 이것은 베르나르가 편집한 《애벌레 책》 제1권 속표지에 실린 메리안의 화환 안에 들어간 그림의 밑그림으로 밝혀졌다(그림 4).

베르나르도 피카르도 곤충에 대한 지식은 없었던 것 같다. 따라서 피카르가 후다르트의 책에서 화려한 유럽 애벌레 나무결재주나방(*Cerura vinula*)을 복사해, 과거에 메리안이 《꽃 그림책》을 위해 제작한 작은 화환 안에 넣어서, 베르나르가 제작한 1730년 판 《수리남 곤충의 변태》 속표지에 실을 어울리지 않는 삽화를 설계한 일은 얼마든지 있을 수 있다.[5]

이후 나는 국립미술관에서 피카르가 개미의 생활사를 에칭한 삽화를 발견했다. 이 동판화는 《애벌레 책》 제3권을 여는 화환 속에 있던 것과 일치했다. 비슷한 변형이 LI번과 CL번 도판에 있는 화환에서 다시 나타나는데, 원래는 《애벌레 책》 제1권과 제3권의 권두 삽화에서 보였던 것이다.

같은 컬렉션에서 나는 《애벌레 책》 제2권을 시작하는 화환에 있던 것과 아주 비슷한 벌집의 동판화도 발견했다. 이런 사실들로 미루어 메리안의 책에서 새롭게 속표지를 작업한 사람이 피카르였다고 추론할 수 있다. 그렇다면 피카르가 메리안의 권두 삽화를 재작업한 후, 동료 프랑스인 출판업자 베르나르의 의뢰로 후다르트의 책을 제작했다고 한다면 지나친 비약일까? 내가 감히 이런 주장을 하는 이유는 피카르의 작품에 사용된 메리안의 그림을 다수 발견했기 때문이지만, 자세한 것은 나중에 다시 다루겠다.

표절자

나는 여기에서 멈추지 않았다. 메리안의 《꽃 그림책》이 애초에 그다지 야심 찬 출판물이 아니라는 것을 알았기 때문이다.[6] 어린 메리안이 그린 장식성 도판은 주로 자수용 패턴으로 쓰였다(이 책 5장 참조). 따라서 그 도판에는 별도의 텍스트가 없었다.

그러나 《유럽의 곤충들》에 실린 《꽃 그림책》의 도판은 모두 각각 3개(3개 미만인 경우도 있었지만)짜리 단락의 설명이 추가되어 있었다. 첫 번째 단락에는 프랑스어나 네덜란드어, 그리고 라틴어로 그림 속 식물의 이름을 적었다. 다음 단락은 그림 속 곤충에 대한 정보이고, 세 번째 단락에는 식물에 관한 정보가 적혀있었다. 이렇게 추가된 텍스트는 분명 《꽃 그림책》을 《애벌레 책》이나 《수리남 곤충의 변태》의 수준과 형식에 맞추기 위한 시도였다. 속표지에 따르면, 《꽃 그림책》에 추가된 식물 설명을 쓴 사람은 의학박사인 장 마레(Jean Marret, 1701-?)이다. 그는 또한 "새로운 18개 도판"에서도 곤충을 설명한다.[7]

아마 독자들은 《꽃 그림책》 도판에 딸린 3개의 텍스트 단락에서 차이점을 발견했을 것이다. 처음 몇 줄은 네덜란드어나 프랑스어로, 그리고 추가로 라틴어로 식물의 이름을 적는다. 작은 글씨로 쓴 맨 아래 단락에서는 도판 속 식물을 설명한다. 이 두 단락은 실제로 전문가인 장 마레가 쓴 것임을 알 수 있다. 중간 단락은 도판에 그린 곤충을 설명하는데 대개는 새로 추가된 것이지 메리안이 다른 도판에서 그렸던 것이 아니다. 나는 중간 단락을 읽으며 여타 단락과는 양식이 다른 것을 발견했다. 처음 도판에 추가된 곤충을 보았을 때 경험한 데자뷔를 텍스트에서도 느낀 것이다. 후다르트였다!

나는 후다르트의 책을 화려한 디스크 컬렉션으로 소장한 케이스 베아르트(Kees Beaart)의 도움을 받아 이 문제에 파고들었고, 마침내 가운데 단락에 적은 관찰 기록 대부분이 사실은 후다르트의 책에서 빌려 온 것임을 밝혀냈다. 문장 곳곳이 수정되었고, 날짜는 17세기가 아닌 18세기로 바뀌었으며, 문장의 일인칭 단수는 후다르트가 아니라 장 마레를 가리켰다.[8] 결국 이들은 후다르트의 삽화만 베낀 것이 아니라 텍스트도 복사한 것이다. 곤충에 대한 설명을 보면 실제로 18개가 있었고, 따라서 이들이 설명한 이미지는 대부분 속표지에서 언급한 '새로운' 도판일 가능성이 크다.[9]

175번 도판에서 마레가 표절한 예를 보면, 그는 제2권의 14번 도판에 실린 후다르트의 설명을 거의 그대로 베꼈다(당시에 마틴 리스터(Martin Lister)가 영어로 번역한 것 인용): "그때 나는 그것에게 죽은 야자수 딱정벌레를 주기로 했다. […] 이 벌레는 딱정벌레의 몸속에 들어가 그것을 먹으며 8월 18일부터 이듬해 6월 8일까지 머물렀다. 그런 다음 날개 달린 곤충이 나왔는데 아름답고 우아했다."[10]

마레는 이렇게 베꼈다. "나는 그것에게 딱정벌레를 주었다. […] 그랬더니 1729년 8월 21일부터 다음 해 6월 9일까지 거기에 머물렀고, 날개 달린 아주 작고 아름다운 동물이 나왔다(Je lui donnai des escarbots […] Il resta dans cette retraite depuis le vingt-unième Août de l'année 1729 jusqu'au neufvième de Juin de l'année suivante. Alors il en sortit un petit Animal ailé fort beau)."[11] 마레는 날짜만 바꾸었을 뿐, 후다르트가 관찰한 내용을 다른 세기로 옮겨왔다.

결론

베르나르-피카르-마레가 야심 차게 출간한 메리안의 '전집'은 특히 '축약판'의 경우 판매 목적으로 제작된 것으로 보인다. 메리안의 여러 책이 새로운 제목하에 하나로 묶였다. 원본의 동판화는 메리안의 것과는 다른 낯선 스타일로 바뀌었다. 그러나 그중에서도 가장 이상한 것은 《꽃 그림책》이다. 이 책은 미델뷔르흐 출신의 연구자이자 이전 세기의 '세밀화가'인 요하네스 후다르트의 동판화는 물론이고 텍스트까지 훔쳐와 아무렇지도 않게 '보충'한 것이다.[12]

2부. 카피된 카피스트

앞에서 설명한 발견의 결과물은 최근에 바헤닝언의 빗 갤러리(Galerie Wit)에서 '기회와 변화'라는 제목으로 열린 전시회에 내가 출품한 작품이다(그림 5).[13] 이 전시회에

서 나는 이 연구를 통해 제작하게 된 시각 예술 작품 대부분을 선보였다. 전시를 구성하는 전체 작품 중에서 내가 앞에서 말한 연구와 가장 밀접하게 연관되어 소개하고 싶은 것은 '도둑맞은 관찰'이라는 제목의 작품이다.

열세 조각짜리 이 작품에서 나는 모방자가 되었다. 하지만 메리안과 후다르트의 삽화만이 아니라 복제된 후다르트의 작품과 피카르 본인의 작품도 함께 모방했다. 따라서 내 그림의 상당 부분은 모방의 모방이라고 볼 수 있다. 무엇보다 이 작업은 모방이라는 행위에 대한 통찰을 주었다. 모방자는 원본의 선이나 붓질을 따라 하면서 수많은 결정을 내려야 한다. 예를 들어 아주 자유롭게 스케치한 소묘를 복제

할 때 세밀한 선 하나까지 최대한 모방하여 덜 자유로운 선을 그려야 할까, 아니면 복제의 느낌이 덜 나게끔 자유롭게 선을 그려야 할까? 다음으로 원본을 여러 기법으로 '번역'하는 과정이 있다. 거기에는 모방자의 해석이 들어가므로 완전히 새로운 문제가 된다. 물론 이것은 아주 오래된 현상이다. 메리안의 시대에도 판화가는 원화가가 넘긴 소묘와 수채화를 해석해야 했다. 메리안 자신도 판화가였기에 분명히 해석을 해야 했을 것이다.

앞에서 말한 '도둑맞은 관찰'은 《유럽의 곤충들》의 일부로서 《꽃 그림책》에 실린 메리안의 도판으로 구성된다(그림 6). 여기에서 나는 메리안의 이미지를 그림자로 처리했다. 어렸을 때 나는 독일 마인츠에 있

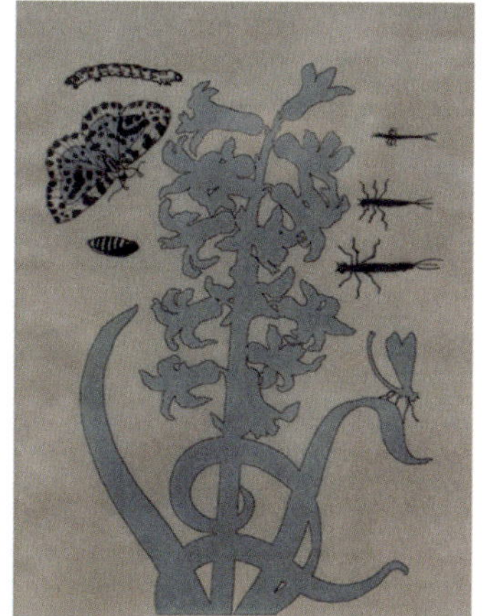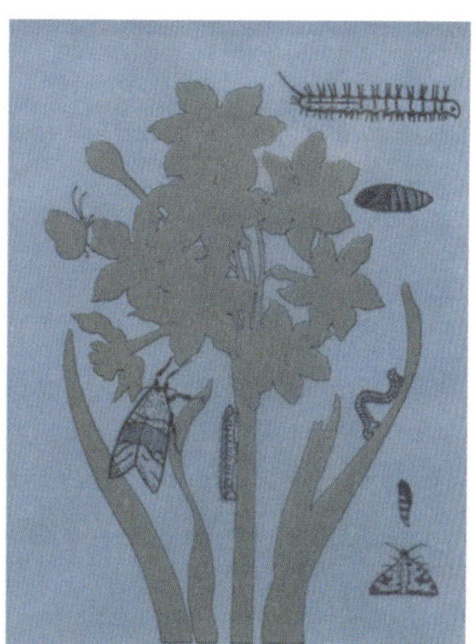

그림 6. '도둑맞은 관찰' 일부(요스 판더플라스, 2020), a thirteen-part polyptych, drawing, collage on paper, 280×100cm.

는 친척 할머니, 할아버지 댁에서 방학을 보내곤 했다. 그 집 벽에는 옛날 식으로 검은 종이를 정성스럽게 오려서 만든 그림자 작품이 붙어있었는데 내게는 긴장감이자 미스터리였다. 메리안이 그린 복잡한 식물 그림을 검은 윤곽으로 단순화함으로써, 전 세계에서 동물과 식물이 사라지는 현실도 함께 표현했다. 그들을 애통의 베일 뒤에 감춘 것이다.

나는 네덜란드 곤충학회 도서관에 소장된 《유럽의 곤충들》 컬러 사본에서 개별 원판의 주요 색깔을 복제하여 대비이자 희망의 신호를 의미하는 배경색으로 사용했다. 이 그림자 작품은 반투명한 층으로 덮여있는데 이 종이는 보는 사람으로 하여금 메리안의 삽화에 추가된 요소들이 드러난 곳을 보여준다. 이는 내 연구 주제를 구체적으로 밝히는 과정이기도 한데, 메리안의 이미지를 덜 부각시킴으로써 후다르트의 창작물이 전경에 나오기 때문이다. 나는 이것이 메리안의 기교에 가려 그림자 뒤에 감춰져 있던 후다르트의 선구적 연구에 대한 작은 보상이라고 생각했다. 이제 관찰자는 내 눈을 통해 18세기 '콜라주'를 볼 수 있고, 바라건대 나처럼 흥미를 느끼게 될 것이다. 내 목적은 관찰자와 함께 수개월의 여행을 떠나 내 관찰의 흔적을 밝히는 것이다.

이 장의 1부에서는 17세기, 18세기 예술가들과 과학자들이 새로운 사실을 관찰한 과정을 보았다. 이 관찰은 그림으로 포착되고 훌륭한 책을 통해 공개되었다. 그 책들에서 제작된 이미지는 복제되는 일이 잦았다. 그리고 복제될 때면 개인의 새로운 해석이 들어가는 새로운 조합으로 탄생했다. 물론 그 해석이란 원작자의 의도와는 다를 수 있다. 예를 들어 네덜란드 국립박물관에는 1726년에 제작된 피카르의 동판화 〈서인도회사와 동인도회사에 대한 우화(Allegorie op de West-Indische en Oost-Indische Compagnie)〉가 보존되어 있다. 이 도판에서 피카르는 메리안이 그려낸 장면들 가운데 가장 극적인 것을 활용했다. 벌새가 타란툴라에게 먹히는 장면이다. 그 선택이 흥미롭다. 이런 이미지로 식민지 세계가 천국인 것만은 아니라는 사실이 명확해졌다. 따라서 그 이미지에는 철학적 의미가 들어있다.

이런 장면은 내 작업이 무한 경쟁에 대한 수백 년 된 관찰의 연속임을 명확히 해준다. 피카르처럼 나 역시 새로운 지식만 탐색한 것이 아니라, 내가 관찰한 이미지와 상황의 철학적이고 예술적인 의미까지 찾아다녔다. 내 작품에 적절한 긴장감을 부여하려면 정확하게 관찰할 뿐만 아니라 이 풍부하고 다양한 데이터를 완전히 내 자유의지에 따라 사용해야 한다. 이런 식으로 나의 방식은 이해와 상상 사이에서 균형을 이루게 될 것이다.

※프란스 람퍼, 미카엘 판호헨하위저, 플로렌서 피터르스, 케이스 베아르트, 로버르트 켈리에게 고마움을 전한다. 이분들 덕분에 내가 앞으로 나아갈 수 있었다.

부록: 《유럽의 곤충들》/《유럽 곤충의 역사》에서 사용된 도판과 텍스트 비교
《유럽의 곤충들》에 실린 《새로운 꽃 그림책》

	메리안		후다르트		마레		
Plate no.	Part I	Insects	Origin of Goedaert's copies	Insects	Plates	Text ■	Remarks
1	Title page, Wreath	4		12			a
2	Butterfly f.p.*	1	Vol. I, pl. XI	3	CLVII	■	b
3	Butterfly, Dragonfly f.p.	2	Vol. I, pl. XXXXI; Vol. III, pl. R	5	CLVI	■	c
4	Butterfly, Caterpillar f.p.	2			CLIX	■	
5	Butterfly f.p.	1	Vol. III, pl. G, pl. K	7	CLIV	■	
6	Butterfly, Fly f.p.	2			CLXXXI		
7	Fly, Bouquet	1			CLXXVIII		
8	Butterfly f.p.	1			CLXIII	■	d
9	Dragonfly, Butterfly f.p.	2			CLIII	■	e
10	Dragonfly, Spider f.p.	2			CLXVII	■	f
11	Butterfly f.p.	1			CLXXIV		
12	Bug, Butterfly f.p.	2			CLXIV	■	g
	Part II						
1+	Title page, Wreath		Vol. II, pl. 33	3	CLXXI – CLXXII	■	h
2+	Small Bouquets				CLXX		i
2+	Small Wreath, left		Vol. II, pl. 37	1	CLXX		j
3+	Dragonfly, Butterfly f.p.	2	Vol. III, pl. N	3	CLXV	■	k
4+	f.p.		Vol. I, pl. XVII	3	CLX	■	
5+	f.p.						l
6+	f.p.						m
7+	f.p.		Vol. II, pl. 40	3	CLXXVI	■	
8+	f.p.		Vol. I, pl. III	2	CLII	■	
9+	f.p.				CLXXX		
10+	f.p.		Vol. II, pl. 25	4	CLXXIX	■	
11+	Butterfly f.p.	1			CLXVI		
12+	Bouquet		Vol. II, pl. 14	3	CLXXV	■	
	Part III						
1–	Title page, Wreath						n
2–	Basket of Flowers				CLXIX		
3–	Vase of Flowers	5			CLXVIII		
4–	f.p.				CLVIII		
5–	f.p.				CLXXXII		
6–	Bouquet				CLXXVII	■	o
7–	f.p.		Vol. III, pl. D	4	CLXI	■	
8–	f.p.		Vol. I, pl. VII	3	CLV	■	
9–	Bird f.p.				CLXXIII		
10–	f.p.				CLXXXIV		
11–	Butterfly f.p.	1			CLXXXIII		
12–	f.p.				CLXII		

※ f.p.=꽃 식물

출처: Merian(1680); Merian et al.(1999); Goedaert & De Mey(1660–1669); Goedaert & De Mey(1700); Facsimile of Merian & Marret(2010); Beaart(2016) p.114–121.

비고(표의 맨 오른쪽 열 참조):

a. 이 타이틀의 화환은 로마숫자가 없는 유일한 도판이다. 후다르트의 곤충 열두 마리를 포함한다.

b. 메리안의 작품에 나뭇잎이 추가되었다. 추가로 그린 애벌레를 놓을 곳이 필요했기 때문인데,《꽃 그림책》도판에서 추가된 것 중 유일하게 식물학적인 요소였다.

c. 식물의 왼쪽에 있는 애벌레와 고치, 그리고 오른쪽에 있는 잠자리 유충의 세 단계는 후다르트의 책에서 베낀 것이다. 후다르트의 나비는 더 크고 날개에 여러 개의 반점이 있다. 나비는 메리안의 것이다.

d. 마레가 "Cet Insecte se trouve décrit dans l'Explication trentehuitième"라고 참조한 부분은 메리안의《애벌레 책》제1권 38쪽이다.

e. 후다르트의 책에서 복제한 부분 없음. 나비와 잠자리는 메리안의 것이다. 마레의 텍스트는 후다르트의 텍스트나 메리안의 곤충과 관련성이 없다.

f. 마레: "Je n'ai rien à remarquer sur la métamorphose de cet Insecte"(나는 이 곤충의 변태에 관해 할 말이 없다). 항목 설명이 없다.

g. 후다르트에서 복제한 부분 없음. 벌레와 나비는 메리안의 것이다. 마레의 텍스트는 후다르트의 책 제2권 6번 도판에서 왔다. 이 부분은 마레가 메리안이 직접 그린 곤충에 관해 언급한 유일한 예지만 여기에서도 후다르트의 텍스트를 사용했다.

h. 171번 도판과 172번 도판은 둘 다 한 도판에 있는 화환과 곤충을 설명한다. 화환 내부에는 세 단계의 생활사를 그린 후다르트의 그림을 모사했다.

i. 이 도판의 번호를 찾기는 정말 어려웠는데, 이미지 없이 도판 번호만 유일한 텍스트로 기록되었기 때문이다. 이 두 꽃 다발은 메리안의《꽃 그림책》에서 똑같이 실렸다(인쇄는 거꾸로 되었음).

j. 이 작은 화관은《수리남 곤충의 변태》가 네덜란드어판 Merian & Marret(1730)의 '축약' 버전으로 묶일 때 속표지에 쓰였다. 이 속표지를 재발간할 때 삽화가 바뀌면서 화환의 중심이 후다르트 책에서 모사한 애벌레로 장식되었다〔Merian(1730)〕.

k. 마레는 후다르트의 텍스트를 사용해 특정 파리를 설명했다. 그러나 165번 도판에는 파리가 없다.

l.《꽃 그림책》에서 온 이 도판은 Merian

& Marret(1730)의 두 판본에 없다.

m. 《꽃 그림책》에서 온 이 도판은 Merian & Marret(1730)의 두 판본에 없다.

n. 이 화관은 Merian & Marret(1730)의 두 판본에 없다.

o. 마레: "J'ai donné la description de cette Plante, & Madame Merian n'y aient point placé d'Insecte, on ne peut y joindre aucune description." 마레는 메리안의 책에 없는 것이라 이 도판의 곤충을 설명할 수 없다고 했지만, 결국 메리안이 그린 곤충을 설명하지 않고 그저 후다르트 뒤에 곤충 그림을 추가했다. 예외 항목: 164번 도판.

21장

마리아 지뷜라 메리안과 동물 표본 목록

율리아 두나예바
& 베르트 판더루머르

근대 초기에 수집은 유럽의 다양한 사회 계층 어디에서나 흔히 볼 수 있는 취미였다.[1] 많은 수집가들이 자연물의 교환과 거래에 뛰어들었다. 이들 수집가, 박물학자, 상인이 소통할 때 사용하는 표본의 정확한 명칭이 문제였는데, 당시에는 동식물 명명 체계가 아직 표준화되지 않았기 때문이다. 동식물의 삽화가 수록된 책들은 표본의 동정에 중요한 역할을 했다. 과학사학자 다니엘 머르고치는 책의 삽화를 통한 이런 식의 소통 방식을 "쪽 번호와 도판 번호 참조"라는 문구로 표현했는데, 상대와 서로 같은 대상을 말하고 있음을 명확히 하기 위해 출판물의 제목, 쪽 번호, 도판 번호를 제시했기 때문이다.[2] 이런 과정

에서 마리아 지뷜라 메리안이 출판한 그림에는 본질적인 중요성이 있었다. 이 장에서는 동물학 표본이 실린 5개의 목록집을 살피며 메리안의 저서가 이 "쪽 번호와 도판 번호 참조"에 어떻게 사용되었는지 설명한다. 그리고 근대과학에서 동물학 명명의 시초가 된 스웨덴 박물학자 칼 린네의 《자연의 체계》 제10판으로 논의를 마무리한다.

《자연의 체계》 출간을 기점으로 동물 표본 동정 방식의 표준화가 본격적으로 발달하기 시작했다.[3] 그러나 이 대작 이전에는 여러 명명법과 분류 체계가 난무했다.[4] 박물학자들은 통속적으로 불리는 일반명을 사용하거나 해당 생물의 형태학적, 생

물학적 특징을 포함하는 구를 넣어 이름을 지었다. 같은 저자가 쓴 동일한 출판물 안에서도 한 종의 이름이 다르게 쓰인 것으로 미루어 종명의 일관성은 크게 중요하지 않았던 것으로 보인다.[5] 이와 같은 주먹구구식 명명과 체계를 두고 많은 학자들이 문제를 제기했다. 식물학자 존 트라데스칸트 2세(John Tradescant the Younger, 1608-1662)는 아버지의 수집품을 정리하면서 동물 표본의 명칭 때문에 겪었던 어려움을 토로했다. 그는 목록의 일부는 라틴어로, 일부는 영어로 작성한 이유를 설명하면서 다음과 같은 함축적 문구를 추가했다. "그 전문성을 넘보려는 자들이 있거든 조개껍데기를 던져주고 해결할 수 있는지 보라."[6] 이와 마찬가지로 독일의 박물학자 게오르크 에베르하르트 룸피우스는 인도네시아 암본섬의 갑각류, 조개류, 광물에 대한 책을 쓰게 된 계기가 생물 종이하도 여러 이름으로 불리는 바람에 자연물 애호가들 사이에서 혼선이 생긴 것을 보았기 때문이라고 했다.[7] 메리안도 당시 명명법의 복잡성을 인지했고, 그래서 《수리남 곤충의 변태》의 서문에서 명시하길, 이 책에서는 현지에서 토착민과 거주민이 사용하는 식물 이름만 적었고, 라틴명에 대해서는 암스테르담의 식물학 교수 카스파르

코멜린에게 자문했다고 밝혔다. 메리안은 자신의 작품이 표본 교환에서 맡게 될 역할을 예견했던 것일까? 확실히 그녀는 자신의 작품을 자연물 애호가의 눈으로 집필하고 또 그들에게 작품을 헌정했으며, 실제로 많은 이들이 서로 비슷한 생물에 대해 메리안의 책 속 삽화를 참조하여 더 정확한 동정을 추구했다.[8]

메리안이 그린 그림은 수준이 아주 높았다. 그녀는 책의 도판을 구성하면서 자신이 과거에 〈연구 노트〉에 작성했던 상세한 곤충 수채화를 사용했다. 또한 책에 실릴 동판화를 직접 식각했고, 그렇지 못할 경우라도 담당 동판화가를 철저하게 감독했다. 또한 표본의 색깔을 정확하게 사용하는 데 신경을 많이 썼다(슈미트로스케와 에서릿지가 쓴 8장 참조).[9] 모든 동물의 이미지가 표본의 동정을 돕고 모식 표본으로 인지될 정도로 세밀하게 묘사되었다.[10] 메리안의 삽화가 학문적, 상업적 목록집 편찬자들의 주목을 받아온 것도 당연하다.

대리인 네트워크를 갖춘 약재상 : 제임스 페티버

메리안의 책을 참조하여 곤충 표본의 설명을 개선한 박물학자이자 수집가로 제임

스 페티버가 있다. 그는 런던에서 약재상을 운영했는데, 평소 자연물에 대한 열정이 넘쳤다. 페티버는 18세기 초에 영국에서 가장 크고 다양한 자연사 표본 컬렉션을 갖추고 있었다.[11] 이 컬렉션을 이국적인 표본으로 채우고 싶었던 페티버는 대서양을 왕래하는 사람들, 모스크바에서부터 신세계의 영국 식민지까지, 또 희망봉에서 필리핀의 스페인 정착지까지 세계 곳곳에 사는 사람들로 네트워크를 조직했다. 수십 명의 특파원과 기여자들(선장, 선박의 외과의사, 선교사, 의사, 무역회사의 종업원 등)이 그에게 전 세계의 자연을 보내거나 가져다주었다.[12]

페티버는 메리안의 출판물을 소유했고, 표본 교환이나 수리남 책의 영국 고객을 물색하는 일, 그녀의 작품을 영어로 옮기는 일 등을 메리안과 논의했다.[13] 1695년에 페티버는 《페티버 박물관에 소장된 자연 희귀물 100(Musei Petiveriani Centuria Prima Rariora Naturae Continens)》이라는 제목의 컬렉션 목록집 제1권을 출판했다. 이어서 《페티버 박물관에 소장된 자연 희귀물 200 & 300(Centuria secunda & tertia)》(1698), 《페티버 박물관에 소장된 자연 희귀물 400 & 500(Centuria quarta & quinta)》, 《페티버 박물관에 소장된 자

연 희귀물 600 & 700(Centuria sexta & septima)》(1699), 《페티버 박물관에 소장된 자연 희귀물 600 & 800(Centuria octava)》(1700), 《페티버 박물관에 소장된 자연 희귀물 900 & 1,000(Centuria nona & decima)》(1703)까지 총 여섯 권을 출간했다. 각 책에서 쪽 번호는 앞의 책에서 이어졌다.[14] 페티버는 100개 단위로 총 1,000개의 자연물 표본을 기술했다. 식물이 가장 많은 분량을 차지했지만 동물도 적지 않았다. 1698년에 출간된 제2권을 제외한 나머지 책에 곤충이 실려있다. 곤충에 대한 설명은 일부는 라틴어로, 일부는 영어로 쓰였다.

곤충에 대한 페티버의 설명은 대체로 종을 식별할 수 있는 특징이 라틴어 구문으로 적힌 이름으로 시작한다. 그런 구문에서 제일 먼저 나오는 단어는 보통 해당 표본이 소속되는 더 큰 분류군을 나타낸다. *Papilio*(나비), *Phalaena*(나방), *Libella*(잠자리), *Scarabaeus*(딱정벌레), *Musca*(파리) 등을 예로 들 수 있다. 다음은 대개 그 곤충의 크기, 형태, 색깔과 관련된 한두 개 이상의 외형적 특징을 나타낸 단어로 이어진다. 그는 또한 이름에 해당 곤충의 자생지를 나타내는 라틴화된 지명을 포함시켰다. 그리고 그 곤충에 관한 정보

가 있는 참고 자료를 적었다. 영어 이름이 있으면 그 뒤에 병기했다. 이런 설명의 끝에는 보통 곤충의 생물학적 특징을 아주 간단히 넣어주고, 표본이 해외에서 받은 것이면 기증자의 이름까지 추가했다.

페티버는 그 시대의 관습을 따라 출판된 참고문헌을 약식으로 제시했는데, 일반적으로 저자의 성에서 앞 글자 3, 4개로 시작하고 쪽 번호나 도판 번호를 적었다. 그리고 목록집 제1권에 약어 목록을 수록해 해당 약어가 어떤 저자를 말하는지 알 수 있게 했다. 가장 자주 나온 저자가 "Aldr."(알드로반디), "Mof."(모핏), "Johnst."(욘스톤)이었다. 페티버는 곤충을 기재하면서 "Graf. v. 1" and "Graf. v. 2."를 자주 언급했는데 해당 약어 목록에 "Graf. v. 1: Mar. Sibyll. Graffin, of Insects. Dutch. Nürn. 1679. 4°", 그리고 "Graf. v. 2: Her 2nd vol. in Dutch. Franc. ad Moen. 1683. 4°"라고 적혀있었다.[15] 이 참고문헌은 메리안이 남편의 성 'Graffin'으로 출간한 《애벌레 책》 제1권과 제2권을 의미한다. 페티버는 나비 여섯 종, 나방 두 종, 애벌레 한 종, 번데기 한 종을 기재하면서 "Graf. v. 1"을 일곱 번, "Graf. v. 2."을 세 번 언급했다. 모두 유럽 곤충에 관한 것이었다.

《페티버 박물관에 소장된 자연 희귀물 100》에서 페티버는 《애벌레 책》 제1권의 29번 도판을 총 세 번 언급했다(그림 1). 그 그림은 화이트커런트(*Ribes rubrum* 'White Grape') 위에 앉은 줄노랑얼룩가지나방(*Abraxas grossulariata*)의 발달 단계를 설명한다.[16] 페티버는 자신의 컬렉션에 있는 성충, 애벌레, 번데기의 세 표본을 목록에 싣고 다른 페이지에서 성충에 대한 내용을 별도로 실었다.[17] 애벌레와 번데기에 관한 메모를 보면 페티버가 이것들을 앞쪽에서 기재한 나방의 변태하기 전 단계로 확실히 인지하고 있음을 알 수 있다. 다만 그는 저 세 가지를 합친다거나 시간적 일관성을 강조할 필요를 느끼지 못했던 것 같다. 페티버에게는 말린 성충을 알코올에 보존된 애벌레나 번데기와 구분해서 설명하는 게 더 논리적이었을까? 어쨌든 그는 각각의 세 설명에 대해 메리안 책의 같은 도판을 언급해 그 연관성을 강조하고 나방의 변태에 대한 추가 표시를 제공했다.

흥미로운 보관자
: 레비뉘스 빈센트

페티버는 목록집 말미에 '감사의 말'을 추가하고 표본을 보내준 이들의 명단을 적

그림 1. 마리아 지뷜라 메리안, 화이트커런트 위에 있는 줄노랑얼룩가지나방의 발달 단계. M. S. Merian, *Der Rupsen Begin, Voedzel en Wonderbaare Verandering*, part I, Amsterdam 1712, plate 29, hand-colored etching, counterproof, 18.6×14cm(plate), Artis Library, Allard Pierson, University of Amsterdam, AB Legkast 019.02. 1679년에 뉘른베르크에서 출간된 《애벌레 책》과 동일 이미지(좌우 반전).

었다. 그중에서도 그는 "자연과 인간이 만든 모든 진귀한 것들의 흥미로운 보관자, 암스테르담의 레비뉘스 빈센트 선생님"을 특별히 언급했다. 레비뉘스 빈센트(Levinus Vincent, 1658-1727)는 페티버에게 "다양하고 훌륭한 곤충"들을 보내준 사람이었다.[18] 메리안, 페티버, 빈센트는 같은 세계의 인적 네트워크에 속해있으면서 표본과 정보, 문서를 교환했다. 메리안과 빈센

트가 페티버에게 보낸 서신들은 현재 영국 도서관에 소장되어 있는데, 네덜란드 공화국에서 페티버의 연락책 자리를 두고 둘 사이에 충돌이 있었던 것을 알 수 있다.[19]

레비뉘스 빈센트는 네덜란드의 디자이너 겸 제작자이자 고급 천을 파는 사람으로, 아내인 요아나 판브레다(Joanna van Breda, 1653?-1715)와 함께 "자연의 경이로운 극장"을 소유하고 관리했다. 두 사람의 컬렉션은 1700년 무렵의 네덜란드 공화국에서 가장 훌륭한 축에 속했다. 빈센트는 1706년에서 1726년까지 20년에 걸쳐 컬렉션 목록집 네 권을 출간했다. 이 중에서도 1719년에 출간된 목록집에는 마침 빈센트의 서재에 있는 소장품도 적혀있었는데, 메리안의 《수리남 곤충의 변태》는 기록했지만 유럽의 곤충을 다룬 《애벌레 책》은 언급하지 않았다. 1726년에 빈센트는 《동물에 관한 목록 및 기재(Catalogue et description des animaux [...])》라는 제목으로 라틴어와 프랑스어로 된 가장 규모가 큰 목록집을 출간했다. 이 책은 알코올에 보관된 동물 표본과 일부 토착민들의 유물 목록을 실었다.[20] 이 목록집은 4절판에 삽화 없이 출간되었지만, 로메인 더호허(Romeyn de Hooghe, 1645-1708)가 앞서 동판화로 제작한 권두 삽화를 실어 컬렉션

그림 2. 로메인 더호허(원화가), 얀 판피아년(Jan van Vianen, 동판화가), 레비뉘스 빈센트와 요아나 판브레다 컬렉션의 우화적 표현. Frontispiece of L. Vincent, *Wondertooneel der Nature*, Amsterdam 1706, Allard Pierson, University of Amsterdam.

에 대해 우화적인 인상을 주었다(그림 2).

빈센트도 페티버처럼 100 단위로 표본 목록을 정리했다. 표본이 담긴 유리병 600개를 여섯 권에 실었고, 이어서 빈센트가 특별히 관심을 보인 두꺼비와 개구리에 관한 항목 45개, 그리고 마지막으로 토착민의 유물 100개로 끝을 맺었다. 처음 100개의 표본에서 빈센트는 척추동물과 무척추동물을 모두 열거했다. 이 출판물에는 곤충이 없는데, 빈센트가 곤충을 별도의 상자에 담아 서랍장에 보관했기 때문이다. 그러나 몇몇 애벌레는 언급했고, 가끔 메리안의 《수리남 곤충의 변태》를 참고문헌으로 사용하기도 했다. 이 목록집에서 표본에 대한 기재는 생물학적 특징에 대한 메모 없이 동정에 필요한 문구만 실었기 때문에 페티버의 목록집보다 정보량이 적다. 게다가 빈센트는 정보의 출처는 거의 적지 않았고, 추가했다고 해도 쪽 번호나 도판 번호를 명확히 표기하지 않았다. 드물지만 예외는 있었다. 빈센트는 목록집에서 메리안의 《수리남 곤충의 변태》를 참고해 12개 표본에 대한 설명을 보완했는데, 그중 11개에 대해 관련된 도판 번호를 명시했다.[21] 각각은 나비 또는 나방 11개, 딱정벌레 1개로 모두 남아메리카 곤충의 유충에 관한 것이었다. 페티버처럼 빈센트도 유충과 성충의 관계를 무시했지만 메리안의 도판을 참조함으로써 정보를 제공할 수 있었다.

약재상의 보물
: 알베르튀스 세바

레비뉘스 빈센트의 컬렉션처럼 풍성한 소장품은 네덜란드 수집가들 사이에서 감탄의 대상이 되거나 경쟁을 부추겼다. 경쟁자로 나선 대표적인 예가 알베르튀스 세

바다. 독일 태생의 이 약재상은 18세기 초 암스테르담에서 높은 가치로 인정받는 또 하나의 자연물 컬렉션을 수집했다.[22] 1715 년에 세바는 자신의 방대한 컬렉션을 러 시아 황제 표트르 1세에게 팔겠다고 제시 했다. 1715년 10월 4일에 쓴 편지에서 세 바는 황제의 대리인에게 자신의 컬렉션이 빈센트의 것보다 완벽하다고 자부했다.[23] 빈센트는 황제와의 거래를 성공적으로 마 무리한 후 전보다 더 풍부하고 새로운 컬 렉션을 장만했다. 이어서 세바는 그 자신 이 수집한 자연물의 삽화가 실린 도록을 출간하기로 하고 실력 있는 화가들을 초 빙해 모든 표본이 담긴 도판을 제작했다. 그 결과물이 바로 18세기 자연사에서 가 장 놀라운 작품으로 손꼽히는 《가장 풍부 한 자연의 보물창고(Locupletissimi Rerum Naturalium Thesauri)》(1734-1765)이다.[24] 약칭으로 《보물창고》라고 불린 세바의 책 은 2절판 형식의 네 권짜리에 총 449개의 도판이 실렸다. 이 대작의 1권과 2권만 세 바가 살아있을 때 출간되었다. 그가 사망 한 1736년에는 제3권과 제4권의 식각 작 업이 거의 마무리된 상태였고 본문은 아 직 완성되지 않았다.[25] 세바가 네덜란드어 로 쓴 본문이 라틴어와 프랑스어로 번역되 어 라틴어와 프랑스어, 또는 라틴어와 네

덜란드어로 된 두 종류의 판본으로 출판 되었다. 세바가 사망한 후 아르나우트 포 스마르가 다른 박물학자들과 함께 제3권 의 본문을 보완, 개정하고 제4권의 본문을 편집했으며 각각 1759년과 1765년에 발 행되었다.[26] 《보물창고》 제1권에는 다양한 식물, 척추동물, 무척추동물의 표본이 골 고루 실렸고, 제2권은 뱀, 제3권은 어류와 다른 수생생물, 그리고 제4권은 곤충과 광 물에 관한 내용이다.

빈센트처럼 세바도 표본에 대한 설명 에 참고문헌을 많이 추가하지 않았다. 그 러나 메리안의 수리남 책은 그가 여러 차 례 참조한 몇 안 되는 자료였다. 《보물창 고》 제1권에서 네 번, 제4권에서는 열여 섯 번 메리안이 언급되었다. 세바와 포스 마르는 페티버나 빈센트와는 다른 방식으 로 참고문헌을 표기했다. 네 사람 모두 저 자를, 이를테면 "D. Merian", "Mad. Me- rian", "Meriana"라고 지칭했다. 포스마 르가 집필한 제4권에서는 대부분 도판 번 호까지 명확하게 명시했다. 드물지만 일 부는 《Metamorphosis Insectorum Suri- namensium(수리남 곤충의 변태)》라는 메리 안의 책 제목이 《Historia insectorum Su- rinamensium(수리남 곤충의 역사)》, 《De- scription insectorum Surinamensium(수

리남 곤충에 대한 설명)》,《Insectorum Surinamensium(수리남의 곤충)》 등으로 잘못 표기되었다.

《보물창고》 제1권에서 세바는 곤충이 아닌 동물에 대한 설명에서도 메리안을 참조했다. 주머니쥐("Muris, sylvestris, Americani, foemella"), 대형 도마뱀("Lacerta Tejuguacu, Americana, maxima, Sauvegarde dicta⋯"), 카이만악어("Crocodilus, Americanus, amphibius").[27] 이로써 세바가 주로 참고한 것은 1719년에 출간된 《수리남 곤충의 변태》 2판 또는 그 이후의 판본임을 알 수 있는데, 메리안 사후에 이 책의 새로운 판본을 출간하면서 출판업자가 1705년 초판에 실린 60개 도판에 12개 도판을 추가했고, 마침 위에서 언급한 동물이 모두 이 추가된 12개 도판에 있던 것들이기 때문이다.[28] 이는 세바의 《보물창고》 제4권에서 메리안 책의 65번 도판을 참조한 사례로도 알 수 있다.[29]

세바의 《보물창고》 제1권 31번 도판에 있는 린네쇠주머니(*Marmosa murina*)의 그림은 1719년에 출간된 《수리남 곤충의 변태》의 66번 도판과 우연이라고 보기 어려울 정도로 많이 닮았다(그림 3). 두 이미지 모두 등에 새끼를 업고 있는 주머니쥐 암컷을 그렸는데, 새끼의 수와 배치는 물론이고, 머리와 다리, 몸체의 위치까지 똑같다. 그러나 메리안의 주머니쥐가 입체성이 더 강하고(예: 그림자 처리), 동물의 해부 구조에 대한 이해도 뛰어나다(예: 머리와 귀의 구조). 하지만 서로 차이도 상당해서 동일한 표본을 보고 그렸다고 보기도 어렵다. 예를 들어 이 동물의 긴 꼬리가 세바의 책에서는 위쪽으로 올라가는데 이는 아마도 동판의 판형이 더 작았기 때문일 것이다. 실제 자연에서 새끼 주머니쥐들은 꼬리가 길게 뻗었든 위로 올라가든 제 꼬리를 어미의 꼬리에 감지 않는다.[30] 또 다른 주목할 만한 차이는 어미 주머니쥐 뒷다리의 발가락이다. 메리안의 도판에서는 뒷다리의 발가락 하나가 뒤쪽을 향하고 있는데 이는 잘못된 것이다. 세바의 책에서는 올바르게 수정되었다. 차이가 어떻든 이 동물들의 전체적인 자세가 유사한 것으로 보아 세바의 동판화가가 메리안의 이미지를 본떠서 그림을 새겼고, 세바로부터 소소한 수정 지시를 받았다고 말해도 좋을 것이다. 책의 본문에서 세바는 메리안의 그림을 언급하면서 자신이 소유한 표본은 메리안의 그림과 달리 새의 발톱과 비슷하지 않았고 앞발은 원숭이처럼 짧은 발톱이 있는 4개의 발가락과 엄지발가락이 있다고 적었다. 이 사례는 메리안의

그림 3. 새끼를 등에 업고 있는 주머니쥐 암컷을 그린 두 그림. 위: A. Seba, *Locupletissimi rerum naturalium thesauri*, volume 1, Amsterdam 1734, plate 31, figure 5, etching. 아래: M. S. Merian, *Dissertatio de Generatione et Metamorphosibus Insectorum Surinamensium*, Amsterdam 1719, plate 66(detail), etching. 두 도판 모두 Library of the Russian Academy of Sciences at the Zoological Institute, Saint Petersburg.

작품이 삽화의 참고 자료로 사용된 방식과 자연사 삽화를 모방하는 일반적인 관행에 대한 흥미로운 질문을 제기한다.

상트페테르부르크의 쿤스트카메라와 메리안

1714년에 표트르 1세는 상트페테르부르크에 러시아 최초의 공립박물관인 쿤스트카메라를 설립했다. 황제는 이러한 기관이 유럽에서 러시아의 과학적 위신을 높이고 제국의 교육 체계를 발전시키는 데 필수적이라고 여겼다. 황제는 박물관을 개선하고 채우는 데 노력을 기울여 앞에서 설명한 알베르튀스 세바와 프레데릭 라위스의 유명한 해부학 캐비닛을 포함해 해외에서 대형 컬렉션 여러 개를 매입했다.[31] 표트르 1세는 러시아에서 발견되는 온갖 특별하고 흥미로운 것들은 모두 상트페테르부르크로 가져와 쿤스트카메라에 보관해야 한다는 칙령을 내렸다. 더 나아가 러시아 정부가 18세기 전반부에 여러 차례 시도한 시베리아 원정에서 많은 표본이 수집되어 쿤스트카메라의 전시장을 풍성하게 했다. 소장품이 빠르게 증가하면서 관리 체계를 세우고 목록집을 제작할 필요성이 제기되었다.

1741년에서 1745년 사이에 최초의 쿤스트카메라 소장품 목록집이 《상트페테르부르크 제국 박물관 소장품 목록집(Musei Imperialis Petropolitani)》이라는 제목으로 발행되었다. 라틴어로 쓴 이 책은 8절판 크기의 두 권이 삽화 없이 출판되었다. 제1권은 자연물을, 제2권은 인간의 유물을 열거했다. 제1권의 1부에는 7,000점의 동물 표본이 기재되었다.[32] 설명은 짧고, 대개 동물의 이름과 외형적 특징에 대한 간단한 설명, 자생하는 지역, 그리고 앞에서 설명한 예시처럼 해당 동물에 대한 삽화나 정보가 있는 다른 출판물이 참고문헌으로 실렸다. 이 목록집은 총 42명의 저자가 쓴 출판물 49편을 약 1,400회 참조했는데, 그중 메리안의 작품이 169회 언급되었다. 이 169회의 참조 내용을 크게 세 종류로 나누면 첫째, 메리안의 수리남 책에 대한 언급이 총 41회였고 그 형식은 다음과 같았다. "Mad. Merian. Metamorph. Insect. Surinamens.", "Mad. Mer. Insect. Surinam. Metamorph.", "M. Merian. Insect. Surinam." 참고문헌을 언급할 때는 책의 제목을 약식으로 적고 각각의 도판 번호도 추가했다. 두 번째 유형은 총 64회이고 모두 메리안의 《애벌레 책》에 해당한다. 형식은 "Raupen-Verwandlung Part I"(34회), "Raupen-Verwandlung Part II"(23회), and "Raupen-Verwandlung Part III"(7회)와 같았다. 목록집에서 참고문헌은 본문과 다른 고딕 폰트로 인쇄되었다. 편집자는 1679년과 1683년에 출간된 《애벌레 책》 첫 두 권의 독일어판과 1717년에 네덜란드어로 쓰인 제3권 사이에서 언어 차이를 특별히 구별하지 않은 것 같

았다.

놀랍게도 상트페테르부르크의 연구자들 손에는 유럽의 다른 연구자들에게 알려지지 않은 특별하고 고유한 자료가 있었다. 《상트페테르부르크 제국 박물관의 소장품 목록집》에서 총 64회 언급된 메리안의 〈연구 노트〉이다. 〈연구 노트〉는 메리안이 곤충의 변태, 행동, 기생체와의 관계, 기타 생물학적 특징을 적고, 작은 독피지 조각에 수채화로 상세하게 그린 그림까지 곁들인 특별한 문서다(아서 맥그리거가 쓴 이 책의 1장과 슈미트로스케 & 케이에서릿지가 쓴 8장 참조).[33] 표트르 1세의 주치의이자 자문인 로베르트 아레스킨이 이 〈연구 노트〉를 1717년 암스테르담에서 더 큰 판형의 독피지 수채화들과 함께 매입해서 러시아로 가져왔다. 아레스킨이 사망한 후에는 쿤스트카메라와 밀접하게 연관된 러시아 최초의 공립도서관에 보관되었다.[34] 이 원고에 대한 참조는 대개 "Mad. Merian Journal"의 형식을 띠었고, 여기에 쪽 번호와 그림 번호를 추가했다. 《상트페테르부르크 제국 박물관의 소장품 목록집》 편찬자는 메리안이 직접 관찰하여 쓴 이 노트에 접근할 수 있었고, 그것을 목록화 작업에 사용했다는 점에서 큰 의의가 있다. 해외 독자들이 구할 수 없는 자

료임에도 중요한 참고문헌으로 보았다는 것은 대단히 흥미로운 일이다. 이 목록집은 메리안의 출간된 작품에 있는 이미지를 추가로 참조했는데, 〈연구 노트〉의 많은 그림이 출간된 책에 인쇄되어 나왔기 때문이다.

나비 두 마리

쿤스트카메라 소장품 목록집이 메리안의 그림을 참조함으로써 데이터 해석이 훨씬 수월해졌다. 그 예를 들어보자. 목록집에 한 나비가 다음과 같이 기재되었다. "Papilio Surinamensisnigra, ochroleucis maculisvaria, alis inferioribus rufa macula insignitis: depicta a Mad. Merian. Metamorph.Insect. Surinam. Tab. XXXI"(수리남에서 온 검은색 나비. 뒷날개에 연한 노란색 반점과 독특한 붉은 반점이 있다. 메리안 여사가 그린 《수리남 곤충의 변태》 31번 도판 참조).[35] 《수리남 곤충의 변태》의 31번 컬러 도판은 서로 다른 색깔의 두 나비 성충을 그린 것이다(그림 4). 아래쪽 나비의 색깔은 쿤스트카메라 목록집의 설명과 일부만 일치하여, 날개는 짙은 색에 다양한 연한 노란색 반점이 있지만 뒷날개 밑면에 특유의 붉은 반점은 없다. 반대로 위쪽 나비에는 붉은 반점이 있지만, 날개 윗면은 진한 초록색이다. 오늘날 《수리남 곤충의 변태》에 실린 모든 곤충 종이 정확히 밝혀졌는데, 31번 도판에 그려진 나비는 수리남에서 발견되는 안드로게우스호랑나비(Papilio (Heraclides) androgeus)의 아종이다.[36] 이 아종의 성충은 암수 색깔이 서로 다르다는 특징이 있는데 바로 메리안이 그림에서 표현한 대로다. 수컷의 날개 윗면은 연한 노란색 반점이 있는 어두운 색이고, 암컷의 날개는 진한 초록색이다. 암수 모두 뒷날개 밑면에 작고 붉은 반점이 있다.[37] 쿤스트카메라 목록집에 적힌 간략한 설명만으로는 이 나비에 대해 알 수 있는 것이 거의 없지만, 메리안의 도판 번호를 참조용으로 적어두었기 때문에 아종의 이름과 심지어 컬렉션에 보관된 곤충의 성별까지 알 수 있는 것이다. 메리안의 책과 연계한 덕분에 쿤스트카메라의 동물 표본을 텍스트가 아닌 그림으로도 볼 수 있게 되었다.

린네와 메리안

근대 초기 자연과학에서 동물 종의 동정에 메리안의 삽화가 갖는 중요성의 또 다른 예를 유명한 스웨덴 박물학자 칼 린네

그림 4. 마리아 지뷜라 메리안, 부용(*Hibiscus mutabilis*) 위에 앉아있는 안드로게우스호랑나비의 변태, M. S. Merian, *Over de Voortteeling enwonderbaerlyke Veranderingen der Surinaemsche Insecten*, Amsterdam 1719, plate 31, hand−colored etching, counterproof, Artis Library, Allard Pierson, University of Amsterdam, AB Legkast 019.01.

의 저서에서 찾을 수 있다. 그 역시 메리안의 출판물을 "쪽 번호와 도판 번호 참조"로 사용했는데, 두 권의 책에서 그 예시를 들어보자. 1751년에서 1754년까지 린네는 스웨덴 국왕 아돌프 프레드리크(Adolf Fredrik, 1710-1771)를 위해 일했다. 프레드리크 국왕은 스톡홀름 인근의 울릭스달 왕성에 자연사 소장품을 보관하고 있었다. 당시 웁살라 대학 교수였던 린네는 그 성에서 몇 주에 걸쳐 《아돌프 프레드리크 왕의 박물관(Museum Regis Adolphi Friderici)》이라는 제목으로 자연물 컬렉션의 목록집을 만들었다. 이 목록집은 1754년과 1764년에 스톡홀름에서 두 권으로 출판되었다. 제1권은 2절판에 수많은 판화가 담긴 특별판이었다.[38]

린네는 이 목록집에서 최초로 동물 표본에 자신의 이명법을 적용했다. 그는 메리안의 《수리남 곤충의 변태》에 실린 도판을 일곱 번 참조해 딱정벌레 네 마리(*Scarabaeus elongatus, Cerambyx longimanus, Cerambyx cervinus, Buprestis maxima*), 공작여치(*Gryllus ocellatus*), 매미(*Cicada mannifera*), 새잡이거미(*Aranea avicularia*)를 동정했다.[39, 40] 이 종들은 곧 설명할 《자연의 체계》 제10판에도 실렸다. 린네는 세 가지 종에 대해 *Scarabaeus elongatus*는 *Scarabaeus interruptus*로, *Cerambyx cervinus*는 *Cerambyx cervicornis*로, *Buprestis maxima*는 *Buprestis gigantea*로 학명을 수정했다.[41] 그러나 두 출판물 모두 메리안의 동일 도판을 참조했기 때문에 같은 종을 말하는 것임을 알 수 있었다. 또한 스웨덴 왕실 컬렉션의 딱정벌레 표본은 《자연의 체계》에서 기술된 각 종에 대한 모식 표본으로 간주될 수 있음을 보여준다.

린네의 유명한 《자연의 체계》 10판은 특정 컬렉션의 소장품을 기재한 것이 아니라, 자연계 전체의 체계를 정립하여 과거에 중구난방으로 불리던 명칭의 문제를 해결하려는 목적이 있었다. 《자연의 체계》 10판은 특정 표본 대신 일반적인 종을 나열하고는 있지만 컬렉션 목록집과 비슷한 방식으로 조직되어 있었다. '곤충'을 다룬 장의 시작에서 린네는 수많은 곤충학자 중에서도 곤충의 변태 과정을 묘사한 뛰어난 그림으로 큰 공을 세운 메리안의 이름을 불렀다.[42] 그리고 찬사에 이어 메리안의 책을 136회 참조했다. 1982년에 식물학자 윌리엄 T. 스턴(William T. Stearn)은 린네가 메리안의 작품을 참조한 사실을 처음으로 광범위하게 논의하여 발표했지만, 어디까지나 《수리남 곤충의 변태》에 한했다.

반면에 우리는 메리안의 작품 전체를 고려했다.[43] 총 136회라는 놀라운 참조 횟수는 메리안의 이미지가 린네에게 큰 가치가 있었음을 증명한다. 특히 《자연의 체계》에서 메리안을 아흔아홉 번이나 참조한 나비류를 주목할 만하다. 이에 더하여 린네는 딱정벌레 열아홉 번, 매미류 네 번, 그 밖에 파리, 하루살이, 노린재, 심지어 진딧물까지 여러 곤충 항목에서 메리안의 이미지를 참조했다. 또한 유명한 새잡이거미(맥그리거가 쓴 1장의 14쪽 그림 참조), 개구리, 도마뱀, 새에 대해서도 참조한 기록이 있다.

《자연의 체계》에서 린네가 메리안의 작품을 참조한 부분은 크게 세 가지로 나눌 수 있다. 첫째, 수리남 책에 나오는 생물과 관련되어 참조한 항목(총 46회)은 각각 책의 페이지 번호나 도판 번호와 함께 "Merian surin.", "Merian sur.", "Mer. surin."으로 표시되어 있었다(예: "Merian sur. 17 t. 17"). 이 번호가 2번에서 71번까지 해당하는 것으로 미루어 린네가 메리안 사후인 1719년, 1726년, 1730년에 출간된 《수리남 곤충의 변태》 판본을 사용한 것이 분명해 보인다. 초판에서는 도판이 총 60개였지만 후속 판본에서는 12개의 도판이 추가되었기 때문이다.

둘째, 유럽의 곤충을 그린 세 권의 《애벌레 책》을 참조한 횟수는 77회이며 각각 "Merian europ.", "Merian eur.", "Mer. eur"로 표시되었다. 여기에 도판 번호가 병기된다. 이 유형에서 44회는 《애벌레 책》 세 권을 각각 나타내는 번호("1", "2", 혹은 "3")가 별도로 표기되었다. 예를 들어 "Merian eur. 2. t. 35"는 《애벌레 책》 제2권의 35번 도판을 나타낸다.

셋째, 총 13회 참조된 부분으로 구체적인 표기가 없어서 린네가 메리안의 어떤 작품을 말하는 것인지 명확히 알 수 없다. 이런 경우는 "Merian ins." 또는 "Mer. ins."이라고만 표기되어 있어서 곤충에 관한 작품이라는 것만 알 수 있다. 그중 4회는 "2"라는 숫자가 표기되어 린네가 《애벌레 책》의 제2권을 참조한 것으로 보았다.

《자연의 체계》에서 사용한 곤충 이름과 메리안의 도판을 비교해 보면, 린네가 적어도 《애벌레 책》 두 권을 사용했음을 알 수 있다. 총 42회에 걸쳐 도판 번호 2번에서 181번 사이의 번호가 사용되었다.[44] 1730년에 출간된 네덜란드어, 프랑스어 번역본에서는 《애벌레 책》 세 권의 원본 도판 번호를 연속해서 사용했고, 속표지 또는 메리안의 《꽃 그림책》의 도판 등이 일부 추가되었다. 메리안 사후에 출판된 합본에서는 도판이 총 184번까지 나와있다(판더플라스가 쓴 20장 참조). 더 먼저 출간된 《애벌레 책》에서 각 권은 도판 번호가 1번부터 50번까지 매겨져 있다. 반면에 린네의 책에서 "1", "2", "3"이라는 별도 번호가 병기된 48회의 참조 가운데 도판 번호가 50을 넘는 것은 없기 때문에, 린네가 모식 표본을 명명하기 위해 《애벌레 책》 세 권과 1730년에 출간된 합본을 모두 사용했다는 결론을 내릴 수 있다. 이 책들은 1679년에서 1718년 사이에 독일어, 네덜란드어, 라틴어로 출판되었다.

앞에서 언급한 여섯 종류의 동물 표본 목록집은 표본의 동정 과정과 표준화된 명명법을 확립하는 데 메리안의 책이 지닌 중요한 의미를 보여준다. 우선, 메리안의 작품은 개인 수집가들이 소장품을 동정할 때 참고 자료로 쓰였고, '쪽 번호와 도판 번호 참조' 방식을 통해 다른 이들과 소통하는 수단이 되었다. 또한 그녀의 작품은 쿤스트카메라 같은 국가 기관의 컬렉션 목록집에 활용되었을 뿐 아니라, 린네가 근대 분류학 체계를 정립하는 과정에서도 중요한 자료로 사용되면서 꾸준히 발전하는 근대과학의 맥락 속에 그 가치가 확대되었다. 어떤 의미에서 린네는 메리안의 작품이 지닌 과학적 중요성을 더욱 부각시킨 셈이다. 메리안이 그린 곤충 그림은 상세하고 수준이 높으며 정확성이 뛰어나 후대의 수집가들이나 연구자들이 곤충의 종, 심지어 아종까지 동정하는 데 사용되었다. 현대에 와서도 메리안의 작품은 특히 린네의 표준 체계 이전에 편찬된 삽화 없는 목록집과의 비교 작업에서 귀중한 가치를 지닌다. 그녀의 예술적이면서도 정확한 이미지를 토대로 역사적 컬렉션에 포함된 종들이 제 이름을 찾았고 이로써 근대 분류학의 초기 발달에 크나큰 통찰을 제공했다.

**박물학자 마리아에게,
아라와크족 하녀 에스터가**

당신이 제게 박각시를 잡아오라고 합니다.
나는 꽃매미 한 마리, 사냥꾼거미 한 마리,
잎꾼개미 열네 마리를 가져갔지요.

당신은 나를 다시 내보냅니다. "박각시를 잡아오라"고.
나는 메스키트벌레 한 마리, 하늘소 한 마리,
남아메리카야자바구미 한 마리를 가져갔지요.

당신이 세 번째로 말합니다. "제발, 박각시만 잡아와."
정글의 무성한 초록잎이 내 치맛단을 더듬어요.

당신은 몰라요. 박각시는 목화잎자트로파를 좋아한다는 걸.
하지만 그곳은 내가 그 남자를 만난 이후, 내 배가 불러온 이후,

우리 이모가 나더러 그 씨가 담배처럼 까맣게 될 때까지,
도랑 옆에 힘겹게 쪼그리고 앉아 모든 게 끝날 때까지

계속해서 씹고 삼키라고 시켰던 곳이라는 걸.

—신시아 스노

1장. 마리아 지뷜라 메리안
—'예술과 과학, 자연의 관찰과 예술가의 의도'

1. 1763년에 야코프 크리스티안 셰퍼(Jacob Christian Schäffe)가 비슷한 세 가지 조합을 제시했다. 시스템(*Lehrgebäude*), 어휘(*Wörterbücher*), 이미지(Abbildungen), Schäfer(1763) p.2-4.

2. 다음을 참고하라. Reitsma(2016) p.17.

3. 괴테의 원문은 다음과 같다. "… in ihren Darstellungen sich zwischen Kunst und Wissenschaft, zwischen Naturbeschauung und malerischen Zwecken hin und her bewegte", Goethe(1817) p.85.

4. Harris(1766) p.34.

5. Merian(1679), title page: "eine ganz neue Erfindung"; Etheridge(2011); Etheridge(2021).

6. Egmond(2017).

7. "자연이라는 책" 안에서 창조의 증거를 밝히는 스바메르담의 의제는 다음을 참고하라. Eric Jorink(2010) p.219-238.

8. Reitsma(2016) p.13.

9. Swammerdam(1669); Redi(1668); Malpighi(1669). 다음을 함께 참고하라. Reitsma(2008) p.67-80.

10. Etheridge(2021) p.37.

11. 이 개념은 다음 문헌에서 가장 총체적으로 조사되었다. Ogilvie(2006).

12. 다음 문헌에서 가장 종합적으로 논의되었다. Etheridge(2021).

13. *Metamorphosis*(1705), "Aan den Leezer": "dat zulks alreede door andere overvloedig gedaan is, als door Moufet, Godart, Swammerdam, Blanckaart en andere."

14. "Ik had het Schrift wel langer konnen uitbreiden, maar door dien de tegenwoordige Wereld zeer delicaat en de gevoelens der Geleerde verschillig zyn, zo heb ik maar eenvoudig by myn ondervindingen willen blyven." 메리안의 관찰에서 발견된 오류에 관해서는 다음을 참고하라. Schmidt-Loske(2007) p.15, and Van Andel et al.(2016).

15. 과학적 담론에서 오래 논쟁이 되어온 그림의 역할에 대한 비판과 관련해서는 다음을 참고하라. Baigrie(1996).

16. Ogilvie(2003) p.46.

17. 다음을 참고하라. Stearn(1978) p.14; Etheridge(2021) p.143.

18. Neri(2011) p.176.

19. 훅의 관찰은 다음 문헌에서 효과적으로 재배치되었다. Alpers(1983) p.73, 85.

20. Kemp(1990) p.132.

21. 후자에 대해서는 다음을 참고하라. Hollmann(2003).

22. Pieters & Winthagen(1999). Valiant(1992) p.48, 그녀의 그림 양식은 "열세 살에 완전히 형성되어 평생 변하지 않았다".

23. 대단히 미묘한 이 용어가 사용된 예는 다음을 참고하라. Swan(1995); Kusukawa(2019).

24. Schmidt-Loske(2007) p.14, and Etheridge(2016) p.34, 그림에서는 변화 이상을 감지하

지 못했지만 메리안이 확대경으로 관찰한 증거가
있다.

25. 다음에서 인용한 것이다. Freedberg(2002)
p.412-413.

26. Charmantier(2011).

27. Linnaeus(1737) no. 218.

28. 다음을 참고하라. Smith(2006). "마리아 메리
안이 그것들을 연구하기 시작했을 때" 유럽에서
도 대부분의 나비는 "일반명도 학명도 없었다".
Stearn(1978) p.16.

29. Ivins(1953) p.2.

30. Neri(2011) p.142-154에서는 메리안의 시각적 이
미지 제작 방식에서 이 초기 작품의 지속된 영향을
추적했다.

31. Etheridge(2021) p.108-119. 자세한 내용은 이 책
에서 알리시아 몬토야가 쓴 19장을 참고하라.

32. Valiant(1993) p.473-478.

33. 찰리 자비스 박사 덕분에 나는 제임스 페티버가
메리안의 작품에 관해서 쓴 세 편의 논문에 관심
을 갖게 되었다(Petiver, 1708-1709, p.22-26,
plates 140-151). 그 내용은 나중에 《제임스 페티
버의 작품(Jacobi Petiveri Opera)》(Petiver, 1767)
에서도 반복해서 나온다.

34. Guilding(1834).

2장. 마리아 지뷜라 메리안의 세상

1. 메리안에 관한 배경과 자료는 다음을 참조하라.
www.themariasibyllameriansociety.humanities.
uva.nl와 https://merianin.de.

2. 메리안은 율리우스력(과거)이 사용되던 독일에서 그
레고리력(현재)이 사용되던 네덜란드 공화국으로 이
동했다. 연표에서는 각 국가의 관례에 따라, 독일과
영국에서 일어난 사건은 과거 방식으로, 네덜란드와
수리남에서 일어난 사건은 현재 방식으로 표기했다.

3. Aldrovandi(1602); Moffet et al.(1634); Jon-
ston(1653).

4. Jonston(1653) and Jonston(1660).

5. 공작나비 도판과 채색 버전에 관해서는 이 책의 8장
을 참고하라.

6. 예시는 다음을 참고하라. Etheridge & Piet-
ers(2015).

7. 마렐이 메리안에게 미친 영향에 관해서는 다음을 참
고하라. Etheridge(2021) p.46-49.

8. 메리안의 학생에 관해서는 자우어가 쓴 이 책의 5장
을 참고하라.

9. Etheridge(2021) p.39-45.

10. 메리안 작품의 인쇄에 관한 상세한 내용은 뮐더르
가 쓴 이 책의 12장을 참고하라.

11. Davis(1995) p.157-166.

12. 메리안의 노트는 보통 한 페이지(320×225mm)에
종이 두세 장이 부착된 독피지 습작품과 함께 묶여
있었다. 이 원고는 현재 상트페테르부르크에 있는
러시아 과학원 도서관 원고 부서에서 소장하고 있
다. inv. no. F 246. 상세한 내용은 다음을 참고하
라. Beer(1976).

13. Beer(1976). 메리안의 이 〈연구 노트〉 복사본에는
그녀가 쓴 메모와 현재 러시아 상트페테르부르크
의 국립과학원 도서관에 있는 이미지가 실려있다.

14. Van de Roemer(2016).

15. 메리안의 수리남 여행과 그곳에서의 여행에 관해
서는 이 책에서 판넬프트가 쓴 10장을 참고하라.

16. Merian(1717).

17. Etheridge(2021) p.88.

18. 여기에 관한 상세한 내용은 이 책에서 판더루머르
가 쓴 13장을 참고하라.

19. 사례는 다음 문헌, 그리고 이 책에서 몬토야가 쓴
19장을 참고하라. Jorink(2010), Ogilvie(2008).

20. Davis(1995) p.157-166, 그리고 이 책에서 묄회
펠이 쓴 4장.

21. Merian(1679) p.47.

22. Ray(1710).

23. Swammerdam(1669); Swammerdam(1737-1738).

24. Merian(1679) p.72.

25. 이 책의 11장 참조.

26. Merian(1705). 19번 도판의 텍스트.

3장. 마리아 지뷜라 메리안 다시 보기
—현대 예술에서 과학과 예술

1. Wettengl(1998); Wettengl(2003).

2. Schiebinger(1995).

3. Rheinberger(2015) p.11.

4. Rheinberger(2015) p.13.

5. Latour(2000) p.23, K. 베텡글 번역; Latour(2008).

6. Dion(2009) p.257.

7. 다양한 예술적 방법과 절차에 관해서는 다음을 참고하라. Lange-Berndt(2009); Miller(2014); Myers(2015); Ramos(2016); and the various issues of the journal *Antennae*.

8. 메리안의 시각적 전략에서 장식적 측면에 관해서는 다음을 참고하라. Neri(2011).

9. 다음을 참고하라. Albus(1997). 알부스의 그림 다수가 독일 킬 미술관에 소장되어 있다.

10. Fries(2009) p.87.

11. Huemer(2018); Huemer(2020).

12. Flügelschlag(2019).

13. Wettengl(2014) both entries.

14. Greenfort(2009) p.210, K. 베텡글 번역.

15. Erickson(2017).

16. 도르트문트 대학교 오스트발 박물관의 가비 & 빌헬름 슈만 소장품.

17. Raffles(2013).

18. Thompson(2014).

19. Raffles(2013) p.31, K. 베텡글 번역.

20. 다음을 참고하라. https://vimeo.com/471346039(2021년 2월 12일 확인).

21. Haas & Wolf(2019); Knicker(2014).

22. Knicker & Wettengl(2014).

23. Prüfer(2017).

24. Braun(2010).

25. '동물 건축'에 대한 상세한 내용은 다음을 참조하라. Roesler(2012).

26. Van de Plas(2013) p.42, in *Second Life*.

27. Jeybratt(2012).

28. Kannisto(2011).

29. Latour(2000) p.43, K. 베텡글 번역.

30. Dion(2005).

31. Van de Plas(2008); Van de Plas(2013, all three references mentioned); Van de Plas(2019).

4장. 요한 안드레아스 그라프
— 망각된 예술가, 마리아 지뷜라 메리안의 남편으로 산 20년

1. Doppelmayr(1730) p.255; 이 문헌에서는 이름이 "Häberlein"으로 적혀있다.

2. Ratsschulbibliothek, Zwickau, cat. no. 48.8.7(4); 다음도 함께 참고하라. Lölhöffel(2015) p.47-49.

3. Merian(1679) 서문. 뉘른베르크에서 메리안의 삶과 일에 관한 자세한 정보는 다음 웹사이트를 참고하라. www.merianin.de.

4. Doppelmayr(1730), 저자가 손으로 쓴 추가 메모가 있는 유일한 책은 다음에 소장되었다. Germanisches Nationalmuseum, Sig. Hs 1010871, opposite of p.268, digitized copy online, p.584.

5. 키워드는 다음과 같다. "Kraus, Johann Ulrich" and "Küsel, Kupferstecherfamlie," www.stadtlexikon-Augsburg.de(2022년 1월 24일 확인).

6. Beer(1976) p.227. 다음도 함께 참고하라. Lölhöffel(2015) p.61, https://merianin.de/home/merian-garten.

7. Förderverein Kunsthistorisches Museum Nürnberg(2017) p.47ff; 다음도 함께 참고하라. https://

merianin.de/home/scheidung.

8. Doosry(2014) p.173-174.

9. Förderverein Kunsthistorisches Museum Nürnberg(2017) p.38, 47, 52f, 65, and following.

10. Förderverein Kunsthistorisches Museum Nürnberg(2017) p.48.

11. Exhibition catalogue, Förderverein Kunsthistorisches Museum Nürnberg(2017).

12. Mulzer(1999) p.47.

5장. 바늘로 수놓은 꽃 그림

1. Neri(2011) p.139-180, 특히 p.142-154.

2. Sandrart(1675) part 2, book 3, p.339; http://ta.sandrart.net/de/text/567#idx567.3(2017년 9월 25일 확인).

3. Bürger & Heilmeyer(1999); http://digital.slub-dresden.de/werkansicht/dlf/81016/6/(2017년 9월 25일 확인).

4. 1682년 7월 25일 날짜로 된 편지에서 언급됨; Schmidt-Loske et al.(2020) p.11-15, Brief 1.

5. 이 글은 Sauer(2017)에 의한 전시 목록집과 학회에서 발표한 내용 Sauer(2021)을 요약하고 보강한 것이다.

6. Schnabel(2003); Schnabel(2013).

7. Schnabel(2003) p.104-113, 309-311, 369f., 467.

8. 뉘른베르크에서 학식 있는 여성의 예에 관해서는 다음을 참고하라. Sauer(2021).

9. Sauer(2021).

10. Taegert(1997); Lölhöffel(2016) p.67-71; Pieters(2017).

11. 편지의 날짜는 1685년 5월 8일(Germanisches Nationalmuseum, Historisches Archiv, Familie Imhoff, Teil Ⅱ, Fasz. 50)과 1685년 6월 3일(Stadtbibliothek Nürnberg, Autogr. 165)이다; Schmidt-Loske et al.(2020) p.24-31, Brief

4-5. 클라라 레기나 임호프와 그의 남동생에 관해서는 다음을 참조하라. Sauer(2017) p. 9f., 15, 19, 21, Kat. 25f., 44f.; 수집가로서 크리스토프 프리드리히 임호프에 관해서는 다음을 참고하라. Valter(2021).

12. 편지의 날짜는 1697년 8월 29일(Stadtbibliothek Nürnberg, Autogr. 167); Schmidt-Loske et al.(2020) p.32-35, Brief 6.

13. Stadtbibliothek Nürnberg, Nor. H. 1278, f. 51v – 52r; Schnabel(1995) No. 180/16; Sauer(2017) p.13, Fig. 1.6; Grebe & Sauer(2017) p.56, Kat. 20.

14. 이 기술에 관해서는 다음을 참고하라. Wilckens(1997) p.92-122, 261.

15. Neri(2011) p.142-154.

16. Beer(1720) plate 20-21, 24-27, 37, 39-40; Sauer(2017) p.10, 12 Fig. 1.4; Grebe & Sauer(2017) p.61, Kat. 28.

17. Stadtbibliothek Nürnberg, Nor. H. 1622, f. 62v – 63r, 64v – 65r, 66v – 67r; Schnabel(1995) No. 184/81 – 83; Sauer(2017) p.15; Grebe & Sauer(2017) p.57, Kat. 22.

18. Germanisches Nationalmuseum, Bibliothek, Hs. 162.750, f. 73r; Kurras(1994) No. 102/119; Sauer(2021) Fig. 5.

19. Germanisches Nationalmuseum, Bibliothek, Hs. 162.750, f. 86r; Kurras(1994) No. 102/118.

20. Stammbuch of Johann Leonhard Oehm(1740-1791), Stadtbibliothek Nürnberg, Nor. H. 1299, p.84-85; Schnabel(1995), No. 186/92; Sauer(2017) p.15; Grebe & Sauer(2017) p.56, Kat. 21.

21. Stadtbibliothek Nürnberg, Nor. H. 1459, p.326-327; Schnabel(1995) No. 202/186.

22. Stadtbibliothek Nürnberg, Nor. H. 1305, f. 84v-85r; Schnabel(1995) No. 175/32; Sauer(2017) p.15; Grebe & Sauer(2017) p.58, Kat. 23.

23. Bürger & Heilmeyer(1999) 1. series, Tab. 2; http://digital.slub-dresden.de/werkansicht/dlf/81016/9/(2017년 9월 25일 확인).

24. Berlin, Staatliche Museen zu Berlin, Kupferstichkabinett, KdZ 8929; Weller(2017) p.172, Kat. 122.

25. Ludwig(1996); Ludwig(1998) p.94-102.

26. Sketchbook, dated 1710: Stadtbibliothek Nürnberg, Nor. H. 1665; sketchbook, dated 1711: Stadtarchiv Nürnberg, E 28/Ⅱ No. 1335; sketchbook dated 1712: Grünsberg, Freiherr von Stromersche Familienstiftung; Ludwig(1996); Ludwig(1998) p.96f., 256 and Fig. 50; Sauer(2017) p.12; Grebe & Sauer(2017) p.58, Kat. 24.

27. 1710: Stadtbibliothek Nürnberg, Nor. H. 1665, f. 23; Sauer(2021); 1711: Stadtarchiv Nürnberg, E 28/Ⅱ No. 1335, f. 25; Sauer(2017) p.12, Grebe & Sauer(2017) p.58, Kat. 24.

28. Nürnberg, Germanisches Nationalmuseum, Bibliothek, Hs. 185.172/2, Lö. 2, f. 1; Ludwig(1996); Ludwig(1998) p.96f., 256f. and Fig. 51.

29. Stadtarchiv Nürnberg, E 28/Ⅱ No. 1335, f. 36.

30. Erhard Reusch(1711, p.15)는 마르가레타 부르프바인을 뛰어난 아내이자 예술가로 묘사한다. "귀족들은 그녀가 바늘로 제작한 다양한 그림, 특히 실크로 세련되게 만든 동물과 새, 그 밖의 다른 예술 작품에 감탄한다. 그리고 그들은 이미 보유하고 있는 다른 소장품에 이 작품을 추가하려고 노력한다. 숙련된 손은 재주가 매우 뛰어나 물건을 살아 있는 것처럼 만든다." ("Picturas varias acu factas, praesertim animalia et aves ex serico affabre efformatas, aliaque ejus artificia Viri Principes admirantur, eademque reliquis, quae studiose asservant, arte factis adjungenda expetunt. Adeo scite omnia manus perita ducit, ut vivere videantur"). 로이슈는 계속해서 마르가레타 부르프바인을 전설의 유명한 여성 예술가뿐 아니라 남

성 화가인 파라시오스와도 비교한다. 파라시오스는 커튼의 그림으로 자신의 경쟁자인 제우크시스를 속이는 데 성공한다. 대 플리니우스(*Naturalis Historia*, XXXV, 64)에 따르면 파라시오스는 제우크시스에게 커튼을 걷고 그 뒤에 숨긴 걸작을 드러내 달라고 부탁했다. 제우크시스가 커튼을 걷으려고 갔을 때 그는 커튼이 진짜가 아닌 그림이라는 것을 알게 되었다. 마르가레타 부르프바인에 대해서는 다음을 참고하라. Sauer(2017) p.15; Grebe & Sauer(2017) p.54-55, Kat. 18; Sauer(2021).

31. 이 기법을 사용한 이미지에 관해서는 다음을 참고하라. Spamer(1930) p.106-112.

32. Stadtbibliothek Nürnberg, Nor. H. 1621a, f. 102r, 104r, 114r; Schnabel(1995) No. 130/44-45, 130/53; Sauer(2017) p.15; Grebe & Sauer(2017) p.54-55, Kat. 18; Sauer(2021).

33. Bürger & Heilmeyer(1999), series 1, title page, and http://digital.slub-dresden.de/werkansicht/dlf/81016/3/(2017년 9월 25일 확인); Sauer(2017) p.15; Grebe & Sauer(2017) p.54-55, Kat. 17-18.

34. 뉘른베르크의 메리안의 집에 관해서는 다음을 참고하라. Mulzer(1999) and Lölhöffel(2015) p.51-54; 부르프바인 가문의 저택에 관해서는 다음을 참고하라. Grieb(2007) p.1710f.

35. Hauß-Halterin(1703) p.10-168; 문학 장르에 관해서는 다음을 참고하라. Gray(1987).

36. Hauß-Halterin(1703) p.16.

37. Braun(1773-1793); Wilckens(1982) p.59f.

38. *Bilderstich*: Braun(1773-1793), here vol. 2, no. 23. Sprinkled on silk: Braun(1773-1793), here vol. 4, no. 38.

39. 이 롤모델과 관련해서는 다음을 참고하라. Leßmann(1991), 특히 p.73-96, 160-187, Ludwig(1998) p.102-106; 긍정적인 측면에 관해서는 다음을 참고하라. Sauer(2017) p.12-16; Moffitt Peacock(2017), 특히 p.75-79; Sauer(2021).

40. Moffitt Peacock(2017, p.79)은 이렇게 마무리 짓

는다. "여성은 바느질을 전통적인 여성의 예술 형
태로 받아들이는 동시에 예술계의 남성 헤게모니
에 도전한다."

41. Spamer(1930) p.60-175, 특히 p.80-111.

42. Sturm(1704) p.30, 50f. 슈투름에 관해서는 다음
을 참고하라. Dolezel(2018).

43. Sauer(2017) p.21; Valter(2021).

44. *Blumen und Insecten-Buch*, 다음을 참고하라.
Merian(ca. 1713).

6장. 우정을 찾아서
—마리아 지뷜라 메리안이 우정수첩에 남긴 흔적

1. Taegert(1997).

2. 예를 들어 이 책에서 판더루머르가 쓴 13장을 참고
하라.

3. 다음을 참고하라. Graak(1982), Thomassen(1990).

4. Keil & Keil(1893) p.4-6, Kerdijk-Eskens(1975).

5. Klose(1982) p.42-45, 49.

6. Schnabel(2013) p.218-221.

7. Keil & Keil(1893); Schnabel(2013); Rein-
ders(2017).

8. Taegert(1997) p.89; British Library, Egerton MS
1324. 이 우정수첩에는 1649년에서 1653년까지
123명이 글을 남겼다. 별개의 글이 이후에 뉘른베
르크에서 추가되었다.

9. 아르놀트 부자에 관해서는 다음을 참고하라.
Blom(1981).

10. 이 시의 번역은 다음 출처를 확인하라. Pick(2004)
p.327-331(all three poems), and Ether-
idge(2021) p.134-136(only the two poems in
the first volume).

11. Sauer(2017) p.17.

12. Etheridge(2021) p.248.

13. Stammbuch des Andreas Arnold, Herzog Au-
gust Bibliothek, Wolfenbüttel, Cod. Guelf.

226 Blank., f. 271r; 다음을 함께 참고하라.
Thöne(1967).

14. Blom(1981) p.13.

15. Stammbuch des Andreas Arnold, Herzog Au-
gust Bibliothek, Wolfenbüttel, Cod. Guelf. 226
Blank., f. 257r, 269v & 270r.

16. 이 편지들은 이 책의 5장에서 자우어가 논의했다.

17. 다음을 참고하라. Sauer(2017) p.9.

18. Schmidt-Loske et al.(2020) p.24-27.

19. Schmidt-Loske et al.(2020) p.28-31.

20. Beer(1976) p.63 & Tab. 94 drawing 239. 다음을
참고하라. Wettengl(1997) p.135, Cat. No. 85.

21. 다음을 참고하라. Pieters(2014) endnote 14.
이 수첩은 레이던 대학교 도서관에서 소장했다.
Special Collections, inv. no. LTK 903. 이 전형
적인 직사각형 포맷의 책등에는 이렇게 써있다.
"STAM/BUCH". 레이던 대학교 도서관의 우정수
첩 컬렉션에 관해서는 다음을 참고하라. Van Dui-
jn(2015)(2021년 4월 13일 확인).

22. See Kaag & Storm(2019).

23. Schmidt-Loske et al.(2020) p.87.

24. Original text: "Gott und die tugent ist mein
Ziel./diesses mahlte ich Maria Sÿbilla Merian/
im 62 Jahr meines Alters,/dem herren besitzer
diesses buches,/Ao 1709 den 2 Martz in Am-
sterdam."

25. 바이제의 시는 17세기 마지막 4분기에 출판된 날
짜 미상의 산에 관한 노래책에 실린 첫 번째 시
다. 다음을 참고하라. Mincoff-Marriage & Heil-
furth(1936) p.1-2.

26. Keil & Keil(1893) p.167.

27. Weise(1673) p.79: "Die Menschen mögen mich
beneiden/Gott wolle nur barmhertzig seyn/so
will ich mitten in den Leiden/mich über mein
Gelücke freun/Gott und die Tugend ist mein
Ziel/So hab ich, was ich haben will." 마리아너
아렌츠호르스트 번역.

28. 과거에는 이 원고가 알베르튀스 세바의 것으로 알려졌었다. "De Veranderinge van eenighe Rupsen en Wurmen"("일부 애벌레와 벌레의 변화"), Artis Library, Allard Pierson, University of Amsterdam, AB Legkast 37.1, p.[9]; 다음을 참고하라. Engel(1937); Mulder(2021); Pieters(2021).

29. Van de Roemer(2016) p.25; Schmidt-Loske(2007) p.92-98.

30. 다음을 함께 참고하라. Pieters(2014). 룸피우스 책과 관련한 메리안의 작업에 관해서는 이 책의 13장을 참고하라.

31. 원문은 다음과 같다.: "Men Eer dit Beeld, wiens geest en Schaar kan wond'ren teelen,/'t Papier herscheppende in onschatb're Kunst tafreelen/ KATARINE LESCAILJE." 마리아너 아렌츠호르스트 번역.

32. Testas de Jonge(1744) p.12. 그 목록집은 네덜란드어로 출간되었다. 저작권과 출간 날짜에 관해서는 다음을 참고하라. Kaldenbach(2014); N.B. 쿠르턴이 사망한 뒤에도 우정수첩은 그녀의 남편이 계속해서 이어나갔다.

33. Merian & Marret(1730b), 네덜란드어판. Artis Library, Allard Pierson, University of Amsterdam, AB Legkast 018.01. Original text: "K heb u penceelen ooft geschonken/Joanna wyd en zyds berugt/Door konst papiere schaaren vrugt/Oft mee mogt in uw stamboek pronken./M. S. Meriaan." 마리아너 아렌츠호르스트 번역.

34. Koerten(1735) p.46-48; 사본은 다음 웹사이트에서 볼 수 있다.(2022년 2월 22일 확인): https:// www.dbnl.org/tekst/koer005stam01_01/koer-005stam01_01_0050.php?q=Meriaan#hl1. 마리아너 아렌츠호르스트 번역.

35. Raffel(2012) p.46-47. 2021년 4월, 바이마르의 안나 아말리아 공작부인 도서관의 카탸 로렌츠에게 초상화에 관한 정보를 준 것에 감사드린다.

7장. 알리다 빗호스와 마리아 지뷜라 메리안
—네덜란드 여성 식물 화가들의 사회적 인맥

1. Graft(1943) p.136; Röver(1730, 1739-…).

2. Sotheby's(2004) p.95, item 128.

3. Heijenga-Klomp(2005) p.126-128.

4. Schama(1987) p.402-419.

5. Boersma(2021).

6. Seelig(2017) p.23, 48-50.

7. Heijenga-Klomp(2005) p.116.

8. Missel(2000) p.13-14.

9. https://rkd.nl/nl/explore/artists/85145(2021년 9월 16일 확인).

10. Boersma(2021); Schepper(1990) p.66-69.

11. Heijenga-Klomp(2005).

12. Zwollo(1972) p.83; Pascoli(1981) p.22.

13. Kloek, Sengers & Tobé(1998) p.9-19.

14. Weyerman(1729) vol. 2, p.241, L. 미설 번역.

15. Kooijmans(1985) p.202.

16. Zaal(1991).

17. Leeuwen(2011) p.31-45.

18. Poelhekke(1963) p.3-28.

19. Graft, van der(1943) p.136; Röver(1730, 1739-…).

20. Reitsma(2008) p.141-144.

21. Block(undated). [화집은 과거에 아흐너스 블록이 다음 제목으로 소유한 적 있다. "Plusieurs espèces de fleurs dessinées d'après la naturel", Rijksmuseum, Amsterdam, loose paper slips.]

22. Wijnands(1983) p.16-20.

23. Moninckx Atlas(1687-1756).

24. Commissie van Toezigt(1699) no. 39.

25. Reitsma(2008) p.116-119.

26. Wageningen University & Research Library,

Special Collections, R355A02.

27. MuseuMAfricA Library, Johannesburg, inv. nos. W226-W228; Kennedy(1968) vol. 5, p.142.

28. Berkhey(1784).

29. Archivo del Real Jardín Botánico-CSIC, Div XIV; San Pio Aladrén(2012) p.38-45; Cabré i Pairet & Carlos Varona(2018) p.98-153.

30. Westfries Archief, Hoorn, DTB(parish registers) 67-227a, 103 – 47; Amsterdam City Archives, DTB 532 – 315.

31. Prak(2020) p.300-302.

32. Amsterdam City Archives, DTB 1103-74.

33. Sotheby's(2004) p.96-97, item 133.

34. Kok(1794) vol. 32, p.229-230, L. 미설 번역.

8장. 변신의 과정
—메리안이 연구한 번데기와 고치

1. Merian (1679) Preface. 《애벌레 책》에서의 인용은 마이클 리터슨에 의해 독일어에서 번역되었음(Etheridge, 2021); 《수리남 곤충의 변태》에서의 인용은 패트릭 레눙에 의해 네덜란드어에서 번역되었음(Van Delft & Mulder, 2016); 〈연구 노트〉의 인용은 카타리나 슈미트로스케에 의해 번역되었음.

2. Beer(1976) p.143, *Studienbuch* entry 1.

3. Merian(1679) plate 1.

4. Merian(1679) preface.

5. Merian(1705) plate 58.

6. 마지막 《애벌레 책》을 출판할 무렵, 메리안은 곤충의 기생을 이해하고 있었다. 다음을 참고하라. Merian(1717) plate 15 with text.

7. Etheridge(2021) p.82 and Beer(1976) p.149, *Studienbuch* entry 10.

8. Merian(1705) plate 53.

9. Merian(1679) p.5-6.

10. Merian(1679) p.12.

11. Merian(1679) p.54.

12. Merian(1683) plate 4.

13. Merian(1717) plate 38 with text; 카타리나 슈미트로스케 번역.

14. Beer(1679) entry 275.

15. Merian(1705) plate 14.

16. 메리안의 연구와 완성된 도판의 관계는 다음을 참고하라. Etheridge(2021) p.92-96.

17. Merian(1705) plates 21, 34, 47.

18. British Museum, Sloane collection, https://www.britishmuseum.org/collection/object/P_SL-5276-9(2021년 3월 9일 확인).

19. Merian(1705) plate 7.

20. Merian(1705) 서문, 네덜란드어로 번역됨.

21. 많은 종의 기술에서, 이 결과는 데이터베이스에서 다음과 같은 방식의 검색어로 찾은 것이다. "Photo sought." 다음 사례를 참고하라. http://www.lepiforum.de/lepiwiki.pl?Fotouebersicht_Macroglossinae_1_Puppen; http://www.lepiforum.de/lepiwiki.pl?Fotouebersicht_Macroglossinae_1_Raupen(2021년 3월 9일 확인); and https://www.butterfliesofamerica.com/L/Neotropical.htm(2021년 3월 9일 확인).

9장. 변태 이야기

1. Merian(1679) p.99.

2. Etheridge(2021) p.351. 케이 에서릿지는 생물학자의 관점에서 연구해 왔다. 그녀는 메리안의 도판, 특히 1679년 《애벌레 책》에 나오는 동물과 식물에 대한 메리안의 과학적 연구를 다루며, 우리가 오늘날 사용하는 학명을 잘 알고 있다. 에서릿지는 나를 위해 메리안의 《애벌레 책》에 있는 도판에서 '도둑나방'을 동정했고 책에 있는 이미지와 해당하는 텍스트의 번역을 제공했다.

3. Etheridge(2021) p.352.

4. Merian(1679) p.99.

10장. 마리안 지뷜라 메리안과 수리남 사람들

1. 다음을 참고하라. Schiebinger & Swann(2007). 특히 편집자들이 쓴 '서론'과 론다 슈빙거(Londa Schiebinger)가 쓴 7장을 참고하라.

2. Den Heijer(2005).

3. Raleigh & Keymis(1598).

4. Tang(2013) p.170.

5. Den Heijer(2021) p.25-48.

6. 라바디스트의 역사에 관해서는 다음을 참고하라. Saxby(1987).

7. Saxby(1987) p.264, 274.

8. 이 부분은 다음을 바탕으로 작성되었다. Dittelbach(1692) p.51-61; Knappert(1926/27); Saxby(1987) p.273-286.

9. 이 여행에 관해서는 다음을 참조하라. Knappert(1926/27) p.206-217; 1686-1687년도의 식민지 지도 포함.

10. Knappert(1926/27) p.203.

11. Dittelbach(1692) p.54.

12. Dittelbach(1692) p.55. 마리커 판델프트 번역.

13. Dittelbach(1692) p. 18-19.

14. Knappert(1926/27) p.200, note 2.

15. De Kom(1987) p.51-114; Sint Nicolaas & Smeulders(2021) p.84-105.

16. Sint Nicolaas & Smeulders(2021) p.102-105.

17. Warren(1669); Außführliche(1673).

18. Guava, Van Delft & Mulder(2016) plate 19; Warren(1669) p.13-14.

19. Cassava, Van Delft & Mulder(2016) plate 5; Warren(1669), p.8-9.

20. The plates and numbers refer to Van Delft & Mulder(2016).

21. The Hague, National Archives, Sociëteit van Suriname, inv. 228, no. 133-134(1699, 1700); no. 383(1701).

22. 이 장에 나오는 메리안의 텍스트는 패트릭 레눙이 영어로 번역했다. Van Delft & Mulder(2016).

23. Reitsma(2008) p.169-195; Stuldreher-Nienhuis(1945) p.103-120; Davis(1995).

24. The Hague, National Archives, Sociëteit van Suriname, inv. 228, no. 133-134(1699, 1700); no. 383(1701).

25. Reitsma(2008) p.183.

26. Kunikawa(2012) p.100-101; Davis(1995) p.175, 193.

27. Van Delft & Mulder(2016) plate 45.

28. The Hague, National Archives, Sociëteit van Suriname, inv. 228, no. 525.

29. Oostindie & Maduro(1986) p.6-14; Ponte(2019).

30. Reitsma(2008) p.198-199; Davis(1995) p.194.

31. Stadsarchief Amsterdam, Notary Wijmer, 4864, inv. no. 23, p.112-114; 4849, inv. no. 42, p.192-198.

32. Kunikawa(2012).

33. 다음을 함께 참고하라. Davis(1995) p.184-188.

34. Alcantara-Rodriguez(2019). 레이던 대학교에서 2018-2022년에 진행된 프로젝트이다. *BRASILIAE. Indigenous knowledge in the making of science: Historia Naturalis Brasiliae*(1648); www.universiteitleiden.nl/en/research/research-projects/archaeology/brasiliae.-indigenous-knowledge-in-the-making-of-science-historianaturalis-brasiliae-1648#tab-1(2020년 4월 14일 확인).

35. Kriz(2000).

36. McBurney(2021) p.198; p.239, 242(윌리엄 셰러드에게 보내는 편지).

37. Leuker et al.(2020) p.53 and further.

38. Peeters(2020) p.30.

39. Beekman(2011) p.64.

11장. "지금까지 출간된⋯ 가장 호기심을 자아내는 성과물"
―영국 왕실 컬렉션과 《수리남 곤충의 변태》 속 마리아 지빌라 메리안의 그림

1. 이 장에서는 채색한 판화와 구분하기 위해 수채화를 '드로잉'이라고 지칭했다(번역본에서는 해당하지 않는 내용임―옮긴이).

2. 메리안에 관해서는 수많은 문헌 중에서 다음을 참고하라. Davis(1995); Wettengl(1998); Pieters & Winthagen(1999); Reitsma(2008); Etheridge(2011); Roth et al.(2017); Etheridge(2021).

3. 이 책에 관해서는 특히 다음을 참고하라. Rücker & Stearn(1982), Wirth(2007). 가장 최근 문헌은 다음을 참고하라. Van Delft & Mulder(2016).

4. Royal Society of London(1710–1712) p.350; Memoirs(1711) p.300.

5. Langford(1755), 14th night, lot 66 "[*A capital collection] of exotics, flowers and insects*, by MERIAN, 95 in number, likewise elegantly bound in 2 vol."

6. Reitsma(2008) p.213. 도로테아가 카이만 악어를 그렸다고 제시한다(RCIN 921218).

7. Herman Henstenburgh, Cyclamen, RCIN 921242.

8. Clayton in Roberts(2002) no. 374(p.418 – 419); Schrader, Turner & Yocco(2012) p.166.

9. Schrader, Turner & Yocco(2012).

10. British Museum, London, SL.5275.1 – 60. 상트페테르부르크의 러시아 국립과학원에 보관된 메리안의 수채화 중에 살아남은 또 다른 그림들이 있을지도 모르지만, 직접 본 적이 없기 때문에 별도로 언급하지 않았다. 상트페테르부르크 수채화는 특히 다음 출처에서 다뤄지고 있다. Hollmann & Beer(2003).

11. 《수리남 곤충의 변태》 제작에 관해서는 다음을 참고하라. Mulder & Van Delft(2016). 이 책에서 뮐더르가 쓴 12장을 참고하라.

12. Schrader, Turner & Yocco(2012) p.164; Mulder(2019) p.42 and n. 11; Martin Sonnabend in Roth, Bushart, Sonnabend & Heroven(2017) p.153 – 154.

13. Sabine Weller in Roth, Bushart, Sonnabend & Heroven(2017) p.161 – 166; Etheridge(2021), 특히 p.98 – 101.

14. Susan Owens in Attenborough(2007) p.151.

15. 호화 버전 도판(6, 9, 10, 18, 45, 49, 50)은 전적으로 인쇄된 선을 바탕으로 그렸다. 반면 11, 21, 37, 40, 42, 58에는 밑바탕의 인쇄된 선이 없다.

16. Wirth(2007) p.126 and 133.

17. British Library, London, MS Sloane 4039, f. 49, 1702년 12월 16일, 존 레이가 한스 슬론에게 보낸 편지.

18. Royal Society of London(1703) p.i.

19. Bodleian Library, Oxford, MS Eng. Hist c.11, f. 33, 페티버가 탠크레드 로빈슨(Tancred Robinson)에게 보낸 편지. 날짜는 없지만 1705년 이전이다.

20. British Library, London, MS Sloane 4063, f. 204, 1703년 6월 28일, 메리안이 페티버에게 보낸 편지: "13 Platen Van Gereet zÿn." 온라인에서 확인할 수 있다. https://www.themariasibyllameriansociety.humanities.uva.nl/sources/letters/(2020년 6월 11일 확인). 다음을 함께 참고하라. Wettengl(1998) p.266, 이 부분에서 번역을 발췌했다.

21. Wirth(2007) p.125.

22. Wirth(2007); Wirth(2014).

23. 도판 번호 2, 16, 17, 19, 20, 25, 32, 33, 39.

24. Wirth(2007) p.119, Reitsma(2008) p. 204. 서명이 없는 3개의 도판은 11, 14, 35이다.

25. British Library, London, MS Sloane 4064, f.

60, 1705년 3월 6일, 레비뉘스 빈센트가 페티버에
게 보낸 편지.

26. Wirth(2007) p.129, Wirth(2014).

27. Reitsma(2008) p.203.

12장. 메리안의 활판인쇄공

1. 일부는 네덜란드어로 출판되었다. 다음을 참조하
라. Mulder(2019); Reske(2007) p.Ⅶ.

2. 이런 구분은 17세기 암스테르담에 이미 존재했다.
그곳에는 길드가 설계한 음각인쇄기가 있었고, 판
화가들은 개인 장비를 사용하는 것이 금지되었다.
다음을 참고하라. Stijnman(2012) p.160‒162.

3. Merian(1679).

4. Reske(2007) p.738‒739.

5. Reske(2007) p.745.

6. Reske(2007) p.258.

7. Zeiller(1663). 예를 들어 관련된 다른 인물로 마테
우스 2세와 카스파르 메리안이 있다. 알자스의 지
형에 관한 이 연구는 마테우스 메리안이 새기고 마
르틴 차일러가 글을 쓴 《독일 지형지(Topographia
Germaniae)》 2판에 실렸다. 마테우스 메리안 1세
가 세상을 떠난 후 카스파르 메리안과 마테우스 메
리안 2세 외에도 요한 게오르크 슈퇴를린이 참여했
고, 후자는 활자 인쇄에 관여했다.

8. Etheridge(2021) p.106‒107.

9. 비록 대부분의 목록집은 여전히 Max Adolf
Pfeiffer(1931)에 나와있는 날짜를 따랐지만, 1713
년의 제1권과 1714년의 제2권에 관련한 광고에 따
르면 메리안은 빠르게는 1712년부터 두 권 모두 판
매했다. 다음을 참고하라. Mulder(2014).

10. Van Eeghen(1960‒1978); Kleerkooper & Van
Stockum(1914‒1916).

11. 팔크에 관한 더 상세한 사항은 다음을 참고하라.
Egmond(2009) p.233; 지구본 제작자로서 헤
라르트 팔크에 관해서는 다음을 참고하라. Kro-
gt(1993).

12. 요판인쇄에 관한 자세한 정보는 다음을 참고하라.
Stijnman(2012).

13. 이 결론은 아트 스테인만이 메리안의 모든 이미지
를 상세히 조사하고 찰스 듀마스(Charles Dumas)
와 이보너 블레이에르벨트(Yvonne Bleyerveld)
가 검증한 결과이다. 다음을 참고하라. Ether-
idge(2021) p.96‒98.

14. Mulder & Van Delft(2016) 참고.

15. Bidloo(1685).

16. 오크 스프링 가든 도서관(Rachel Mellon, Upper-
ville, Virginia, USA) 큐레이터 토니 윌리스(Tony
Willis)가 《수리남 곤충의 변태》 사본을 확인한 결
과 텍스트 시트가 접히지 않았다는 것을 알게 되
었다. 이는 즉, 텍스트가 한 페이지는 종이의 앞면
에, 다른 페이지는 뒷면에 인쇄되었다는 뜻이다.

17. 메리안의 작품의 후속 판본은 새롭게 조판되었다.

18. Dijstelberge(2007).

19. Jagersma & Dijkstra(2014) p.278‒310.

20. Hollmann(2003) p.16에서 언급한 것처럼 메리
안이 《암본의 희귀물 창고》에 기여했다는 사실은
베르트 판더루머르(13장 참조)와 Pieters & Win-
thagen(1999) p.15, endnote 6에서 논의되었다.

21. Rumphius(1705), Artis Library, Allard Pierson,
University of Amsterdam, AB, Legkast 005. 아
르나우트 포스마르가 메리안의 채색에 관해 손으
로 쓴 글귀는 Pieters & Rookmaaker(1994) p.20
에서 복제되었다.

22. Mulder(2014).

23. Etheridge(2021) p.113.

24. Ruyter(1712).

13장. 메리안과 룸피우스의 관계
―메리안 지뷜라 메리안이 《암본의 희귀물 창고》에 참 여했다는 주장

1. 메리안과 관련되어 이 주제에 관한 상세한 내용은
이 책의 21장을 참고하라. 룸피우스에 관해서는 다

음을 참고하라. De Wit(ed.)(1959).

2. 메리안과 관련되어 이 주제에 관한 상세한 내용은 이 책의 10장을 참고하라. 룸피우스에 관해서는 다음을 참고하라. Leuker et al.(2020).

3. 모든 이미지는 다음 웹사이트에서 볼 수 있다. http://ranar.spb.ru/rus/vystavki/id/130/(2022년 2월 2일 확인). Saint Petersburg Archive of the Russian Academy of Sciences(SPbARAN), inv. no. R.IX. Op. 8. nos. 1‒184. 《암본의 희귀물 창고》와 연관된 도판 번호는 1, 69‒102; 104‒123이다. 룸피우스의 책에 나오는 60개 인쇄물 중에서 도판 번호 18, 20, 21, 23, 45, 59는 사라졌다.

4. 초기 사례에 대해서는 다음을 참고하라. Schmidt-Linsenhoff(1997) p.202‒219. '과학의 영웅들'에 관한 일반적으로 중요한 고찰에 관해서는 다음을 참고하라. Theunissen & Hakfoort(1996).

5. Grabowski(2017); Reitsma(2008).

6. Houbraken(1721); Doppelmayer(1730). 나는 처음으로 메리안의 전기를 쓴 요아힘 폰 잔트라르트는 고려하지 않았는데, 그는 암스테르담 이전 시기의 전기를 썼기 때문이다.

7. Beer(1974) p.82; Rücker(1997) p.259.

8. Margócsy(2014).

9. Cramer, in Regenfuss(1758) p.8.

10. Chemnitz(1760) p.74. 이 여성 수집가의 진정한 정체에 관한 논의가 있다.

11. Vosmaer(1800) no. 137.

12. Pieters & Rookmaaker(1994) p.21‒24.

13. Stuldreher-Nienhuis(1945) p.125‒126.

14. Deckert(1957); Rücker(1967) both entries.

15. Ullmann(1974) p.48.

16. Beer(1974) p.98‒106.

17. Davis(1995) p.178‒179.

18. Wettengl et al.(1997) p.251.

19. Rücker(1997) p.259. 다음을 함께 참고하라. Rücker & Stearn(1982) p.34‒35.

20. 예시는 다음을 참고하라. Kries(2017) p.78‒79 and Beuys(2016) p.232.

21. Benthem Jutting(1959). 다음을 함께 참고하라. L.B. Holthuis in the same publication, p.67. 좌우 반전에 관한 문제는 다음을 참고하라. Pieters & Moolenbeek(2005).

22. Engel(1959) p.209.

23. Beekman(1999) p.lxxxix.

24. Pieters & Moolenbeek(2005) p.130. 다음을 참고하라. Pieters(2014); Van der Waals(1992) p.224.

25. Buijze(2006) p.177‒182.

26. Schmidt-Loske et al.(2020) p.86‒87. 채색된 사본이 암스테르담 대학교의 아르티스 도서관(AB Legkast 005)과 상트페테르부르크의 러시아 국립 과학원 산하 동물학연구소(H 85, inv. no. 202)에서 살아남았다.

27. Schmidt-Loske et al.(2020) p.39: "als wie mit dem Ambonischen Werck." 다음을 함께 참고하라. Reitsma(2007) p.207.

28. Schmidt-Loske et al.(2020) p.86.

29. Lukin(1974) p.115‒149; Lebedeva(1996); Kopaneva(2009).

30. Lukin(1974) p.134.

31. *Musei Imperialis Petropolitani,* vol. 1.2(1745) p.174‒175.

32. Beer(1974) p.100.

33. 동일한 코누스 아우리시아쿠스가 조개껍데기와 곤충을 그린 정물화에서 나타난다. 이 그림은 안토니 헹슈텐부르크 또는 헤르만 헹슈텐부르크가 그렸고, 영국 박물관에 소장되었다. 다음을 참고하라. Schmidt-Loske(2007) p.234. 나는 마리아 지빌라 메리안이 그렸다는 슈미트로스케의 의견에 동의한다.

34. Schijnvoet, in Rumphius(1705) p.108; Beekman(1999) p.154.

35. Linnaeus(1758) p.716.

36. 예룬 하우트에게서 서면으로 정보를 받았다(received 28 August 2021).

37. 아트 스테인만에게서 서면으로 정보를 받았다(received 22 January 2022).

38. Van de Roemer(2016) p.23‒24.

39. 예를 들어 고르곤의 머리가 그려진 73번, 갈라진 가지를 그린 122번이 있다. 3번 주를 참고하라.

40. *Amsterdamse Courant*, 5 August 1692. Advertisement by Jacob Hendrik Herolt.

41. Lukin(1974) p.128.

42. 상트페테르부르크 러시아 국립과학원 동물학연구소 도서관, H 85, inv. no. 2027.

43. Kistemaker et al.(2005) p.87, 92.

44. Kistemaker et al.(2005), 목록집 번호 246, 247, 248 and 249.

45. 다음을 참고하라. http://ranar.spb.ru/rus/vystavki/id/130/(2022년 2월 2일 확인). Saint Petersburg Archive of the Russian Academy of Sciences(SPbARAN), inv. no. R.IX. Op. 8. nos. 1 and 103.

46. Kistemaker et al.(2005) p.90; Lukin(1974) p.124.

47. Brown et al.(1991); Grijzenhout(2014); Bal(2003).

14장. 마리아 지뷜라 메리안과 요하네스 스바메르담
―개념의 틀, 관찰 전략 및 시각적 기법

1. Arnold 'Lobgedicht', in Merian(1679). 이 장의 연구는 NWO(Dutch Council for Scientific Research)의 후원을 받았다(grant number 405.20. FR.012).

2. Neri(2011); Etheridge(2021).

3. Etheridge(2021).

4. 이런 맥락에서 스바메르담에 대해서는 다음을 참고하라. Jorink(2010) p.219‒239.

5. 스바메르담과 부리뇽에 관해서는 다음을 참고하라. De Baar(2004) p.367‒376; 473‒479.

6. Egmond(2017); Jorink(2018).

7. Margócsy(2021).

8. 예를 들어 다음을 참고하라. Etheridge(2021) p.31‒37, 여러 곳.

9. 이런 맥락에서 후다르트에 대해서는 다음을 참고하라. Jorink(2010) p.201‒209; Etheridge(2021) p.31‒37.

10. Etheridge(2021) p.4, 29.

11. Goedaert(1660‒1669) vol. 2, p.136.

12. Cobb(2002); Jorink(2010) p.219‒239; Jorink(2012).

13. Swammerdam(1669) p.18, 21.

14. Swammerdam(1737‒1738) p.487.

15. Swammerdam(1669) 여러 곳.

16. Swammerdam(1669) p.1‒3.

17. Jürgensen(2002) p.779‒798.

18. Cobb(2002).

19. Swammerdam(1669) p.27.

20. Swammerdam(1669) p.9. 강조는 인용자.

21. Swammerdam(1669) p.56‒57.

22. Swammerdam(1669) p.57.

23. Cobb(2002); Jorink(2011).

24. Jorink(2018).

25. Bertoloni Meli(2010).

26. Jorink(2010) p.201.

27. Cobb(2002).

28. Bolt et al.(2018).

29. Cobb(2002).

30. Swammerdam(1675) p.218.

31. 다음에서 인용했음. Etheridge(2021) p.169.

32. "Die Seidenwürmer hat uns Malpigh gezeiget/ Dass man sich vor Ihm neiget:/[…] Nach ihm gab Swammerdam den Menschen zu betrachten/was ihrer wenig achten/den sogenannten

Haft/Das schnöde Ufer-aas nach seiner Eigen-
schaft,".

15장. 열대 그리기
—마리아 지뷜라 메리안과 샤를 플뤼미에가 그린 카리브해 지역의 자연

1. Bleichmar(2017) p.45 – 89.

2. Goethe(1831) p.235 – 236. 플뤼미에와 메리안의 유사점에 관해서는 다음을 함께 참고하라. Davis(1995) p.179 – 180.

3. Hrodej(1997) p.100. 플뤼미에의 전기에 관해서는 다음을 참고하라. Pietsch(2017) p.21 – 37. 메리안에 관한 참고문헌을 여기에 다 실을 수는 없다. 개요를 위해서는 다음을 참고하라. Davis(1995) p.140 – 202; Neri(2011) p.139 – 179.

4. Mukerji(2005); Hollsten(2012).

5. Font Paz & Geerdink(2018).

6. "실물을 보고/자연을 따라서(after nature)"라는 말의 뉘앙스와 해석의 함정에 관해서는 다음을 참고하라. Swan(1995); Balfe & Woodall(2019).

7. 플뤼미에는 "au naturel"라는 용어를 일부 악어 뼈 그림에서 사용했다. 다음을 참고하라. Beltran(2019).

8. 초기 근대 이미지의 인식론적 위치에 관해서는 다음을 참고하라. Kusukawa(2012) p.100 – 123; Daston(2015).

9. (텍스트 중심의) 저작권의 역학에 관해서는 다음을 참고하라. Pratt(1992).

10. 생물다양성은 열대 지역의 중요한 특징이지만 현재는 위협을 받고 있다. 예시에 관해서는 다음을 참고하라. Barlow et al.(2018).

11. 판화와 드로잉의 사진/영상의 사용에 관해서는 다음을 참고하라. Smith(2000); Egmond(2017). 에흐몬트는 확대한 식물 그림에 관해 더 앞선 16세기 사례를 논의한다. 이후에 그런 관례는 특히 비서구권 식물상에 대해서는 더 널리 확산되었던 것 같다.

12. Hrodej(1997) p.100. 1682년에서 1685년까지 성 도밍구 행정관이었던 미셸 베공(Michel Bégon)이 그 여행을 추진하는 중요한 역할을 했다. Whitmore(1967) p.188.

13. Hrodej(1997) p.101.

14. Pietsch(2017) p.34.

15. De Passe the Younger(1643 – 1644) Book V.

16. Fontenelle(1709) p.176.

17. Plumier(1705) p.i.

18. Elliott(1992) p.21.

19. Dodart(1676) p.5.

20. Plumier(1705) 22번 도판을 예로 들 수 있다. 플뤼미에가 자신의 도판을 식각했다는 사실은 중요하다.

21. Mulder & Van Delft(2016) p.46. 서명이 없는 도판 3개는 메리안과 딸 도로테아 마리아의 것으로 알려졌다.

22. 분업, 직접적인 관찰, 이미지 제작에 관해서는 다음을 참고하라. Davies(2016) p.10 – 13, 50 – 52, 120 – 146; Burke(2001).

23. 노트 조각, Ms 33(번호 없음), Bibliothèque centrale, Muséum national d'Histoire naturelle, Paris. 이것은 플뤼미에 자신이 본인의 책을 검토하며 기록한 필사본으로 보인다. 정보를 공유해 준 요제 벨트란(José Beltrán)에게 감사드린다.

24. 'Bibliothèque centrale, Muséum national d'Histoire naturelle, Paris, Fol. Res. 32.

25. Montoya & Jagersma(2018).

26. Plumier(1693) p.49. 플뤼미에는 다음 문헌의 서문에서처럼 자신의 그림 선택에 관한 의견을 남겼다. Plumier(1693). 그러나 근대 초기 서적에 실릴 이미지 제작은 대체로 출판업자, 저자, 원화가, 판화가 등 많은 이들이 관여했다; Bassy(1990).

27. Plumier(1693) 서문. 큰 그림의 중요성은 다음을 함께 참고하라. Dodart(1676) p.6. 이와는 대조적으로 《브라질 자연사》에서 목각 이미지는 상대적으로 크기가 작다.

28. Raj(2007) p.44 - 52.

29. Plumier(1693) p.2.

30. Plumier(1705) p.ix, x, xⅱ, xiii; Merian(1705) p.10.

31. Merian(1705) p.8.

32. 요하네스 부르만(Johannes Burman)은 주석과 판화를 열 번에 나누어 출판했다. Burman(1755 - 1760).

33. 이미지 제작과 지식에 관한 과거 사례에 관해서는 다음 문헌에서 사례를 참고하라. Remond(2022).

16장. 마리아 지빌라 메리안의 작품이 마크 케이츠비의 예술과 과학에 미친 영향

1. Catesby(1731 - 1743) Preface, p.i.

2. Royal Society, London, Journal Book Original/11/28, 14 July 1703.

3. Henrey(1975) p.426.

4. 새뮤얼 데일의 책에 대해서는 다음을 참고하라. McBurney(2021) p.40; 보포르 공작부인에 대해서는 다음을 참고하라. Laird(2013) p.116; 미드와 슬론에 대해서는 다음을 참고하라. Reitsma(2008) p.219.

5. Reitsma(2008) p.203.

6. 슬론의 '미니어처 북(Books of Miniature & Painting)'은 다음에 목록이 실려있다. BL, Sl. MS 3972C; 메리안의 수채화는 다음에 실려있다. volume Ⅳ, f. 15r, items 3, 4, 5, 8.

7. McBurney(2021) p.123.

8. Rücker & Stearn(1982) p.85[Preface to *Metamorphosis*].

9. Stearn(1958) p.176.

10. Rücker & Stearn(1982) p.117[*Metamorphosis*, plate 36].

11. Rücker & Stearn(1982) p.117[*Metamorphosis*, plate 36].

12. Rücker & Stearn(1982) p.135[*Metamorphosis*, plate 57].

13. Rücker & Stearn(1982) p.91[*Metamorphosis*, plate 5].

14. Catesby(1731 - 1743) Preface, p.i.

15. Catesby(1731 - 1743) vol. 2, p.95.

16. McBurney(2021) p.74.

17. Rücker & Stearn(1982) p.137[*Metamorphosis*, plate 59].

18. Catesby(1731 - 1743) vol. 2, p.33.

19. 1702년 10월 8일에 요한 게오르크 폴카머에게 보낸 편지: Rücker & Stearn(1982) p.65.

20. 1684년 12월 8일에 클라라 레기나 임호프에게 보낸 편지: LRücker & Stearn(1982) p.62.

21. 1702년 10월 8일에 요한 게오르크 폴카머에게 보낸 편지: Rücker & Stearn(1982) p.65.

22. Rücker & Stearn(1982) p.132[*Metamorphosis*, plate 54].

23. Catesby(1731 - 1743) Preface, p.iv.

24. McBurney(2021) p.106.

25. Joachim von Sandrart, 다음 문헌에서 인용되었음. Rücker & Stearn(1982) p.2.

26. Edwards(1743 - 1751) vol. 4, p.215.

27. Catesby(1731 - 1743) Preface, p.vi - vii.

28. Catesby(1731 - 1743) Preface, p.vi.

29. Catesby(1731 - 1743) Preface, p.vi.

30. Rücker & Stearn(1982) p.131[*Metamorphosis*, plate 53]; Stearn, W.T.(1982), p.529, who notes her "perception of their close interrelationship [was] almost unique when she began [her work]."

31. Rücker & Stearn(1982) p.86.

32. Catesby(1731 - 1743) Preface, p.vi.

33. Edwards(1743 - 1751) vol. 4, p.212.

34. 메리안의 〈연구 노트〉에 대해서는 다음을 참고하

라. Etheridge(2021) p.83 - 88; Valiant(1993) p.468 - 470.

35. Catesby(1731 - 1743) Preface, p. ⅴ.

36. Catesby(1731 - 1743) vol. 2, p.87.

37. Rücker & Stearn(1982) p.91[*Metamorphosis*, plate 5], 127[*Metamorphosis*, plate 48].

38. Rücker & Stearn(1982) p.1에서 인용.

39. Wilson(1970 - 1971) p.171 - 172.

17장. 대단한 여성
—마리아 지뷜라 메리안이 독일의 자연사 연구에 미친 영향

1. 메리안 책(1679)에 실린 아르놀트의 찬시. 영어 번역은 다음에서 인용했다. Etheridge(2021) p.134.

2. Etheridge(2021).

3. 아르놀트는 또한 종교적 함의를 담은 〈애벌레 노래(Raupen-lied)〉를 작곡했으며, 이는 《애벌레 책》에 실렸다; 다음을 참고하라. Grebe & Sauer(2017) p.64 - 65, cat. 34; Etheridge(2021) p.135 - 138.

4. Niefanger(2012) p.87 - 138.

5. 화가로 훈련받은 요하네스 후다르트는 예외이다. 다음을 참고하라. Ogilvie(2008).

6. Aldrovandi(1602); Conring(1687) p.293 - 294; Moffet et al.(1634); 다음을 함께 참고하라. Bodenheimer(1928) p.247 - 288; Fischel(2009); Simili(2001).

7. Conring(1687) p.293.

8. 다음을 참고하라. Ludwig(1997) p.59 - 65.

9. Ludwig(1997) p.60.

10. Eberti(1706) p.167 - 168.

11. Conring(1687) p. 294. 콘링에 관해서는 다음을 참고하라. Stolberg-Wernigerode(1957) p.342 - 343; Stolleis(1983).

12. 다음을 참고하라. Gössmann(1988); Guentherodt(1988); Andréolle & Molinari(2011).

13. Corvinus(1715), col. 679 - 680, col. 1261. 코르피누스에 관해서는 다음을 참고하라. Roßbach(2009).

14. 코르피누스와 '성별을 반영한 지식'에 관해서는 다음을 참고하라. Roßbach(2009).

15. 여성 백과사전과 그것의 사회-문학적 맥락에 관해서는 다음을 참고하라. Roßbach(2015).

16. Corvinus(1739) col. 586.

17. 다음을 참고하라. Roßbach(2015).

18. Conring(1687).

19. Rosner(1969).

20. Sauer(2017); Neri(2011), 특히 p.139 - 180.

21. Albin(1720).

22. Bristowe(1967). 메리안과 페티버의 서신에 관해서는 다음을 참고하라. Schmidt-Loske et al.(2020), 특히 p.48 - 67; 76 - 83.

23. Frisch(1720 - 1738).

24. Merian(1679) plate 38. 영어 번역은 다음에서 인용했다. Etheridge(2021) p.303.

25. Frisch(1720 - 1738) vol. 2(1721) p.41; 프리슈에 관해서는 다음을 참고하라. Winter(1961).

26. Willnau(1926).

27. Ledermüller(1761 - 1763) vol. 1; 다음을 참고하라. Grebe & Sauer(2017) p.68 - 69, cat. 40.

28. Ledermüller(1761 - 1763) vol. 1, p.20.

29. Mayer(2001); see also Himmel & Klemmer(2009).

30. Rösel von Rosenhof(1746 - 1761); Grebe & Sauer(2017) p.69, cat. 41.

31. Rösel von Rosenhof(1746 - 1761) vol. 1, p.51.

32. See Grebe & Sauer(2017) p.69 - 72, cat. 42.

33. Reitsma(2008) p.133 - 167.

34. Pirson(1953); Dickel et al.(2021); Müller-Ahrndt(2021).

35. Trew(1750 - 1773) plate 40; 다음을 함께 참고하

라. Dickel & Uhl(2019) p.86 – 87; Dickel(2021) p.346; Uhl(2021) p.281 – 284.

36. Etheridge(2016) p.54 – 70.

37. 추가 자료는 다음을 참고하라. Valiant(1993); Etheridge(2011). 이 책에서 맥버니가 쓴 16장을 참고하라.

38. Merian(Meriana, Tab. 40); Ehret(Ehretia, Tab. 25); Petiver(Petiveria, Tab. 67); Boerhaave(Boerhaavia, Tab. 111), Malpighi(Malpighia, Tab. 112).

18장. 메리안 마케팅
—작고한 여성 박물학자의 시각적 브랜딩

1. Stuldreher-Nienhuis(1945) p.132 – 133.

2. Amsterdam City Archives, Notary Pieter Schabaalje inv. no. 6107, 28 September 1717. "De platen, plaatdrucks, en letterdrucks, zo wel afgezet, als onafgezet, mets de welken het Regt van Copy."

3. 다음을 함께 참고하라. Davis (1995) p.201.

4. "Vom zaresten Kindesalter bis zur Müden Greisin wird ihr Antlitz überliefert", Pfister-Burkhalter(1949) p.31. 관련 문제에 관해서는 다음을 함께 참고하라. Wettengl(1997 and 98) p.13 – 14; Pick(2004) p.58 – 70. 메리안의 두 번째 진짜 초상화로 가장 유력한 후보는 현재 바젤 미술관에 소장돼 있다. inv. no. 436, 이 책의 권두 삽화.

5. 여러 사례를 보려면 다음을 참고하라. Pfister-Burkhalter(1949) p.35 – 40.

6. Waquet(1991) p.22 – 28.

7. Le Thiec(2009) p.7 – 52.

8. 저자의 초상화에 대한 상업적 목적에 관해서는 다음을 참고하라. Griffiths(2016), p.396 – 397; The Multigraph Collective(2018) p.143 – 144.

9. Chartier(1994) p.52. 다음을 함께 참고하라. Burke(1998) p.150 – 162.

10. 네덜란드 공화국 초기 저자 브랜딩의 메커니즘에 관해서는 다음을 참고하라. Van Deinsen & Geerdink(2021).

11. Simonin(2002); Ezell(2012); Van Deinsen(2019).

12. Van Deinsen(2022).

13. 아르놀트와 메리안의 관계에 관해서는 다음을 참고하라. Etheridge(2021) p.56 – 61.

14. "Ik had het Schrift wel langer konnen uitbreiden, maar door dien de tegenwoordige Wereld zeer delicaat en de gevoelens der Geleerde verschillig zyn, zo heb ik maar eenvoudig by myn ondervindingen willen blyven, en daar door stoffe aan de hand leevere, waar uit een ieder na sijn eige zin en meening reflexien kan maaken," from "Aan den Leezer," in *Metamorphosis*(1705). 번역은 패트릭 레농(Patrick Lennon) in Van Delft & Mulder(2016) p.177.

15. 오스테르비크의 경력에 관해서는 다음을 참고하라. Van Eeghen(1960 – 1978) vol. 4, p.26 – 29. 그가 다른 출판업자에게서 매입한 재고를 새롭게 재탄생시키는 전략에 관해서는 다음을 참고하라. Van Deinsen(2017) p.105 – 108.

16. 경매 목록집에 관해서는 다음을 참고하라. Testas de Jonge(1744). The portrait is mentioned here under no. 15 on p.12: "Le Portrait de Marie Sebille Meriaan, dessiné par Gesellen." The collection also included a portrait of her drawn by Houbraken("en crayon rouge"). On the genesis and dating of the collection, see Te Rijdt(1997). Plomp(1989)도 참고.

17. 한 판데르베흐트(Han van der Vegt) 번역.

18. "Hæc ancilla bona & fida est, quæ quinque recepit/Mille talent suo reddidit illa Deo"[*4r].

19. "Nu Oosterwyk, die uyt ontfarmen/Haer Letter-weeskind maekte groot,/Het steunen leert op eygen armen."

19장. 18세기 개인 서고에서 마리아 지뷜라 메리안의 자리

1. This database was created in the MEDIATE project. This project has received funding from the European Research Council(ERC) under the European Union's Horizon 2020 research and innovation program under grant agreement No. 682022. See also the project website, www.mediate18.nl(2021년 2월 6일 확인).

2. Post(1987) p.124.

3. Ibid.

4. Reitsma(2008) chapter 4.

5. Jorink(2010); Ogilvie(2006).

6. Jorink(2010) p.185.

7. Montoya(2018).

8. Montoya(2004).

9. Montoya & Jagersma(2018).

10. There are, however, multiple issues—a full discussion of which would fill many articles and books on their own—in using library auction catalogues as unproblematic reflections of a named individual's actual library contents, or reading culture in general. Some of these issues are addressed in Montoya(2004) and Montoya & Jagersma(2018).

11. Montoya & Jagersma(2018) p.64.

12. Heard(2016) p.28.

13. 이 책의 판더플라스가 쓴 20장을 참고하라.

14. Montoya & Jagersma(2018) p.68.

15. Etheridge(2021) p.113.

16. Montoya(2004); Montoya & Jagersma(2018).

17. Reitsma(2008); Pieters (2014). 이 책의 판더루머르가 쓴 13장을 참고하라.

18. 이 책의 요링크가 쓴 14장을 참고하라.

19. 피터르 크라머르의 경우, 번호는 저자 자신이 서고 주인이었다는 사실로 인해 왜곡되었다.

20. 거시적 접근법과 미시적 접근법에 관해서는 다음을 참고하라. Moretti(2013).

20장. 가치 있는 시선
—암스테르담의 프랑스인 삼인방이 요하네스 후다르트의 작품을 오용해 마리아 지뷜라 메리안 '전집'을 만든 과정과 이것이 내가 하는 예술에 주는 의미

1. Van de Plas(2008); Van de Plas(2009).

2. Van de Plas(2013), 모든 제목이 언급되었음. 비스바덴에서의 내 작업에 대한 개요는 다음을 참고하라. Schmidt-Loske(2021) p.73.

3. Van de Plas(2019).

4. Amsterdam, Allard Pierson, University of Amsterdam, uncolored, inv. no. KF 61-3823(1-2).

5. 이 장의 부록에 있는 비고 j를 참고하라.

6. Stuldreher-Nienhuis(1945) p.46.

7. 부록의 비교 표를 참고하라; '새로운' 도판은 빨간 정사각형으로 표시했다.

8. 161-165번 도판에 병기된 텍스트(연도는 바뀌었음). 추가로, 그는 변태 과정을 직접 본 것처럼 프랑스어로 'je'(즉, '나')라는 일인칭 주어를 사용했다.

9. Merian & Marret(1730)에 마레가 새로운 도판 18점에 대한 설명을 추가했다는 사실은 네덜란드어와 프랑스어판의 속표지에 명확하게 명시되었다. 텍스트는 19개지만 171-172번 도판은 하나의 도판만 지칭한다(부록의 표 참고).

10. Goedaert, J. & M. Lister(1682) p.93-94.

11. Merian & Marret(1730), in Dutch, p.82.

12. 세심하고 정확한 스타일의 화가라는 뜻의 네덜란드어 '페인스힐더르(Fijnschilder)'.

13. Chance & Change, May 2020-June 2021, Joos van de Plas and Herman de Vries, Galerie Wit, Wageningen.

21장. 마리아 지뷜라 메리안과 동물 표본 목록

1. MacGregor(2007); Daston & Park(1998); Jorink(2010), chapter 5; Van de Roemer(2004).

2. Margócsy(2014) p.30 – 64.

3. Stoll(1961) p.Ⅶ.

4. Blunt(2001) p.251; Kouprianov(2005) p.1 – 60; Müller-Wille & Scharf(2009) p.4 – 16; Pavlinov(2015) p.7.

5. Koerner(1996) p.149.

6. Tradescant(1656) "To the Ingenious Reader".

7. Beekman(1999) p.5.

8. Dunaeva(2015) p.21 – 22; Margócsy(2010) p.79.

9. Etheridge(2011) p.34.

10. Etheridge(2021) p.7.

11. Stearns(1952) p.244; Murphy(2013) p.639 – 640.

12. Stearns(1952) p.359.

13. Etheridge & Pieters(2015) p.53; Schmidt-Loske et al.(2020) p.32; Jorink(2012), p.66 – 67.

14. Petiver(1695 – 1703) p.3 – 93.

15. Petiver(1695 – 1703) p.16.

16. Etheridge(2021) p.268.

17. Petiver(1695 – 1703) p.3 – 4.

18. Petiver(1695 – 1703) p.96.

19. Van de Roemer(2016) p.25 – 28; Van de Roemer(2014).

20. Vincent(1726) p.1 – 68.

21. Vincent(1726) p.13[B57], 41[F102], 44[F133; F134; F135; F140], 46[F163; F167; F174], 47[F180; F185], 48[F195].

22. Juriev(1981) p.109; Driessen-van het Reve(2015) p.67.

23. Juriev(1981) p.110; Driessen-van het Reve(2015) p.109.

24. Margócsy(2014) chapter 3(p.74 – 108).

25. Holthuis(1969); Juriev(1981) p.113 – 114.

26. Juriev(1981) p.114; Driessen-van het Reve(2015) p.68.

27. Seba(1734 – 1765) vol. 1, p.49, 154, 168 – 169; pl. 31 fig. 5, pl. 99 fig. 1, pl. 106 fig. 1.

28. Etheridge & Pieters(2015) p.55.

29. Seba(1734 – 1765) vol. 4, p.31.

30. Schmidt-Loske(2007) p.17, 112 – 113.

31. Driessen-van het Reve(2015) p.107 – 156; Radziun(1997) p.98 – 114.

32. Kopaneva(2012) p.290.

33. Beer(1976).

34. Lebedeva(1997) p.330.

35. Musei Imperialis Petropolitani(1742) p.663.

36. Van Andel et al.(2016) p.194.

37. Inventair national(undated), https://inpn.mnhn.fr/espece/cd_nom/778883(2022년 2월 6일 확인).

38. Kullander(1997 – 2001), http://linnaeus.nrm.se/zool/madfrid.html.en(2021년 1월 28일 확인).

39. Linnaeus(1754) p.82 – 85.

40. Linnaeus(1754) p.82.

41. Linnaeus(1758) p.389, 408.

42. Linnaeus(1758) p.341.

43. Stearn(1982) p.76 – 83.

44. Linnaeus(1758) p.591, 468.

참고문헌

• Albin, E.(1720) *A Natural History of English Insects [...... and, (for those who desire it) Exactly Coloured by the Author*, London.

• Albus, A.(1997) *The Art of Arts. Rediscovering Painting*, New York. Original edition in German published 1997 as well.

• Alcantara-Rodriguez, M., M. Françozo & T. van Andel(2019) 'Plant knowledge in the *Historia Naturalis Brasiliae*(1648). Retentions of seventeenth-century plant use in Brazil' in: *Economic Botany*, 73, p. 390 – 404; doi.org/10.1007/s12231-019-09469-w.

• Aldrovandi, U.(1602) *De Animalibus Insectis Libri septem* [···], Bologna.

• Alpers, S.(1983) *The Art of Describing. Dutch Art in the seventeenth Century*, Chicago/London.

• Andel, T. van, H. Gernaat, A. Hielkema & P. Maas(2016) 'Determinering van dieren en planten op Merians platen=Determination of animals and plants on Merian's plates' in: M. van Delft & H. Mulder(eds.), *Maria Sibylla Merian 1705. Metamorphosis Insectorum Surinamensium*, Tielt/The Hague, p. 190 – 198.

• Andréolle, D.S. & V. Molinari(2011) 'Introduction' in: D.S. Andréolle & V. Molinari(eds.), *Women and Science, 17th Century to Present. Pioneers, Activists and Protagonists*, Newcastle upon Tyne, p. xi – xxv.

• *Antennae*(2007 – present) *The Journal of Nature in Visual Culture*, www.antennae.org.uk.

• Attenborough, D.(2007), with contributions by S. Owens, M. Clayton & R. Alexandratos, *Amazing rare Things. The Art of Natural History in the Age of Discovery*, New Haven/London.

• Ausführliche(1673) *Außführliche Beschreibung der Insul Surinam. Betreffend Ihre frembde Gewohnheiten, Sitten und seltsame Lebens-Ordnung*, [S.l.]: tudigit.ulb.tu-darmstadt. de/show/Gue-10338-33/0023.

• Baar, M.P.A. de(2004) *'Ik moet spreken'. Het spiritueel Leiderschap van Antoinette Bourignon(1616–1680)*, [Zutphen], PhD Thesis, University of Groningen.

• Baigrie, B.S.(1996) *Picturing Knowledge. Historical and Philosophical Problems concerning the Use of Art in Science*, Toronto.

• Bal, M.G.(2003) 'Her Majesty's masters' in: M.F. Zimmermann(ed.) *The Art Historian. National Traditions and institutional Practices*, Williamstown, MA, p.81 – 109.

• Balfe, T. & J. Woodall(2019) 'Introduction: From living presence to lively likeness—the lives of ad vivum' in: T. Balfe, J. Woodall & C. Zittel(eds.), *Ad Vivum? Visual Materials and the Vocabulary of Life-likeness in Europe before 1800*, Leiden/Boston, p.1 – 43.

• Barlow, J., F. França, T.A. Gardner, et al.(2018) 'The future of hyperdiverse tropical ecosystems' in: *Nature*, 559, p.517 – 526.

• Bassy, A.-M.(1990) 'Le texte et l'image' in: R. Chartier & H.-J. Martin, *Histoire de l'Édition française*, vol. 2. *Le Livre triomphant 1660–1830*, Paris, p.173 – 200. First ed. 1984.

• Beaart K.(2016) *Johannes Goedaert Fijnschilder en Entomoloog*, Middelburg.

• Beekman, E.M.(1999) *The Ambonese Curiosity*

Cabinet—Georgius Everhardus Rumphius, translated, edited, annotated, and with an Introduction, New Haven/London.

- Beekman, E.M.(2011) 'Introduction' in: *The Ambonese Herbal being a Description of the most noteworthy Trees, Shrubs, Herbs, Land- and Water-plants which are found in Amboina and the surrounding Islands* [by] Georgius Everhardus Rumphius. Translated, annotated, and with an introduction by E.M. Beekman, New Heaven/London, vol. 1, p.1‑179.

- Beer, A.(ca. 1720) *Wol-anständige und Nutzen-bringende Frauen-Zim[m]er-Ergözung in sich enthaltend ein nach der allerneuesten Façon eingerichtete Neh- und Stick-Buch, welches diesem Kunst und Geschicklichkeit liebendem Geschlecht, vermittelst sehr vieler vollkomenen und auf allerhand Art inventirten practicablen Risse und andern netten Zeichnungen [...] vorgestellt worden,* Nuremberg.

- Beer, W.-D.(1974) 'Maria Sibylla Merian and the natural sciences' in: E. Ullmann (ed.) *Maria Sibylla Merian. Leningrader Aquarelle,* Ⅱ. *Kommentar,* Leipzig, p.77‑110.

- Beer, W.-D.(ed.)(1976) *Maria Sibylla Merian. Schmetterlinge, Käfer und andere Insekten. Leningrader Studienbuch, Faksimile mit Transkription und Tafeln*(2 vols.), Leipzig.

- Beer, W.-D.(1976) 'The significance of the "Leningrad Book of Notes and Studies" biographically and in the history of Maria Sibylla Merian's work' in: W.-D. Beer(ed.), *Maria Sibylla Merian. Schmetterlinge, Käfer und andere Insekten. Leningrader Studienbuch,* Leipzig, p.51‑65.

- Beer, W.-D.(ed.)(2011) *Maria Sibylla Merian. Schmetterlinge, Käfer und andere Insekten. Leningrader Studienbuch, Faksimile mit Transkription,* Saarbrücken. Facsimile reprint of Beer(1976) in 1 vol.

- Beltran, J.(2019) 'Nature au naturel in late seventeenth-century France' in: T. Balfe, J. Woodall & C. Zittel(eds.), *Ad Vivum? Visual Materials and the Vocabulary of Life-likeness in Europe before 1800,* Leiden/Boston, p.272‑293.

- Benthem Jutting, W.S.S. van(1959) 'Rumphius and malacology' in: H.C.D. de Wit (ed.), *Rumphius Memorial Volume,* Baarn, p.181‑207.

- Berkhey, J. le Francq van(1784) *Eerste Catalogus van de uitgebreide systhematische natuurkundige Verzameling van Teekeningen, Printen en afgezette Afbeeldingen, van allerleye Classen van Dieren en Planten [...],* Amsterdam.

- [Bernard, J.F.] & B. Picart(1723‑1743) *Cérémonies et Coutumes Religieuses de tous les Peuples du Monde [...],* Amsterdam, 9 vols.

- Bertoloni Meli, D.(2010) 'The representation of insects in the seventeenth century. A comparative approach' in: *Annals of Science,* 67, p.405‑442.

- Beuys, B.(2016) *Maria Sibylla Merian. Künstlerin, Forscherin, Geschäftsfrau,* Berlin.

- Bidloo, G.(1685) *Anatomia Humani Corporis [...],* Amsterdam.

- Blankaart, S.(1668), *Schou-burg der Rupsen, Wormen, Ma'den, en vliegende Dierkens daar uit voortkomende [...],* Amsterdam.

- Bleichmar, D.(2012), *Visible Empire, Botanical Expeditions and visual Culture in the Hispanic Enlightenment,* Chicago.

- Bleichmar, D.(2017) *Visual Voyages. Images of Latin American Nature from Columbus to Darwin,* New Haven/London.

- Block, A.(undated) *Plusieurs Espèces de Fleurs dessinées d'après le Naturel,* Rijksmuseum, Amsterdam, inv. no. RP-T-1948-119. Art book with drawings once owned by Agnes Block, manuscript.

- Blom, F.J.M.(1981) *Christoph & Andreas Arnold and England. The Travels and Book-Collections of two seventeenth-century Nurembergers.* PhD Thesis, University of Nijmegen.

- Blunt, W.(2001), *Linnaeus. The Compleat Natu-*

ralist, Princeton/Oxford.

• Blunt, W. & W.T. Stearn(1994), *The Art of Botanical Illustration*, Woodbridge. First edition 1950.

• Bodenheimer, F.S.(1928) *Materialien zur Geschichte der Entomologie bis Linné*, Berlin.

• Boersma, A.(2021) *Ander Licht op Withoos*, Amersfoort.

• Bolt, M., T. Cocquyt & M. Korey(2018) 'Johannes Hudde and his flameworked microscope lenses', *Journal of Glass Studies* 60, p.207 – 222.

• Braun, A.M.(1773-1793) V*ier Kunstbücher*, Nuremberg, Germanisches Nationalmuseum, T8181,1-4: dlib.gnm.de/item/Kunstbuch_Braun.

• Braun, B.(2010) *Ein Stück Himmel*: meyer-rieger.de/en/data/exhibitions/129/.

• Bristowe, W.S.(1967) 'More about Joseph Dandridge and his friends James Petiver and Eleazar Albin' in: *Entomologist's Gazette*, 18(4), p.197 – 201.

• Brooks, E. St. John(1954) *Sir Hans Sloane. The great Collector and his Circle*, London.

• Brown, Chr., J. Kelch & P.J.J. van Thiel(eds.)(1991), *Rembrandt. The Master & his Workshop. Paintings*, New Haven/London.

• Bürger, Th. & M. Heilmeyer M.(eds.)(1999) *Maria Sibylla Merian. Neues Blumenbuch*, Munich/London/New York.

• Buijze, W.(2006) *Leven en Werk van Georg Everhard Rumphius(1627-1702). Een Natuurhistoricus in Dienst van de VOC*, The Hague.

• Burke P.(1998) 'Reflections on the frontispiece portrait in the Renaissance' in: A. Köstler & E. Seidl(eds.), *Bildnis und Image. Das Portrait zwischen Intention und Rezeption*, Cologne, p.150 – 162.

• Burke, P.(2001) *Eyewitnessing. The Uses of Images as Historical Evidence*, London.

• Burman, J.(ed.)(1755 – 1760) *Charles Plumier, Plantarum Americanarum [...]*, 10 installments, Amsterdam/Leiden.

• Cabre i Pairet, M. & M.C. de Carlos Varona(2018) *Maria Sybilla Merian y Alida Withoos. Mujeres, Arte y Ciencia en la Edad moderna*, Santander.

• Catesby, M.(1731 – 1743)[=1729 – 1747], *The Natural History of Carolina, Florida and the Bahama Islands [...]*, 2 vols., London.

• Cellarius, A.(1708) *Harmonia Macrocosmica [...]*, Amsterdam.

• Charmantier, I.(2011) 'Carl Linnaeus and the visual representation of nature' in: *Historical Studies in the Natural Sciences*, 41(4), p.365 – 404.

• Chartier, R.(1994) *The Order of Books. Readers, Authors, and Libraries in Europe between the fourteenth and the eighteenth Centuries*, Cambridge.

• Chemnitz, J.H.(1760) *Kleine Beyträge zur Testaceotheologie oder zur Erkäntniss Gottes aus den Conchylien [...]*, Nuremberg.

• Cobb, M.(2002) 'Malpighi, Swammerdam and the colourful silkworm. Replication and visual representation in early modern science' in: *Annals of Science*, 59, p.111 – 147.

• Colditz-Heusl, S. et al.(2017) see Förderverein.

• Commelin, C.(1702) *Horti Medici Amstelaedamensis rariorum tam Africanarum, quàm utriusque Indiae, aliarumque Peregrinarum Plantarum [...] Descriptio et Icones [...] Pars altera=Beschryvinge en curieuse Afbeeldingen van rare vreemde Oost-West-Indische en andere Gewassen vertoont in den Amsterdamsche Kruydhof [...], tweede deel*, Amsterdam.

• Commelin, J.(1676) *Nederlantze Hesperides, dat is, Oeffening en Gebruik van de Limoen- en Oranje-Boomen, gestelt na den Aardt en Climaat der Nederlanden*, Amsterdam.

• Commelin, J., F. Ruysch & F. Kiggelaar(1697) *Horti Medici Amstelodamensis rariorum tam Africanarum, quàm utriusque Indiae, aliarum-*

que Peregrinarum Plantarum [...] Descriptio et Icones = Beschryvinge en curieuse Afbeeldingen van rare vreemde Oost-West-Indische en andere Gewassen vertoont in den Amsterdamsche Kruyd-hof [...], Amsterdam.

- Commissie van Toezigt(1684 – 1795) *Memoriael van de Hortus Medicus der Stad Amsteldam, beginnende de 3 Febr. Ao. 1684*, manuscript, Stadsarchief Amsterdam, Archive No. 626, Inv. 29/30, no. 3 – 5.

- Conring, H.(1687) *In Universam Artem Medicam singulasq; ejus Partes Introductio [...]*, Helmstedt.

- Corvinus, G.S.(1715) *Nutzbares, galantes und curiöses Frauenzimmer-Lexicon [...]*, Leipzig.

- Corvinus, G.S.(1739) *Nutzbares, galantes und curiöses Frauenzimmer-Lexicon [...]*, Leipzig.

- Corvinus, G.S.(1773) *Nutzbares, galantes und curiöses Frauenzimmer-Lexicon [...]*, 2 vols., Leipzig.

- Daston, L.(2015) 'Epistemic images' in: A. Payne(ed.), *Vision and its Instruments. Art, Science, and Technology in early modern Europe*, University Park, PA, p.13 – 35.

- Daston, L. & K. Park(1998) *Wonders and the Order of Nature, 1150–1750*, New York.

- Davies, S.(2016) *Renaissance Ethnography and the Invention of the Human. New Worlds, Maps and Monsters*, Cambridge.

- Davis, N. Zemon(1995) *Women on the Margins. Three seventeenth-century Lives*, Cambridge(–MA)/London.

- De, see Fontenelle, Kom, Oviedo.

- Deckert, H.(1957) Das Blumenbuch der Maria Sibylla Merian. Untersuchungen an der Hand der Dresdner Exemplare in: *Zentralblatt für Bibliothekswesen*, 71(5), p.352 – 370.

- Deckert, H.(ed.)(1966) *Maria Sibylla Merian, Neues Blumenbuch*. Mit einem Begleittext von Helmut Deckert, 2 vols, Leipzig.

- Deinsen, L. van(2017) *Literaire Erflaters.*

Canonvorming in Tijden van culturele Crisis, Hilversum.

- Deinsen, L. van(2019) 'Visualising female authorship. Author portraits and the representation of female literary authority in the eighteenth century' in: *Quaerendo*, 49(4), p.283 – 314.

- Deinsen, L. van(2022) 'Female faces and learned likenesses. Author portraits and the construction of female authorship and intellectual authority' in: K. Scholten, D. van Miert & K.A.E. Enenkel(eds.), *Memory and Identity in the learned World*, Leiden/Boston, p.81 – 116.

- Deinsen, L. van & N. Geerdink(2021) 'Cultural branding in the early modern period. The literary author' in: H. van den Braber, J. Dera, J. Joosten & M. Steenmeijer(eds.), *Branding Books across the Ages. Strategies and Key Concepts in Literary Branding*, Amsterdam, p.31 – 60.

- Delft, M. van & H. Mulder(eds.)(2016) *Maria Sibylla Merian. Metamorphosis Insectorum Surinamensium 1705. Verandering der Surinaamsche Insecten=Transformation of the Surinamese Insects*, Tielt/The Hague. Facsimile+additional chapters.

- Descartes, R.(1662) *De Homine [...]*, Leiden.

- Descartes, R.(1664) *L'Homme [...] et un Traité de la Formation du Foetus [...]*, Paris.

- Dickel, H.(2021) 'Botanische Bilder zwischen Kunst und Wissenschaft' in: H. Dickel, E. Engl & U. Rautenberg(eds.), *Frühneuzeitliche Naturforschung in Briefen, Büchern und Bildern. Christoph Jacob Trew als Sammler und Gelehrter*, Stuttgart, p.325 – 347.

- Dickel, H., E. Engl & U. Rautenberg(eds.)(2021) *Frühneuzeitliche Naturforschung in Briefen, Büchern und Bildern. Christoph Jacob Trew als Sammler und Gelehrter*, Stuttgart.

- Dickel, H. & A. Uhl(2019) *Die Bildgeschichte der Botanik. Pflanzendarstellungen aus vier Jahrhunderten in der Sammlung Dr. Christoph Jacob Trew(1695–1769)*, Petersberg/Erlangen.

- Dijstelberge, P. (2007) *De Beer is los! Ursicula: een Database van typografisch Materiaal uit het eerste Kwart van de zeventiende Eeuw als Instrument voor het identificeren van Drukken*, [Amsterdam].

- Dion, M. (2005) *The Brazilian Expedition by Thomas Enders—reconsidered*: www.akbild.ac.at/portal_en/university/activities/exhibitions_didacticprogram/2005/event_903.

- Dion, M. (2009) 'Wissenschaftler haben kein Monopol an der Vorstellung von Natur. Mark Dion im Gespräch mit Dieter Burchhardt' in: *Kunstforum International*, 199, p. 249 – 259.

- Dittelbach, P. (1692), *Verval en Val der Labadisten, of derselver Leydinge, en Wyse van doen in haare Huyshoudinge, en Kerk-formering, als ook haren Op-en Nedergang, in hare Coloniën of Volk-plantingen, nader ontdekt […]*, Amsterdam.

- Dodart, D. (1676), *Mémoires pour servir à l'Histoire des Plantes*, Paris.

- Döhring, E. (1957) 'Conring, Hermann' in: O. zu Stolberg-Wernigerode et al. (eds.), *Neue deutsche Biographie*, vol. 3, Berlin, p. 342 – 343.

- Dolezel, E. (2018) 'Das "vollständige Raritätenhaus" des Leonhard Christoph Sturm. Ein Modell für die Museologie des 18. Jahrhunderts' in: E. Dolezel, R. Godel, A. Pečar & H. Zaunstöck (eds.), *Ordnen—Vernetzen—Vermitteln. Kunst- und Naturalienkammern in der Frühen Neuzeit als Lehr-und Lernorte*, Halle (Saale), p. 21 – 47 (*Acta historica Leopoldina* 70).

- Doosry, J. (ed.) (2014) *Von oben gesehen. Die Vogelperspektive, Nürnberg*, Ausstellungskatalog Germanisches Nationalmuseum, Nuremberg.

- Doppelmayr, J. G. (1730) *Historische Nachricht von Nürnbergischen Mathematicis und Künstlern, Nuremberg*, p. 268 – 270.

- Driessen-van het Reve, J. J. (2015) *De Kunstkamera van Peter de Grote. De Hollandse Inbreng, gereconstrueerd uit Brieven van Albert Seba en Johann Daniel Schumacher uit de Jaren 1711–1752*, Hilversum. PhD thesis, University of Amsterdam. Also published in Russian in Saint Petersburg.

- Duijn, M. van (2015) *Collection Guide Alba Amicorum Collection, University of Leiden*: //digitalcollections.universiteitleiden.nl/view/item/1887225.

- Dunaeva, Y. (2015) 'What books from the Academic Library were the compilers of the zoological section of the first printed catalog of the Kunstkamera guided by?' in: *Peterburgskaya Bibliotechnaya Shkola*, 2(50), p. 20 – 24. In Russian.

- Eberti, J.C. (1706) *Eröffnetes Cabinet deß Gelehrten Frauen-Zimmers […]*, Frankfurt/Leipzig.

- Edwards, G. (1743 – 1751) *A Natural History of uncommon Birds […]*, 4 vols., London.

- Eeghen, I. van (1960 – 1978) *De Amsterdamse Boekhandel, 1680–1725*, 5 parts in 6 vols., Amsterdam.

- Egmond, F. (2017) *Eye for Detail. Images of Plants and Animals in Art and Science, 1500–1630*, London.

- Egmond, M. (2009) *Covens & Mortier. Productie, Organisatie en Ontwikkeling van een commercieel-kartografisch Uitgevershuis in Amsterdam (1685–1866)*, 't-Goy-Houten.

- Elliott, J.H. (1992) *The Old World and the New, 1492–1650*, Cambridge. First edition 1970.

- Engel, H. (1937) 'De heer Engel vertoont en bespreekt een oud handschrift "De Veranderinge van eenighe Rupsen en Wurmen" uit de bibliotheek van het Kon. Zoöl. Gen. "Natura Artis Magistra" te Amsterdam'. *Tijdschrift voor Entomologie* 80, p. xvi – xx.

- Engel, H. (1959) 'The echinoderms of Rumphius' in: H.C.D. de Wit (ed.) *Rumphius Memorial Volume*, Baarn, p. 209 – 223.

- Erickson, R. (2017) (ed.) *Mark Dion. Misadventures of a 21st-Century Naturalist*, Boston.

- Etheridge, K. (2011) 'Maria Sibylla Merian. The

first ecologist?' in: D.S. Andréolle & V. Molinari(eds.), *Women and Science, 17th Century to Present: Pioneers, Activists and Protagonists*, Newcastle upon Tyne, p.35‑54.

• Etheridge, K.(2016) 'De biologie in *Metamorphosis insectorum Surinamensium*=The biology of *Metamorphosis insectorum Surinamensium*' in: M. van Delft van & H. Mulder(eds.), *Maria Sibylla Merian. Metamorphosis Insectorum Surinamensium* 1705, Tielt/The Hague, p.29‑39.

• Etheridge, K.(2016) 'The history and influence of Maria Sibylla Merian's bird-eating tarantula. Circulating images and the production of natural knowledge' in: P. Manning & D. Rood(eds.), *Global scientific Practice in the Age of Revolutions, 1750–1850*, Pittsburgh, p.54‑70.

• Etheridge, K.(2021) *The Flowering of Ecology. Maria Sibylla Merian's Caterpillar Book*, Leiden/Boston.

• Etheridge, K. & F.F.J.M. Pieters(2015) 'Maria Sibylla Merian(1647‑1717). Pioneering naturalist, artist, and inspiration for Catesby' in: E.C. Nelson & D.J. Elliot(eds.), *The Curious Mr. Catesby—a "truly ingenious" Naturalist explores New Worlds*, Athens/London, p.39‑56.

• Ezell, M.J.M.(2012) 'Seventeenth-century female author portraits, or, the company she keeps' in: *Zeitschrift für Anglistik und Amerikanistik*, 60(1), p.31‑45.

• Findlen, P.(1994) *Possessing Nature. Museums, Collecting, and scientific Culture in Early Modern Italy*, Berkeley.

• Fischel, A.(2009) *Natur im Bild. Zeichnung und Naturerkenntnis bei Conrad Gessner und Ulisse Aldrovandi*, Berlin.

• Flügelschlag(2019) *Flügelschlag. Insekten in der zeitgenössischen Kunst*, Bad Homburg von der Höhe. Stiftung Nantesbuch, exhibition catalogue Museum Sinclair-Haus.

• Förderverein Kunsthistorisches Museum Nürnberg e.V.(2017) S. Colditz-Heusl, M. Lölhöffel, T. Noll & W. Schultheiß(eds.), *Johann Andreas Graff 1636–1701*. Catalogue accompanying the exhibition: *Johann Andreas Graff, Pionier Nürnberger Stadtansichten im Kunstkabinett der Stadtbibliothek Nürnberg*, Nuremberg.

• Font Paz, C. & N. Geerdink(2018) 'Introduction: Women, Professionalisation, and Patronage' in: Font Paz, C. & N. Geerdink(eds.), *Economic Imperatives for Women's Writing in Early Modern Europe*, Leiden/Boston, p.1‑15.

• Fontenelle, B. de(1709) 'Éloge de M. de Tournefort' in: *Histoire de l'Académie Royale des Sciences* 1708, p.174‑188.

• Freedberg, D.(2002) *The Eye of the Lynx. Galileo, his Friends, and the Beginnings of modern Natural History*, Chicago.

• Fries, P.(2009) 'The skins of painting. A dialogue between Camille Morineau and Pia Fries' in: *Pia Fries, Merian's Surinam*, Galerie Nelson-Freeman, Paris and Verlag der Buchhandlung Walter König, Cologne.

• Frisch, J.L.(1720‑1738) *Beschreibung von allerley Insecten in Teutsch-Land [...]*, 13 vols., Berlin.

• Frisch, J.L.(1730‑1753) *Beschreibung von allerley Insecten in Teutschland [...]*, 13 vols., Berlin.

• Fuchs, L.,(1542) *De Historia Stirpium Commentarii Insignes [...]*, Basel.

• Goedaert, J.(1660‑1669) *Metamorphosis Naturalis [...]*, 3 vols., Middelburg.

• Goedaert, J.(1700) *Histoire Naturelle des Insectes selon leurs differentes Métamorphoses*, 3 vols., Amsterdam.

• Goedaert, J. & M. Lister(1682) *Johannes Godartius of Insects. Done into English, and methodized, with the Addition of Notes*, York.

• Gössmann, E.(1988) 'Für und wider die Frauengelehrsamkeit. Eine europäische Diskussion im 17. Jahrhundert' in: G. Brinker-Gabler(ed.), *Deutsche Literatur von Frauen*, vol. 1, Munich, p.185‑197.

• Goethe, J.W. von(1817) 'Blumen-Malerei' in:

J.W. von Goethe, *Ueber Kunst und Alterthum in den Rhein und Mainz Gegenden*, 1(3), p.81 – 91.

• Goethe, J.W. von(1831), *Goethes Werke. Vollständige Ausgabe letzter Hand*, vol. 39, Stuttgart/Tübingen.

• Graak, K.(1982) *Vergiss mein nicht—gedenke mein. Vom Stammbuch zum Poesiealbum*, Munich.

• Grabowski, C.(2017) *Maria Sibylla Merian zwischen Malerei und Naturforschung. Pflanzen- und Schmetterlingsbilder neu entdeckt*, Berlin.

• Gräffin, M.S., see Merian, M.S.

• Graff, J.A.(2017) see Förderverein etc.(2017).

• Graft, C.C. van der(1943) *Agnes Block. Vondels nicht en vriendin*, Utrecht.

• Gray, M.W.(1987) 'Prescriptions for productive female domesticity in a transitional era. Germany's Hausmütterliteratur, 1780 – 1840' in: *History of European Ideas*, 8, p.413 – 426.

• Grebe, A.(2021) 'Art, nature, metamorphosis. Maria Sibylla Merian as artist and collector' in: M. Faietti & G. Wolf(eds.), *Motion—Transformation. Proceedings of the CIHA Florence 2019 Congress*, Bologna, p.175 – 180.

• Grebe, A. & C. Sauer(2017) *Maria Sibylla Merian. Blumen, Raupen, Schmetterlinge*, Nuremberg(*Ausstellungskatalog der Stadtbibliothek Nürnberg* 110).

• Greenfort, T.(2009) '"Der Nachhaltige". Tue Greenfort im Gespräch mit Dietmar Stange' in: *Kunstforum International*, 199, p.208 – 215.

• Grieb, M.H.(2007) *Nürnberger Künstlerlexikon. Bildende Künstler, Kunsthandwerker, Gelehrte, Sammler, Kulturschaffende und Mäzene vom 12. bis zur Mitte des 20. Jahrhunderts*, 4 vols., Munich.

• Griffiths, A.(2016) *The Print before Photography. An Introduction to European Printmaking 1550–1820*, London.

• Grijzenhout, F.(2014) 'Rembrandt. Alle schilderijen' in: J. Rutgers & M. Rijnders(eds.), *Rembrandt in Perspectief. De veranderende Visie op de Meester en zijn Werk*, Zwolle, p.257 – 285.

• Guentherodt, I.(1988) '"Dreyfache Verenderung" und "Wunderbare Verwandelung". Zu Forschung und Sprache der Naturwissenschaftlerinnen Maria Cunitz(1610 – 1664) und Maria Sibylla Merian(1647 – 1717)' in: G. Brinker-Gabler(ed.), *Deutsche Literatur von Frauen* 1, Munich, p.197 – 221.

• Guilding, L.(1834) 'Observations on the work of Maria Sibilla Merian on the insects &c. of Surinam' in: *The Magazine of Natural History and Journal of Zoology, Botany [...]*, 7, p.355 – 375.

• Haas, F. & A. Wolf(2019) *Gruppe Finger*: fingerweb.org.

• Harris, M.(1766) *The Aurelian: or, a Natural History of British Insects*, London.

• Hauß-Halterin (1703) *Die so kluge als künstliche von Arachne und Penelope getreulich unterwiesene Hauß-Halterin, oder dem Frauen-Zimmer wohlanständiger Kunst-Bericht und gründlicher Haußhaltungs-Unterricht*, Nuremberg: mdznbn-resolving.de/urn:nbn:de:bvb:12-bsb10228804-1.

• Heard, K.(2016) *Maria Merian's Butterflies*, London. Exhibition Catalogue Royal Collection, Buckingham Palace.

• Heijenga-Klomp, M.W.(2005) 'Matthias Withoos en zijn kinderen. Een Amersfoortse schildersfamilie' in: *Flehite, Historisch Jaarboek voor Amersfoort en Omstreken*, 6, p.108 – 131: dspace.library.uu.nl/handle/1874/302956.

• Heijenga-Klomp, M.W.(2005) 'Jasper van Wittel(ca. 1652 – 1736) een Amersfoortse schilder in Italië' in: *Flehite, Historisch Jaarboek voor Amersfoort en Omstreken*, 6, p.132 – 147.

• Heijer, H. den(2005) 'Over warme en koude landen'. Mislukte Nederlandse volksplantingen op de Wilde Kust in de zeventiende eeuw' in: *De Zeventiende Eeuw*, 21, p.79 – 90.

• Heijer, H. den(2021), *Nederlands Slaverni-jverleden. Historische Inzichten en het Debat nu*, Zutphen.

• Henrey, B.(1975), *British Botanical and Horti-cultural Literature before 1800. The eighteenth Century*, London.

• Himmel, T.K.D. & K. Klemmer(2009) 'Maria Sibylla Merian(1647 – 1717) und ihr Einfluss auf das Lebenswerk von August Johann Rösel von Rosenhof(1705 – 1759)' in: *Sekretär. Beiträge zur Literatur und Geschichte der Herpetologie und Terrarienkunde*, 9(2), p.33 – 48.

• Hollmann, E.(ed.)(2003) *Maria Sibylla Merian. The St. Petersburg Watercolours, with Natural History Commentaries by W.-D. Beer*, Munich/Berlin/London/New York.

• Hollmann, E.(ed.)(2003) *Maria Sibylla Merian. Die St. Petersburger Aquarelle, mit naturkundli-chen Erläuterungen von W.-D*. Beer, Munich.

• Hollsten, L.(2012) 'An Antillean plant of beauty, a French botanist, and a German name. Naming plants in the early modern Atlantic world' in: *Estonian Journal of Ecology*, 61(1), p.37 – 50.

• Holthuis, L.B.(1959) 'Notes on pre-Linnean carcinology(including the study of Xiphosura) of the Malay Archipelago' in: H.C.D. de Wit(ed.), *Rumphius Memorial Volume*, Baarn, p.63 – 125.

• Holthuis, L.B.(1969) 'Albertus Seba's "Lo-cupletissimi rerum naturalium thesau-ri……"(1734 – 1765) and the "Planches de Seba"(1827 – 1831)' in: *Zoölogische Mededelin-gen uitgegeven door het Rijksmuseum van Natu-urlijke Historie te Leiden*, 43(19), 239 – 255.

• Houbraken, A.(1721) *De groote Schouburgh der Nederlantsche Konstschilders en Schilderessen [...]*, vol. 3, Amsterdam, p.220 – 224.

• Hrodej, P.(1997) 'Saint-Domingue en 1690. Les observations du pere Plumier, botaniste provençal' in: *Revue française d'Histoire d'Outre-Mer*, 84(317), p.93 – 117.

• Huemer, M.(2018) *This Exhibition has an Utopi-an Superfluity*, Bratislava. Exhibition catalogue Danubia Meilenstein Art Museum.

• Huemer, M.(2020) *The Oranges don't like the Kiwi in the Painting*, Cologne. Exhibition cata-logue Philipp von Rosen Galerie.

• *Inventair national*(undated) 'Papilio androgeus Cramer, 1775(Arthropoda, Hexapoda, Lepidop-tera)' in: *Inventair national du patrimoine na-turel. Le portail de la biodiversité française, de métropole et d'outre-mer*: inpn.mnhn.fr/espece/cd_nom/778883.

• Ivins, W.M.(1953) *Prints and visual Communi-cation*, London.

• Jagersma, R. & T. Dijkstra(2014) 'Uncovering Spinoza's printers by means of bibliographical research' in: *Quaerendo*, 43(4), p.278 – 310.

• Jeybratt, L.(2012) 'Interspezies-Kollaborationen. Kunstmachen mit nicht-menschlichen Tieren' in: *Tierstudien*, 1, p.105 – 121.

• Jonston, J.(1653) *Historiae Naturalis de Insecti, libri III [...]*, Frankfurt am Main.

• Jonston, J.(1660) *Dr. I. Jonstons naeukeurige beschryving van de natuur der gekerfde of kro-nkel-dieren, [...]*, Amsterdam.

• Jorink, E.(2010) *Reading the Book of Nature in the Dutch Golden Age, 1575–1715*, Leiden/Bos-ton, 2010.

• Jorink, E.(2011) 'Beyond the lines of Apelles. Johannes Swammerdam, Dutch scientific cul-ture and the representation of insect anatomy' in: *Nederlands Kunsthistorisch Jaarboek*, 61, p.148 – 183.

• Jorink, E.(2012) 'Sloane and the Dutch Con-nection' in: A. Walker, A. MacGregor & M. Hunter(eds.), *From Books to Bezoars. Sir Hans Sloane and his Collections*, London, p.57 – 70.

• Jorink, E.(2018) 'Insects, philosophy and the microscope' in: H.A. Curry, N. Jardine, J.A. Secord & E.C. Spary(eds.), *Worlds of Natural History*, Cambridge, p.131 – 150.

• Jorink, E. & B.A.M. Ramakers(eds.)(2011), *Art and Science in the Early Modern Netherlands—*

Kunst en Wetenschap in de Vroegmoderne Nederlanden, Zwolle.

- Jürgensen, R.(2002) *Bibliotheca Norica. Patrizier und Gelehrtenbibliotheken in Nürnberg zwischen Mittelalter und Aufklärung*, 1, Wiesbaden.

- Juriev, K.B.(1981) 'Albert Seba and his contribution to the development of herpetology' in: *Proceedings of the Zoological Institute, Russian Academy of Sciences*, 101, p.109‑120. In Russian.

- Kaag, S. & A. Storm(2019) *Peter Schenck. Der berühmteste Elberfelder, der jemals in Vergessenheit geriet*, Wuppertal. Exhibition catalogue of Von der Heydt‑Museum.

- Kaldenbach, C.J.(ca. 1988) *Tekeningen uit het Album Amicorum(Stamboek) van Joanna Koerten Blok(1650–1715), een Overzicht met Index*. Unpublished typoscript in the Rijksmuseum Research Library, Amsterdam, online: kalden.home.xs4all.nl/auth/KoertenBlok1.htm.

- Kannisto, S.(2011) *Fieldwork. Sanna Kannisto*, New York.

- Keating, J. & L. Markey(2011) 'Introduction. Captured objects. Inventories of early modern collections' in: *Journal of the History of Collections*, 23(2), p.209‑213.

- Keil, R. & R. Keil(1893) *Die deutschen Stammbücher des sechzehnten bis neunzehnten Jahrhunderts*, Berlin.

- Kemp, M.(1990) 'Taking it on trust. Form and meaning in naturalistic representation' in: *Archives of Natural History*, 17(2), p.127‑188.

- Kennedy, R.F.(1968) *Catalogue of Pictures in the Africana Museum* 5(T‑Y, Index), Johannesburg.

- Kerdijk‑Eskens, H.(1975) *Vrienden doen een Boekje open. De Geschiedenis van het Album Amicorum*, The Hague.

- Keyes, G.S.(1981) *Hollstein's Dutch and Flemish etchings, engravings and woodcuts ca. 1450–1700*, vol. XXV: *Pieter Schenck*, ed. K.G. Boon, Amsterdam.

- Kistemaker, R.E., N. Kopaneva & A. Overbeek(eds.)(1997) *Peter de Grote en Holland. Culturele en wetenschappelijke Betrekkingen tussen Rusland en Nederland ten Tijde van Tsaar Peter de Grote*, Bussum.

- Kistemaker, R.E., N.P. Kopaneva & D.J. Meijers(eds.)(2005) *The Paper Museum of the Academy of Sciences in St Petersburg, c. 1725–1760*, Amsterdam.

- Kleerkooper, M.M. & W.P. van Stockum, Jr.(1914‑1916) *De Boekhandel te Amsterdam, voornamelijk in de 17e Eeuw. Biographische en geschiedkundige Aanteekeningen*, 2 vols., The Hague.

- Kloek, E., C.P. Sengers & E. Tobé(1998) *Vrouwen en Kunst in de Republiek. Een Overzicht*, Hilversum.

- Klose, W.(1982) 'Stammbücher—eine kulturhistorische Betrachtung' in: *Bibliothek und Wissenschaft*, 16, p.41‑67.

- Knappert, L.(1926‑1927) 'De labadisten in Suriname' in: *De West-Indische gids*, 8, p.193‑218.

- Knicker, K.(2014) 'Künstlergruppe Finger. Frankfurter Bienenhaus' in: K. Knicker & K. Wettengl (eds.), *Arche Noah. Über Tier und Mensch in der Kunst*, Dortmund, p.90‑93. Exhibition Catalogue, Museum Ostwall im Dortmunder U.

- Knicker, K. & K. Wettengl(eds.)(2014) *Arche Noah. Über Tier und Mensch in der Kunst*, Dortmund. Exhibition Catalogue, Museum Ostwall im Dortmunder U.

- Koerner, L.(1996) 'Carl Linnaeus in his time and space' in: N. Jardine, J.A. Secord & E.C. Spary(eds.), *Cultures of Natural History*, Cambridge, p.145‑162.

- Koerten, J.(1735) *Het Stamboek op de Papiere Snykunst van Mejuffrouw Joanna Koerten, Huisvrouw van den Heere Adriaan Blok. Bestaande in Latynsche en Nederduitsche Ge-*

dichten der voornaamste Dichters, Amsterdam, p.46-48. Retyped text online available: www.dbnl.org/tekst/koer005stam01_01/koer005stam01_01_0141.php.

- Koerten, J.(1736) *Gedichten op de overheerlyke Papiere Snykunst van wyle Mejuffrouwe Joanna Koerten, Huisvrouwe van wylen den Heere Adriaan Blok, gedrukt na het origineel Stamboek. Benevens een korte Schets van haar Leven*, Amsterdam.

- Kok, J. & J. Fokke(1794) 'Withoos, (Alida)' in: *Vaderlandsch Woordenboek*, oorspronklyk verzameld door Jacobus Kok, 32(W), Amsterdam, p.229 – 230.

- Kom, A. de(1987) *We Slaves of Surinam*, London. Original edition in Dutch: Amsterdam, 1934.

- Kooijmans, L.(1985) *Onder Regenten. De Elite in een Hollandse Stad Hoorn 1700–1780*, PhD Thesis, University of Amsterdam.

- Kopaneva, N.P.(2009) *Watercolors by Maria Sibylla Merian in the St. Petersburg Branch of the Archive of the Russian Academy of Sciences*: www.ras.ru/sybilla/5fc6668f-7898-4b93-adbd-5529b1ff332c.aspx.

- Kopaneva, N.P.(2012) 'The first catalog of zoological collections of the Kunstkammer in Russian language' in: N.V. Slepkova(ed.), *Zoological Collections in Russia in the 18–21 Centuries*, Saint Petersburg. In Russian.

- Kouprianov, A.V.(2005) *The Prehistory of the Biological Systematics. The "Folk Taxonomy" and the Development of Ideas about the Method in Natural History from the End of the 16th to the Beginning of the 18th Century*, Saint Petersburg. In Russian.

- Krelage, E.H.(1948) *Catalogue of the Botanical Library of Dr. E.H. Krelage, Haarlem*, Amsterdam.

- Kries, R. von(2017) *Maria Sibylla Merian. Künstlerin und Forscherin. Die 'Metamorphosis Insectorum Surinamensium' aus kunsthistorischer*

und biologischer Sicht, Petersberg.

- Kriz, K.D.(2000) 'Curiosities, commodities, and transplanted bodies in Hans Sloane's "Natural history of Jamaica"' in: *The William and Mary Quarterly*, 3rd Series, 57, p.35 – 78.

- Krogt, P. van der(1993) 'The eighteenth century. Valk's globe factory' in: P. van der Krogt, *Globi Neerlandici. The Production of Globes in the Low Countries*, Utrecht, p.299 – 336.

- Kullander, S.O.(1997 – 2001) 'Museum Adolphi Friderici' in: *The Linnaeus Web Server of the Swedish Museum of Natural History*: linnaeus.nrm.se/zool/madfrid.html.en.

- Kunikawa, T.(2012) 'Science and whiteness as property in the Dutch Atlantic world. Maria Sibylla Merian's *Metamorphosis insectorum Surinamensium(1705)*' in: *Journal of Women's History*, 24(3), p.91 – 116.

- Kurras, L.(1994) Die Stammbücher, Teil 2: *Die 1751 bis 1790 begonnenen Stammbücher*, Wiesbaden(*Die Handschriften des Germanischen Nationalmuseums Nürnberg* 5).

- Kusukawa, S.(2012), *Picturing the Book of Nature. Image, Text, and Argument in sixteenth-century Human Anatomy and Medical Botany*, Chicago.

- Kusukawa, S.(2019) 'Ad vivum images and knowledge of nature in early modern Europe' in: T. Balfe, J. Woodall & C. Zittel(eds.), *Ad Vivum? Visual Materials and the Vocabulary of Life-likenesses in Europe before 1800*, Leiden/Boston, p.89 – 121.

- Laird, M.(2013) *A Natural History of English Gardening, 1650–1800*, London.

- Lange-Berndt, P.(2009) *Animal Art. Präparierte Tiere in der Kunst, 1850–2000*, Munich.

- Langford, A.(1755) *A Catalogue of the genuine, entire and curious Collection of Prints and Drawings [...] of the late Doctor Mead [...] which [...] will be sold by Auction by Mr Langford [...] on Monday the 13th of January 1755*, London.

- Latour, B.(2000) *Die Hoffnung der Pandora*, Frankfurt am Main. First edition published 1999 in English.

- Latour, B.(2008) *Wir sind nie modern gewesen*, Frankfurt am Main. First edition published 1991 in French.

- Lebedeva, I.N.(1996) 'De nalatenschap van Maria Sibylla Merian in Sint-Petersburg' in: R.E. Kistemaker, N. Kopaneva & A. Overbeek(eds.), *Peter de Grote en Holland. Culturele en wetenschappelijke Betrekkingen tussen Rusland en Nederland ten Tijde van Tsaar Peter de Grote*, Bussum, p.60 – 66.

- Lebedeva, I.N.(1997) 'The artistic and scientific heritage of Maria Sibylla Merian in St. Petersburg' in: N.P. Kopaneva, R.E. Kistemaker & A. Overbeek(eds.), *Peter the Great & Holland. Russian-Dutch artistic & scientific Contacts*, Saint Petersburg, p.318 – 334. In Russian.

- Ledermüller, M.F.(1761 – 1763) *Mikroskopische Gemüths- und Augen-Ergötzung [...]*, 2 vols., Nuremberg.

- Leeuwen, A. van(2011) 'Hollandse flora's. Over elitevrouwen en hun lusthoven aan het einde van de zeventiende eeuw' in: *Cascade*, 20(2), p.31 – 45.

- Leningrader Aquarelle(undated), see http://ranar.spb.ru/rus/vystavki/id/130/. All paintings attributed to M.S. Merian in the Saint Petersburg Branch of the Russian Academy of Sciences(SPbARAN) are reproduced here.

- Leßmann, S.(1991) *Susanna Maria von Sandrart(1658–1716). Arbeitsbedingungen einer Nürnberger Graphikerin im 17. Jahrhundert*, Hildesheim/Zurich/New York(Studien zur Kunstgeschichte 59).

- Le Thiec, G.(2009) 'Dialoguer avec des hommes illustres. Le rôle des portraits dans les décors de bibliotheques(fin XVe – début XVIIe siecle)' in: *Revue française d'Histoire du Livre*, 130, p.7 – 52.

- Leuker, M.-T., E.H. Arens & C. Kießling(2020) *Rumphius' Naturkunde. Zirkulation in kolonialen Wissensräumen*, Wiesbaden.

- Linnaeus, C.(1737) *Critica Botanica [...]*, Leiden.

- Linnaeus, C.(1754) *Museum S:ae R:ae M:tis Adolphi Friderici Regis Svecorum, Gothorum, Vandalorumque [...]*, Stockholm.

- Linnaeus, C.(1758) *Caroli Linnaei [...] Systema Naturae per Regna tria Naturae, secundum Classes, Ordines, Genera, Species, cum Characteribus, Differentiis, Synonymis, Locis*, Tomus 1. 10th ed., Stockholm.

- Lölhöffel, M.(2015) 'Maria Sibylla Merianin und Johann Andreas Graff. Gemeinsames und Trennendes. Erster Teil' in: *Nürnberger Altstadtberichte*, 40, p.37 – 76.

- Lölhöffel, M.(2016) 'Maria Sibylla Merianin und Johann Andreas Graff. Gemeinsames und Trennendes. Zweiter Teil' in: *Nürnberger Altstadtberichte*, 41, p.64 – 116.

- Lölhöffel, M.(2017) 'Maria Sibylla Merianin und Johann Andreas Graff. Gemeinsames und Trennendes. Dritter Teil' in: *Nürnberger Altstadtberichte*, 42, p.1 – 28.

- Ludwig, H.(1996) 'Nürnberger Blumenmalerinnen um 1700 zwischen Dilettantismus und Professionalität' in: *Kritische Berichte. Zeitschrift für Kunst und Kulturwissenschaften*, 24(4), p.21 – 29.

- Ludwig, H.(1997) 'Das "Raupenbuch". Eine populäre Naturgeschichte' in: K. Wettengl(ed.), *Maria Sibylla Merian, 1647–1717. Künstlerin und Naturforscherin*, Ostfildern, p.52 – 67.

- Ludwig, H.(1998) *Nürnberger naturgeschichtliche Malerei im 17. und 18. Jahrhundert*, Marburg an der Lahn(*Acta Biohistorica* 11).

- Lukin, B.V.(1974) 'On the history of the collection of the Leningrad Merian watercolours' in: E. Ullmann(ed.), *Maria Sibylla Merian. Leningrader Aquarelle, II. Kommentar*, Leipzig, p.115 – 149.

- MacGregor, A.(ed.)(1994) *Sir Hans Sloane. Col-*

lector, Scientist, Antiquary, Founding Father of the British Museum*, London.

- MacGregor, A.(2007) *Curiosity and Enlightenment. Collectors and Collections from the sixteenth to the nineteenth Century*, New Haven, Conn.

- Malpighi, M.(1669) *Dissertatio Epistolica de Bombyce [...]*, London.

- Margócsy, D.(2010). '"Refer to folio and number'. Encyclopedias, the exchange of curiosities, and practices of identification before Linnaeus' in: *Journal of the History of Ideas*, 71(1), p.63 – 89.

- Margócsy, D.(2014) *Commercial Visions. Science, Trade, and visual Culture in the Dutch Golden Age*, Chicago.

- Margócsy D.(2021) 'The pineapple and the worms' in: *KNOW. A Journal on the Formation of Knowledge*, 5(1), p.53 – 81.

- Mayer, L.(2001) 'Rösel von Rosenhof—ein großer Nürnberger Entomologe' in: *Natur und Mensch. Jahresmitteilungen der Naturhistorischen Gesellschaft Nürnberg*, p.69 – 78.

- McBurney, H.(2021) *Illuminating Natural History. The Art and Science of Mark Catesby*, London.

- Memoirs(1711) *Memoirs of Literature, containing a weekly Account of the State of Learning, both at Home and Abroad*, (August 1711) London.

- Meriaen(1719), (1730), see Merian, M.S.

- Merian, M.S.(undated) *Studienbuch*. Original in the Library of the Russian Academy of Sciences, Saint Petersburg, inv. no. F 246. Facsimile, see Beer, W.-D.(ed.)(1976) and (2011).

- Merian, M.S.(1675) *Florum Fasciculus primus*, Nuremberg.

- Merian, M.S.(1677) *Florum Fasciculus alter*, Nuremberg.

- Merian, M.S.(1679) *Der Raupen wunderbare Verwandelung, und sonderbare Blumen-nahrung, worinnen, durch eine ganz-neue Erfindung, der Raupen, Würmer, Sommervögelein, Motten, Fliegen, und anderer dergleichen Thierlein, Ursprung, Speisen, und Veränderungen, samt ihrer Zeit, Ort, und Eigenschaften, den Naturkündigern, Kunstmahlern, und Gartenliebhabern zu Dienst, fleissig untersucht, kürtzlich beschrieben, nach dem Leben abgemahlt, ins Kupfer gestochen, und selbst verlegt, von Maria Sibylla Gräffinn, Matthaei Merians, des Eltern, Seel. Tochter*, Nuremberg/Frankfurt am Main/Leipzig.

- Merian, M.S.(1680) *Florum Fasciculus tertius*, Nuremberg.

- Merian, M.S.(1680) *Neues Blumenbuch. Allen kunstverständiger Liebhabern zu Lust, Nutz und Dienst, mit Fleiß verfertiget*, Nuremberg. Facsimile, see Bürger Th. & M. Heilmeyer(eds.) (1999) and Deckert(1966).

- Merian, M.S.(1683) *Der Raupen wunderbare Verwandlung, und sonderbare Blumen-nahrung, Anderer Theil. Worinnen durch eine ganz neue Erfindung, der Raupen, Würmer, Maden, Sommervögelein, Motten, Fliegen, Bienen und anderer dergleichen Thierlein Ursprung, Speisen, und Veränderungen, samt ihrer Zeit, Ort, und Eigenschaften, den Naturkündigern, Kunstmahlern, und Gartenliebhabern zu Dienst, selbst fleissigst untersucht, kürtzlich beschrieben, nach dem Leben abgemahlt, und wiederum in fünfzig Kupfer(darauf über 100. Verwandlungen) gestochen, und verlegt, von Maria Sibylla Gräffin, Matthäi Merians, des Eltern, Seel. Tochter*, Frankfurt am Main/Leipzig/Nuremberg.

- Merian, M.S.(1705) *Metamorphosis Insectorum Surinamensium. Ofte Verandering der Surinaamsche Insecten. Waar in de Surinaamsche Rupsen en Wormen met alle des zelfs Veranderingen na het Leven afgebeeld en beschreeven worden, zynde elk geplaast op die Gewassen, Bloemen en Vruchten, daar sy op gevonden zyn; waar in ook de Generatie der Kikvorschen, won-*

derbaare Padden, Hagedissen, Slangen, Spinnen en Mieren werden vertoond en beschreeven, alles in America na het Leven en Levensgroote geschildert en beschreeven, Amsterdam.

- Merian, M.S.(1705), see also: Rücker, E. & W.T. Stearn(1982) and Delft, M. van & H. Mulder.

- Merian, M.S.(1712) Der Rupsen Begin, Voedzel en wonderbaare Verandering. Waar in de Oorspronk, Spys en Gestaltverwisseling: als ook de Tyd, Plaats en Eigenschappen der Rupsen, Wormen, Kapellen, Uiltjes, Vliegen, en andere diergelyke bloedelooze Beesjes vertoond word: ten Dienst van alle Liefhebbers der Insecten, Kruiden, Bloemen en Gewassen: ook Schilders, Borduurders &c.: naauwkeurig onderzogt, na 't Leven geschildert, in Print gebragt, en in 't Kort beschreven, vol. 1 – 2, Amsterdam.

- Merian, M.S.(ca. 1713) Blumen und Insecten-Buch [...], Nuremberg. Regensburg, Staatliche Bibliothek, inv. no. 999/2Philos.2942: reader.digitale-sammlungen.de/resolve/display/bsb11057845.html.

- Merian, M.S.(1717) Derde en laatste Deel der Rupsen Begin, Voedzel en wonderbaare Verandering. Waar in de Oorspronk, Spys en Gestaltverwisseling: als ook de Tyd, Plaats en Eigenschappen der Rupsen, Wormen, Kapellen, Uiltjes, Vliegen, en andere diergelyke bloedelooze Beesjes vertoond word; ten Dienst van alle Liefhebbers der Insecten, Kruiden, Bloemen en Gewassen: ook Schilders, Borduurders &c.: naauwkeurig onderzogt, na 't Leven geschildert, in Print gebragt, en in 't Kort beschreven door Maria Sibilla Merian saalr. In Print gebracht en in 't Licht gegeven door haar jongste Dochter, Dorothea Maria Henricie, Amsterdam.

- Merian, M.S.(1718) Erucarum Ortus, Alimentum et paradoxa Metamorphosis, in qua Origo, Pabulum, Transformatio, nec non Tempus, Locus & Proprietates Erucarum, Vermium, Papilionum, Phalaenarum, Muscarum, aliorumque hujusmodi exsanguium Animalculorum exhibentur in Favorem, atque Insectorum, Her-

barum, Florum, & Plantarum Amatorum, tùm etiam Pictorum, Limbolariorum, aliorumque commodum exacte inquisita, ad Vivum delineata, Typis excusa, compendiosèque descripta per Mariam Sibillam Merian, vol. 1 – 3, Amsterdam.

- Merian('Meriaen'), M.S.(1719) Over de Voortteeling en wonderbaerlyke Veranderingen der Surinaemsche Insecten, waer in de Surinaemsche Rupsen en Wormen, met alle derzelver Veranderingen naer het Leven afgebeeldt, en beschreeven worden; zynde elk geplaest op dezelfde Gewassen, Bloemen, en Vruchten, daer ze op gevonden zyn; beneffens de Beschrijving dier Gewassen. Waer in ook de wonderbare Padden, Hagedissen, Slangen, Spinnen, en andere zeldzame Gediertens worden vertoont en beschreeven. Alles in America door den zelve M.S. Meiraen naer het Leeven en Leevensgrootte geschildert en nu in 't Koper overgebracht. Benevens een Aenhangsel van de Veranderingen van Visschen in Kikvorschen, en van Kikvorschen in Visschen, Amsterdam.

- Merian('Meriaen'), M.S.(1730) Over de Voortteeling en wonderbaerlyke Veranderingen der Surinaamsche Insecten, waar in de Surinaamsche Rupsen en Wormen, met alle derzelver Veranderingen, naar het Leeven afgebeelt en beschreeven worden; zynde elk geplaatst op dezelfde Gewassen, Bloemen en Vruchten, daar ze op gevonden zyn; beneffens de Beschryving dier Gewassen. Waar in ook de wonderbare Padden, Hagedissen, Slangen, Spinnen, en andere zeltzaame Gediertens worden vertoont en beschreeven. Alles in Amerika door den zelve M.S. Meriaen naar het Leeven en Leevensgrootte geschildert en nu in 't Koper overgebragt. Benevens een Aenhangsel van de Veranderingen van Visschen in Kikvorschen, en van Kikvorschen in Visschen, Amsterdam.

- Merian, M.S. & J. Marret(1730) De Europische Insecten, naauwkeurig onderzogt, na 't Leven geschildert, en in Print gebragt door Maria Si-

billa Merian. Met een korte Beschrijving, waar in door haar gehandelt word van der Rupsen Begin, Voedzel en wonderbare Verandering, en ook vertoond word de Oorspronk, Spys en Gestalt-verwisseling, de Tyd, Plaats en Eigenschappen der Rupzen, Uiltjes, Vliegen en andere diergelyke bloedeloose Beesjes. Hier is nog bygevoegt een naauwkeurige Beschryving van de Planten, in dit Werk voorkomende; en de Uitlegging van agtien nieuwe Plaaten, door dezelve Maria Sibilla Merian geteekent, en die men na haar Dood gevonden heeft. In 't Frans beschreeven door J. Marret, Medicinae Doctor, en door een voornaam Liefhebber in 't Nederduits vertaalt, Amsterdam.

- Merian, M.S. & J. Marret(1730) *Histoire des Insectes de l'Europe, dessinée d'après Nature & expliquée par Marie Sibille Merian, Où l'on traite de la Generation & des différentes Metamorphoses des Chenilles, Vers, Papillons, Mouches & autres Insectes, & des Plantes, des Fleurs & des Fruits dont ils se nourissent, traduite du Hollandois en François par Jean Marret, Docteur en Medecine, augmentée par le meme d'une Description exacte des Plantes, dont il est parlé dans cet Histoire; & des Explications de dixhuit nouvelles Planches, dessinées par la même Dame, & qui n'ont point encore paru. Ouvrage qui contient XCIII. Planches,* Amsterdam.

- Merian, M.S. & J. Marret(2010) *De Europische Insecten [...]*, Saarbrücken. Facsimile edition of Merian & Marret(1730).

- Miller, A.I.(2014) *Colliding Worlds. How cutting-edge Science is redefining contemporary Art*, London/New York.

- Mincoff-Marriage, E. & G. Heilfurth(eds.)(1936) *Bergliederbüchlein. Historisch-kritische Ausgabe*, Leipzig.

- Missel, L.(2000) *De Wereld van Alida Withoos(1662–1730), botanisch Tekenares in de Gouden Eeuw*, [Utrecht]: library.wur.nl/ WebQuery/wurpubs/65591.

- Moes, E.W.(1904) 'Korte mededeelingen over Nederlandsche plaatsnijders. IV. Een "album amicorum" van Petrus Schenck' in: *Oud-Holland*, 22, p.146‑154.

- Moffet, Th., E. Wotton, C. Gessner, Th. Penny & Th. Turquet de Mayerne(1634) *Insectorum sive minimorum Animalium Theatrum [...]*, London.

- Moffitt Peacock, M.(2017) 'Women, art, and the subversive sampler in the Dutch golden age' in: B.U. Münch, A. Tacke, M. Herzog & S. Neudecker(eds.), *Künstlerinnen. Neue Perspektiven auf ein Forschungsfeld der Vormoderne*, Petersberg, p.73‑88(*Kunsthistorisches Forum Irsee* 4).

- Moninckx Atlas(1687‑1756) *Afteekeningen van verscheyden vreemde Gewassen, in de Medicyn-Hoff der Stadt Amsteldam*, Allard Pierson, Amsterdam, OTM: hs VI G 1‑9.

- Montoya, A.C.(2004) 'French and English women writers in Dutch library catalogues, 1700‑1800. Some methodological considerations and preliminary results' in: S. van Dijk, P. Broomans, J.F. van der Meulen & P. van Oostrum(eds.), *'I have heard about you'. Foreign Women's writing crossing the Dutch Border. From Sappho to Selma Lagerlöf*, Hilversum, p.182‑216.

- Montoya, A.C.(2018) 'Des chenilles aux papillons. Une scene primitive de la littérature de jeunesse au XVIIIe siecle' in: Schulte Nordholt, A. & P.J. Smith(eds.), *Jeux de Mots—Enjeux littéraires de François Rabelais à Richard Millet*, Leiden, p.243‑260.

- Montoya, A.C. & R. Jagersma(2018) 'Marketing Maria Sibylla Merian, 1720‑1800. Book auctions, gender, and reading culture in the Dutch republic' in: *Book History*, 21, p.56‑88.

- Moretti, F.(2013) *Distant Reading*, London.

- Müller-Ahrndt, H.(2021) *Die Künstler der Naturgeschichte. Eine Studie zur Kooperation von Kupferstechern, Verlegern und Naturforschern im 18. Jahrhundert*, Herausgegeben von Kärin Nickelsen und Hans Dickel, Petersberg.

- Müller-Wille, S. & S. Scharf(2009) *Indexing nature. Carl Linnaeus(1707–1778) and his fact-gathering strategies.* Working papers on the nature of evidence: how well do 'facts' travel?, Department of Economic History, London School of Economics and Political Science, London.

- Mukerji, C.(2005) 'Dominion, demonstration, and domination. Religious doctrine, territorial politics, and French plant collection' in: L. Schiebinger & C. Swan(eds.), *Colonial Botany. Science, Commerce, and Politics in the Early Modern World*, Philadelphia, p.19 – 33.

- Mulder, H.(2014) 'Merian puzzles. Some remarks on publication dates and a portrait by Johannes Thopas' in: *Proceedings of the Symposium "Exploring M.S. Merian"*, Amsterdam: www.themariasibyllameriansociety.humanities. uva.nl/research/essays2014/.

- Mulder, H.(2019) 'Wie drukten de tekst van de Amsterdamse publicaties van Maria Sibylla Merian?' in: *De Boekenwereld*, 35(3), p.76 – 81.

- Mulder, H.(2021) 'Albertus Seba en een raadselachtige tekst met aquarellen' in: H. Mulder, *De Ontdekking van de Natuur*, Amsterdam, p.134 – 145.

- Mulder, H. & M. van Delft(2016) 'De productie van *Metamorphosis insectorum Surinamensium* 1705=The production of *Metamorphosis insectorum Surinamensium* 1705' in: M. van Delft & H. Mulder(eds.), *Maria Sibylla Merian. Metamorphosis Insectorum Surinamensium*, Tielt/The Hague, p.40 – 48.

- Multigraph Collective, The(2018) *Interacting with Print. Elements of Reading in the Era of Print Saturation*, Chicago.

- Mulzer, E.(1999) 'Maria Sibylla Merian und das Haus Bergstraße 10' in: *Nürnberger Altstadtberichte*, 24, p.27 – 56.

- Murphy, K.S.(2013) 'Collecting slave traders. James Petiver, natural history, and the British slave trade' in: *The William and Mary Quarterly*, 70(4) p.637 – 670.

- *Musei Imperialis Petropolitani*(1742) I. *Pars prima qua continentur Res Naturales ex Regno Animali*, Saint Petersburg.

- *Musei Imperialis Petropolitani*(1745) I. *Pars secunda qua continentur Res Naturales ex Regno Vegetabili*, Saint Petersburg.

- Myers, W.(2015) *Bio Art. Altered Realities*, London.

- Neri, J.(2011) *The Insect and the Image. Visualizing Nature in Early Modern Europe, 1500–1700*, Minneapolis/London.

- Niefanger, D.(2012) *Barock. Lehrbuch Germanistik*, Stuttgart/Weimar.

- Ogilvie, B.W.(2003) 'Image and text in natural history, 1500 – 1700' in: W. Lefevre, J. Renn & U. Schoepflin(eds.), *The Power of Images in Early Modern Science*, Berlin, p.141 – 166.

- Ogilvie, B.W.(2006) *The Science of Describing. Natural History in Renaissance Europe*, Chicago/London.

- Ogilvie, B.W.(2008) 'Nature's bible. Insects in seventeenth-century European art and science' in: *Tidsskrift for Kulturforskning*, 7(3), p.5 – 21.

- Ogilvie, B.W.(2012) 'Attending to insects. Francis Willughby and John Ray' in: *Notes and Records of the Royal Society of London*, 66(4) p.357 – 372.

- Oostindie, G. & E. Maduro(1986) *In het Land van de Overheerser, II : Antillianen en Surinamers in Nederland, 1634/1667–1954*, Dordrecht.

- Oviedo, G.F. de(1535) *Historia General y Natural de Las Indias [...]*, Sevilla.

- Paravisini-Gebert, L.(2012) 'Maria Sibylla Merian. The dawn of field ecology in the forests of Suriname, 1699 – 1701' in: *Review. Literature and Arts in the Americas*, 45(1), p.10 – 20.

- Pascoli, L.(1981) *Vite de' Pittori, Scultori, ed Architetti [...]*, [Treviso]. First edition published 1730.

• Passe the Younger, C. de(1643‑1644). *'t Light der Teken en Schilderkonst [...]*, Amsterdam.

• Pavlinov, I. Ya.(2015) *Nomenclature in the systematics. History, Theory, Practice*, Moscow. In Russian.

• Peeters, N.(2020) *Rumphius' Kruidboek—Verhalen uit de Ambonese Flora*, Zeist.

• Petiver, J.(1695‑1703) *Musei Petiveriani centuria prima‑ [decima] Rariora Naturae continens: viz. Animalia, Fossilia, Plantas, ex variis Mundi Plagis advecta, Ordine digesta, et Nominibus propriis signata*, London.

• Petiver, J.(1708‑1709) 'Madam Maria Sybilla Merian's history of Surinam insects, abbreviated and methodized, with some remarks' in: *Monthly Miscellany, or, Memoirs for the Curious*, 2(1708), p.287‑294 and [with variant titles] 2, p.327‑334 and 3, p.5‑12.

• Petiver, J.(1767) *Jacobi Petiveri Opera, Historiam Naturalem Spectantia [...]*, London.

• Pfeiffer, M.A.(1931) *Die Werke der Maria Sibylle Merian*, Meissen.

• Pfister‑Burkhalter, M.(1949) 'Ikonographischer Überblick über die Bildnisse der Maria Sibylla Merian(1647‑1717)' in: *Stultifera Navis. Mitteilungsblatt der Schweizerischen Bibliophilen‑Gesellschaft*, 6(1), p.31‑42.

• Pfister‑Burkhalter, M.(1980) *Maria Sibylla Merian. Leben und Werk 1647–1717*, Basel.

• Pick, C.M. (2004) *Rhetoric of the Author Representation. The Case of Maria Sibylla Merian.* PhD Thesis, University of Texas at Austin.

• Pieters, F.(2014) 'Interpreting Merian. Challenges in transcribing her manuscripts with special attention to Merian's work for Rumphius's book on Ambonese rarities' in: *Proceedings of the Symposium "Exploring M.S. Merian"*, Amsterdam: www.themariasibyllameriansociety.humanities.uva.nl/research/essays2014/.

• Pieters, F.(2017) 'Gott und die Tugent ist mein Ziel' in: *Maria Sibylla Merian. De Schatkamer-collectie*, Amsterdam, p.53‑55. Exhibiton catalogue, Cromhouthuis Amsterdam.

• Pieters, F.F.J.M.(2021) 'Ophef en raadsels rond insectentekeningen voor de Thesaurus van A. Seba' in: *De Boekenwereld*, 37(2) p.16‑23.

• Pieters, F. & R. Moolenbeek(2005) 'Rare schelpen en schaaldieren. Raadsels rond de illustraties bij *D'Amboinsche Rariteitkamer* van Georgius Everhardus Rumphius' in: *Jaarboek van het Nederlands Genootschap van Bibliofielen*, 12(2004) p.111‑136.

• Pieters, F.F.J.M. & L.C. Rookmaaker(1994) 'Arnout Vosmaer, topcollectionneur van naturalia en zijn *Regnum animale*=Arnout Vosmaer, grand collectionneur de curiosités naturelles, et son Regnum animale' in: B.C. Sliggers & A.A. Wertheim(eds.), *Een vorstelijke Dierentuin. De Menagerie van Willem V=Le Zoo du Prince. La Ménagerie du Stathouder Guillaume V*, Haarlem/Paris/Zutphen, p.10‑38, 62, 115‑116.

• Pieters, F.F.J.M. & D. Winthagen(1999) 'Maria Sibylla Merian, naturalist and artist(1647‑1717). A commemoration on the occasion of the 350th anniversary of her birth' in: *Archives of Natural History*, 26(1), p.1‑18.

• Pietsch, T.W.(2017), *Charles Plumier(1646–1704) and his Drawings of French and Caribbean Fishes*, Paris.

• Pirson, J.(1953) 'Der Nürnberger Arzt und Naturforscher Christoph Jakob Trew(1695‑1769)' in: *Mitteilungen des Vereins für Geschichte der Stadt Nürnberg*, 44, p.448‑575.

• Piso, W. & G. Marcgraf(1648) *Historia Naturalis Brasiliae [...]*, Leiden/Amsterdam.

• Plas, J. van de(2008) *Proeftuin Suriname*, Helvoirt. Artist book.

• Plas, J. van de(2009) *Journaal Duitsland‑Nederland*, Helvoirt. Artist book.

• Plas, J. van de(2013) *Metamorphosis Insectorum Surinamensium. Eine Entdeckungsreise neu erlebt=Expedition revisited*, compiled in collaboration with F. Geller‑Grimm, D. Hoffmann

& S. Kridlo, Wiesbaden. Exhibition catalogue, Museum Wiesbaden.

- Plas, J. van de(2013) *Second Life—Metamporphosis Insectorum Surinamensium revisited*, compiled in collaboration with F. Geller-Grimm, D. Hoffmann & S. Kridlo, Wiesbaden. Exhibition catalogue, Museum Wiesbaden.

- Plas, J. van de(2013) *Portfolio Wiesbaden*, Artist book.

- Plas, J. van de(2019) *Het gestolen Kijken—Stolen Observations. How a French encounter coupled the seventeenth-century Naturalists Johannes Goedaert and Maria Sibylla Merian*, Helvoirt.

- Plomp, M.(1989) 'De portretten uit het stamboek voor Joanna Koerten(1650 – 1715)' in: *Leids Kunsthistorisch Jaarboek*, 8, p.323 – 344.

- Plumier, C.(1693) *Description des Plantes de l'Amérique […]*, Paris.

- Plumier, C.(1703) *Nova Plantarum Americanarum Genera*, Paris.

- Plumier, C.(1705) *Traité des Fougères de l'Amérique*, Paris.

- Poelhekke, J.J.(1963) 'Elf brieven van Agnes Block in de Universiteitsbibliotheek te Bologna medegedeeld en ingeleid door J.J. Poelhekke met een botanisch-historische toelichting door H.C.J. van Oomen' in: *Mededelingen van het Nederlands Historisch Instituut te Rome*, 32(2), p.1 – 28.

- Ponte, M.(2019), '"Al de swarten die hier ter Stede comen" Een Afro-Atlantische gemeenschap in zeventiende-eeuws Amsterdam', in: *TSEG—The Low Countries Journal of Social and Economic History*, 15(4), p.33 – 62.

- Post, E.M.(1987) *Het Land, in Brieven*, ed. B. Paasman, Amsterdam. First edition published 1788.

- Prak, M.(2020) *Nederlands Gouden Eeuw. Vrijheidsdrang en Geldingsdrang*, Amsterdam.

- Pratt, M.L.(1992) *Imperial Eyes. Travel Writing and Transculturation*, London/New York.

- Prüfer, M.(2017) *Brut. 2013–2016*, publication in conjunction with the exhibition in Neue Galerie Höhmannshaus(Augsburg), Berlin.

- Radziun, A.B.(1997) 'The anatomical collection of F. Ruysch' in: N.P. Kopaneva, R.E. Kistemaker & A. Overbeek(eds.), *Peter the Great & Holland. Russian-Dutch artistic & scientific Contacts*, Saint Petersburg, p.90 – 114. In Russian; also published in Dutch, see R. Kistemaker.

- Raffel, E.(2012) *Galilei, Goethe und Co. Freundschaftsbücher der Herzogin Anna Amalia Bibliothek; immerwährender Kalender*, Weimar. Exhibition Herzogin Anna Amalia Bibliothek.

- Raffles, H.(2013) 'Insektopädie' in: J. Schalanski(ed.), *Naturkunden*, vol. 7, Berlin, p.19 – 43.

- Raj, K.(2007) *Relocating Modern Science. Circulation and the Construction of Knowledge in South Asia and Europe, 1650–1900*, London.

- Raleigh, W. & L. Keymis(1598) *Waerachtighe ende grondighe Beschryvinge van het groot ende goudt-rijck Coninckrijck van Guiana gheleghen zijnde in America […]*, Amsterdam.

- Ramos, F.(ed.)(2016) *Documents of contemporary Art. Animals*, London/Cambridge(MA).

- Ray, J.(1710) *Historia Insectorum […]*, London.

- Redi, F.(1668) *Esperienze intorno alla Generazione degli Insetti […]*, Florence.

- Regenfuss, F.M.(1758), *Auserlesne Schnecken, Muscheln und andre Schaalthiere […]=Choix de Coquillages et de Crustacés [...]*, Copenhagen.

- Reinders, S.(2017) *De Mug en de Kaars. Vriendenboekjes van adellijke Vrouwen, 1575–1640*, Nijmegen.

- Reitsma, E.(2008) in collaboration with S.A. Ulenberg, *Maria Sibylla Merian and Daughters. Women of Art and Science*, Amsterdam/Los Angeles.

- Reitsma, E.(2016) 'Maria Sibylla Merian. Een uitzonderlijke vrouw=Maria Sibylla Merian.

An exceptional woman' in: M. van Delft & H. Mulder(eds.), *Metamorphosis Insectorum Surinamensium 1705*, Tielt/The Hague, p.9 – 18.

- Remond, J.(2022) 'The pictorial idioms of nature. Image making as phytographic translation in early modern Northern Europe' in: K. Krause, M. Auxent & D. Weil(eds.), *Premodern Experience of the Natural World in Translation*, London/New York. In press.

- Reske, C.(2007) *Die Buchdrucker des 16. und 17. Jahrhunderts im deutschen Sprachgebiet. Auf der Grundlage des gleichnamigen Werkes von Josef Benzing*, Wiesbaden(*Beiträge zum Buch- und Bibliothekswesen* 51).

- Reusch, E.(1711) *Memoria Wurfbainiana*, [Altdorf], nbn-resolving. org/urn:nbn:de:b-vb:19-epub-24137-1.

- Rheinberger, H.-J.(2015) *Natur und Kultur im Spiegel des Wissens*, Heidelberg.

- Rijdt, R.J. te(1997) 'Jan Goeree, het stamboek van Joanna Koerten en de datering ervan' in: *Delineavit et Sculpsit*, 17, p.48 – 56.

- Roberts, J.(ed.)(2002) *Royal Treasures. A Golden Jubilee Celebration*, London.

- Roemer, B. van de(2004) 'Neat nature. The relation between nature and art in a Dutch cabinet of curiosities from the early eighteenth century' in: *History of Science*, 42(1) p.47 – 84.

- Roemer, B. van de(2014) 'Redressing the balance. Levinus Vincent's wonder theatre of nature' in: publicdomain review.org/2014/08/20/redressing-the-balancelevinus-vincents-wondertheatre-of-nature.

- Roemer, B. van de(2016) 'Merians netwerk van verzamelende natuurliefhebbers=Merian's network of collectornaturalists' in: M. van Delft & H. Mulder(eds.), *Maria Sibylla Merian. Metamorphosis Insectorum Surinamensium*, Tielt/The Hague, p.19 – 28.

- Rösel von Rosenhof, A.J.(1746 – 1761) *Der monathlich-herausgegebenen Insecten-Belustigung [...]*, 4 vols., Nuremberg.

- Roesler, S.(2012) 'Bauen ohne Hand und Hirn. Anmerkungen zum Begriff der Tierarchitektur' in: *Tierstudien*, 1, p.93 – 104.

- Röver, V.(1730, 1739 – ...) *Catalogus van mijne Verzameling van Tekeningen, 't sedert den Jaare 1705 tot heden 31 December 1731 [...]*, manuscript, Allard Pierson, University of Amsterdam, inv. no. II A 18.

- Rosner, E.(1969) 'Die Bedeutung Hermann Conrings in der Geschichte der Medizin' in: *Medizinhistorisches Journal*, 4 (3/4), p.287 – 304.

- Roßbach, N.(2009) 'Wissenstransfer—Lexikographie—Gender. Gottlieb Siegmund Corvinus' Nutzbares, galantes und curieuses Frauenzimmer-Lexicon(1715, 1739, 1773)' in: S. Schönborn & V. Viehöver(eds.), *Gellert und die empfindsame Aufklärung. Wissens- und Kulturtransfer um 1750*, Berlin, p.175 – 188.

- Roßbach, N.(2015) *Wissen, Medium und Geschlecht. Frauenzimmer-Studien zu Lexikographie, Lehrdichtung und Zeitschrift,* Frankfurt am Main/Berlin/Bern/Bruxelles/New York/Oxford/Wien.

- Roth, M., M. Bushart, M. Sonnabend & C. Heroven(eds.)(2017) *Maria Sibylla Merian und die Tradition des Blumenbildes von der Renaissance bis zur Romantik*, Munich.

- Royal Society(1703) *Philosophical Transactions [...]*, 23(for 1703).

- Royal Society(1710 – 1712) *Philosophical Transactions [...]*, 27(for 1710, 1711 and 1712).

- Rücker, E.(1967) 'Maria Sibylla Merian' in: *Fränkische Lebensbilder*, Neue Folge, 1, p.221 – 254, Würzburg.

- Rücker, E.(1967) *Maria Sibylla Merian 1647–1717*, Nuremberg. Exhibition catalogue, Germanisches Nationalmuseum, Nuremberg.

- Rücker, E.(1997) 'Maria Sibylla Merian. Unternehmerin und Verlegerin' in: K. Wettengl(ed.), *Maria Sibylla Merian 1647–1717 Künstlerin und Naturforscherin*, Ostfildern, p.254 – 261.

• Rücker, E. & W.T. Stearn(1982) *Maria Sibylla Merian in Surinam*, Commentary to the Facsimile Edition of Metamorphosis Insectorum Surinamensium(Amsterdam 1705) based on the original Watercolours in the Royal Library, Windsor Castle, London.

• Rumphius, G.E.(1705) *D'Amboinsche Rariteitkamer, behelzende eene Beschryvinge van allerhande zoo weeke als harde Schaalvisschen [...]*, Amsterdam.

• Rumphius, G.E.(1705) see also Beekman(1999, 2011).

• Rumphius, G.E. & J.H. Chemnitz(1766) *Amboinische Raritäten-Cammer [...]*, Vienna.

• Ruyter, J.(1712) *Klaagschrift over de onchristelyke Beschuldigingen tegen den onschuldigen Johannes Ruyter [...]*, Amsterdam.

• San Pio Aladrén, M.P.(2012) *Passion for Flowers. Drawings from the Van Berkhey Collection*, Exhibition catalogue Museum Naturalis, Leiden.

• Sandrart, J. von(1675) *L'Academia Todesca della Architectura, Scultura & Pittura: oder Teutsche Academie der Edlen Bau- Bild- und Mahlerey-Künste [...]*, Nuremberg/Frankfurt am Main; consulted in: T. Kirchner, A. Nova, C. Blüm, A. Schreurs & T. Wübbena(eds.): *Wissenschaftlich kommentierte Online-Edition*, 2008 – 2012: ta.sandrart.net.

• Sauer, C.(2017) 'Maria Sibylla Merian im Kreis der kunst- und tugendliebenden Frauenzimmer in Nürnberg' in: A. Grebe & C. Sauer, *Maria Sibylla Merian. Blumen, Raupen, Schmetterlinge*, Nuremberg, p.7 – 23(*Ausstellungskatalog der Stadtbibliothek Nürnberg*, 110).

• Sauer, C.(2021) 'Christoph Jacob Trews Besucherbuch und die Pflanzenbilder weiblicher Inskribenten und Künstlerinnen in Nürnberger und Altdorfer Stammbüchern' in: H. Dickel, E. Engl & U. Rautenberg(eds.) *Frühneuzeitliche Naturforschung in Briefen, Büchern und Bildern. Christoph Jacob Trew als Sammler und Gelehrter*, Stuttgart, p.147 – 164.

• Saxby, T.J.(1987) *The Quest for a new Jerusalem, Jean de Labadie and the Labadists, 1610–1744*, Dordrecht. Chapter 11: 'On heart and soul. Labadists at Wieuwerd, 1675 – 1692', p.241 – 271; Chapter 12: 'Disaster in the jungle. Labadist colonial enterprise in Surinam, 1683 – 1719', p.273 – 288.

• Schäffer, J. C.(1763) *Erläuterte Vorschläge zur Ausbesserung und Förderung der Naturwissenschaft*, Regensburg.

• Schama, S.(1987) *The Embarrassment of Riches. An Interpretation of Dutch Culture in the Golden Age*, New York.

• Schepper, M.(1990) *Matthias Withoos, een veelzijdig Talent*, [Nijmegen].

• Schiebinger, L.(1995) 'Das private Leben der Pflanzen. Geschlechterpolitik bei Carl von Linné und Erasmus Darwin' in: B. Orland & E. Scheich(eds.), *Das Geschlecht der Natur. Feministische Beiträge zur Geschichte und Theorie der Naturwissenschaften*, Frankfurt am Main, p.245 – 269.

• Schiebinger, L. & C. Swann(eds.)(2007), *Colonial Botany. Science, Commerce and Politics in the early modern World*, Philadelphia.

• Schmidt-Linsenhoff, V.(1997) 'Metamorphosen des Blicks: "Merian" als Diskursfigur des Feminismus' in: K. Wettengl(ed.), *Maria Sibylla Merian. Künstlerin und Naturforscherin(1647–1717)*, Ostfildern, p.202 – 219.

• Schmidt-Loske, K.(2007) *Die Tierwelt der Maria Sibylla Merian(1647–1717). Arten, Beschreibungen und Illustrationen*, Marburg/Lahn.(*Acta Biohistorica* 10).

• Schmidt-Loske, K.(2010) 'Historical sketch, Maria Sibylla Merian—Metamorphosis of insects' in: *Deutsche Entomologische Zeitschrift*, Neue Folge, 57(1), p.5 – 10.

• Schmidt-Loske, K.(2021) 'Maria Sibylla Merian. A woman's pioneering work in entomology' in: A. Leis & K.L. Wills(eds.), *Women and the Art and Science of Collecting in eighteenth-century*

Europe, New York/London, p.61 – 77.

• Schmidt-Loske, K., H. Prüßmann-Zemper & B. Wirth(eds.)(2020) *Maria Sibylla Merian, Briefe 1682 bis 1712*, Rangsdorf(*Acta Biohistorica* 20).

• Schnabel, W.W.(1995) *Die Stammbücher und Stammbuchfragmente der Stadtbibliothek Nürnberg*, Wiesbaden(*Die Handschriften der Stadtbibliothek Nürnberg*, Sonderband 1 – 3).

• Schnabel, W.W.(2003) *Das Stammbuch. Konstitution und Geschichte einer textsortenbezogenen Sammelform bis ins erste Drittel des 18. Jahrhunderts*, Tübingen(*Frühe Neuzeit* 78).

• Schnabel, W.W.(2013) 'Das Album Amicorum. Ein gemischtmediales Sammelmedium und einige seiner Variationsformen' in: A. Kramer & A. Pelz, *Album. Organisationsform narrativer Kohärenz, Göttingen*, p.213 – 239.

• Schrader, S., N. Turner & N. Yocco(2012) 'Naturalism under the microscope. A technical study of Maria Sibylla Merian's Metamorphosis of the insects of Surinam' in: *Getty Research Journal*, 4, p.161 – 172.

• Seba, A.(1734 – 1765) *Locupletissimi Rerum Naturalium Thesauri […]*, 4 vols., Amsterdam.

• Seelig, G.(2017) *Medusa's Menagerie. Otto Marseus van Schrieck and the Scholars*, Schwerin.

• Simili, R.(ed.)(2001) *Il Teatro della Natura di Ulisse Aldrovandi*, Bologna.

• Simonin C.(2002) 'Les portraits de femmes auteurs ou l'impossible représentation' in: R. Crescenzo(ed.), *Espaces de l'Image, Europe XVI–XVIIe siècle*, Nancy, p.35 – 57.

• Sint Nicolaas, E. & V. Smeulders(eds.)(2021) *Slavery. The story of João, Wally, Oopjen, Paulus, Van Bengalen, Surapati, Sapali, Tula, Dirk, Lohkay*, Amsterdam.

• Sloan, K. & J. Nyhan(2020) 'Enlightenment architectures. The reconstruction of Sir Hans Sloane's cabinets of "Miscellanies" in: *Journal of the History of Collections*, 33(2), p.199 – 218.

• Sloane, H.(1707-1725) *A Voyage to the Islands Madera, Barbados, Nieves, S. Christophers and Jamaica […]*, London, 2 vols.

• Smith, H.D., II (2000) 'He frames a shot!'. Cinematic vision in Hiroshige's *One hundred famous views of Edo*' in: *Orientations*, 31(3), p.90 – 96.

• Smith, P.H.(2006) 'Art, science and visual culture in early modern Europe' in: *Isis*, 97(1), p.83 – 100.

• Sotheby's(2004) *The Unicorno Collection. Fifty five Years of Collecting Drawings. Amsterdam Wednesday 19 May 2004*, Amsterdam. Auction Catalogue.

• Spamer, A.(1930) *Das kleine Andachtsbild vom XIV. zum XX. Jahrhundert*, Munich.

• Stearn, W.T.(1958) 'Botanical exploration to the time of Linnaeus' in: *Proceedings of the Linnean Society of London*, 169, p.173 – 96.

• Stearn, W.T.(1978) *The wondrous Transformation of Caterpillars. Maria Sibylla Merian. Fifty Engravings selected from Erucarum Ortus(1718)*, Ilkley.

• Stearn, W.T.(1982) 'Maria Sibylla Merian(1647 – 1717) as a botanical artist' in: *Taxon*, 31(3) p.529 – 534.

• Stearns, R.P.(1952) 'James Petiver—promoter of natural sciences, c. 1663 – 1718' in: *Proceedings of the American Antiquarian Society*, 62, p.243 – 365.

• Stijnman, A.(2012) *Engraving and Etching 1400–2000. A History of the Development of manual Intaglio Printmaking Processes*, Houten.

• Stolberg-Wernigerode, O. zu(1957) 'Hermann Conring' in: *Neue deutsche Biographie*, Berlin, vol. 3, p.342 – 343.

• Stoll, N.R.(1961) 'Introduction' in: *International Code of Zoological Nomenclature adopted by the XV International Congress of Zoology*, London, p.vii – xvii.

• Stolleis, M.(ed.)(1983) *Hermann Conring (1606–1681). Beiträge zu Leben und Werk*,

Berlin.

- Studienbuch, see Beer, W.-D.(ed.)(1976) and (2011).

- Stuldreher-Nienhuis, J.(1945) *Verborgen Paradijzen. Het Leven en de Werken van Maria Sibylla Merian 1647–1717*, 2nd ed., Arnhem. First ed. 1944.

- Sturm, L.C.(1704) *Die geöffnete Raritäten- und Naturalien-Kammer, worinnen der galanten Jugend, andern Curieusen und Reisenden gewiesen wird, wie sie Galerien, Kunst- und Raritäten-Kammern mit Nutzen besehen und davon raisoniren sollen [...]*, Hamburg: resolver. staatsbibliothek-berlin.de/SBB000190D300000000.

- Swammerdam, J.(1669) *Historia Insectorum generalis ofte Algemeene Verhandeling van de bloedeloose Dierkens [...]*, Utrecht.

- Swammerdam, J.(1675) *Ephemeri Vita. Of Afbeeldingh van 's Menschen Leven, vertoont in de wonderbaarlijcke en nooyt gehoorde Historie van het vliegent ende een-daghlevent Haft of Oever-aas [...]*, Amsterdam.

- Swammerdam, J.(1737 – 1738). *Bybel der Nature [...]=Biblia Naturae [...]*, 2 vols., Leiden.

- Swan, C.(1995) 'Ad vivum, naer het leven, from the life. Defining a mode of representation' in: *Word & Image*, 11(4), p.353 – 372.

- Tang, D.J.(2013), *Slavernij. Een Geschiedenis*, Zutphen.

- Taegert, W.(1997) '"Deß Menschen leben ist gleich einer Blum". Stammbuch-Aquarelle der Maria Sibylla Merian' in: K. Wettengl(ed.), *Maria Sibylla Merian, 1647–1717. Künstlerin und Naturforscherin*, Ostfildern, p.88 – 93.

- Te, see Rijdt.

- [Testas de Jonge, P.][1744]. *Catalogue d'un manifique[sic] Cabinet de Papier de Coupe, par feu Demoiselle Johanna Koerten Epouze de feu Monsieur Adriaan Blok, découpé en Papier avec les siseaux[sic]. Avec l'Album relatif à la Découpure [...]=Catalogus van een overheerlyk Konstkabinet Papiere Snykonst, door wylen Mejuffrouw Johanna Koerten, Huisvrouw van wylen den Heer Adriaan Blok, met de Schaar in Papier gesneeden; Benevens de relative Stamboeken, [...]*, Amsterdam. Rijksmuseum Research Library, Amsterdam, shelf no. 321/E/11.

- Theunissen, B. & C. Hakfoort(eds.)(1997) *Newtons God en Mendels Bastaarden. Nieuwe Visies op de 'Helden van de Wetenschap'*, Amsterdam/Leuven.

- Thöne, F.(1967) 'Bemerkungen zu Baurissen, Veduten und Künstlerzeichnungen in der Herzog-August-Bibliothek zu Wolfenbüttel' in: *Niederdeutsche Beiträge zur Kunstgeschichte*, 6, p.167 – 206.

- Thomassen, K.(ed.)(1990) *Alba Amicorum. Vijf Eeuwen Vriendschap op Papier gezet. Het Album Amicorum en het Poëziealbum in de Nederlanden*, Maarssen/The Hague.

- Thompson, H.(2014) *Chernobyl's Bugs. The Art and Science of Life after nuclear Fallout*: www.smithsonianmag.com/arts-culture/chernobyls-bugs-art-and-science-life-afternuclear-fallout-180951231/.

- Tradescant, J.(1656) *Musaeum Tradescantianum, or, a Collection of Rarities preserved at South-Lambeth neer London*, London.

- Trew, C.J.(1750 – 1773) *Plantae Selectae [...]*, Augsburg.

- Uffenbach, Z.C. von(1745) *Merkwürdige Reisen durch Niedersachsen, Holland und Engelland*, vol. 3, Ulm/Memmingen.

- Uhl, A.(2021) 'Die "Plantae selectae" von Christoph Jacob Trew im wissenschaftlichen Kontext der neuzeitlichen Botanik' in: Dickel, H., E. Engl & U. Rautenberg(eds.) *Frühneuzeitliche Naturforschung in Briefen, Büchern und Bildern. Christoph Jacob Trew als Sammler und Gelehrter*, Stuttgart, p.269 – 288.

- Ullmann, E.(ed.)(1974) *Maria Sibylla Merian. Leningrader Aquarelle*, 2 vols., Leipzig. All illustrations of vol. I are available on the web:

http://ranar.spb.ru/rus/vystavki/id/130/.

- Ullmann, E.(1974) 'Maria Sibylla Merian—her time, her life and her work' in: E. Ullmann(ed.) *Maria Sibylla Merian. Leningrader Aquarelle*, Ⅱ. *Kommenta*r, Leipzig, p.15 – 75.

- Valentijn, F.(1726) *Verhandeling der Zee-horenkens en Zee-gewassen in en omtrent Amboina [...]*, Amsterdam/Dordrecht.

- Valiant, S.D.(1992) 'Questioning the caterpillar' in: *Natural History*, 101(12), p.46 – 59.

- Valiant, S.(1993) 'Maria Sibylla Merian. Recovering an eighteenth-century legend' in: *Eighteenth-Century Studies*, 26(3) p.467 – 479.

- Valter, C.(2021) 'Bürgerliche Kunst- und Naturalienkabinette in Nürnberg' in: C. Sauer(ed.), *Wunderkammer im Wissensraum. Die Memorabilien der Stadtbibliothek Nürnberg im Kontext städtischer Sammlungskulturen*, Wiesbaden, p.113 – 126(*Beiträge zur Geschichte und Kultur der Stadt Nürnberg* 27).

- Van, see Benthem Jutting, Deinsen, Delft, Duijn, Eeghen, Plas, Roemer, Waals.

- Vincent, L.(1706) *Wondertooneel der Nature, [...]*, Amsterdam.

- Vincent, L.(1726) *Catalogus et Descriptio Animalium volatilium, Reptilium, & aquatilium [...]=Catalogue et Description des Animaux volatils, aquatils, et des Reptiles [...]*, The Hague.

- Vogel, B.C.(1790) *Supplementum Plantarum Selectarum quarum Imagines Manu artificiosa doctaque pinxit Georgius Dionysius Ehret [...]*, [Augsburg].

- Volkamer, J.C.(1708 – 1714) *Nürnbergische Hesperides, oder, gründliche Beschreibung der edlen Citronat- Citronenund Pomerantzen-Früchte [...]*, Nuremberg.

- Volkamer, J.C.(1714) *Continuation des Nürnbergischen Hesperidum, oder, fernere gründliche Beschreibung der edlen Citronat, Citronen, und Pomerantzen-Früchte [...] Benebenst einem Anhang von etlichen raren und fremden Gewächsen, Der Ananas, des Palm-Baums, der Coccus-Nüsse, der Baum-Wolle u.a.m. welche ebenfalls in Kupffer-Rissen vorgestellet sind*, Nuremberg/Frankfurt/Leipzig.

- Von, see Goethe, Kries, Sandrart, Wilckens.

- Vosmaer, A.(1800) *Catalogue de Livres en plusieurs Langues & Facultes, principalement d'Histoire Naturelle [...] delaissés par feu M. Arnout Vosmaer [...]*, The Hague.

- Waals, J. van der(1992) 'Met boek en plaat. Het boeken- en atlassenbezit van verzamelaars' in: E. Bergvelt & R. Kistemaker(eds.), *De Wereld binnen Handbereik. Nederlandse Kunsten Rariteitenverzamelingen, 1585–1735*, Zwolle, p.205 – 231.

- Waarneming(undated): www.waarneming.nl.

- Waquet F.(1991) 'Les savants face a leurs portraits' in: *Nouvelles de l'Estampe*, 117, p.22 – 28.

- Warren, G.(1669), *Een onpartydige Beschrijvinge van Surinam, gelegen op het vaste Landt van Guiana in Africa [...]*, Amsterdam.

- [Weise, Christian](1673) *Eine andere Gattung von den überflüssigen Gedancken in etlichen Gesprächen vorgestellet von D.C.*, Leipzig.

- Weller, S.(2017) 'Maria Sibylla Merian. Einige Beobachtungen zu ihrem Werk' in: M. Roth, M. Bushart & M. Sonnabend(eds.), *Maria Sibylla Merian und die Tradition des Blumenbildes von der Renaissance bis zur Romantik*, Munich, p.161 – 189.

- Wettengl, K.(1997)(ed.) *Maria Sibylla Merian 1647–1717. Künstlerin und Naturforscherin*. Ostfildern. Exhibition catalogue, Historical Museum Frankfurt.

- Wettengl, K(1998)(ed.) *Maria Sibylla Merian. Artist and Naturalist*, Ostfildern. Exhibition catalogue, Historical Museum Frankfurt.

- Wettengl, K.(2003) *Von der Naturgeschichte zur Naturwissenschaft. Maria Sibylla Merian und die Frankfurter Naturalienkabinette des 18. Jahrhunderts*, Stuttgart(*Kleine Senckenberg-Rei-*

he 46).

- Wettengl, K.(2014) 'Mensch. Tier. Stadt', in: K. Knicker & K. Wettengl, *Arche Noah. Über Tier und Mensch in der Kunst*, Dortmund, p.19 – 22. Exhibition catalogue, Museum Ostwall im Dortmunder U.

- Wettengl, K.(2014) 'Naturzerstörung', in: K. Knicker & K. Wettengl, *Arche Noah. Über Tier und Mensch in der Kunst*, Dortmund, p. 81 – 83. Exhibition catalogue, Museum Ostwall im Dortmunder U.

- Weyerman, J.C.(1729) 'Withoos' in: *De Levensbeschryvingen der Nederlandsche Konstschilders en Konstschilderessen*, vol. 2, p.240 – 243, The Hague: archive.org/details/delevensbeschryv02weye/page/240/mode/2up?q=withoos.

- Whitmore, P.J.S.(1967), *The Order of Minims in seventeenthcentury France*. The Hague 1967.

- Wijnands, D.O.(1983) *The Botany of the Commelins [...]*, Rotterdam.

- Wilckens, L. von(1982) '"Baderleins Geschnür und Geschling". Über Perlenarbeiten im 17. und 18. Jahrhundert' in: *Kunst und Antiquitäten*, 7, p.58 – 63.

- Wilckens, L. von(1997) *Geschichte der deutschen Textilkunst. Vom späten Mittelalter bis in die Gegenwart*, Munich.

- Willnau, C.(1926) *Ledermüller und v. Gleichen-Rußworm. Zwei deutsche Mikroskopisten der Zopfzeit*, Leipzig.

- Wilson, D.S.(1970 – 1971) 'The Iconography of Mark Catesby' in: *Eighteenth Century Studies*, 4, p.169 – 183.

- Winter, E.(1961) 'Frisch, Johann Leonhard' in: O. zu Stolberg-Wernigerode et al.(eds.), *Neue deutsche Biographie*, vol. 5, Berlin, p.616.

- Wirth, B.(2007) 'Maria Sibylla Merian, Baltasar Scheid und Richard Bradley. Die Künstlerin und Naturforscherin, ein Kaufmann und ein Botaniker' in: *Annals of the History and Philosophy of Biology*, 12, p.115 – 153.

- Wirth, B.(2014) 'Maria Sibylla Merian, Baltasar Scheid and Richard Bradley—some remarks on their letters and on incorrect transcriptions and translations of Merian letters' in: *Proceedings of the Symposium "Exploring M.S. Merian"*, Amsterdam: www.themariasibyllameriansociety.humanities.uva.nl/research/essays2014/.

- Wit, H.C.D. de(ed.)(1959) *Rumphius Memorial Volume*, Baarn.

- Zaal, A(1991) *Herman Henstenburgh (1667–1726) Hoorns Schilder en Pasteibakker*, Hoorn.

- Zeiller, M.(1659) *Topographia Germaniae inferioris [...]*, 2nd edition, Frankfurt am Main.

- Zeiller, M.(1663), *Topographia Alsatiae, &c. completa [...]*, 2nd edition, Frankfurt am Main.

- Zemon Davis, N., see Davis.

- Zu, see Stollberg-Wenigerode.

- Zwollo, A.(1972) *Hollandse en Vlaamse Veduteschilders te Rome 1675–1725*, [Amsterdam].

저자 소개

리커 판데인선(Lieke van Deinsen)은 루벤 가톨릭대학교 네덜란드 역사 문헌 전공 조교수이다. 유럽 근대 초기 여성 저자의 권위를 나타내는 시각적 표현을 연구한다. 문헌 목록이 형성되는 과정으로 2017년에 박사 학위를 받았다. 암스테르담 국립미술관 요한 하위징아 특별연구원이며 2016년에 《유명 인사로서 작가의 초상(The Panpoëticon Batavûm)》을 출판했다.

마리커 판델프트(Marieke van Delft)는 2021년 3월에 은퇴하기 전까지 네덜란드 국립도서관 초기 인쇄본의 큐레이터로 일했다. 다양한 시기에 네덜란드에서 발간된 서적들의 역사에 관한 책을 썼고, 2016년에 마리아 지빌라 메리안의 《수리남 곤충의 변태》 복제본 발간에 기여했다. 2019년에는 남편과 함께 《100장의 고지도로 보는 네덜란드 역사(De geschiedenis van Nederland in 100 oude kaarten)》를 출간했다.

율리아 두나예바(Yulia Dunaeva)는 상트페테르부르크의 러시아 국립과학원 도서관 산하 동물학연구소 도서관 과학연구원이다. 16세기에서 18세기까지 유럽의 동물학 문헌에 관심이 있다. 러시아 국립과학원 도서관이 소장한 진귀한 동물학 고서적의 역사적 기원을 연구하며 이 주제로 여러 편의 논문을 발표했다.

케이 에서릿지(Kay Etheridge)는 게티즈버그 대학 생물학과 명예교수이며 브릴 출판사의 시리즈물 《자연사의 출현(Emergence of Natural History)》 편집자이다. 열대 박쥐, 매너티, 도마뱀, 도롱뇽 등에 관한 연구로 생리학과 생태학에 관한 출판물을 썼다. 2016년에 마리아 지빌라 메리안의 《수리남 곤충의 변태》 복제본 발간에 기여했으며, 마리아 지빌라 메리안 학회의 초대 회원이다. 현재 자연사 그림과 생물학의 역사를 통합하는 일을 연구한다. 최근에는 예술가-박물학자인 메리안이 생물학에 기여한 바를 조사해 여러 권의 책을 썼는데, 그중의 하나가 2021년에 출간된 《생태학의 개화: 마리아 지빌라 메리안의 애벌레 책(The Flowering of Ecology: Maria Sibylla Merian's Caterpillar Book)》이다.

안야 그레베(Anja Grebe)는 도나우 대학교 크렘스의 문화사 및 소장품 연구 교수이다. 2000년에 미술사로 박사학위를 받은 후 뉘른베르크의 게르만 국립박물관에서 큐레이터로 일했으며, 독일의 여러 대학에서 미술사를 가르쳤다. 2017년에 뉘른베르크 시립도서관에서 열린 메리안 전시회의 공동 큐레이터였다. 수집의 역사, 책의 삽화, 예술과 과학의 접점을 연구한다.

케이트 허드(Kate Heard)는 왕실 컬렉션 재단의 회화 및 소묘 파트 선임 큐레이터이자 런던 고고학회 펠로우이다. 2016/2017년에 런던과 에든버러의 퀸스 갤러리에서 열린 〈마리아 메리안의 나비전〉 담당 큐레이터였고, 이 전시와 관련된 책을 집필했다.

에릭 요링크(Eric Jorink)는 레이던 대학에서 '계몽주의와 종교' 테일러스 석좌교수이며 네덜란드 왕립 예술과학 아카데미의 하위헌스 연구소 선임연구원이다. 수집의 문화, 예술과 과학의 관계, 급진적 성경 비판의 출현 등을 포함해 근대 유럽 초기의 과학 문화에 관한 논문을 썼다. 현재 국제 프로젝트인 '미지의 시각화: 17세기 과학과 사회에서 과학적 관찰, 표현, 소통에 관하여'를 주도하고 있으며, 요하네스 스바메르담의 전기를 마무리하고 있다.

마르고트 뢸회펠(Margot Lölhöffel)은 10년 넘게 마리아 지빌라 메리안의 삶과 일을 사회과학적 방식으로 연구해 왔다. 특히 뉘른베르크에서 메리안의 남다른 커리어의 시작에 관심이 있으며, 그녀의 남편을 비롯해 정원 문화와 자연사에 관심이 있는 시민들의 후원을 받아 연구하고, 그 결과를 웹사이트(www.merianin.de)에 발표한다. '최초의 생태학자'로서 메리안이 점차 인정받으면서 현재 도시 환경에서 자연과 생물다양성을 보호하는 새로운 프로젝트를 개발 중이다.

아서 맥그리거(Arthur MacGregor)는 현재 V&A 연구소의 방문교수이며, 애슈몰린 박물관 큐레이터로 30년 가까이 일했다. 영국 더럼 대학교에서 문학박사를 받았고, 열두 권 이상의 책을 집필했으며 앞으로 네 권이 더 출간될 예정이다. 〈저널 오브 히스토리 오브 컬렉션(Journal of the History of Collections)〉의 초대 편집자이자 〈카시아노 달 포초의 종이 박물관〉의 공동 편집장이다.

헨리에타 맥버니(Henrietta McBurney)는 예술사학자이자 큐레이터이다. 윈저 성 왕립도서관의 큐레이터로 20년을 일했다(1983-2002). 예술과 과학의 교차에 대한 관심을 바탕으로 《윈저 성의 알렉산더 마샬 식물도감(The Florilegium of Alexander Marshal at Windsor Castle)》(2000), 《새, 동물, 그리고 자연에 관한 호기심: 카시아노 달 포초의 종이 박물관(Birds, Animals and Natural Curiosities: The Paper Museum of Cassiano dal Pozzo)》(2017), 《자연사를 색칠하다: 마크 케이츠비의 예술과 과학(Illuminating Natural History: The Art and Science of Mark Catesby)》(2021)을 썼다.

리스벗 미설(Liesbeth Missel)은 바헤닝언 대학교 및 연구소 도서관의 특별 컬렉션, 학술 유산, 예술 큐레이터였고 2021년에 은퇴했다. 이곳에서 보조 큐레이터로 시작해 2000년에 정식 큐레이터가 되었고 40년을 일했다. 위트레흐트 대학교에서 역사를 공부했으며, 자연과 경관의 사용 및 이미지, 사회적, 문화적 행위자들에 초점을 맞춰 연구했다.

알리시아 몬토야(Alicia Montoya)는 ERC의 지원을 받는 MEDIATE 프로젝트(www.mediate18.nl)의 책임 연구원이자 네이메헌의 랏바우트 대학교 프랑스 문학 교수이다. 《중세의 계몽주의자: 샤를 페로에서 장 자크 루소까지(Medievalist Enlightenment: From Charles Perrault to Jean-Jacques Rousseau)》(2013), 《마리안 바르비에와 후기 고전 비극(Marie-Anne Barbier et la tragédie postclassique)》(2007)을 썼고, 《빛과 역사=계몽과 역사(Lumières et histoire=Enlightenment and History)》(2010)와 《네덜란드와 프랑스를 연결하는 문학적 가교자들: 중세 이후의 수용, 번역, 문화 전파에 관하여(Literaire bruggenbouwers tussen Nederland en Frankrijk. Receptie, vertaling en cultuuroverdracht sinds de middeleeuwen)》(2017)를 포함한 여러 책을 공동 편집했다.

한스 뮐더르(Hans Mulder)는 암스테르담 대학교 고고학박물관인 알라르트 피르손의 자연사 큐레이티이자 아르티스 도서관의 관리자이다. 자연사와 책의 역사를 가르치고 관련된 책을 출판한다. 2016년에 마리아 지빌라 메리안의 《수리남 곤충의 변태》 복제본을 공동 편집했으며, 《자연의 발견(De ontdekking van de natuur)》(2021)을 썼다. 이 책으로 네덜란드에서 최고의 자연도서에 주는 얀 볼케르스 프레이스 상을 받았다.

야드랑카 녜호반(Jadranka Njegovan)은 덴하흐에 살고 일한다. 1980년대 초 자그레브 대학교 원예학과에 다니며 곤충학과를 위해 그림을 그렸다. 그 후에는 덴하흐 왕립예술학교에서 예술을 공부했다. 2000년부터 독립 예술가이자 삽화가로 활동한다. 자신을 시각예술가이자 곤충에 관심이 있는 정원사라고 생각한다.

플로렌서 F.J.M. 피터르스(Florence F.J.M. Pieters)는 네이메헌의 랏바우트 대학교에서 생물학과 과학철학을 공부했다. 1969년에 암스테르담 대학교의 아르티스 도서관 과학 사서로 임명되었고 후에는 큐레이터로도 일했다. 1974년에서 2000년까지 과학 학술지 〈동물학 저널(Contributions to Zoology)〉의 편집장이었다. 은퇴 후에도 아르티스 도서관에서 객원 연구원으로서 초기 네덜란드 자연사 수집품과 수집가들의 역사를 계속 연구한다.

요스 판더플라스(Joos van de Plas)는 집약적인 연구를 바탕으로 활동하는 시각예술가이다. 작업 과정에 우연히 마리아 지빌라 메리안의 《수리남 곤충의 변태》를 알게 되었고, 그때부터 메리안의 유산은 강력한 영감의 원천이 되었다. 다수의 박물관과 주요 도서관을 섭렵한 것은 물론이고 수리남까지 다녀왔다.

야이아 레몬트(Jaya Remond)는 벨기에 겐트 대학교의 미술사, 음악학 및 연극학과 예술사 조교수이다. 근대 초기 북유럽 예술을 연구하며 특히 예술과 과학의 교차 지점에서 그림과 판화 문화에 초점을 두고 있다. 북유럽에서 식물학과 그림 제작, 근대 초기 유럽에서 판화 유통에 관한 예술 교육학 서적 및 드로잉 설명서 등을 출판해 왔다.

베르트 판더루머르(Bert van de Roemer)는 암스테르담 대학교 문화연구학과의 선임 강사이다. 연구 분야는 수집품의 역사, 과거와 현재의 시각예술과 자연과학의 관계, 근대 박물관학이다. 시몬 스헤인봇, 프레데릭 라위스, 레비뉘스 빈센트, 그리고 마리아 지빌라 메리안, 사뮐 판호흐스트라턴, 빌럼 후레이 등에 관한 다양한 주제로 논문을 썼다.

크리스틴 자우어(Christine Sauer)는 델라웨어 대학교에서 미술사를 공부했고 1990년에 뮌헨의 루트비히-막시밀리안 대학교에서 박사학위를 받았다. 학위 논문은 〈설립과 기억: 1100년부터 1350년까지 그림 속 수도원 설립자(Fundatio und memoria: Stifter und Klostergründer im Bild, 1100 bis 1350)〉(1993)라는 제목으로 출판되었다. 1991년에서 1995년까지 '슈투트가르트 뷔르템베르크 주립도서관의 고딕 양식 채식 필사본 목록집 발간' 프로젝트에서 일했다. 1996년 이후로 뉘른베르트 시립도서관 역사 컬렉션 책임자이다. 2017년 뉘른베르크 시립도서관에서 주최한 메리안 전시회의 큐레이터였다.

카타리나 슈미트로스케(Katharina Schmidt-Loske)는 독일 본의 쾨니히 박물관 내 라이프니츠 생물다양성 변화 분석 연구소 바이오히스토리쿰 책임자이다. 뮌스터 대학교와 본 대학교에서 생물학을 공부했고 본 대학교에서 수학 및 자연과학으로 박사 학위를 받았다. 연구 분야는 생물의 역사다. 2020년에 《마리아 지빌라 메리안의 편지: 1682년부터 1712년까지(Maria Sibylla Merian Briefe 1682 bis 1712)》를 출간했다.

신시아 스노(Cynthia Snow)는 시인이다. 〈매사추세츠 리뷰(Massachusetts Review)〉, 〈크라녹(Crannóg)〉, 〈계간지: 식물-인간(Plant-Human Quarterly)〉에 기고하며 아동도서 《작은 의례(Small Ceremonies)》를 출간했다. 푸시카트 상 시 부문 후보에 오른 적이 있고, 시 〈박물학자 마리아에게, 아라와크족 하녀 에스터가〉로 2017년 로빈슨 제퍼스 토르 하우스 시 부분 명예상을 받았다. 시 창작 전공으로 석사 학위를 받았고, 매사추세츠 셸버른 폴스에 살면서 그린필드 커뮤니티 칼리지에서 일한다.

쿠르트 베텡글(Kurt Wettengl)은 미술사학자이자 철학 박사이며 2015년부터 독일 도르트문트의 오스트발 박물관 관장이다. 그전에는 프랑크푸르트 역사박물관 부관장으로 1991년부터 회화 컬렉션과 그래픽 컬렉션을 이끌었다. 수많은 전시회의 담당 큐레이터였고, 중세 후기, 바로크 시대, 19세기 예술은 물론이고 현대 예술과 문화사에 관한 책을 쓰고 편집했다. 1997/98년에 그가 기획한 마리아 지뷜라 메리안 전시회가 네덜란드 하를럼의 테일러르스 박물관에서 개최되었다. 2008년부터 도르트문트 공과대학 미술사 명예교수로 학생들을 가르친다.

옮긴이_조은영

어려운 과학책은 쉽게, 쉬운 과학책은 재미있게 번역하려는 과학 전문 번역가. 서울대학교 생물학과를 졸업하고, 서울대학교 천연물과학대학원과 미국 조지아대학교에서 석사학위를 받았다. 《해부학자의 세계》,《돌파의 시간》,《파브르 식물기》,《눈부신 심연》,《세상에 나쁜 곤충은 없다》,《10퍼센트 인간》 등을 옮겼다.

마리아 지뷜라 메리안
꽃과 나비와 열매를 그린 최초의 생태학자

초판 1쇄 인쇄 2026년 3월 3일
초판 1쇄 발행 2026년 3월 20일

지은이 | 베르트 판더루머르 외
옮긴이 | 조은영
발행인 | 강봉자, 김은경

펴낸곳 | (주)문학수첩
주소 | 경기도 파주시 회동길 503-1(문발동 633-4) 출판문화단지
전화 | 031-955-9088(마케팅부) 031-955-9532(편집부)
팩스 | 031-955-9066
등록 | 1991년 11월 27일 제16-482호

ISBN 979-11-7383-026-6 03400

*파본은 구매처에서 바꾸어 드립니다.